THE INNOVATIVE ROAD
OF ANALOG ELECTRONICS
105 MISTAKES AND 110 TRUTHS
IN ANALOG ELECTRONICS

模拟电子学的创新之路

模拟电子学的
105项错漏及110项求真

元增民　著

清华大学出版社
北京

内 容 简 介

本书汇总了传统模拟电子学的 105 项错误漏洞，如图解法不知所终、功放不提功率放大倍数、反馈比较环节名不符实、丢失相移、认为 RC 集成移相振荡器至少需要三节 RC 电路违背事实；介绍了 110 项求真创新，如三组态通用的 U、I、P 三大放大倍数算法、新图解法、3φ 法、一等两零法等大量高效方法。研究成果用于电子工程设计和专业技术教学，已显现巨大成效。如在笔者的课堂上，学生到课率、前排入座率、抬头率、举手率、点头率大幅度提高，作业交纳率、实验完成率及考试及格率（含教考分离条件下）十几年来一直保持在 90％以上。

本书可供研究人员、专家学者、大学生、研究生、注册电气工程师学员、教师、工程技术人员、技术兵员、广大电子技术爱好者，以及有关行政管理人员使用或参考。

图书在版编目（CIP）数据

模拟电子学的创新之路：模拟电子学的 105 项错漏及 110 项求真/元增民著. —北京：清华大学出版社，2020.7（2022.2重印）

ISBN 978-7-302-54994-9

Ⅰ．①模… Ⅱ．①元… Ⅲ．①模拟电路—电子技术 Ⅳ．①TN710.4

中国版本图书馆 CIP 数据核字（2020）第 042983 号

责任编辑：文　怡　李　晔
封面设计：王昭红
责任校对：李建庄
责任印制：宋　林

出版发行：清华大学出版社
　　　　　网　　　址：http://www.tup.com.cn，http://www.wqbook.com
　　　　　地　　　址：北京清华大学学研大厦 A 座　　　　　邮　　编：100084
　　　　　社 总 机：010-83470000　　　　　邮　　购：010-83470235
　　　　　投稿与读者服务：010-62776969，c-service@tup.tsinghua.edu.cn
　　　　　质量反馈：010-62772015，zhiliang@tup.tsinghua.edu.cn
　　　　　课件下载：http://www.tup.com.cn，010-83470236

印 装 者：北京富博印刷有限公司
经　　销：全国新华书店
开　　本：185mm×260mm　　印　张：17.5　　　　字　　数：426 千字
版　　次：2020 年 7 月第 1 版　　　　　　　　　　印　　次：2022 年 2 月第 2 次印刷
印　　数：1501～2000
定　　价：69.00 元

产品编号：078354-01

FOREWORD

　　模拟电子学主要研究放大、反馈、滤波、振荡及电源等。"模拟电子技术"是一门专业基础课。各级学校中"模拟电子技术"课程开设之多、影响之广、难度之大,均鲜见其二。

　　1. 传统模拟电子学的漏洞及错误

　　当代模拟电子学自 1947 年才开始建立,相比高等数学大约四百年的历史,其历史很短,学科发展需要时日。传统模拟电子学存在很多错误和漏洞,不足为怪。

　　例如,尽管学界都知道通常少子只有多子的大约 10 亿分之一,传统模拟电子学却认为自由 PN 结内电场势垒大小是由少子漂移电流与多子扩散电流的平衡来决定的。虽然 70 年过去了,但在旧模式下,这个电流平衡式及自由 PN 结内电场势垒仍是悬案。

　　不仅平衡 PN 结内电场及内建电势大小至今没有任何结论,而且晶体管放大电路的技术参数指标十之有七讨论不全,在两个时间常数相等或接近的典型情况下没有计算下限频率,尤其是没有临界工作点的概念,这导致最大不失真输出电压幅度(输出范围)没有计算;反馈系统丢失合成环节相移。集成移相振荡器所需 RC 移相电路本来只需两节就足矣,传统却误认为至少需要三节……据统计,传统模拟电子学的各种错漏不下百处。

　　2. 传统模拟电子学错漏的影响

　　虽然传统模拟电子学的错漏如此之多,但很多著作依然一版接一版地沿袭。几十年前国内模拟电子学著作只有几朵金花,现在有几千个版本,但大多囿于传统理论,就连知识点的编排顺序都不敢进行些许调整。传统模拟电子学著作被戏称为"天书""玄学"。

　　"模拟电子技术"课程为教师最难教、学生最难学的课程。

　　传统模拟电子学的错漏,已经使有关课程教学严重畸形。

　　如 β 值是三极管的第一参数,设计、制造及维修时都需要。但高校的理论课对其一带而过,实验课更是鲜见。

　　模拟电子学的错漏不仅影响专业技术教学,而且影响电子工程技术。理论缺陷使得很多现象难以解释,很多参数难以计算,很多设计依赖经验。例如,光电二极管传感器没有电源时仍有相当高的灵敏度的现象就无法解释。放大器工作点稳定性设计依赖落后的经验手段,输出范围难以最大化,设备潜力难以充分发挥,可靠性难以保证。

　　很多设备都离不开模拟电子技术。模拟电子学等学科有关基础理论的缺陷是设备带病工作的重要原因之一。没有人敢说世界各地的空难等事故与模拟电子学理论体系的缺陷没有关系。模拟电子学基础理论的不足、缺陷及错误,对于学生是一只只拦路虎,对于工程师是一块块绊脚石,对于产品是一个个隐患,对于飞行员是一个个杀手。

　　3. 笔者的指导思想、研究工作及初步成果

　　教的一方是主动的,学的一方是被动的。笔者认为,学科要发展,教学质量要提高,关键

是教的一方。不应该片面责怪学的一方,首先教的一方要反思。教学内容及知识技能是内涵,教学方法及手段只是外因。漏洞不填补、错误不纠正,教学工作就是无源之水、无本之木,再好的教学方法或手段,PPT 抑或 MOOC,甚至翻转教学法,都不可能从根本上解决问题。

坚持真理、纠正错误、填补漏洞、发掘知识,是做学问的根本。为此,笔者首先注意正确处理创新与继承的关系,即善于继承,敢于创新,并以此作为工作总方针。笔者的研究工作大体上分为三方面:一是揭示模拟电子学传统理论中的漏洞及错误;二是探讨如何解决传统理论不能解决的问题;三是寻求新的高效率计算方法。

研究工作最初重要的进展是发现 PN 结自由电子扩散势,放大器临界工作点及输入、输出范围。自 2013 年开始,开始优化算法。当年还发现反馈系统的比较环节宜改称为合成环节亦有相移,并创建反馈分析与设计通吃的 3φ 法。至今,求真创新举措已达一百多项。

经过 20 多年的不懈研究,原先不能计算的很多项目现在能计算了;原来经验计算的项目现在上升到理论计算了;原先能计算但费力缓慢的项目现在计算起来省力快捷了。

笔者的研究结果与吴运昌、杨拴科、高伟、赖家胜、冯永振、陶希平、常建刚、陈兆生、铃木雅臣、Sergio Franco(赛尔吉欧·佛朗哥)等国内外同行以及美国佐治亚州立大学都非常一致。国内外不同肤色的人们不约而同就很多问题得出相同的结论,真是殊途同归,相得益彰。

模拟电子学基础理论的研究成果不仅有益于有关科学研究及工程技术设计,其更现实、直接、广泛的价值表现在可用于改善和提高"模拟电子技术"课程的教学质量,可以反哺教学,把千千万万学生从知识漏洞和错误造成的苦闷中解放出来。

至今笔者已经出版新体系特色《模拟电子技术》教科书(2009 年,中国电力出版社)、《模拟电子技术》修订版(2013 年,清华大学出版社)、《模拟电子技术简明教程》(2014 年,清华大学出版社),总计三个版本,已有浙江海洋大学等 20 多所院校选用。

2003 年,笔者的科研项目"模拟电子学基础理论的研究"在长沙大学(长沙学院)正式立项,支持经费 6 万元。已经发表研究论文 19 篇,出版著作 2 种 5 个版次。2017 年,本书获得长沙大学年度优秀学术专著称号及出版资助。

2000 年以来,本课题得到清华大学王宏宝教授、中国电子科技集团公司第十三研究所燕官峰等同志,长沙大学(长沙学院)李峻、刘耘、李咏芳、詹小平、韦成龙、李云龙、刘世昌、吴宪平、张世英、祝磊、张丹、陈威兵、谢立辉、张丽,以及卢雪松、赵鹤翔、姚树林、张国勋、周智克等同志,还有山东华宇工学院的大力支持。本课题还得到全国各地有关方面及人员的积极响应,很多朋友提出不少宝贵建议或意见。上述单位和有关人员给予笔者的支持像雪中送炭一样弥足珍贵,使笔者的研究工作能在 20 年的时间里一直坚持进行! 在此一并表示衷心感谢!

由于笔者水平有限,书中定有不妥之处,希望大家继续对笔者批评指正。

笔 者

2020 年 8 月

CONTENTS

上篇 传统理论的错误漏洞及研究动态

第1章

传统理论的105项错误及漏洞

1947年以来,科学家以半导体物理学为基础发明了半导体二极管(PN结)、三极管(BJT)、场效应管(FET)、晶闸管(SCR)以及集成电路(IC)等器件。晶体管及集成电路大量取代真空电子管,促进了电子信息技术时代的到来。

伴随着半导体晶体管及集成电路技术的发展,以半导体物理学为基础,模拟电子学以及模拟电子技术得到了快速发展。半导体晶体管集成电路工程师都要掌握模拟电子学以及模拟电子技术,电类专业的大学生都要学习"模拟电子技术"课程。

40年之前,国内最早的以晶体管及集成电路为主要内容的模拟电子学著作,以清华大学童诗白教授主编的《晶体管电路》《模拟电子技术基础》、华中科技大学康华光教授主编的《电子技术基础(模拟部分)》等著作为代表,其应用及影响非常广泛。

自此之后,人们对于模拟电子学不再那么陌生。很多学者开始编写模拟电子技术类教科书。四十年之后,国内的模拟电子技术类教科书达数千种。表面上看似乎百花齐放,实际上大多沿袭旧有体系,创新鲜见。不同的书一个模子、一个腔调,错都错得一个样儿。这直接影响了专业技术教学、工程技术设计的质量及设备安全的可靠性。就连我国模拟电子学的鼻祖童诗白教授都说:"数字电路好学,模拟电路不好学。"

认为一门课不好学的观点,若出自于学生,则可能是学生本身的问题;实际出自于教师而且是名师,就说明已经不是学生的认知水平低的局部问题,而是知识体系不健全的大事。

深层次的原因正是模拟电子学理论还有很多不足、缺陷甚至错误。模拟电子学理论的水平与其应用面的广泛不成比例。正是这些不足、缺陷甚至错误,使"模拟电子技术"成为几十年来大学生最难学习的课程,模拟电子技术成为工程师最难用的技术。这些不足、缺陷甚至错误,对于学生来说,就是一只只拦路虎、一块块绊脚石,使学生的学习成绩及专业技术教学质量受到严重影响;对于相关产品的性能及可靠性来说,就是一个个"病毒"、一个个隐患,说不定何时就会爆发。

模拟电子技术也称为模拟电子线路或模拟电子电路。模拟电子技术是电路理论的一个新分支。电路理论及方法是模拟电子学的基础。模拟电子技术理论及方法的不足,一个重要原因是电路理论及方法的错误及漏洞的影响。

首先看看电路理论及方法存在哪些错误及漏洞。

1.1　电路理论及方法的错误及漏洞

1.1.1　电路概念、计算方法的欠缺及错误(17项)

1. 电压、电流的假设方向误写成参考方向，令人狐疑(错漏1)

身高、人数等参数只有大小之分。只要假设身高、人数等未知数的大小，就能列方程(组)来求解身高、人数等答案。

电压、电流既有大小之分，还有极性(方向)之别。用设未知数列方程(组)的方法计算电压、电流，不仅需要假设电压、电流未知数的大小，还需要假设它们的方向(极性)。因此应当建立电压的假设极性(方向)及电流的假设方向的概念。

若所求电压是正值，则表明所假设的电压极性与实际吻合。若所求电压、电流为负值，则表明所假设的电压极性、电流方向与实际相反。

可能由于最初翻译不准确，传统电工学及电路著作一直把电压、电流的"假设方向"写成"参考方向"，令人费解，这无形中给读者增加了一层困难。

2. 电压与电流的方向时关联时非关联，使人无所适从(错漏2)

电流的方向与电压的极性(方向)本来都是互相关联的。但是传统观点却认为，电流的方向与电压的极性(方向)既可关联，也可不关联。一会儿关联，一会儿又非关联。如电阻 R 的电压 U 与电流 I，认为关联时写成 $U=RI$，认为非关联时又写成 $U=-RI$。本来密切相关的两个参数，硬是人为地搞得若即若离，使读者懵懵懂懂，无所适从，无形中又增加了一层困难。

3. 假设方向搞反没有纠正，再在计算式前加负号，曲折迂回(错漏3)

科学技术的发展之路曲曲折折。可是，虽然人们知道有错必纠是美德，但是很多错误却没有加以纠正，而是一直延续，甚至错上加错。历史上就有不慎把电压、电流等关联假设方向搞反后不是加以纠正，而是在计算式前加负号。典型例子如下：

电感感应电压与电流变化率的关系式 $u=L\,\mathrm{d}i/\mathrm{d}t$ 前边加负号成为 $u=-L\,\mathrm{d}i/\mathrm{d}t$。

法拉第电磁感应定律电压与磁通变化率的关系式 $u=n\,\mathrm{d}\varphi/\mathrm{d}t$ 前边加负号成为 $u=-n\,\mathrm{d}\varphi/\mathrm{d}t$。

在计算式之前加负号，就意味着已经明白电压、电流等关联假设方向搞反了。搞反后不加以纠正，而是在计算式之前加负号，就是最明显的错上加错。

有错必纠。知道错误之后，把关联假设方向颠倒过来，计算式不加负号就好了。

现在很多著作已经去掉了这两个计算式前的负号，但是还有一些著作没有纠正，继续在计算式上加负号。结果就是曲折迂回，明知故犯。

多一个负号，看来不过类似于简单的减负等于加正。"减负等于加正"，虽然说起来容易，但是真正理解和操作起来，往往多一层难度。多少年来，这个负号不知使多少人苦苦思索、绞尽脑汁。更有可能使得学习、研究、工作事倍功半，甚至是非颠倒、酿成大错。

4. 电压源仅有的极性定义很难与电流源的方向相比较(错漏4)

一个电路中既有电压源又有电流源，就存在电压源与电流源究竟是互相加强还是削弱的疑问。在传统电路理论中，电压源只有极性定义，没有方向定义。极性与方向难以直接对比。所以一个电路中的电压源与电流源究竟是互相加强还是削弱,按照传统理论,判断起来很困难。

5. 电路分析计算方法只有简单罗列,缺乏对比,不便应用(错漏 5)

电路分析计算方法的介绍只是局限于简单罗列,而鲜见关于这些方法的优缺点及适应性的综合对比。因此,方法不少,令读者眼花缭乱,但解决具体问题时往往还是不知道究竟应该选用什么方法,更谈不上灵活运用,致使学习或工作效率很低,以致事倍功半,问题难以解决。不仅生手如此,一些工作多年的老手在面对具体问题时也有可能不清楚如何选用合适的方法。

6. 典型电路缺乏典型计算方法(错漏 6)

公式是高度概括的典型计算方法,是点睛之笔。科学计算过程大致分两种:一是直接套用现成公式;二是从原始定律开始。一般来讲,套用公式是走捷径,如快刀斩乱麻,往往事半功倍;从原始定律开始,就好似一切从头开始,往往费力耗时、事倍功半,甚至抓瞎误事。

因此,出镜率很高的典型电路最好有配套的计算公式。

众所周知,两个电阻串联,一端接地,另一端接电源,就构成了一个典型电路。这种电路有现成的串联分压公式可供套用,可快速计算两串联电阻的中点电压(电位)。

两个电阻串联,两端各接一个电源,在模拟电子学中,也是一个典型电路。但目前还没有人人皆知的现成公式用来计算两个串联电阻的中点电压,这是一个缺憾。

电路中的电位计算,以及电压降计算,都属于典型计算,但都缺乏高效的计算方法。

7. 现有计算方法在某些复杂电路面前捉襟见肘(错漏 7)

某个问题的解决,有时候从原理上可行,但是真正解决起来往往很难。三节及更多节RC移相振荡电路的分析计算就是一个例子。关于其振荡频率及起振条件的结论至今还有一些未达成共识甚至没有结论。原因就是分析计算工作量及难度之大,简直使人恐惧甚至崩溃,最后无可奈何,只好放弃。

8. 高频电感采用密绕或间绕的理由不确切(错漏 8)

有些高频电感不用密绕而是采用间绕,传统解释是减小分布电容,这不太确切。

9. 缺乏关于最大功率传输定理适用场合的讨论(错漏 9)

众所周知,负载电阻与电源内阻相等时,负载获得功率最大,称为最大功率传输定理。不过很多人可能都没有注意到,按照串联分压原理,此时负载电压只有电源电压的一半,电源效率也只剩下 50%,很多负载已经不能正常工作。因此最大功率传输定理的适用场合是有限的。通常,最大功率传输定理只适用于弱电的个别场合,对强电环境并不适用。

传统理论鲜见对最大功率传输定理的适用场合的讨论,容易使人以为最大功率传输定理是绝对真理。

10. 元器件缺乏额定参数定义(错漏 10)

电阻 R、电感 L、电容 C 的额定参数各不相同。尤其是典型的灯具与电机额定功率定义的端口截然相反。元器件额定参数,尤其是额定功率定义很重要,但传统著作中介绍很少。

2010 年,笔者曾经批阅前任教师遗留的 10 份电工技术补考试卷。发现有关电动机额定功率及电压电流计算的一道题目,竟然全军覆没。很多学生此题交的都是白卷。

其原因就是传统著作中鲜见电动机额定功率的定义。电动机额定功率 P_n、效率 η 及输入电功率 P_1 三者中,已知其二求第三,是一个极其简单的乘、除法运算。但由于不清楚额定功率的定义,学生不能确定究竟该用乘法还是用除法,结果一筹莫展,甚至很容易做反。第一步都迈不开,以下的电压、电流计算更是谈不上。

11. 计算有效值所用正弦交流电周期并非最小做功周期（错漏11）

严格来讲,计算交流电有效值的积分应当在最小做功周期内即最小积分区间内进行。正弦交流电的周期 T 并非其最小做功周期。传统计算正弦交流电有效值时在 $0\sim T$ 区间即 $0\sim 2\pi$ 区间积分的方法,虽然不影响最终结果,但是必要性不足,而且无形中增加了难度。属于最终结果虽然无误,但是分析计算过程不适的概念错误。

老师经常对学生讲,只有答案正确,但过程有错误,是不能得分的。这个众所周知的评分标准同样适用于老师自己。拿这个众所周知的评分标准来衡量,传统的在正弦交流电完整电周期 2π 上积分求有效值的方法显然有欠缺。

12. 符号 A、F、β 上边加点是画蛇添足,违背相量概念（错漏12）

众所周知,交流电的瞬时值并不重要。对于单个交流电,重要的是有效值。对于两个交流电,其相位差要影响两者如何合成。因此正弦交流电的有效值及初相位都非常重要。用正弦量的有效值和初相位表达交流电的方法称为相量法。

相量法由德国科学家、时任美国电气与电子工程师协会（IEEE）主席斯坦梅茨（Steinmetz,1865—1923）于1893年创立。相量法的要点如下。

舍弃交流电无所谓的瞬时值,抓住关键的有效值及初相位,把有效值当作模（量）,初相位当作幅角（相）组成复数,把这个特殊的复数称为相量。已知电压相量、电流相量及阻抗三个数中的任意两个数,依据欧姆定律,按照复数运算规则,可求第三个数。按照复数运算规则,串联的两电压相量可合成为新的电压相量,并联的两电流相量可合成为新的电流相量。

历史上,交流电战胜了直流电。一百多年来,全世界的交流发电、输变电及供电系统能安全运行,不分昼夜为人们服务,相量方法功不可没。

普通复数常用大写字母表示,复数的模用绝对值表示。相量是特殊的复数。相量的符号有别于复数的符号。相量用上边带点的大写字母表达。电磁路有电压、电流、磁通三种相量。大写字母 U 上边加一点形成的符号 $\dot{U}$ 表示电压相量。大写字母 I 上边加一点形成的符号 $\dot{I}$ 表示电流相量。大写字母 Φ 上边加一点形成的符号 $\dot{\Phi}$ 表示磁通相量。

用相量表达的量,电压、电流或磁通,本身都是正弦量,都有瞬时值。

阻抗 Z 是 RLC 元件本身的固有参数,是电压与电流相量的比值,电压放大倍数 A 是两个电压相量的比值,电流放大倍数 β 是两个电流相量的比值。它们既不是正弦量,也没有瞬时值。阻抗 Z、电压放大倍数 A、电流放大倍数 β 都只是普通复数,但都不是相量。

相量可用复数表示。相量是特殊的复数。复数不一定是相量。多么简单明了的道理。

可是不幸,当今流行把电压放大倍数 A 加上一点,把反馈系数 F 加上一点,甚至把晶体管电流放大倍数 β 也加上一点,给人感觉似乎 A、F、β 也是相量。这种低级错误简直就是现代版的画蛇添足,严重扰乱读者思路。

13. 对 RC 串并联电路谐振的总阻抗特性认识不足（错漏13）

恰当的类比是一个重要的科学方法。不恰当的类比是科学研究中的大忌。

RLC 串联电路及 RLC 并联电路谐振时,总阻抗都呈现纯电阻性。

于是就有人猜测,RC 串并联电路谐振时,总阻抗也呈现纯电阻性。

实际上,RC 串并联电路谐振时,分阻抗及总阻抗所呈现的都不是纯电阻性。

14. 变压器既无输入阻抗又无输出阻抗的分析计算(错漏 14)

从输入端看,变压器相当于一个负载,应当有输入阻抗概念。但是传统理论中鲜见变压器输入阻抗概念,输入阻抗分析计算更难看见。

从输出端看,变压器相当于一个新的电源。既然是电源,就应当有输出阻抗的概念。但是传统理论中鲜见变压器输出阻抗的概念,更难见到输出阻抗的分析计算。

15. 交流电动机旋转磁场技术指标贫乏,旋转质量缺乏讨论(错漏 15)

交流电动机的旋转磁场既是动力源,又是噪声源。传统电机理论交流电动机旋转磁场技术指标只有同步转速,其质量没有定量分析计算。

16. 大凡难以解释的现象都归为漏磁,然后不了了之(错漏 16)

磁路及电机理论中大凡难以解释的现象都归为漏磁,然后不了了之。在大学课程中,电机学的难度堪比模拟电子学,个中原因就在于此。

17. 知识点割裂——无形中增加了学习难度及工作量(错漏 17)

电路理论中同类知识点及知识点割裂的例子很多。

例如,很多学者都已认识到,功率因数全补偿本质就是并联谐振。功率因数全补偿与并联谐振本来属于一个知识点。但传统理论一直没有认识到这一点,硬是把两者生生地割裂开了。

有的人虽然勉强承认功率因数全补偿本质就是并联谐振,但是又认为并联谐振时电感电流及电容电流都很大,对系统有伤害等等。

实际上,电感电流是蕴含在负载电流中的。众所周知,负载电流与无功补偿无关。因此即便谐振时,负载电流即电感电流基本上还是一个常量。电容电流,包括补偿电容电流与电容 C 值成正比。只要电容 C 值不是很大,电容电流就不会很大。只有过补偿时电容 C 值才很大。全补偿即谐振时电容 C 值并非很大,电容电流怎么会很大呢?

RLC 串联电路谐振时电流最大,原因在于电感感抗与电容容抗完全互补抵偿。反观 RLC 并联电路,其电感、电容都直接加在电源上。RLC 并联电路中的电感电流只是与电容电流相抵偿。电感电流与频率成反比,电容电流与频率成正比,频率取某值时电感电流与电容电流完全抵偿,根本没有电流达到最大的可能性。

传统认为并联谐振时电感电流及电容电流都很大的观点违背理论和事实。传统把串联谐振的结论生搬硬套到并联谐振中,是完全错误的。

虽然因为谐波的消极影响,系统功率因数很难完全达到 1,但是在电力工程中进行功率因数补偿时仍然以全补偿为目标,最终使系统功率因数达到 0.95 以上,以事实说明并联谐振时电流的确并非最大。

18. 不注重科学选用导线颜色等操作规范

不注重操作技巧。例如直流电以红色表示正极,黑色表示负极。像汽车充电器的两根线,不仅导线线皮用红、黑色区分正负极,而且插孔、夹子、护套、胶布等也都用红、黑色区分正负极。

三相交流电以黄、绿、红分别表示 A、B、C 相。不仅三相导线线皮用黄、绿、红色区分各相,而且三相导线的插座、夹子、橡胶护套、绝缘胶带、胶布等原则上也都用黄、绿、红色区分各相。

导线颜色如此强制规定,目的是让人操作时不必测量,甚至无须思考,下意识就能有效地避免短路等错误操作,可靠、快速、高质量地完成工作。

但很多学校的实验规程、教师不注重导线颜色,更别提导线颜色的科学选用,结果造成有关人员尤其是学生动手操作时经常出错,甚至短路,以致酿成事故。

19. 元器件熟悉过程违反从简单到复杂的循序渐进原则

元器件熟悉过程违反从简单到复杂的循序渐进原则。例如,在学生熟悉电阻元件的过程中,不是从简单鲜明的四环电阻开始,而是一上来就讲解晦涩难辨的五环电阻,结果造成很多学生一个学期下来,"电工技术""电路分析""模拟电子技术实验""数字电子技术实验"课程结束了,别说学到多少知识,就连色环电阻都不认识。

实验设备制造厂家给学校陆续提供了大量的实验模板。偌大气派昂贵的实验台,几乎沦落成为一个廉价的支架。实验模板插在实验台上,学生上两节实验课,只管接上电源线、输入信号及输出信号线总共4根线。即便实验操作如此简单,还是有很多学生铩羽而归。

1.1.2　表达方法不足——错用符号及对曲线特性认识不足(3项)

1. 电压符号不用 U 而用 V,带来诸多不便(错漏18)

用字母表示科学概念参数,是科学发展的必由之路。我国科学技术在近代一度发展缓慢,一个原因就是汉字不适合用来在计算公式中表达科学概念参数以及进行微积分等复杂运算。选用合适的字母表达有关概念参数显得尤其重要。

在英国、美国等英语国家用 V 表示电压,V 是英语单词 Voltage(电压)的首字母;在德国等欧洲国家及俄罗斯、中国用 U 表示电压,U 是德语单词 Unterschied(差异)的首字母。

用符号 V 表示电压,容易在两方面引起歧义。一是电压的符号与量纲重复。某电压若是 3 伏,可能会写成 $V=3V$,使人费解;二是电压符号 V 与速度符号 V 重复。

字母 U 与 V 形状相似。用 U 表示电压,既能使人自然联想到 U 就是电压,又能与电压单位 V 区别开来。某电压若是 3 伏,写成 $U=3V$,人们自然易于接受。

50 年前,吴械良先生[1]就指出:"电压的符号 U 比 V 好"。国家标准 GB 3102.5《电学和磁学的量和单位》也规定电位差(电势差)、电压的符号一般用字母 U 表示。

国内一些传统电学著作不考虑效果,不顾国家标准,盲目跟风,不用 U 而用 V 表示电压,给读者带来诸多不便,造成潜在的困难。

2. 对电路谐振幅频特性曲线的对称性认识不足(错漏19)

RLC 串联电路谐振幅频特性曲线、RLC 并联电路谐振幅频特性曲线、RC 串并联电路谐振幅频特性曲线,都是相似的山峰形曲线。很多人以电感感抗跟电容容抗特性不对称为理由,认为谐振电路的幅频特性曲线在谐振点的两侧天生不对称。

谐振电路的幅频特性曲线在谐振点的两侧究竟是否对称呢?

20 多年之前,孙新涛先生[2]就指出:"RLC 串联电路幅频特性曲线在不同坐标标度下的形状不同。选用算术标度时,特性曲线是不对称的;选用对数标度时,可使特性曲线相对于谐振点轴对称。"这里算术标度就是普通频率坐标,对数标度就是对数频率坐标。

就是说,电路谐振幅频特性曲线对称与否,与频率坐标轴的选用有关。若选用普通频率坐标轴,谐振幅频特性曲线就是不对称的;选用对数频率坐标轴时,该曲线就是对称的。

孙新涛先生对谐振电路电流幅频特性曲线对称性的认识,是非常客观的。

谐振幅频特性曲线对称与否,虽然在20多年前就已经有定论,可惜,至今学术界并没有就此统一认识。在很多著作中,频率坐标轴使用算术标度,谐振幅频特性曲线却画成对称的。结果很多学生盲目跟风,选用普通频率坐标轴画图,谐振幅频特性曲线本来是不对称的,却画成对称的,简直牛头不对马嘴。

当学生提出疑问时,很多老师都很难给出客观的解释。至今很多学生写实验报告绘制幅频特性曲线时都会遇到这个问题。这个事例说明,加强学术交流是多么重要、多么迫切。

3. 一阶系统伯德图相频特性曲线的中点斜率没有计算(错漏20)

电压放大倍数及频率坐标都用对数表达的频率特性曲线由美国科学家伯德(Hendrick Wade Bode,1905—1982)创立,称为伯德图。伯德图的频率坐标轴低端和高端都有渐近线。

曲线的频率坐标轴低端和高端都有渐近线,具有以下优点:

(1) 渐近线组成的折线框架本身就是一种很好的近似表达;

(2) 以渐近线作为依托,可以方便地绘制精确曲线;

(3) 具有渐近线的曲线不仅容易绘制,而且舒展优美,给人一种美感、一种享受。

伯德图作为表达频率特性的好方法,自然受到科学界的普遍欢迎。伯德图不仅用在模拟电子学中,而且广泛用于自动控制理论等很多学科中。伯德图是自然科学文献中出现频次最高的曲线之一。

一阶系统的伯德图如图1.1.1所示。伯德图的对数幅频特性曲线的频率低端渐近线 $L(\omega)=0\text{dB}$ 与高端渐近线 $L(\omega)=-20\lg(\omega/\omega_0)\text{dB/dec}$ 相交,组成框架。此框架可作为近似表达。依托此框架绘制对数幅频特性曲线,方便、快捷、准确。

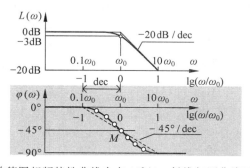

图 1.1.1 传统伯德图相频特性曲线中点 45°/dec 斜线与原曲线不是相切而是相交

一阶系统伯德图的相频特性曲线不仅频率坐标轴低端和高端都有渐近线,而且具有点对称的优点,使相频特性曲线比幅频特性曲线更加美观大方。

一阶系统伯德图的相频特性曲线的频率低端的渐近线 $\varphi=0°$ 与高端的渐近线 $\varphi=-90°$ 不相交。仅用这两条渐近线不能组成框架。因此,一阶系统伯德图相频特性曲线的绘制难于幅频特性曲线。

人们发现一阶系统伯德图的相频特性曲线的中点斜率稍小于 $-45°/\text{dec}$,但不甚清楚究竟小几何,于是在 $-45°/\text{dec}$ 直线基础上用描点法绘制这条曲线。

传统用描点法绘制一阶系统伯德图的相频特性曲线的详细过程如下：

第一步，先过中点 M 画出与曲线比较接近的斜率－45°/dec 的直线，如图 1.1.1 中虚线所示。

第二步，选若干点计算真实的相频特性曲线与这条斜率－45°/dec 直线的修正数据并列表。很多自动控制理论类著作都备有这张表格，以供读者用描点法绘图时直接调用。

第三步，以这条－45°/dec 直线为基准，在中点左侧向上，按照修正数据描出若干点，在中点右侧向下按照修正数据描出若干点。图 1.1.1 示意性地在中点左右侧各描出 3 点，实际可能需要画出更多的点。

第四步，将描出的若干点光滑连接，形成最关键的中段曲线部分，与渐近线 $\varphi＝0°$、$\varphi＝-90°$ 共同组成相频特性曲线。

伯德图问世虽然已将近百年，但是一阶系统伯德图的相频特性曲线中段的绘制仍旧停留在手工描点的低水平上。不但辛苦，而且效率很低，真是美中不足，令人遗憾。

相频特性曲线的中点是拐点。拐点处的切线与原曲线贴合最好，可以当渐近线使用。中点切线是一个类似于渐近线一样的很好的依托。中点切线、频率低端的渐近线 $\varphi＝0°$ 及高端的渐近线 $\varphi＝-90°$，三条直线组成一阶系统伯德图的相频特性曲线的框架。这个框架可以近似表达相频特性曲线。必要时依托这个框架，能方便、快速地绘制精度足够高的一阶系统伯德图的相频特性曲线。

放着这样一个很好的依托及框架不用，而一直使用最原始、最低效的描点法，根本原因是一阶系统伯德图的相频特性曲线的中点斜率一直没有计算出来，其值究竟多大一直不得而知。可能早就有人打算依托中点切线绘制一阶系统伯德图的相频特性曲线，只是由于中点斜率不得而知，最终悻悻然作罢。

一阶系统伯德图的相频特性曲线的中点斜率一直鲜有人计算，原因是其所用横坐标刻度不是普通频率，而是对数频率。普通频率坐标轴为人们所熟悉，对数频率坐标使人感到陌生。在普通频率坐标轴面前，目前微分求导对于大学生甚至高中生都不算什么难事。但在对数频率坐标轴面前，微分求导即使对技术人员也似乎比登天还难，因此一直没有得到妥善解决。结果，虽然一阶系统伯德图的相频特性曲线不仅频频出现在模拟电子学著作中，而且频频出现在自动控制理论类著作中，但是其中点斜率的计算依然鲜有人讨论，曲线绘制一直停留在描点法的低水平上。

伯德图绘制方法没有最终完善，所影响的不只是模拟电子学。

1.2　半导体物理学 PN 结理论的错误及漏洞

半导体物理学是模拟电子学以及集成电路芯片制造技术的基础。

1.2.1　正离子丢失物质电中性被歪曲，空穴被强行带上正电（3 项）

Ⅳ 族半导体主体材料及Ⅲ、Ⅴ族杂质材料都不带电。杂质半导体整体上也不带电。

半导体的空穴，就是空位。空位，空空如也，不过是一方极其微小的真空而已。

真空不带电。空穴是一方真空。空穴自然也不带电。

但传统半导体物理学及模拟电子学著作,却主观认为空穴带正电。

半导体中的空穴来源于两种方式:一是本征激发;二是掺入三价杂质。首先看本征激发,价电子获得能量离开后原位形成真空,所形成的空穴自然不可能带电。

下面分析掺入三价杂质形成的 P 型半导体中的空穴究竟是如何带上正电的。

1. P 型半导体电性被歪曲,但没有意识到,而留下隐患(错漏21)

1) 半导体平面展开图的画法

半导体呈金刚石结构。假设将原子摊铺在一个平面上来表达半导体的共价键、自由电子及空穴,这就是平面展开图。半导体平面展开图有两种:第一种是杂质原子与主体原子画在一起的详细画法;第二种是只画杂质原子的简略画法。PN 结只能采用简略画法来表达。

(1) 详细画法。

极少数杂质原子与大量主体原子画在一起的详细画法如图 1.2.1 所示,其中大圆圈代表Ⅳ族主体原子,"Ⅲ-"代表三价杂质负离子,小圆圈代表空穴。制造半导体器件所要求的掺杂浓度实际值只有千万分之一左右,是非常低的。杂质半导体中只有极微量的Ⅲ或Ⅴ族杂质材料。若掺杂浓度按原子比例数如实画出,即使杂质原子只画一个,则要画的Ⅳ族主体原子数量也是成千上万,多得数不清,所需篇幅大得不可思议;或者要求原子画得非常小而密集,以致看不清楚。

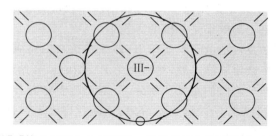

图 1.2.1　文献[3]第 3 页图 1.5 的错误　右手丢掉主体正离子,左手让空穴带正电

因此,有关著作用详细画法作图时,掺杂浓度都是夸大画出的。一幅半导体详细平面展开图,通常示意性地画出一个Ⅲ或Ⅴ族杂质原子,然后在其周围画出若干个Ⅳ族主体原子。Ⅳ族主体原子多画一个、少画一个无所谓。通常画出 8~10 个Ⅳ族主体原子。

众所周知,物质本来都是中性的。本征半导体及杂质半导体也是这样。详细画法中虽然省略了很多Ⅳ族主体原子,不过省略的是整个原子,因此杂质半导体的电中性并不受影响。但是,正、负离子若少画了,杂质半导体的电中性就会受影响。

虽然中性原子多画一个少画一个无所谓,但是离子一个都不能丢。为了保证杂质半导体电中性的客观真实,成对的正、负离子必须如实画出,来不得一丝一毫的马虎。画图时既然载明了负离子,相关的正离子就一定要画出来。可惜图 1.2.1 丢失正离子且没意识到。

(2) 简略画法。

半导体平面展开图的另一种画法是只画杂质原子的简略画法,如图 1.2.2 所示。

半导体中的Ⅳ族主体原子只是在幕后推动自由电子或空穴的产生,但不直接提供自由电子或空穴。N 型半导体中直接提供自由电子的只有Ⅴ族杂质施主原子。P 型半导体中直接提供空穴的只有Ⅲ族杂质受主原子。

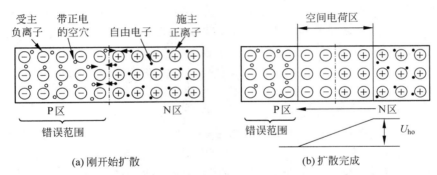

图 1.2.2　P 型半导体的传统简化剖面图丢掉主体正离子的错误及传统 PN 结的错误画法

因此,详细表达图中的主体原子虽然多,但对自由电子或空穴的产生并没有直接贡献。也就是说,主体原子与杂质原子都画出来,看起来全面,但通常一幅图只能画出一个载流子。因此,详细画法表达掺杂增加载流子的效果并不好,如图 1.2.1 所示。

既然自由电子和空穴都是杂质原子提供的,画图时就只画杂质原子。大量主体原子本来就是躲在幕后,所以实际干脆就不画了,只要默认它们存在就行。这种只画杂质原子的画法称为简略画法,如图 1.2.2 所示。

因为每掺入一个五价杂质原子就提供一个自由电子,每掺入一个三价杂质原子就提供一个空穴,所以一幅图画出几个杂质原子,就能画出同样数量的载流子。简略画法表达掺杂增加自由电子或空穴载流子的效果是最棒的。

在传统半导体物理学及模拟电子学著作中,详细画法与简略画法都有使用。通常首先以详细画法示意半导体掺杂增强导电性,然后介绍 PN 结时就开始转用简略画法。

传统著作鲜见对这两种画法的定义及划分,更别提两者各有什么不同的特点了。一幅图具体使用哪种画法,更少见指明。这一切,都是让读者自己思忖掂量的。结果不仅读者,有时就连作者自己都极有可能被蒙在鼓里。

2) 传统 P 型半导体平面展开图载流子游离在外,额外产生离子

空穴及自由电子载流子各由Ⅲ、Ⅴ族杂质原子产生。尽管实际上空穴及自由电子载流子都可能会游离,暂时归Ⅳ族主体原子所有,但是画图时自由电子一般归Ⅴ族杂质原子所有,空穴一般归Ⅲ族杂质原子所有。

自由电子归Ⅴ族杂质原子所有,空穴归Ⅲ族杂质原子所有,就好像物归原主。空穴或自由电子归Ⅳ族主体原子所有,就好像游离在外。载流子物归原主,不会额外产生离子。载流子游离在外,就会额外产生离子。不小心弄丢了额外产生的离子,而且又没有意识到,半导体的电中性就会被误判。

实际上,多年来 N 型半导体就一直采用载流子物归原主的方案来画图。N 型半导体作图一直没有出现差错,其实就是这个简单道理所在。然而很不幸,传统 P 型半导体多年来一直采用载流子游离在外的方案来画图,而且真的丢失了正离子,结果导致 P 型半导体的电中性被歪曲了,如图 1.2.1 所示。P 型半导体的电中性被歪曲并非关键问题。要是意识到了,也不一定出错。

2. 虚构正电荷塞进空穴,维持 P 型半导体已不存在的电中性(错漏 22)

问题是,P 型半导体的电中性被歪曲了,但没意识到,反而拉来正电荷塞进空穴,结果主

观认为空穴带正电荷，真是错上加错。

物质中的正离子和负离子是同时产生的。根据电荷守恒定律，半导体中的受主杂质原子接受了一个电子成为负离子，同时主体原子就会失去一个电子成为正离子。正、负离子同时存在，使物质的电中性依旧。

文献[3]第2页倒数第4行写着"Ⅲ族杂质原子接受了一个电子成为带负电的离子"。文献[4]第8页倒数第6行写着"三价元素原子……常吸引附近半导体原子的价电子"。究竟Ⅲ族杂质原子接受谁的一个电子呢？文献[3]根本没有写，文献[4]依然没有指明。电子不可能凭空而来。根据杂质半导体除了微量杂质原子外就是主体原子的事实，Ⅲ族杂质原子接受的是Ⅳ族主体硅或锗等原子的电子。显然电子的来源被模糊了，而硅原子失去电子后成为正离子的事实被刻意忽视了。

文献[5]第11页第1行写着"当硅原子的外层电子填补此空位时……"，文献[6]第50页第12行写着"硅原子的共价键因缺少一个电子则形成了空穴"。遗憾的是，文献[5]及文献[6]虽然道明了Ⅲ族杂质原子接受的是硅原子的外层电子，但是依然刻意忽视硅原子失去电子后成为正离子的事实。

很明显，传统不是根本刻意忽视Ⅲ族杂质原子所接受电子的源泉，就是直接忽视硅原子失去电子后成为正离子的事实。无意的情有可原，有意的嫌疑很大。这个嫌疑就是刻意淡化那个电子的源头及正离子，从而为空穴带正电铺平道路。

总之，传统只考虑Ⅲ族杂质原子接受了一个电子成为负离子的事实，但刻意淡化主体原子同时失去了一个电子成为正离子的事实，并在画图时忽视/丢失了这个正离子。

图1.2.1所示传统图示意性地画出了10个Ⅳ族主体原子及1个Ⅲ族杂质负离子，"Ⅲ−"代表那个三价杂质负离子，小圆圈代表空穴。代表空穴的小圆圈远离三价杂质负离子。表明该文献采用的是空穴游离在外的画图方法。如果正离子存在，就应该用符号"Ⅳ＋"表示。但是该图并没有"Ⅳ＋"的踪影，证明该图的确忽视了正离子"Ⅳ＋"，而物质的电中性被破坏殆尽。

根据杂质半导体保持电中性的基本判断，有关人员依然设想手中的P型半导体整体上不带电。在正离子被忽视的情况下如何使P型半导体整体上不带电呢？让空穴带正电，与负离子所带负电抵消，似乎就是一个合意的答案。于是不知从哪里找来一个正电荷生生地塞进空穴。可怜的空穴就这样生生地被带上正电，表面上维护了物质的电中性，实际上是非颠倒了。这哪里是科学呢！

至此，空穴带正电真相大白。

文献[3]第83页"带正电的空穴"6个大字赫然在目。该文献图1.5下方的小圆圈就表示带正电的空穴。其他传统半导体物理学及模拟电子学文献大体如此。

传统模拟电子学文献在P型半导体详细表达图中丢失了主体正离子，如图1.2.1所示。传统模拟电子学文献的简略表达图1.2.2，就是图1.2.1的简略版，包括文献[3]第83页图3.3，都丢掉了正离子，结果也使人误认为空穴带正电。

继续观察，本征激发产生的空穴是如何被传统理论带上正电的。

众所周知，温度高于绝对零度时，半导体中的微量价电子受热激发挣脱共价键的束缚，变成自由电子游离出来，原地留下空位，通常称为空穴。也就是说，本征激发产生的空穴更不可能带电。

文献[5]第9页第5行这样描述本征激发产生的空穴"原子因失掉一个价电子而带正电,或者说空穴带正电"。原子带正电,或空穴带正电,两者必居其一,岂能模棱两可!

文献[6]第49页倒数第16行"可以将空穴看成是一个带正电荷的粒子"。

文献[7]第2页第20行写着"并将空穴看成为带正电的载流子"。

一语道破,原来,本征激发产生的空穴本身并不带电,都是主观臆断、违背科学!

3. 传统 P 型半导体平面展开图及 PN 结示意图错误严重,难以挽救(错漏23)

要纠正图 1.2.1 所示传统错误,似乎并不复杂。Ⅳ族主体材料正离子丢失了,似乎找回来就好啦。根据主体原子多画一个少画一个无所谓的道理,实际操作中只要把任意一个主体原子改画为正离子,就能找回正离子,如图 1.2.3 所示。

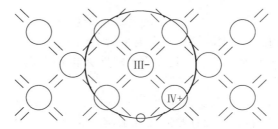

图 1.2.3　对文献[3]第 2 页图 1.5 错误的一种纠正方案:找回正离子(行不通)

详细图的确可以补画主体正离子。简略图能补画主体正离子吗?简略图本身定义就是只画杂质原子,不画主体原子包括主体正离子。若补画了主体正离子,就显得臃肿繁杂,不能再称为简略图了。

还有,N 型半导体简略图中本来只有五价杂质离子,见图 1.2.4(a)或(b)的右半部。如果硬是要在 P 型半导体简略图中补画主体正离子,那么 P 区不仅显得臃肿繁杂,还将造成 PN 结 P、N 两区大小不等,如图 1.2.4 所示。

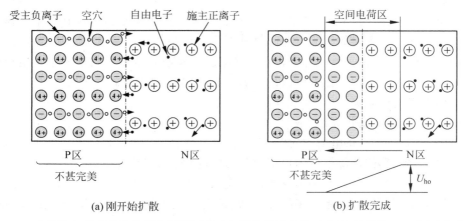

图 1.2.4　在传统 P 型半导体的简化剖面图基础上简单补画主体正离子,结果使 P、N 两区大小不等

问题大了。不仅空穴带正电的概念本身是错误的,而且传统的 P 型半导体简略图及PN 结绘图方法也是错误的,即使打算修修补补也很难,根本要不得,如图 1.2.2 所示。

总之,囿于空穴属于主体原子即空穴游离在外画图的老路子根本走不通。

究竟路在何方？路，就在脚下。而且是多少年来 N 型半导体平面展开图一直走过的。

自由电子是五价杂质施主原子产生的。自由电子跟着五价杂质施主原子自然最稳定。历史上 N 型半导体平面展开图的自由电子就一直采用物归原主的方案，跟着 V 族杂质原子。

空穴是三价杂质受主原子产生的。自然空穴跟着三价杂质受主原子最稳定。空穴原本属于 Ⅲ 价杂质原子，画图时采用物归原主的方案，让空穴紧跟 Ⅲ 价杂质原子，不仅结构最稳定，而且一切疑难就都解决了。详见本书第 4 章。

历史上把空穴型半导体称为 P 型半导体，P 是英语单词 positive 的首字母，代表正电，就是空穴带正电的印记。

历史上船舶的驱动由转轮改为螺旋桨之后，并没有改称桨船，而是仍叫轮船。最近二十年，火车的动力由蒸汽机车及内燃机车改为电力机车之后，也没有改称电车，而是仍叫火车。现在，虽然空穴带正电的错误已经知晓了，但 P 型半导体的名称还是沿用为好。

4. 空穴带正电的错误观点严重扰乱人们思维

"空穴带正电"的错误观点严重违背了科学研究应当实事求是的准则。其影响除了客观上导致传统的 P 型半导体简化图的错误，还表现在严重扰乱人们的思维。

文献[5]第 11 页写着"空位为电中性"，可是其第 9 页又写着"空穴带正电"，其 PN 结截面示意图实质是让空穴与负离子合成为电中性，又意味着"空穴带正电"，可谓自相矛盾。

文献[6]第 49 页写着"空穴……所带的电荷量与电子相等，电极性相反"，转眼同页又写着"空位是人们……虚拟出来的"。前手把"空穴带正电"写得有鼻子有眼的，后手又把空穴虚拟化模糊化。说空穴可以虚拟出来，虽然勉为其难，但毕竟不那么离谱，电荷是一种物质，物质怎么也能虚拟出来呢？

这种自相矛盾、模棱两可，正是人们的思维被空穴带正电的错误观点所扰乱的反映。空穴究竟是否带正电，连教科书作者及教师都搞不定，学生又如何能理解呢？

众所周知，自由电子落入空穴，只是空穴消失，自由电子则变为价电子，但依然存在。价电子得到能量脱离共价键的束缚成为自由电子并留下空穴。自由电子释放能量落入空穴变为价电子。说明本征激发过程是可逆的。传统因受"空穴带正电"的影响，却认为自由电子与空穴复合时同时消失了。

文献[4]第 8 页写着自由电子与空穴"相遇复合时成对消失"；文献[5]第 49 页写着"当一个自由电子与一个空穴相遇，自由电子落入空穴中时，两者同时消失"；文献[6]第 49 页写着"自由电子在运动的过程中如果与空穴相遇就会填补空穴，使两者同时消失"；文献[7]第 2 页写着"当电子与空穴相遇时又因为复合而使电子-空穴对消失"；按照传统说法，图 1.2.2(a)自由电子从 N 区迁移到 P 区与空穴复合都消失了。

总之，"空穴带正电"的错误观点把本来可逆的本征激发过程变成不可逆的。

有人说，"空穴带正电"只是一种说法。可大家都看到了，"空穴带正电"不只是一种说法，它已经产生了实质性的难以挽回的错误。

"空穴带正电"可能是一个善意的谎言。这个谎言源于 20 世纪 50 年代。"空穴带正电"的错误观点很隐蔽，它影响了几代人的思维。

对称性是美的第一要素。大家都知道电子带负电。若空穴带正电，就与电子带负电相对称。传统主观认为空穴带正电的另一个原因极可能是片面追求正、负对称美。

美,既可遇,也可求。但不可一味追求,更不可一厢情愿,否则就会事与愿违。人为使空穴带正电,就是一味追求、一厢情愿的反面典型。

总之,真空不带电,空穴就是一方真空,因此空穴自然不带电。

笔者早期也受到空穴带正电的错误观点的影响。2009年笔者写作的新体系特色《模拟电子技术》教科书[8]虽然在放大器临界工作点设计、输入范围及输出范围计算等方面大刀阔斧,但是绘制半导体平面展开图时走的依然是空穴游离在外的老路。从2013年《模拟电子技术》修订版[9]及2014年《模拟电子技术简明教程》[10]起,笔者开始采用空穴物归原主的作图方案,纠正了空穴带正电的错误,还空穴电中性的清白。

1.2.2　忽视扩散势,造成平衡 PN 结内电场计算多处错误(4 项)

1. PN 结的基本物理量——自由电子扩散势一直被忽视(错漏 24)

PN 结刚刚形成时,传统讲 P 区还有极微量自由电子向 N 区漂移,是受到电场力的作用,但是对自由电子作为多子从 N 区扩散到 P 区是受什么物理量的作用,却没有讨论。

无论根据少子漂移电流与多子扩散电流相平衡决定平衡 PN 结内电场势垒,还是直接根据掺杂浓度计算平衡 PN 结内电场势垒,实质上都是认为平衡 PN 结内部似乎只存在内电场势垒这样唯一的一种物理量。

若 PN 结内部果真只存在内电场势垒这样一种物理量,则内电场势垒理论上就会体现为平衡 PN 结的端电压。平衡 PN 结既然有端电压存在,就应当能用电压表检测出来。

实际上,用任何一种电压表检测二极管即平衡 PN 结的端电压,如图 1.2.5 所示,电压表都没有任何反应,测量结果始终为零。

这个实验很简单,所需设备很少,只要一只二极管和一只数字万用表或直流电压表,几乎人人都能做。

这说明平衡 PN 结内部除了存在内电场势垒,显然还有别的物理量。正是别的物理量与内电场势垒相平衡,互相抵消,结果任何一个都测不出来。

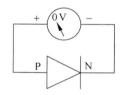

图 1.2.5　用电压表检测平衡 PN 结端电压

因此,无论根据少子漂移电流与多子扩散电流相平衡决定平衡 PN 结内电场势垒,还是直接根据掺杂浓度计算平衡 PN 结内电场势垒,理论基础都不牢固,都是不健全的。

平衡 PN 结究竟如何平衡,半个世纪以来一直是一个难以解开的谜。

这个谜底就是丢失了 PN 结自由电子扩散势。

PN 结是很多晶体管的组成单元。PN 结理论的不足,导致晶体管理论出现很多不足。

2. 忽视扩散势,导致少子漂移与多子扩散电流相平衡的世纪错误(错漏 25)

两端悬空自由的 PN 结称为自由 PN 结,传统也称为平衡 PN 结。顾名思义,平衡 PN 结中应当有两个物理量相平衡,但究竟是哪两个物理量相平衡,传统认识并不清楚。

PN 结刚刚形成时,自由电子从 N 区扩散到 P 区填充空穴,P 区还有极微量自由电子向 N 区漂移。传统著作[3-7]都猜想少子漂移电流与多子扩散电流相平衡时,自由 PN 结内电场正式形成,并试图按照少子漂移电流与多子扩散电流相平衡的原理来计算平衡 PN 结内电场势垒,见图 1.2.2,图中 U_{ho} 就是要计算的平衡 PN 结内电场势垒。遗憾的是,半个多世纪过去了,最初的猜想还一直停留在定性的低水平上,U_{ho} 计算至今仍无结论。

为了解开这个百年之谜,先看看少子究竟多么少。

少子究竟多么少,由热平衡定律(也称质量作用定律)来决定。

热平衡定律(冲淡定律)　半导体掺杂前后两种载流子浓度的乘积不变。

$$N_f P_f = N_i P_i \tag{1.2.1}$$

式中,下标 i 即 intrinsic(本征的),N_i、P_i 是本征载流子浓度;下标 f 即 final(最终的),N_f、P_f 各是最终形成的多数载流子及少数载流子浓度。

本征载流子原本就很少。掺杂后作为少子的本征载流子被冲淡,故杂质半导体中的少子更少,真是微乎其微。如 N 型硅,其中空穴原是本征载流子,掺杂后空穴被冲淡而更少。

室温时硅本征载流子浓度 $N_i = P_i = 1.362 \times 10^{-13}$。当掺杂浓度 $N_d = 10^{-6}$ 即百万分之一时,多子浓度 $N_f \approx N_d = 10^{-6}$。由热平衡定律计算少子与多子浓度比 P_f / N_f 为

$$P_f / N_f = N_i P_i / N_f^2 \approx (N_i / N_d)^2 = (1.362 \times 10^{-13} / 10^{-6})^2 \approx 2 \times 10^{-10}$$

也就是说,当掺杂浓度 $N_d = 10^{-6}$ 时,少子与多子比值的数量级仅仅为百亿分之二。若以地球近百亿人口为多子,那么少子只有两个。

两个电流平衡,实质是电荷迁移率的平衡。要让如此之少的少子造成的电荷迁移率达到多子的水平,势必要求少子跑得非常快才行。事实上,在同样电场作用下,空穴迁移速度只有自由电子的 1/3。空穴作为少子,不是跑得快而是更慢。

少子如此之少,其漂移电流如何才能与多子扩散电流相平衡呢?显然根本不可能。

按照科学从定性揣测到定量计算发展的规律,一种设想若符合事实,则终究会得到证明。一种定性的正确设想,终究会上升到定量计算的水平;反之,一种设想若一直得不到证明,或者一直停留在定性揣测的低水平上而迟迟不能上升到定量计算,则说明它不符合事实。

半个多世纪以来,已经有很多人试图按照少子漂移电流与多子扩散电流相平衡的原理来构建数理模型计算平衡 PN 结内电场势垒,但是都无功而返。

3. **电流平衡的错误导致平衡 PN 结内电场势垒计算一直无结果(错漏 26)**

由于忽视 PN 结自由电子扩散势,丢掉与 PN 结内电场内建电势相平衡的对象,结果错误地认为平衡 PN 结内电场由少子漂移电流与多子扩散电流相平衡来决定,致使平衡 PN 结内电场究竟多大一直没有结论,传统文献里的势垒 U_{ho} 或 U_0 的大小一直没有定论。

除平衡 PN 结内电场究竟多大一直没有结论之外,还产生以下一系列问题。

4. **直接根据掺杂浓度计算平衡 PN 结内电场势垒是权宜之计(错漏 27)**

从原理上看,在一块 IV 族半导体主体材料两端进行 III、V 族材料互补掺杂,就能形成 PN 结。掺杂越浓,最终 PN 结内电场就越宽,势垒就越大。

因此还有很多半导体物理学著作,如文献[11,12],直接根据掺杂浓度计算平衡 PN 结内电场势垒 U_d,即

$$U_d = U_T \ln \frac{N_d N_a}{n_i^2} \tag{1.2.2}$$

式中,U_T 为热电势,与热力学温度成正比,常温下 $U_T \approx 26 \text{mV}$;N_a 为三价(III 族)杂质掺杂浓度;N_d 为五价(V 族)杂质掺杂浓度;n_i 为本征载流子浓度;U_d 为平衡 PN 结内电场势垒,也有用 U_{bi} 或 U_{ho} 表示的。

平衡 PN 结内电场势垒虽然似乎计算出来了,但是如何平衡,与谁平衡,还是没有解决。因此,直接根据掺杂浓度来计算平衡 PN 结内电场势垒也是不合适的。

况且,传统一直力主少子漂移电流与多子扩散电流相平衡决定 PN 结内电场,但在这里又把这个高论甩在一边!造成典型的自相矛盾!

笔者的新体系特色《模拟电子技术》教科书自 2009 年[8]开始,就提出并使用了 PN 结自由电子扩散势概念,采用 PN 结自由电子扩散势与内电场内建电势相平衡的原理来建立自由(平衡)PN 结内电场。

提出并使用 PN 结自由电子扩散势概念,不仅解决了自由(平衡)PN 结内电场计算问题,而且明确了正向导通的 PN 结二极管不再有残余内电场,正向导通的 PN 结二极管正向压降的来源,以及二极管正向压降温度系数来源于自由电子扩散势的温度系数。

1.3　晶体管理论的错误及漏洞

1.3.1　晶体二极管理论的错误及漏洞(11 项)

主观认为空穴带正电的错误、缺失 PN 结自由电子扩散势等漏洞,以及由此带来的少子漂移电流与多子扩散电流相平衡决定自由 PN 结内电场大小的错误,使 PN 结理论残缺不全。在 PN 结理论中,很多说法依据不足,很多参数难以计算,很多现象难以解释。

1. 认为正向导通二极管还有残余内电场,但无计算、无结果、含糊不清(错漏 28)

传统认为正向导通 PN 结还有残余内电场。但是,正向导通 PN 结的残余内电场究竟多宽,内建电势(接触电势)U_b 究竟多大,几十年来一直鲜见报道。

认为正向导通 PN 结还有残余内电场,而且多少年来不乏有人试图证明并进行定量计算,但是一直无法完成,定量计算更是难觅踪影,说明此观点没有道理可言。

2. 认为残余内电场还存在时二极管就导通,自相矛盾(错漏 29)

PN 结内电场又称为耗尽层、阻挡层[7,13]。残余内电场也处于耗尽层、阻挡层。既然有阻挡层就不能导通。传统认为正向导通的 PN 结还有残余内电场,实质就是认为 PN 结在阻挡层作用下还会正向导通。如此,阻挡层岂不成为摆设?

因此,一方面认为阻挡层妨碍电流流过,另一方面又认为二极管在阻挡层作用下正向导通,是典型的自相矛盾和逻辑错误,再次证明该观点违背事实。

3. 二极管正向压降来源不明(错漏 30)

众所周知,二极管电压与电流关联性不大,显然不符合欧姆定律。电流在一定范围取值时,二极管正向压降大体上是一个常数。这说明二极管正向压降应当来源于某种物理量。但是,二极管正向压降究竟来源于什么物理量,传统理论没有解释。

4. 二极管正向压降温度系数来源不明(错漏 31)

二极管正向压降有负温度系数,传统理论也没有解释。

工程中虽然广泛用二极管正向压降的负温度系数来制造精密温度传感器,但是欠缺理论基础的支撑。零部件细节缺乏理论支撑,尤其对于飞行器等装备,是很致命的。

5. 二极管正向压降分布在大范围,与名义值相差甚远,无解释(错漏 32)

二极管正向压降实际值分布在很宽的范围内,与名义值相差甚远。

例如硅二极管,正向压降名义值为 0.7V,实际值分布在 0.4～0.8V 的宽范围内,传统理论对此也鲜见解释。

6. 金属封装二极管螺栓等大块金属体做成正极,缺乏理论解释(错漏33)

据统计,市场上多数金属封装二极管引线做成负极,螺栓等大块金属体做成正极。究竟是什么原因,传统理论也没有解释。

7. LED 流过反向电流时不发光的现象难以解释(错漏34)

LED 应用很广泛。传统观点认为发光二极管 LED 的发光原理是载流子复合释放能量。既然如此,流过正向电流时载流子可以复合,流过反向电流时载流子也可以复合。就是说,LED 无论电流方向如何都能释放能量,应当都能发光。实际上很多人都知道,LED 只有流过正向电流时才能发光,流过反向电流时不能发光。对此,传统理论也没有解释。

8. 说不出电流究竟多大时 LED 才开始发光(错漏35)

很多模拟电子学著作都写着,只有电流加大到一定数值时 LED 才开始发光。就是说,传统认为不同材料,甚至不同型号的 LED 都存在一个电流临界值。实际电流超过此值,LED 才开始发光。但实际鲜见关于 LED 电流临界值究竟多大的说明。

9. 光电二极管有电源能测光、无电源也能测光的现象无解释(错漏36)

已经有很多人发现,光电二极管有电源能探测光,即使没有电源,光电二极管也有相当大的灵敏度,也能探测光。传统理论对此也难以解释。

10. 光电池电动势来源不明(错漏37)

传统模拟电子学对光电池电动势的物理来源没有解释。

11. 光电池强弱以电压大小衡量,却被误认为是电流源(错漏38)

尽管光电池强弱以若干伏特的电压来衡量,但传统却流行光电池属于电流源的说法。显然是自相矛盾的。

1.3.2 BJT 及 FET 晶体管理论的错误及漏洞(9项)

1. BJT 晶体管缺乏传输特性曲线(错漏39)

器件的传输特性曲线反映其输出量与输入量之间的关系,代表着器件的基本功能。在众多特性曲线中,器件的传输特性曲线显然最重要。客观上,FET 晶体管有传输特性曲线,BJT 晶体管也应该有传输特性曲线。

但是传统模拟电子学只对 FET 晶体管有传输特性曲线的介绍。关于 BJT 晶体管,至今鲜见传输特性曲线的介绍。

2. BJT 晶体管鲜见直流模型(错漏40)

晶体管模型应当分为直流模型与交流模型。传统模拟电子学文献关于 BJT 晶体管直流模型缺乏介绍。

3. 晶体管只有电压饱和的概念而没有电流饱和的描述(错漏41)

晶体管依然遵守能量守恒定律。电压、电流是给晶体管提供能量的两种形式。晶体管集电极与发射极之间缺乏电压供应会饱和,缺乏电流供应也会饱和。传统理论只有电压饱和的讨论,没有电流饱和的叙述。

4. BJT 输入电阻计算公式单调、复杂、难用（错漏42）

传统模拟电子学文献介绍的 BJT 晶体管输入电阻计算公式为

$$r_{be} = r_{bb'} + (\beta + 1)\frac{U_T}{I_e} \tag{1.3.1}$$

将 BJT 三个电流之间的关系 $I_e = (\beta + 1)I_b$ 代入上式,可得到该公式的第二种形式为

$$r_{be} = r_{bb'} + \frac{U_T}{I_b} \tag{1.3.2}$$

将 $I_b = I_c/\beta$ 代入上式,可得到该公式的第三种形式为

$$r_{be} = r_{bb'} + \beta\frac{U_T}{I_c} \tag{1.3.3}$$

BJT 晶体管输入电阻 r_{be} 的三个计算公式的使用效果显然不同。使用基极电流的式(1.3.2)简明扼要,最好用;使用发射极电流的式(1.3.1)冗长烦琐,最难用。

例如,设 BJT 输出特性曲线族给出基极电流 $I_b = 10\mu A$。若用式(1.3.2),则不用管子 β 值就能计算其输入电阻 r_{be}。实践已证明,在很多场合,其工作显得干脆利落。

若用式(1.3.3),则需要找到管子的 β 值如 $\beta = 100$,还要将 $I_b = 10\mu A$ 乘以 $\beta = 100$ 换算成 $I_c = 1mA$,才能计算 r_{be},真是画蛇添足,人为增加工作量。若用式(1.3.1),还要使用 $\beta + 1 = 101$,以及将 $I_b = 10\mu A$ 乘以 $\beta + 1 = 101$ 换算成 $I_e = 1.01mA$,才能计算 r_{be},不仅人为增加工作量,而且加大了计算难度。

很不幸,传统模拟电子学文献给出的 BJT 输入电阻计算公式只有唯一的式(1.3.1),无形中增加了读者的困难。近来有文献介绍式(1.3.3),但对式(1.3.2)至今鲜有介绍。

5. BJT 输入电阻属于管子参数,其算式却编排在放大电路章节（错漏43）

BJT 晶体管输入电阻计算公式,是模拟电子学中最重要的一个公式。模拟电子学的很多问题解答都需要它。这个公式所计算的本来是晶体管的参数,应当隶属于半导体晶体管章节。几乎所有传统模拟电子学著作却把这个公式安排在"BJT 放大电路"一章"共射放大电路"一节中。

如此安排,首先难以引起读者的重视,读者打算使用这个公式时,简直要踏破铁鞋;其次可能还会使读者产生疑问,即将该公式安排在"共射放大电路"一节,是否只适用于共射组态而不能用于共集组态及共基组态呢?

6. BJT 输入特性曲线所用坐标系不方便直接观察输入电阻（错漏44）

BJT 晶体管(俗称三极管)的输入特性曲线主要表达 PN 结端电压与其通过电流之间的关系,至于电流、电压哪个作为输入参数、哪个作为输出参数,往往并不重要。因此,BJT 的输入特性曲线坐标轴的选取应以使用效果为准。

电流作纵坐标轴、电压作横坐标轴,所画出的曲线是安伏特性曲线。安伏特性曲线适合用来直观地判断动态电导的大小。电压作纵坐标轴、电流作横坐标轴,所画出的曲线才是伏安特性曲线。伏安特性曲线适合用来直观地判断动态电阻的大小。

实际上经常需要分析判断的不是动态电导,而是动态电阻。传统上 BJT 晶体管的输入特性曲线一直用电流做纵坐标轴、电压做横坐标轴。所画出的安伏特性曲线来判断管子输入电阻大小时需要进行倒数处理。逆向思维,十分别扭。

7. BJT 高频特性属于晶体管内容却编排在放大电路章节（错漏45）

BJT 晶体管高频特性参数本来属于"晶体管"章节的内容,也编排在"放大电路"章节

中。与 BJT 晶体管输入电阻计算公式编排不合理引起的不良影响类似。

对于以上 1～7 项所述 BJT 晶体管理论的缺陷及问题的深入探讨，请看第 5 章。

8. JFET 传输特性实际分布在双象限但主观认为分布在单象限（错漏 46）

JFET 传输特性曲线实际分布在双象限。例如 N 沟道 JFET 传输特性曲线实际分布在 Ⅰ、Ⅳ 两个象限。工程设计也是按照双象限进行的。

传统理论却认为 JFET 传输特性曲线分布在单象限。理论与实际明显不符合。

9. FET 输出特性曲线族的饱和区与灵敏区颠倒（错漏 47）

FET 与 BJT 相似性很多。BJT 是流控电流源（CCCS），FET 是压控电流源（VCCS）。BJT 输入量是基极电流，输出量是集电极电流。BJT 电流放大倍数 β 值是主参数，其输出特性曲线族中间的广大区域中，集电极电流随基极电流变化而变化。BJT 输出特性曲线族中间的广大区域是放大区。FET 跨导是主参数，输入量是栅-源电压，输出量是漏极电流。FET 输出特性曲线族中间的广大区域中，输出量漏极电流随着输入量栅-源电压变化而变化。很明显，FET 输出特性曲线族中间的广大区域是灵敏区。

但传统模拟电子学认为 FET 输出特性曲线族中间的广大区域是所谓恒流区或饱和区。饱和区与灵敏区颠倒。这给很多人带来"场效应管中恒流区漏极电流基本不变，如何还能完成放大"等疑问。

漏-源电压 U_{ds} 本来只是一个次要影响，很多情况下都可忽视。栅-源电压 U_{gs} 才是主控制量。FET 输出特性曲线族饱和区与灵敏区颠倒，原因是漏-源电压 U_{ds} 被过分夸大，而栅-源电压 U_{gs} 被忽视。其实质就是混淆了主要矛盾与次要矛盾。

1.4　放大理论的漏洞及错误

1.4.1　还没有解决的问题（25 项）

1. 放大电路缺乏临界工作点及临界偏压、临界偏流概念（错漏 48）

共射、共集、共基三种基本组态 BJT 放大器，共源、共漏、共栅三种基本组态 FET 放大器，都缺乏临界工作点、临界偏压、临界偏流等概念。所设置工作点是否合适，更是鲜见讨论。

2. 缺乏偏置电阻 R_b 究竟多大才能使工作点合适的讨论（错漏 49）

基本共射放大器设置基极偏置电阻 R_b 用于建立合适的工作点。基极偏置电阻 R_b 究竟多大才算合适，传统也鲜见讨论。

3. 缺乏偏置电阻 R_{b1}、R_{b2} 究竟多大才能使工作点合适的讨论（错漏 50）

分压偏置共射放大器及基本共基放大器设置基极偏置电阻 R_{b1}、R_{b2} 用于建立合适的工作点。基极偏置电阻 R_{b1}、R_{b2} 究竟多大才算合适，传统更是鲜见讨论。

4. 偏置量 I_b、I_c、U_{ce} 缺乏分类，不知道究竟要稳定哪一个（错漏 51）

传统工作点只是一个泛泛的概念，偏压电流 I_b、I_c、U_{ce} 工作点三参数没有界定内涵与外延。讨论工作点时眉毛胡子一把抓，不知道 I_b、I_c、U_{ce} 三参数究竟要用哪一个、稳定哪一个,结果就是没有清晰的稳定目标,稳定效果难以最优化。

5. 工作点稳定性缺乏诸如百分比那样的量化定义(错漏52)

放大器工作点只能实现一定程度或一定百分比的稳定,百分之百的绝对稳定很难做到。对放大器工作点稳定性应该有一个合适的百分比定义。

传统 BJT 放大器工作点只有类似 $I_1/I_b=10$ 或 $\beta R_b/R_e=10$ 的判据,没有直接涉及究竟稳定多大比例,因此这些电流比判据都属于经验数据。

传统模拟电子学关于放大器工作点稳定性缺乏比如百分比那样的确切定义。

6. 放大电路缺乏输入范围概念(错漏53)

缺乏临界工作点概念,导致缺乏输入范围即最大不失真输入电压幅度的概念,不知道放大器究竟能接受多大幅度的正弦电压信号。

这个缺陷,首先导致生手在做实验时不知如何操作;其次使工程技术设计中的有关问题只能用落后的经验方法凑合敲定,严重影响设备性价比乃至可靠性等。

7. 放大电路缺乏输出范围概念(错漏54)

缺乏临界工作点概念,导致缺乏输出范围即最大不失真输出正弦电压幅度的概念,不知道放大器究竟能输出多大幅度的正弦电压信号。

8. 非功率放大器缺乏管耗计算,降额设计缺乏理论支撑,易生隐患(错漏55)

偏压偏流设计是管耗分析计算的理论基础。管耗分析计算是降额设计的理论基础。传统除了互补功率放大器的偏压偏流设计有定论、并有管耗分析计算之外,其他放大器偏压偏流设计无定论,缺乏管耗分析计算,不清楚管耗什么情况下最大及究竟多大。致使降额设计缺乏理论支撑,落后的经验设计水平难以保证,极易给设备留下隐患。

9. 放大电路缺乏最大输出功率概念(错漏56)

缺乏临界工作点的概念、输出范围即最大不失真输出电压幅度的概念,导致不知道放大器究竟能输出多大功率,即负载能获得多大功率,影响设备效能及可靠性。

缺乏输入范围及输出范围的概念,导致电子工程技术或放大实验不知道如何确定信号电压有效值或幅度的大小,使有关工作及放大实验难以进行。

10. 放大电路上、下限频率计算很少(错漏57)

共射、共集、共基三种基本组态 BJT 放大器,都缺乏上、下限频率计算。

众所周知,电容耦合放大器输入端和输出端各有一个时间常数。传统模拟电子学共射放大器只在两个时间常数相差甚大或相等的特殊情况下才会计算下限频率。在两个时间常数相差不大,例如 $\tau_1/\tau_2=2$ 的典型情况下,很难看到放大器下限频率计算。

共射、共集、共基三种基本组态 BJT 放大器,以及共源、共漏、共栅三种基本组态 FET 放大器,上、下限频率计算更缺乏。

11. 放大电路频率特性分析计算漏掉信号源内阻,不具备全局性(错漏58)

就像放大器电压放大倍数分析计算漏掉信号源内阻一样,放大器频率特性分析也漏掉了信号源内阻,考虑因素不全面,不具备全局性、代表性。

分析计算思路不合适,不具备全局性,是共射、共集、共基三种基本组态 BJT 放大器上、下限频率计算不健全的根本原因。

12. 放大器非线性失真介绍很少(错漏59)

放大电路非线性失真很重要,总谐波失真 THD 是一个重要指标,但是传统模拟电子学著作鲜见关于非线性失真的介绍,总谐波失真 THD 更难寻觅。

13. 小信号概念甚嚣尘上,放大器非线性失真的成因却没有解释(错漏60)

众所周知,晶体管的非线性失真限制了放大器所能放大的信号电压幅度。由于晶体管的非线性失真,晶体管放大器所能放大的信号电压幅度是比较小的,这就是小信号概念的来历。在传统模拟电子学中,小信号概念神乎其神。但是,就某一个具体的晶体管放大电路,所能放大的信号电压幅度究竟多大,受哪些因素影响,却鲜见结论。

14. 单管甲类放大器效率大小没有定论(错漏61)

正弦交流信号放大器本质上是直流-交流电能转换器。放大器效率指的是输出电压幅度达到最大时直流电能转换为交流电能的效率。传统单管甲类放大器输出范围计算一直没有落实,所以单管甲类放大器效率计算一直没有定论。

15. 多级放大器上、下限频率计算不完善(错漏62)

单级放大器上、下限频率分析计算不完善。受此影响,多级放大器上、下限频率分析计算缺陷更多。

16. 磁耦合放大电路技术参数指标的讨论几乎是空白(错漏63)

目前,磁耦合放大电路虽然应用比较少,但它是变压器振荡电路的基础。因此模拟电子学著作对此应当给出介绍。但是磁耦合放大电路的十项技术参数,包括最基本的电压放大倍数,长期以来传统文献都鲜见介绍。

17. 功率放大电路分析计算难见功率放大倍数(错漏64)

功率放大电路只有负载功率及管耗等极限参数的分析计算,最关键的技术指标——功率放大倍数却难得一见。教科书作者不明就里,读者不知所终。

18. 差分放大器双端输出模式下共模抑制比没有计算——避实就虚(错漏65)

长尾差分放大电路只在单端输出模式下有共模抑制比的分析计算,双端输出模式下只考虑完全对称情况,简单认为共模抑制比为无穷大,对于对称性欠佳的实际情况,反而没有任何分析计算,实属典型的避实就虚!

19. 差分放大器调零电路只介绍落后、低效、淘汰的串联形式(错漏66)

差分放大器有串联调零电路及并联调零电路。

串联调零电路要影响共模抑制比等性能指标,而且一旦断开,故障很严重。

并联调零电路不影响共模抑制比等性能指标,而且即使断开,故障一般并不严重,在反馈存在时甚至没太多影响。

因此实际普遍使用的是并联调零电路。

但是传统模拟电子学文献介绍的是低效率的串联调零电路。这种理论与实际的严重脱节,很容易使一些新手误入歧途。

20. 微分运算电路的第二功能鲜为人知(错漏67)

微分运算电路还有第二功能−90°移相放大,可是鲜为人知,原因是在一些模拟电子学著作中,微分运算电路的第二功能−90°移相放大鲜有介绍。

21. 积分运算电路的第二功能鲜为人知(错漏68)

积分运算电路还有第二功能＋90°移相放大,可是鲜为人知,原因是在一些模拟电子学著作中,积分运算电路的第二功能＋90°移相放大鲜有介绍。

22．不少人忽视了＋90°集成放大器（错漏69）

集成放大器有同相放大器、反相放大器、＋90°移相放大器和－90°移相放大器。传统模拟电子学只是对同相放大器和反相放大器讨论较多，但对＋90°移相放大器的讨论较少。

23．不少人忽视了－90°集成放大器（错漏70）

传统对同相放大器和反相放大器讨论较多，但鲜见对－90°移相放大器的讨论。以致明摆着是－90°移相放大器，有人硬是说成"反相输入比例电路"；明摆着是两节 RC 移相电路，硬是说成"三节 RC 移相电路"[6,7,13]。

24．集成放大器缺乏分类（错漏71）

众所周知，分立放大器有共射、共集及共基三大组态。

电子工程中集成放大器应当分为三类：同相比例放大器、反相比例放大器及±90°移相放大器。传统集成放大器分类只有同相比例放大器和反相比例放大器，显然不全。

25．简单计算多、分析少、设计更少（错漏72）

传统模拟电子学简单计算多，分析少，设计更少。

例如，分立放大电路工作点，传统只有偏流、电压多大的计算，没有合理与否的判断。所以说只是简单计算，很少分析，设计更是鲜见。

理论的欠缺导致学习难度异常大，产品设计水平低，性能价格比低，可靠性难以保证。

1.4.2　人为制造的错误（10项）

1．晶体管模型与电路模型不一致（错漏73）

为工作点分析、设计方便，交流信号放大电路等效为直流等效电路（直流通路）。为输入电阻、放大倍数、输出电阻等交流参数分析计算方便，交流信号放大电路又等效为交流等效电路（交流通路）。

等效电路的作用是帮助读者理解及分析电路。显然直流等效电路中晶体管应当用直流模型，交流等效电路中晶体管应当用交流模型。

可是，传统模拟电子学著作中几乎所有放大器的直流等效电路用的都是 BJT 原型。有的交流等效电路用的也是 BJT 原型。

2．管子输出特性曲线族功能被夸大，图解法不知所终（错漏74）

在放大电路分析中，晶体管输出特性曲线族具有提供管子电流放大倍数 β 值等五项功能。但是一直以来，晶体管输出特性曲线族的功能被无限夸大了。好像只要用上这个曲线族，放大器工作点设计、输出范围等分析计算就都大功告成了。

实际上，学界围绕晶体管输出特性曲线族折腾了几十年，很多著作洋洋洒洒十几页甚至几十页，图画了不少，但放大器临界工作点（最佳工作点）及输出范围（最大不失真输出正弦电压幅度），一个都没有计算出来，真是不知所终。这就是晶体管输出特性曲线族的功能被无限夸大的后果。因此，囿于晶体管特性曲线族的图解法已经开始被学者抛弃[8-10,17]。

近年来有模拟电子学著作开始用解析法计算放大器输出范围（最大不失真输出正弦电压幅度），但因为在概念和方法上受旧的囿于晶体管特性曲线族的图解法的消极影响，以及对晶体管饱和电压认识的不足，导致某放大器输出范围可达 2V，实际只做到 1.5V，参见文献[6]第 214 页 5.3.5 题。

3. 遇到复杂电路就随意简化,敷衍了事(错漏 75)

模拟电子技术中一个典型电路——分压偏置共射放大电路如图 1.4.1 所示。其中晶体管发射极所接的反馈电阻 R_{e1} 的功能主要是抑制管子的非线性输入特性,也有益于稳定工作点,但其有影响电压放大倍数的负面;R_{e2} 的功能只是稳定工作点。为了减少 R_{e1} 对电压放大倍数的影响,通常 R_{e1} 取值为 R_{e2} 的 10% 左右。常见很多文献所述 $R_{e1} = 100\Omega$,$R_{e2} = 1k\Omega$,就是这个道理。

传统理论对这个电路的认识及分析计算还不太完善,主要依靠经验来解决问题。很多传统模拟电子学著作对这个电路随意简化,敷衍了事,不是取消 R_{e1} 即将 R_{e1} 短路(见图 1.4.2),就是取消 R_{e2} 即将 R_{e2} 短路(见图 1.4.3),结果一个完整的电路被肢解得残缺不全。反而是一些名不见经传的模拟电子学著作介绍这个放大电路时敢于碰硬,如实分析。

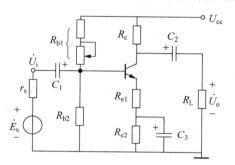

图 1.4.1 经典分压偏置共射放大电路

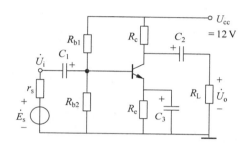

图 1.4.2 传统随意简化的例子[5]

图 1.4.1 所示分压偏置共射放大电路的输入电阻为 $r_i = R_{b1} /\!/ R_{b2} /\!/ (r_{be} + \beta R_{e1})$。图 1.4.2 所示电路的输入电阻为 $r_i = R_{b1} /\!/ R_{b2} /\!/ r_{be}$。为保证工作点稳定性,$R_{b1}$ 和 R_{b2} 阻值也需要选得小一些。总之,分压偏置共射放大电路的输入电阻很难做大。

4. 分压偏置 FET 放大电路的第三个偏置电阻多余(错漏 76)

在分压偏置共源放大电路中,工作点稳定性不受分压偏置电阻 R_{g1} 和 R_{g2} 阻值的影响。因此实际上 R_{g1} 和 R_{g2} 阻值可以选得大一些。同步提高 R_{g1} 和 R_{g2} 的阻值,分压偏置共源放大电路的输入电阻 $r_i = R_{g1} /\!/ R_{g2}$ 就能做得比较大。

传统没有认识到这一规律。为了进一步增大放大电路的输入电阻,图 1.4.4 所示传统的分压偏置共源放大电路在 R_{g1} 与 R_{g2} 的中点与 FET 管子栅极 G 之间又接入一只电阻 R_{g3},放大电路输入电阻为 $r_i = R_{g1} /\!/ R_{g2} + R_{g3}$。真是画蛇添足。

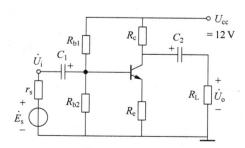

图 1.4.3 传统随意简化的例子[6]

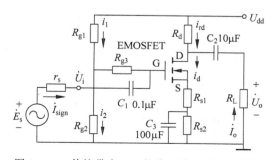

图 1.4.4 传统带有 R_{g3} 的分压偏置共源放大器

5. 把非线性失真混淆为削波失真(错漏77)

放大器的波形失真分为削波失真与非线性失真两大类。客观分类是科学研究的第一步。可是有文献本来讨论的是削波失真,所画的图却是非线性失真(文献[6]第109页)。

6. 不同性质的内容牵强地编在一起(错漏78)

典型的如直接耦合与电容耦合放大器,其分析、设计、计算特点及应用领域都不同,但传统硬是把直接耦合与电容耦合放大器掺和在一章里讲,把BJT放大器与FET放大器掺和在一起讲。电容耦合还没理解,直接耦合又来了。BJT放大器还没入门,FET放大器又来了。一整章的内容,活生生就像一锅夹生饭。

7. 前后连贯的内容生硬地颠倒顺序(错漏79)

模拟电子学的错漏,很多人都看到了。问题是积极解决还是消极应对。

在模拟电子学中,"OPA应用电路"一章本来紧跟在"差分放大及集成放大"一章之后。考虑该章内容比较容易,于是文献[6]把OPA应用电路的章节前移到整本书的最前边。结果呢,却造成更多尴尬,不仅整个体系都被打乱了,而且造成了新问题。如没介绍OPA芯片原理就涉及芯片的应用,没介绍反馈概念就用到反馈原理。

8. 表达方法不合乎大家形成的习惯(错漏80)

自然科学,包括模拟电子学,在表达方法上已经形成很多公认的做法。

例如,国家标准及国内习惯上都用大写字母 U 表示正弦电压有效值,用 U_m 表示电压幅值。可是有文献硬是用 U_m 表示电压有效值,无形中给读者的理解记忆增加了难度。

还有,传统用平行斜线剖面表示金属即电导体,用交叉的平行斜线即网格剖面表示塑料等电绝缘体。可是有的著作硬是用平行斜线剖面表示内电场即耗尽层。

表达方法不合乎标准及大家长期以来逐渐形成的习惯,给读者造成了困扰。

9. 差放及仪放的电压放大倍数被人为设定为负值(错漏81)

众所周知,单管的共射放大器、共集放大器及共基放大器只有一个输入端子,从输入到输出的路径是唯一的,电压放大倍数的符号是唯一的客观的不容讨论的。共射放大器是反相电压放大,电压放大倍数天生为负;共集放大器及共基放大器是同相放大,电压放大倍数天生为正。

差分放大器包括集成运算放大器(OPA)、仪表放大器(INA),具有两个输入端。两个输入端有同相端和反相端之分。信号电压从输入到输出的路径有两条。从同相输入到输出端,差分放大器的电压放大倍数是正的;从反相输入到输出端,电压放大倍数就是负的。因此,差分放大器的电压放大倍数,好似双面人,可正也可负。

电压放大倍数可正也可负,自然应当设为正值。差分放大电路电压放大倍数设为正,显然有利于学习、理解及应用;设为负,无形中给读者增加了难度。众所周知,集成运算放大器(OPA)的电压放大倍数就是设为正值的。通常大家都说OPA的开环电压放大倍数 A 为正,道理就在于此。

同样,仪表放大器(INA)的电压放大倍数也应当设为正。不幸的是,传统模拟电子学著作,除了集成运算放大器的电压放大倍数设为正之外,仪表放大器及其他差分放大器的电压放大倍数一律定义为负值。在"差分放大器"一章,负号满天飞。一个个负号,就好像一根根当头棒,连续不断地打在初学者的脑门上,真是雪上加霜。

人们都知道OPA的电压放大倍数 A 为正,是因为OPA有同相端和反相端。其实,任意一种差放,包括 INA,都有同相端和反相端,只不过没被强调。

所有差分放大器都具有同相端和反相端两个输入端。强化差放及 INA 的同相端和反相端概念,尽可能按照从同相端输入来定义信号电压,就会使它们的电压放大倍数 A 回归到正值。

曾几何时,电感感应电压计算公式、法拉第电磁感应定律的负号也是满天飞。可现在这些负号都无影无踪了。

差分放大器电压放大倍数计算公式的负号,就像电感感应电压计算公式、法拉第电磁感应定律的负号一样,迟早被扫进历史博物馆!

10. 差放单端、双端输入模式事实上并不存在(错漏 82)

模式,也叫组态,是给拓扑结构不尽相同的同类电路所起的名字。例如,单管放大器的共射、共集、共基组态。放大电路的不同模式或组态,具有不同的拓扑结构,以及不尽相同的性能。为差分放大电路定义单端输出和双端输出两种输出模式,是因为对同一种差分放大电路,双端输出时负载电阻的两端各接一只晶体管的集电极,单端输出时负载电阻一端改接地,两个输出模式下的电路不同,电压放大及共模抑制等性能自然都不同。电路及性能不一样,表现为有关参数指标的计算公式不同。众所周知,单管放大器的共射、共集、共基组态下电压放大倍数等参数指标的计算公式不尽相同,差分放大电路在单端输出和双端输出时的电压放大倍数及共模抑制比等计算公式也不同。

反观输入侧,单端输入只是双端输入的特殊形式,只是某一个信号电压为零,电路拓扑结构、性能及参数指标的计算公式没有任何差异。差放的单、双端输入模式并不存在。传统模拟电子学为差分放大电路定义单端输入模式和双端输入模式,是不客观的。

进一步看,单端输入既不是差模输入,也不是共模输入。双端输入既不一定是差模输入,也不一定是共模输入。传统模拟电子学为差分放大电路定义单端输入模式和双端输入模式,不只是不客观,而且是荒谬的。

极有可能的是,因为差分放大电路具有单端输出模式和双端输出模式,就有人说它具有单端输入模式和双端输入模式。这是一厢情愿,是一种低级的、错误的推理。

这个人为的错误,笔者在 2010 年发现,2013 年修订《模拟电子技术》[9] 时已经加以纠正。

传统模拟电子学,一方面缺乏正确概念,另一方面错误概念泛滥。人们学习或从事模拟电子技术工作时感到迷茫,一方面是因为缺乏正确概念的指引,另一方面是受到错误概念的误导。

1.5　反馈及振荡理论的错误与漏洞

1928 年,美国西屋电子公司工程师 Harold Black 发明反馈放大器,以稳定增益。反馈理论首先为电子技术而诞生,之后才广泛用于自动控制、信号处理等领域。

模拟电子学中信号放大理论的问题主要是各种漏洞,即很多事项还没有考虑到。反馈及振荡理论的问题则是错误与漏洞并存。

仅仅是漏洞,补足即可。错误与漏洞并存,漏洞要补足,错误也要纠正。纠正错误,往往比补足漏洞更困难。

　　反馈及振荡理论最大的错误是串联反馈与并联反馈的错误概念,以及由此导致的认为反馈信号与输入信号相加就是正反馈、相减就是负反馈等错误观点。

　　反馈及振荡理论最大的漏洞是反馈分类欠缺太多,以及加反馈理论基本是空白。

　　传统模拟电子学振荡理论及振荡电路部分的错误最多。就连 RC 集成移相振荡器至少需要几节 RC 移相电路的基本问题都搞错了。本来至少两节就足矣,传统却错误以为至少需要三节。

　　晶体管理论的错误及漏洞不少,对实际工作影响很大。放大、反馈及振荡理论的错误与漏洞对实际工作影响更大。因此大家对模拟电子学反馈理论部分的疑惑最多、意见最大。

1.5.1　反馈理论的错误与漏洞(13 项)

　　1. 串联反馈与并联反馈概念含糊其辞,不合逻辑(错漏 83)

　　反馈信号与输入信号不是加就是减。反馈信号与输入信号之间的加、减关系及相位关系是反馈系统中两个最清晰、最重要的关系。可惜的是,这两个清晰、重要的关系在传统理论中都被忽略了,代之以模糊的串、并联反馈概念。

　　串联意味着加还是减,并联意味着加还是减,不同层次、不同领域的人们的观点并未统一。经过长期磨合,人们私下里逐渐意识到并联反馈中反馈信号与输入信号以电流形式相加,串联反馈中反馈信号与输入信号以电压形式相减。不过仅仅如此而已,依然鲜见有人明确,最根本的加、减关系依然被忽视。而这一切,只是为了维护模糊的串、并联反馈概念,全然不顾初学者的迷茫和焦虑。

　　还有,因为加、减关系被忽视,所以连带相位关系也被丢在一边。直接用串、并联反馈概念判断反馈极性,简直难于上青天。

　　2. 并联反馈(加反馈)计算少而乱(错漏 84)

　　传统的串联反馈实质上指的是减反馈,其闭环电压放大倍数、反馈深度及反馈系数计算比较多,而且结论比较一致。

　　传统的并联反馈实质上指的是加反馈,其闭环电压放大倍数、反馈深度及反馈系数计算很少而且很乱,结论也不一致。

　　3. 虚构串、并联反馈电路模型——雪上加霜(错漏 85)

　　说起串联反馈、并联反馈,可在所谓串联反馈电路中不一定能找到串联的影子,在并联反馈电路中更难找到并联的影子。例如,人人皆知的集成反相比例电路就属于并联负反馈,可是其中连并联的影子都看不到。

　　串、并联反馈概念本来是不合适的。传统不是纠正错误概念,而是虚构各种各样的串、并联反馈电路模型,企图使串、并联反馈概念合法化,削足适履,结果在错误的道路上越走越远,越描越黑,给读者制造的混乱越来越多。

　　4. 实际使用了多路反馈但反馈理论缺乏多路反馈的概念(错漏 86)

　　多路反馈也叫多通道反馈。很多有源滤波器都使用了多路反馈电路,但传统反馈理论中鲜有多路反馈的概念。

　　5. 实际遇到了多重反馈但反馈理论缺乏多重反馈的概念(错漏 87)

　　多重反馈也叫多层反馈,在实际的电子电路中很常见,但传统反馈理论中没有多重反馈的概念。

6. 简单认为反馈与输入信号相加即正反馈、相减即负反馈(错漏88)

反馈信号与输入信号合成为偏差。相对于输入信号来说,只有偏差得到加强,即偏差比输入信号大,才是正反馈;只有偏差被削弱,即偏差比输入信号小,才是负反馈。

反馈信号与输入信号的合成方式分为加、减两种。反馈信号与输入信号的相位关系分为同相与反相两种。

反馈信号与输入信号相加时,只有反馈信号与输入信号同相,偏差才能得到加强,才能获得正反馈;若反馈信号与输入信号反相,则因加负相当于减正,偏差被削弱,所得到的不是正反馈而是负反馈。总之,反馈信号与输入信号相加,不一定是正反馈。

反馈信号与输入信号相减时,只有反馈信号与输入信号同相,偏差才能被削弱,才能获得负反馈;若反馈信号与输入信号反相,则因减负相当于加正,偏差得到加强,所得到的不是负反馈,而是正反馈。总之,反馈信号与输入信号相减,不一定是负反馈。

传统理论置减负等于加正、加负等于减正等简单道理于不顾,不管反馈信号与输入信号同相还是反相,错误地认为反馈信号与输入信号相加就是正反馈,相减就是负反馈,并且附带产生以下种种错误。

7. 负反馈来源有减也有加,传统却认为负反馈只能由减构成(错漏89)

负反馈既能由减反馈构成,也能由加反馈构成。传统却认为负反馈纯粹由减反馈构成。很多著作的负反馈框图都按照减反馈绘制,就是明证。由此造成很多错漏。传统负反馈数学模型根据减反馈来建立,是认为反馈信号与输入信号相减即负反馈的错误的延续。

传统负反馈数学模型根据减反馈来建立,自然只适用于反馈信号与输入信号相减即减反馈。但是不乏看到拿着根据减反馈建立的数学模型来解决加反馈的电压放大倍数、反馈系数等分析计算问题。简直就是现代版的缘木求鱼。

一直以来在减反馈分析方面,很多学者步调一致,相关计算比较成熟。比较起来,加反馈分析计算问题就很多,各种方法大相径庭,部分原因就在于缘木求鱼。

8. 正反馈来源有加也有减,传统却认为振荡器只能由加反馈构成(错漏90)

实际振荡电路既可由加反馈构成,即 $\varphi_s=0$,也可由减反馈构成,即 $\varphi_s=\pi$。传统却认为正反馈纯粹由加反馈构成。很多著作的正反馈框图按照加反馈绘制,就是明证。

图1.5.1所示为某通用示波器中的时间标准振荡电路。其前向通道是共射放大电路,前向通道相移 $\varphi_a=\pi$。反馈系数 $F=C_2/(C_1+C_2)>0$,反馈通道相移 $\varphi_f=0$。BJT 集电极电压经电容 C_1、C_2 串联分压后形成反馈电压,加到发射极。它采用了减反馈,即 $\varphi_s=\pi$。三个相位移之和 $\sum \varphi=\varphi_a+\varphi_f+\varphi_s=\pi+\pi+0=2\pi$,符合正弦振荡相位平衡条件。

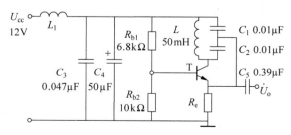

图1.5.1 某通用示波器中的时间标准振荡电路

前向通道是共射放大电路,前向通道相移本来是 $\varphi_a = \pi$。但是根据传统的振荡相位平衡条件 $\varphi_a + \varphi_f = 0$,却得出 $\varphi_a = 0 - \varphi_f = 0 - 0 = 0$ 的错误结论。

认为振荡电路只能由加反馈构成的错误,实际是认为反馈信号与输入信号相加就是正反馈的错误的延续。这个错误还派生出数不尽的错误!

如图 1.5.1 所示振荡电路、科比兹振荡器及哈特莱振荡器的前向通道所用都是共射放大电路,传统旧理论却有正弦振荡电路的前向通道不能用共射放大电路的说教!

9. 反馈与输入信号非加即减,但传统没有加、减反馈的概念(错漏 91)

顾名思义,差是减法运算的结果。传统认为正反馈系统的偏差信号是反馈信号与输入信号相加得到的,负反馈系统的偏差信号是反馈信号与输入信号相减得到的。认为反馈信号与输入信号相加即正反馈、相减即负反馈,说明传统已经明确反馈信号与输入信号不是相减就是相加。使用传统的瞬时极性法判断偏差是加强还是被削弱,首先考虑的也是反馈信号与输入信号是加还是减,也说明传统已经明确反馈信号与输入信号不是相减就是相加。但在相关文献中一直鲜见加、减反馈的术语。

例如,拿着根据减反馈建立的数学模型来解决加反馈的分析计算问题,缘木求鱼,根本原因也是无视加反馈的概念。

10. 反馈分类严重不全,欠账太多(错漏 92)

人们已经认识到,反馈共有加反馈(并联反馈)与减反馈(串联反馈)、电压反馈(输出反馈)与电流反馈(非输出反馈)、正反馈与负反馈、简单单层反馈与多层反馈(多重反馈)、简单单路反馈与多路反馈、他反馈与自反馈、直流反馈、交流反馈及交直流反馈,考虑 $3 \times 2^6 = 192$,反馈组态应该有大约 200 种,但传统的反馈组态只有电压并联负反馈、电压串联负反馈、电流并联负反馈、电流串联负反馈区区四种!

合理分类是任何一个学科发展的第一步。分类不全将从根本上影响学科发展,反馈理论也不例外。

11. 瞬时极性法难以捉摸,很难适应反馈设计(错漏 93)

用瞬时极性法判断反馈极性,就好像警察追踪小偷,稍不留意就会丢掉目标,是很难用的。瞬时极性法应对反馈分析还算凑合,但是面对反馈设计,就显得捉襟见肘。

在使用瞬时极性法解题过程中,首先要确认反馈信号与输入信号加还是减。说明加、减反馈的概念是不可回避的,传统反馈理论无视加、减反馈的概念是错误的。

12. 术语"比较环节"片面主观,名不符实(错漏 94)

输入信号与反馈信号之间的合成关系,除了相减还有相加。比较仅仅意味着两者相减。所以反馈理论中的比较环节名称不甚客观,片面主观,名不符实。

13. 遗漏合成环节(比较环节)相移概念(错漏 95)

反馈环路有三个通道或环节:

(1) 前向通道。

(2) 反馈通道。

(3) 合成环节。

传统把合成环节称为比较环节。

反馈信号通过任一通道或环节,都可能发生相移。

因此,反馈系统中有三个环节,就有三个相移:

(1) 前向通道相移 φ_a。

（2）反馈通道相移 φ_f。

（3）合成环节相移 φ_s。

历史上没有合成环节相移符号 φ_s，该符号是笔者暂时命名的。

传统只注意到前向通道相移 φ_a 和反馈通道相移 φ_f，但忽视了合成环节相移 φ_s。

下标的特征是字形较小。下标用大写字母来表达，虽然不至于引起歧义，但绝非最佳表达方式。因此原则上下标宜用小写字母来表达。传统下标则很多用大写字母来表达。例如，传统前向通道相移符号是 φ_A，反馈通道相移符号是 φ_F，笔者特意将符号 φ_A 改为 φ_a，将 φ_F 改为 φ_f。

1.5.2　振荡理论的错误与漏洞（10 项）

14. 振荡相位平衡条件 $\varphi_A + \varphi_F = 0$ 的适用范围被夸大（错漏 96）

根据笔者总结出来的 3φ 法，基于 BPF 的振荡相位平衡条件为 $\varphi_a + \varphi_f + \varphi_s = 2n\pi$。传统认为加反馈就是正反馈，即认为振荡电路一律由加反馈构成，就是默认 $\varphi_s = 0$。$\varphi_s = 0$ 时振荡相位平衡条件 $\varphi_a + \varphi_f + \varphi_s = 2n\pi$ 就简化为 $\varphi_a + \varphi_f = 2n\pi$，用传统符号写起来就是 $\varphi_A + \varphi_F = 2n\pi$。这就是传统模拟电子学著作所介绍的基于 BPF 的振荡相位平衡条件 $\varphi_A + \varphi_F = 2n\pi$ 的来历。

传统基于 BPF 的振荡相位平衡条件 $\varphi_A + \varphi_F = 2n\pi$ 源自于加反馈（俗称并联反馈）的情况，即合成环节相移 $\varphi_s = 0$ 的情况。对减反馈（俗称串联反馈），即合成环节相移 $\varphi_s = \pi$ 的情况，或者使用 BEF 的场合，振荡相位平衡条件 $\varphi_a + \varphi_f = 0$ 就是错误的。

传统把振荡相位平衡条件 $\varphi_A + \varphi_F = 2n\pi$ 扩展到合成环节相移 $\varphi_s = \pi$ 的场合，以及使用 BEF 的场合，会造成错误。

15. 对带阻滤波器（BEF）谐振点上的相位移认识不足（错漏 97）

实际上，带阻滤波器谐振点上的相位移可能是 0，也可能是 π。但是很多人片面认为实际振荡电路中的带阻滤波器谐振点上的相位移就是 π。

16. 对基于 BEF 的振荡相位平衡要求认识不足（错漏 98）

众所周知，带通滤波器（BPF）应当串联在正反馈环路中。正反馈环路的相移为 $2n\pi$，$n = 0, 1, 2, \cdots$。谐振点上 BPF 的相移为 0。那么串进 BPF 之后的总相移即基于 BPF 的振荡相位平衡条件就应当为 $2n\pi + 0 = 2n\pi$。

很多学者已经明确，带阻滤波器（BEF）应当接在负反馈环路中。但是由于对谐振点上 BEF 的相移究竟为 0 还是 π 不甚清楚，导致基于 BEF 的振荡相位平衡要求究竟应当为 $(2n+1)\pi$ 还是 $2n\pi$，或者什么情况下应当为 $(2n+1)\pi$，什么情况下应当为 $2n\pi$，至今没有明确。

17. 振荡电路绘图错误——科比兹振荡器的 LC 串联特性被抹杀（错漏 99）

科比兹振荡电路中的电感 L_1 与电容 C_1 之间是串联关系。传统模拟电子学著作介绍的科比兹振荡电路，把电容 C_1、C_2 画成串联关系，L_1、C_1 之间的串联特性被掩盖了，如图 1.5.2 所示。这种错误的画法无形中给读者制造了一层困难。

18. 振荡电路绘图错误——哈特来振荡器的 LC 串联特性被抹杀（错漏 100）

哈特来振荡电路中的电感 L_1 与电容 C_1 之间也是串联关系。传统模拟电子学著作介绍的哈特来振荡电路，把 L_1、L_2 画成串联关系，类似于图 1.5.2，L_1 与 C_1 之间的串联特性

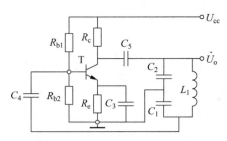

图 1.5.2　传统振荡电路绘图错误——科比兹振荡器的 LC 串联特性被抹杀

被掩盖,无形中给读者制造了一层困难。

19. 前向通道相移只有 0°和 180°为人熟知,±90°被人忽视(错漏 101)

放大器相移即反馈系统的前向通道相移除了 0°和 180°,还有±90°。同相放大器前向通道相移 0°,反相放大器前向通道相移 180°,RC 集成移相放大器前向通道相移±90°。可是其中只有 0°和 180°为人熟知,±90°极易被人忽视。

20. 集成移相振荡器至少需要两节 RC 移相电路,传统楞说是三节(错漏 102)

集成移相振荡器所需 RC 移相电路的节数与所配用集成放大器的种类有关。根据所配用集成放大器的类型,集成移相振荡器所需要 RC 移相电路可能为两节,也可能为三节,还可能为五节。

所配套放大器为同相比例放大器,集成移相振荡器需要五节 RC 移相电路。

所配套放大器为反相比例放大器,集成移相振荡器只要三节 RC 移相电路就可以。

所配套放大器为±90°移相放大器,集成移相振荡器只要两节 RC 移相电路就足够了。

总之,集成移相振荡器至少需要两节 RC 移相电路。

图 1.5.3 所示 RC 集成移相振荡器的核心为 OPA 与 R_3、C_3 组成的－90°移相放大器,即 90°滞后移相放大器,$\varphi_a = -90°$。R_1C_1、R_2C_2 组成两节超前移相电路,移相极限范围是 180°,总相移能在＋90°左右徘徊,轻松实现＋90°移相,$\varphi_f = +90°$。因采用加反馈,$\varphi_s = 0°$。环路总相移 $\sum \varphi = \varphi_a + \varphi_s + \varphi_f =$

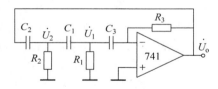

图 1.5.3　两节 RC 超前移相集成振荡器

$-90° + 0° + 90° = 0°$,满足振荡相位平衡条件。

图 1.5.3 所示 RC 集成移相振荡器明明用了两节 RC 移相电路,以事实证明了 RC 集成移相振荡器至少需要两节 RC 移相电路。传统很多著作却说图 1.5.3 所示 RC 集成移相振荡器至少要用三节 RC 移相电路(见文献[6]第 443 页、文献[7]第 181 页、文献[13]第 418 页)。这样就产生了如下五层错误或破绽。

第一层错误,把－90°移相放大器混淆为反相比例放大电路。

传统将图 1.5.3 中的－90°移相放大器误认为是"反相比例放大电路"(见文献[7]第 181 页、文献[13]第 418 页)。结果按照反相比例放大电路的要求,得出集成移相振荡器至少需要三节 RC 移相电路的错误结论。根本原因是,传统上对集成放大器认识不足,集成放大器缺乏分类,以为所有的集成放大器不是反相比例放大器就是同相比例放大器。传统不重视±90°集成移相放大器。因此,±90°集成移相放大器,前向通道相移±90°,无论频率多大,移相放大器的移相角度总是±90°固定值的事实都屡屡被人忽视。缺乏正确概念的引领,就会导致判断错误。

第二层错误,把属于−90°移相放大器的电容 C_3 割舍给虚构的第三节 RC 移相电路。

图 1.5.3 中 RC 移相电路明明只有 R_1C_1、R_2C_2 两节。为了造出所希望的第三节 RC 移相电路,传统硬是把本来属于−90°移相放大器的电容 C_3 说成是属于 RC 移相电路,走出虚构第三节 RC 移相电路的第一步。

第三层错误,拉来 OPA 输入电阻冒名顶替虚构的第三节 RC 移相电路的电阻。

即使把本来属于−90°移相放大器的电容 C_3 割舍给所谓第三节 RC 移相电路,这第三节 RC 移相电路也只有电容没有电阻,依然残缺不全。只有电容没有电阻,怎能称为 RC 移相电路呢?为了拼足电阻,制造第三节 RC 移相电路,传统又把 OPA 输入电阻 r_i 说成是 RC 移相电路的电阻(见文献[7]第 181 页)。

第四层错误,又附带产生振荡频率与 RC 移相电路电阻及电容无关的悖论。

众所周知,RC 移相振荡器的振荡频率与 RC 移相电路的电阻及电容都有关。照此,若认为 r_i、C_3 属于 RC 移相电路,则图 1.5.3 所示 RC 集成移相振荡器的振荡频率就应当与 R_1、C_1、R_2、C_2、r_i、C_3 都有关。实际上,该电路振荡频率仅与 R_1、C_1、R_2、C_2 有关,说明认为 r_i、C_3 属于 RC 移相电路的观点不符合事实,参见 12.4 节。

第五层错误,若认为 r_i 属于 RC 移相电路,则又附带产生 RC 振荡频率极低的悖论。

退一步认为 r_i 属于 RC 移相电路,则又因为 OPA 输入电阻 r_i 几乎是无限大,结果又附带产生 RC 振荡频率极低甚至为零的悖论。

总之,拉来 OPA 输入电阻当作 RC 移相电路的电阻,真是首尾不顾。

教科书都如此离谱,混淆是非,学生和技术人员怎能不迷惑呢?学生在迷惑中学习,其成绩又如何保证呢?技术人员在迷惑中设计的产品,其性能怎能保证呢?可靠性及水平就更别提了。

还有一种 90°超前移相放大器,所配用的 RC 滞后移相电路,也是只要 90°就可以满足振荡要求,所以这种以 90°超前移相放大器为核心的集成移相振荡器也是只需要两节 RC 滞后移相电路,详见本书 12.4 节。

总之,RC 集成移相振荡器至少需要两节 RC 移相电路就足矣,而不是三节。

传统认为 RC 集成移相振荡器至少需要三节 RC 移相电路的观点违背事实,危害极大。

两节 RC 移相电路与±90°移相放大器组成集成移相振荡器,图 1.5.3 所示就是其中一例,元件最少,电路最简单,不仅成本低,而且有利于可靠性。

三节 RC 移相电路与反相放大器组成集成振荡器,原理上也可行,实际也能振荡,但电路比较复杂,详见本书第 12 章。其价值仅在于供学生做实验练手而已。

四节及五节乃至六节 RC 移相电路与同相放大器组成振荡器,只是原理上也还可行,但实际振荡很困难分析计算很繁杂。

模拟电子学的发展历史已经超过半个世纪,可是传统模拟电子学对集成移相振荡器究竟需要几节 RC 移相电路的简单问题还没有正确答案。要说就连这样的基础问题都还没有解决,可能很多读者会说这怎么可能,但这是事实。揭开这个谜底,以使无数的读者不再为此困惑迷茫。

21. 典型电路只有拓扑结构但缺乏元件参数(错漏 103)

传统模拟电子学著作中典型电路只有拓扑结构缺乏元件参数的例子不胜枚举。

例 1.5.1 BJT 基本共射放大电路基极偏置电阻很多不标明阻值,FET 基本共源放大电路栅极偏置电阻很多不标明阻值。

例 1.5.2 仪表放大器(INA)电阻缺乏阻值,或阻值来源唐突不明。

22. 晶振接在同相、反相放大器两端都能振荡的现象无解释(错漏 104)

传统通常把晶振接在反相放大器输入端与输出端之间构成振荡电路。

已经发现一个晶振接在同相放大器与反相放大器输入端与输出端之间构成反馈,都能振荡。这个现象用传统理论无法解释。

23. 传统模拟电子学所用符号多如牛毛(错漏 105)

据统计,目前传统模拟电子学著作常用符号多达 200 个,复杂繁多,就连下标也要分大小写。例如,符号 i_B 与 i_b、u_B 与 u_b 的含义就不同。但是由于理论体系不完善,虽然符号如此之多,但问题和现象的阐述还是很糟糕,反使人们在这多如牛毛的符号面前不知所措。例如 FET 管子的源极外接电阻符号 R_s 就容易与信号源内阻符号 R_s 相混淆。

传统模拟电子学中这些有上文无下文的例子,就像一个个无底的谜语和猜想。谜语和猜想如此之多的科学家都解不开,技术人员和大学生怎能不迷茫呢?!

1.6 模拟电子学理论缺陷的影响及原因

深刻认识模拟电子学理论缺陷的影响、原因,在学科发展、专业技术教育及产品设计等方面意义非凡。

1. 传统模拟电子学著作被人们非难的原因

传统模拟电子学著作不尽如人意,根本原因是模拟电子学基础理论缺陷太多。有的作者被这些缺陷蒙在鼓里,还有的作者即便知道有缺陷,但是限于各种未名的原因,也不敢直面。

"空穴带正电"就是一个明例。很多学者明知空穴不带电,依然在其著作里写上"空穴带正电",然后又写上"空穴是虚拟的",自相矛盾。

传统模拟电子学的漏洞及错误太多了。一旦陷在这些错误的泥潭里,无论作者的文笔多么好,也不过是巧妇难为无米之炊;无论读者的理解力多么强,也会陷入迷茫。

考试是明辨是非的竞技场。考试内容一般是学术界公认的知识点。尽管出题者尽可能从学科的所有层面搜罗题源,但是那些明显不符合事实的观点、概念等,通常是不会拿到考卷里边去的。这些例子不胜枚举。

平衡 PN 结内电场多宽、内建电势(势垒)多大,考试从来没人问。因为教科书都没写,教师都不知道,自然不好意思拿来考学生。

正向导通 PN 结残余内电场多宽,考试也从来没人问。因为教师都不知道正向导通 PN 结究竟还有没有残余内电场,更别提残余内电场多宽了,所以也不可能拿来考学生。

二极管正向压降及其温度系数的来源,鲜见有人拿来考试。

为什么金封二极管的螺栓等金属体做成正极,也鲜见有人拿来考试。

为什么光电二极管有电源能测光,无电源也能测光,更是鲜见有人拿来考试。

给定放大电路拓扑结构、电阻 R_c 等参数,以及晶体管 β 值,如何设计基极偏置电阻 R_b,也是从来不会考的。

集成移相振荡器至少需要几节 RC 移相电路,是一个特例。学者自己还没搞明白,就拿去考大众。真是糊涂。

总的来看,按照正确的理论体系学习,心里明白了,即使是应对按照传统理论组织的考试,也能拿到高分。注册电气工程师执业资格考试已经证明了这一点。

2. 理论缺陷遍布学科,严重影响专业技术教育

模拟电子学的缺陷影响面最宽、影响力最大的是专业技术教育,最明显的是对学生的影响。

模拟电子学的有些缺陷很荒谬。如空穴带正电的观点,少子漂移电流与多子扩散电流相平衡决定 PN 结内电场的观点,以及导通 PN 结二极管还有残余内电场的观点。虽然它们冠冕堂皇地出现在很多著作中,但是早已经被人们抛在脑后。一方面专业技术教师不理会它们,另一方面工程技术人员也不把这些谬论当回事儿。

这些缺陷所影响的主要是不明真相的学生。学生认清传统模拟电子学的错误,是避免自己陷入被动和迷茫不可或缺的第一步。

模拟电子技术等新学科本身不成熟,仅仅通过改善教学方法是巧妇难为无米之炊,必须从完善学科基础理论即学科建设,并改进教科书入手,才能从根本上提高教学质量。

例如,模拟电子技术中最基本的电压放大实验,学生需要知道所实验放大器究竟能接受多大幅度的电压信号,以便施加信号。但是现行理论没有介绍放大器输入范围。学生根本不知道究竟该加上多大幅度的正弦电压信号,很多教师也不知道。

有件事令人刻骨铭心。晶体管电流放大倍数 β 值是管子的第一功能。但屡次发现高校组织成百上千名学生集体购买的数字万用表,其中的晶体管电流放大倍数 β 值测量挡(即 h_{FE} 挡),竟然是空的! 该挡只有插孔,没有功能。

为什么市场上零售的数字万用表有晶体管电流放大倍数 β 值测量功能,而供给学生时这项功能却没有呢? 根本原因是,实践中工程师、技术员经常使用 β 值测量功能,而几乎所有高校的"模拟电子技术实验"课程都鲜见管子 β 值的测量。

差分放大电路调零电路,流行的是先进的集电极并联调零方式。反观高等学校,引导学生做的却是最落后的发射极串联调零方式。

很多企业接受电气电子类毕业生,第一件事就是组织他们重新学习模拟电子技术。这折射出很多高校的模拟电子技术教学工作的肤浅。

3. 模拟电子学理论大面积缺陷对工程技术的影响

虽然模拟电子学的大面积缺陷对工程技术究竟有什么具体影响有待讨论,但是,没有一个人敢否定理论缺陷对于工程技术的影响。

模拟电子学的有些缺陷是很明显的。如很多著作上放大器没有临界工作点以及输入、输出范围,最典型情况下没有下限频率计算,甚至电路设计存在错误等。工程技术人员要么用经验方法解决,要么顺其自然。有关产品质量或性能指标不能保证,或者设备存在隐患,不知何时爆发。

　　模拟电路理论不完善,已经影响了几代设计人员的意识。模拟接口电路设计人员缺乏最佳工作点等类似意识,电路设计就很难完善。目前很多产品的功能,已经用硬件和软件联合实现。模拟接口电路设计不完善,似乎可以通过调整程序设计进行弥补,就好像堤内损失堤外补。平时还凑合,但一旦发生故障,就极易扩大化甚至酿成重大事故。

　　4.模拟电子学理论大面积缺陷的原因

　　1)客观原因

　　(1)学科历史较短。

　　任何一个学科的进步和发展都需要一代代人不懈地接力研究攻关。

　　传统模拟电子学以晶体管为核心。传统模拟电子学理论从1947年晶体管发明以来,由晶体管的三个发明人之一肖克莱等科学家逐渐创立。

　　很多学科的历史已有数百年,如高等数学的历史已有四百年。模拟电子学学科历史只有不足七十年。不足七十年的历史,相对其他学科是很短的。如果说数学已成年,那么模拟电子学尚不过幼年。学科发展需要时日。模拟电子学存在很多缺陷的客观原因之一就是历史太短。

　　(2)忽视了半导体物理学基础。

　　模拟电子学的基础是半导体物理学。晶体管的发明与半导体物理学息息相关。传统模拟电子学理论及模拟电子技术教科书恰恰忽视了半导体物理学基础。

　　基础不牢,地动山摇。现行模拟电子学理论存在如前所述那么多不足,不足为怪。

　　2)主观原因

　　历史上的愚昧、迷信、保守、偏见并没有随着社会进步及科学发展而完全消失。

　　虽说要独立思考,但是国内外盲目跟风、人云亦云的事例多年来一直屡见不鲜。

　　在名校名家的光环下,错误可能被扭曲为正确。结果科学的发展被阻碍了,学生的学习道路上荆棘连绵,产品的性价比及可靠性等都难以保证。

　　例如,1947年晶体管发明以来,空穴电中性和带正电的观点曾经不分伯仲。可惜后来空穴带正电的错误观点竟然占据上风。

第2章

探索创新如火如荼

2.1　学术界相关动态

群众的力量是无穷的,群众的智慧是无尽的,群众的贡献是无限的。几十年来,国内外模拟电子学界在概念、理论、方法等方面的改革与创新不胜枚举。这里略举数例。

1. 吴梂良、孙新涛、贾瑞皋先生很早就在电路领域进行了创新

早在五十年前,吴梂良先生[1]就指出电压符号应当用"U"而不是"V"。

二十三年之前,孙新涛先生[2]就已经明确指出,使用对数标度即对数频率坐标轴,可使RLC串联电路幅频特性曲线相对于谐振点左右对称。

2010年,贾瑞皋先生[14]就已指出:法拉第电磁感应定律公式中的负号可以去掉。

很多近期出版的电工技术及电路分析教科书,都已经采用不带负号的电感感应电压计算公式 $u = L\,\mathrm{d}i/\mathrm{d}t$。

笔者也证明了:线圈磁通 φ 与电流 i 线性相关,$\varphi = ni/R_\mathrm{m}$,$R_\mathrm{m}$ 是磁阻。法拉第电磁感应定律与电感感应电压计算式实质相同。既然电感感应电压计算式能去掉负号写成为 $u = L\,\mathrm{d}i/\mathrm{d}t$,那么法拉第电磁感应定律也能去掉负号写成 $u = n\,\mathrm{d}\varphi/\mathrm{d}t$。

2. 佐治亚州立大学很早就明确空穴不带电

P型半导体的空穴来自于Ⅲ族杂质受主原子。实际上P型半导体中的空穴在Ⅲ族杂质受主原子周围游动。画图时可以设定空穴属于Ⅲ族杂质受主原子,也可以设定空穴属于Ⅳ族半导体主体原子。问题是,设定空穴属于Ⅳ族主体原子时,Ⅲ族杂质受主原子就变身为负离子,为维持整体电荷守恒,就必须与杂质负离子一对一地画上Ⅳ族主体正离子。就是说,设定空穴属于Ⅳ族主体原子时,不能只画杂质原子,简略画法也就不能用了。

众所周知,画N型半导体平面展开图时设定自由电子属于Ⅳ族杂质施主原子。

就像画N型半导体平面展开图时设定自由电子属于Ⅳ族杂质施主原子一样,画P型半导体平面展开图时可设定空穴属于Ⅲ族杂质受主原子。这就好像是空穴物归原主。若设定空穴属于Ⅲ族杂质受主原子,则不会产生负离子,也就不会引发丢失主体正离子的错误了。

美国佐治亚州立大学[15]就是设定空穴属于Ⅲ族杂质受主原子画图的,见图2.1.1。

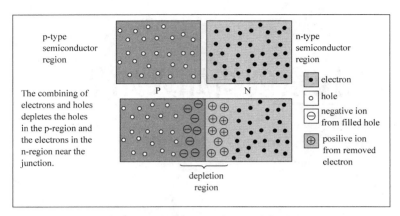

图 2.1.1　佐治亚州立大学相关资料图

这样的正确做法还有很多。加利福尼亚大学伯克利分校等很多院校也是这么做的。

笔者撰写的《模拟电子技术简明教程》[10]也是设定空穴属于Ⅲ族杂质受主原子画图的，见图 4.1.3 和图 4.1.6。

2017 年 9 月，笔者发现自己的做法竟然与几十年前佐治亚州立大学的观点不谋而合。相隔几十年，相距千万里，达成共识，是科学的力量使然。

3. 吴运昌、杨拴科先生先后纠正 FET 输出特性曲线族的分区错误

BJT 的输入、输出都是电流，故有电流放大作用。

FET 输入电压，输出电流，故有电压电流变换作用。

FET 与 BJT 比较：BJT 是电流控制电流，FET 是电压控制电流。因此两者仅输入特性不同，但输出特性很相似。两者的输出特性曲线族的饱和区、放大(灵敏)区与截止区分布相同。输出特性曲线族中间广大区域对 BJT 是放大区，对 FET 是灵敏区。

传统著作中 FET 输出特性曲线族的灵敏区与饱和区多年来一直标反，直到最近几年才纠正过来。

1999 年，吴运昌先生[16]首先把 FET 晶体管输出特性曲线族中间广大的"恒流区"纠正为"放大区"，如图 2.1.2 所示。

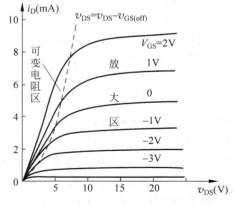

图 2.1.2　文献[16]第 35 页图 1-4-7(a)率先把 FET 输出特性曲线族的饱和区纠正为放大区

2003 年，杨拴科先生[4]也进行了这项纠错。

2009 年，笔者[8]不仅把 FET 晶体管输出特性曲线族中间广大的"恒流区"纠正为放大区，而且把"可变电阻区"纠正为"饱和区"。

2014 年，笔者[10]又进一步把 FET 晶体管输出特性曲线族中间广大的"放大区"细化为"灵敏区"，或"敏感区"，见图 6.1.7，更加贴合实际。

4. 铃木雅臣先生抛弃基于晶体管输出特性曲线族的旧图解法

晶体管输出特性曲线族有推算管子 β 值等五项功能，但其中并没有设计工作点的功能。传统的基于晶体管输出特性曲线族的图解法（旧图解法）的思路是错误的，方法是无效的。旧图解法错在无限夸大晶体管输出特性曲线族的作用，结果竹篮打水一场空。

传统的基于晶体管输出特性曲线族的旧图解法于 2004 年被日本学者铃木雅臣先生[17]抛弃，于 2009 年被笔者[8-10]抛弃。

笔者创建的新图解法[8-10]甩开晶体管输出特性曲线族，建立和使用了临界交流负载线的概念，不仅能用来确定基本共射放大器的临界工作点，计算最大不失真输出电压幅度（输出范围），而且能用来确定分压偏置共射放大器的临界工作点，计算最大不失真输出电压幅度。这种新图解法的结果与解析法不谋而合。

5. 高伟、赖家胜、冯永振先生率先计算放大器临界工作点等参数

自 20 世纪末，陆续有学者计算放大器临界工作点及基极偏置电阻 R_b 的临界值。

1998 年高伟先生[18]，2002 年赖家胜先生[19]、冯永振先生[20]，2009 年笔者[8-10]基于不失真输出电压幅度最大的指导思想，先后用不尽相同的思路和方法分析计算基本共射放大器的最佳工作点或临界工作点，得到的集电极偏流临界值 $I_{c(cr)}$ 计算公式以及集电极-发射极偏压临界值 $U_{ce(cr)}$ 计算公式，殊途同归，令人欣慰。

集电极偏流临界值 $I_{c(cr)}$ 计算公式如下：

$$I_{c(cr)} = \frac{U_{cc}}{R_c + R'_L} \quad （高伟公式）$$

此公式最先由高伟先生提出，故暂且称为高伟公式。

集电极-发射极偏压临界值 $U_{ce(cr)}$ 计算公式如下：

$$U_{ce(cr)} = \frac{R'_L}{R_c + R'_L} U_{cc} \quad （赖家胜公式）$$

此公式最先由赖家胜先生提出，故暂且称为赖家胜公式。

赖家胜先生还最先提出基本共射放大器的最佳基极偏置电阻的计算公式，暂且也称为赖家胜公式，即

$$R_{b(cr)} = \beta(R_c + R'_L) \quad （赖家胜公式）$$

以下射极偏置共射放大器集电极-发射极偏压临界值 $U_{ce(cr)}$ 计算公式最早由冯永振先生提出，故暂且称为冯永振公式，即

$$U_{ce(cr)} = \frac{R'_L}{R_c + R'_L + R_e} U_{cc} \quad （冯永振公式）$$

6. 电压增益开始分为源电压增益与自身电压增益

放大器电压放大倍数分为源电压放大倍数与自身电压放大倍数，几乎是学术界不约而同的认知。

2009年笔者明确,放大器电压放大倍数分为源电压放大倍数与自身电压放大倍数,并讨论源电压放大倍数与自身电压放大倍数之间的关系。

2014年笔者证明了,一个放大器源电压放大倍数与自身电压放大倍数之间的关系与组态无关。就是说,放大器源电压放大倍数与自身电压放大倍数之间的关系对于共射、共集及共基组态是通用的。根据这个特点,能大大减轻学习和使用难度。已知某放大器的自身电压放大倍数,能方便地以极高的效率计算源电压放大倍数。

7. 陶希平先生率先采用加、减反馈概念

输入信号与反馈信号之间的加或减的关系是反馈系统中一个至关重要的基本关系。判断反馈正、负极性时,首先应当观察反馈信号与输入信号是加还是减。

串、并联反馈概念不能反映加或减的基本关系。这个概念使人们在处理反馈问题时不得要领,事倍功半,甚至误入歧途。已经被证明是笨拙的、落后的,开始被人抛弃。

2012年,陶希平先生[21]讨论反馈问题时就用到了"相加比较环节"及"相减比较环节"的概念。"相加比较环节"及"相减比较环节"的实质就是加、减反馈概念。因此,陶希平先生实质上率先采用了加、减反馈概念。

8. 常建刚、陈兆生先生率先使用合成环节概念

既然反馈分为加、减两种,那么输入信号与反馈信号合成为偏差信号时就不限于减法运算,可能会是加法运算。因此"比较环节"概念不能充分反映反馈的客观事实。

2018年4月,笔者思考反馈问题时,开始意识到比较环节概念的局限性,转而采用合成环节(Synthetic unit)的名称,并将合成环节相移命名为φ_s。

之后经查阅文献发现,大约20年之前,即1999年,常建刚、陈兆生先生[22]等讨论反馈问题时就已经率先使用了"合成环节"名称。

9. 佛朗哥先生用正负反馈抵消巧妙阐述郝兰德电流泵工作原理

郝兰德电流泵既用了正反馈,也用了负反馈。Sergio Franco(赛尔吉欧·佛朗哥)在所著 *Design with operational amplifiers and analog integrated circuits*(《基于运算放大器和模拟集成电路的电路设计》)一书中用正负反馈抵消巧妙阐述郝兰德电流泵工作原理,受到学术界欢迎[23]。

10. 一代宗师童诗白号召后人研究改进模拟电子学

模拟电子学一代宗师童诗白[24]说:"现实世界都是模拟的,因而电子产品至少必须两头采用模拟电路。数字设计可以规范化,模拟设计则花样繁多,没有定式。数字电路好学,模拟电路不好学。"

模拟电路岂止不好学,而且不好用,并极有可能使产品附带各种各样的隐患。

童诗白教授著述甚丰。他为新中国的电子技术专业教育事业殚精竭虑,为我国电子技术教科书建设贡献了毕生精力。一个人的精力是有限的。童教授指出模拟电路不好学,难道不就是向大家发出了研究和改进模拟电子学的号召吗?

研究和改进模拟电子学,不仅能提高模拟电子技术教学质量,而且能更好地服务于产品设计。研究和改进模拟电子学,是一件刻不容缓的大事。这项工作,不仅有助于学生培养质量更高,而且有助于电子产品更可靠工作,飞行员更加放心地飞翔。

2.2 "百度知道"网页关于模拟电子学的论述

笔者团队在"百度知道"网页针对网友提问发表了很多关于电路、电工技术、模拟电子技术、数字电子技术领域的答复。在此摘录几例如下。

1. 模拟电路的数个问题（BJT三极管是怎么工作的，2013-09-26）

http://zhidao.baidu.com/question/597471255

基极电流是已知参数，所以顺着PN结方向。集电极电流是随着基极电流而出现的，所以集电极电流必然顺着基极电流方向。对NPN管来说，就是集电极电流与基极电流一齐汇集到发射极成为发射极电流而流出。

以NPN管为例，基极电流顺着PN结方向，相当于大量电子从发射区奔向基区，但基区很狭窄，掺杂浓度低，空穴很少。空穴很少，相当于坑很少。大量电子到了基区没有空穴可填进，就好像大量萝卜没有坑可安家。而NPN管子集电极接着正电源。正电源对电子是一个强大的吸引力。大量电子在奔向基区的过程中被集电极俘获，成为集电极电流。集电极电流 I_c 远远大于基极电流 I_b，其倍数 I_c/I_b 就是晶体管的电流放大倍数 β 值。

2. 模拟电子放大电路的三种基本组态如何区分，分别有什么用途（2018-9-27）

http://zhidao.baidu.com/question/404092063.html

这个问题看似复杂，但是看穿了就是 $3-2=1$ 的简单问题。

三极管三个电极，找到输入、输出两个极，剩下第三极就是共用的电极。

按照这个方法，可以快速区分BJT放大电路的共射、共集、共基三种组态：

（1）信号若从BJT基极B输入，从集电极C输出，则剩下发射极E自然是输入信号与输出电压共用的电极，叫作共发射极组态，简称共发或共射组态。

（2）信号若从BJT基极B输入，从发射极E输出，则剩下集电极C自然是输入信号与输出电压共用的电极，叫作共集电极组态，简称共集组态。

（3）信号若从BJT发射极E输入，从集电极C输出，则剩下基极B自然是输入信号与输出电压共用的电极，叫作共基极组态，简称共基组态。

共射组态电压放大能力及电流放大能力兼有，主要做电压放大。

共集组态只能放大电流，输入电阻大、输出电阻小，能将信号源高内阻变换为小电阻，为下级电压放大创造条件。

共基组态只能放大电压，高频性能好，用于要求频带宽的场所。

与此类似的问答还有 http://zhidao.baidu.com/question/555542404。

3. 差模电压和共模电压的区别（2017-8-29）

http://zhidao.baidu.com/question/334610984

（1）来源不同。差模电压 u_d 来源于传感信号，共模电压 u_c 来自于温度等漂移。

（2）计算不同。差模电压等于两个输入信号电压的差值，即 $u_d=u_{i1}-u_{i2}$；共模电压等于两个输入信号电压的平均值，即 $u_c=0.5(u_{i1}+u_{i2})$。

（3）作用不同。差模电压 u_d 是有用的,共模电压 u_c 是有害的。

（4）处理不同。对差模电压 u_d 给予尽可能高的放大,对共模信号 u_c 给予尽可能强的抑制。

2.3　笔者的创新之路——110 项求真

笔者多年来着眼于模拟电子学学科建设,不仅从根本上改善了"模拟电子技术"及相关课程的教学质量,而且可为相关工程技术服务。

下面简要总结笔者 20 年来的主要研究工作。

2000—2010 年发表研究论文 11 篇[29-39],著作 2 部[8,40]。

2010—2019 年发表研究论文 6 篇[41-46],著作 4 部[9,10,25,26]。

本书所述传统模拟电子学的错误已初步纠正,漏洞已初步填充。

到目前为止,针对本书所指出模拟电子学的 105 个错漏,笔者已做了很多工作。

主要创新研究工作汇总如下:

（1）将电压、电流的参考方向纠正为假设方向。

（2）申明电阻电流方向与电压极性总是互相关联的。

（3）强调电容电流方向与电荷及电压极性的关联性。

（4）强调电感感应电压极性与电流方向的关联性。

（5）强调线圈发电电压（电动势）极性与磁通方向的关联性。

（6）强调电压源工作电流方向与电动势极性的关联性。

（7）建立电压源方向概念以便与电流源方向比对,快速判断两者是加强或削弱。

（8）搞清楚关联假设方向尽可能去掉计算式前的负号。

（9）综合对比各种电路分析计算方法的优缺点及适应性以合理应用。

（10）针对典型电路建立典型计算方法以提高分析计算设计工作的效率。

（11）创立简明、高效、快捷的中点电压法,快速进行 OPA 应用电路分析计算。

（12）总结出大家喜欢的熊仔爬山电位计算法。

（13）总结出大家喜欢的猛虎下山电压降计算法。

（14）甩开负互导,基于虚拟节点电流叠加原理重建节点电压法。

（15）论证最大功率传输定理的适用场合,使人豁然开朗。

（16）强调元器件额定参数定义,理清分析设计的来龙去脉。

（17）确定正弦交流电最小做功周期并在最小做功周期内计算正弦交流电的有效值。

（18）去掉符号 A、F、β 上边的点,维护相量概念的纯洁性。

（19）探讨变压器输入阻抗及输出阻抗的分析计算并用来解决很多工程计算问题。

（20）探讨交流电动机旋转磁场技术指标的定量计算,为探究电机噪音提供新思路。

（21）将功率因数全补偿与并联谐振联系起来——合并知识点,减少工作量及难度。

（22）证明一阶系统伯德图半对数相频特性曲线的中点斜率为 $66°/\text{dec}$,创立绘图方法。

（23）创立借助中点渐近线快速绘制一阶系统伯德图半对数相频特性曲线的画法。

（24）用臭豆腐比喻三相功率计算方法 $P = \sqrt{3}U_l I_l \cos\varphi$ 诱导学生主动使用。

（25）发掘电流排磁场切变理论，揭示间绕结构的高频电感比密绕容易调节的奥秘。

（26）搭建机与电之间的桥梁——功。

（27）研究高效作图方法快速绘制正弦曲线。

（28）探讨用 $\lambda = j\omega RC$（λ 变换法）快速进行正弦交流电路分析。

用这种 λ 变换算法进行 RLC 串联谐振、RLC 并联谐振、两节 RC 超前集成移相振荡器、两节 RC 滞后集成移相振荡器、三节 RC 超前集成移相振荡器、三节 RC 滞后集成移相振荡器振荡频率及起振条件的计算，显得干脆利落。不仅两节、三节 RC 集成移相振荡器能快速计算，而且四节、五节甚至六节 RC 集成移相振荡器也能计算！

（29）找回半导体平面展开图丢失的正离子，还空穴电中性的清白。

（30）科学绘制 P 型半导体平面展开图。

（31）科学绘制 PN 结平面展开图，为单向导电性分析铺平道路。

（32）寻求 PN 结的基本物理量——自由电子扩散势，解决以下一系列问题。

（33）用内电场势垒与自由电子扩散势相平衡的原理计算自由 PN 结内电场势垒。

（34）证明正向导通二极管不再有残余内电场，不再有阻挡层，是痛痛快快导通。

（35）说明二极管正向压降来源于 PN 结自由电子扩散势。

（36）证明二极管正向压降的温度系数来源于 PN 结自由电子扩散势的温度系数。

（37）用理论解释了 LED 流过反向电流时不发光的机理。

（38）用 PN 结 N 区费米能级高于 P 区的能量观点说明二极管发热发光原理。

（39）证明大功率二极管的散热器最好制作在正极 P 一端。

（40）用理论解释光电池电动势的来源也是自由电子扩散势。

（41）指出 PN 结内电场对光电池作用的两面性：既是动力源，也是阻力源。

（42）证明只有 PN 结内电场内产生的光生电子-空穴对才是有效的。

（43）用理论解释光电二极管即使无电源也能检测光的机理。

（44）用只能充电的电池模型形容二极管的单向导电性。

（45）用开路电压法分析计算二极管电路。

（46）用竞争模型分析 BJT 晶体管电流放大机理。

（47）强化晶体管直流模型及其绘制方法。

（48）将 BJT 输入电阻计算公式由一个扩展为三个，运用起来更方便。

（49）提出 BJT 晶体管乙类饱和概念，并获大家响应称为电流饥饿饱和。

（50）画出 BJT 晶体管传输特性曲线。

（51）把 BJT 晶体管技术参数分为个性参数与共性参数，以方便记忆及使用。

（52）采纳学生李杰的建议调整 BJT 输入特性曲线的坐标轴，以便观察输入电阻。

（53）总结出关于 BJT 三极管电流放大造成饱和，反过来饱和制约放大能力的顺口溜。

（54）总结出根据电压、电流判断 BJT 三极管材料、极性、β 值的顺口溜。

（55）采纳学生建议将用二极管保护三极管的电路命名为"二保三电路"。

（56）采纳学生邱植的建议将形象化描述 NPN 晶体管放大时三极电压中集电极电压非常高特征的"鹤立鸡群"改为"鹰击长空"。

（57）用 PN 结死区电压原理及实验证明 JFET 传输特性曲线分布在两个象限。

（58）针对 JFET 及耗尽型 FET 建立零栅压零电阻漏极电流概念，提高计算精度。

(59) 进一步理顺 FET 输出特性曲线族饱和区与灵敏区的划分。

(60) 分析计算放大电路临界偏压、偏流及输出范围。

(61) 分析计算基本共射放大器基极偏置电阻 R_b 的临界值。

(62) 分析计算分压偏置放大器基极偏置电阻 R_{b1}、R_{b2} 的临界值。

(63) 将电压电流偏置量 I_b、I_c、U_{ce} 分为内涵与外延。

(64) 给工作点稳定性以量化定义。

(65) 计算放大电路输入范围、输出范围、最大输出功率。

(66) 计算两时间常数接近及相等典型条件下放大电路上、下限频率。

(67) 简化放大电路下限频率计算公式,并使其具有三组态通用性。

(68) 将放大器下限频率计算公式引申到多级放大器上、下限频率计算中。

(69) 认定单管甲类放大器效率为 9%。

(70) 创立用两点法制作的直线样板绘制交流负载线的方法。

(71) 创新晶体管放大电路工作点及输出范围分析计算的图解法。

(72) 用三角函数法、截止饱和对比法及新图解法三种方法分析放大器输出范围。

(73) 适时将 $\beta+1$ 改写为 β,在保证计算精度的前提下简化了很多计算公式。

(74) 在射随器有关计算公式中省略 r_{be},简化计算且误差控制在 1% 以内。

(75) 灵活运用机械制图的图解法讨论放大器非线性失真分析计算。

(76) 用解析法进行放大器非线性失真分析计算。

(77) 创立三组态通用的 U、I、P 三大放大倍数计算方法,极大地降低难度。

(78) 全面讨论磁耦合放大电路技术参数指标的计算。

(79) 讨论功率放大电路的功率放大倍数计算。

(80) 分析计算差分放大器双端输出模式下的共模抑制比。

(81) 还差放 OPA 及 INA 的电压放大倍数正号的本来面目。

(82) 强调差分放大器实用的并联调零电路。

(83) 重申加、减反馈概念。

(84) 发现比较环节名称的局限性并建议改为合成环节。

(85) 发现合成环节(比较环节)相位移,暂且命名为 φ_s。

(86) 在减反馈基础上充实加反馈方框图及闭环增益、反馈系数等计算。

(87) 采纳学生喻舒婷的建议建立相对电压跟随器概念。

(88) 用相对电压跟随器概念解释 INA 具有超强共模抑制能力的原理。

(89) 肯定学生刘志国计算反馈系数的新方法且暂且命名为刘志国公式。

(90) 提出简明好用的三相位移法(3φ 法)。

(91) 提出负反馈判断准则 $\varphi_a+\varphi_f+\varphi_s=(2n+1)\pi$,$n=0,1,2$。

(92) 提出正反馈判断准则 $\varphi_a+\varphi_f+\varphi_s=2n\pi$,$n=0,1,2$。

(93) 强调多路反馈、多层反馈、他反馈、自反馈等概念。

(94) 强化并加强反馈分类。

(95) 证明三相位移法(3φ 法)不仅能用于反馈分析,也能用于设计。

(96) 指出反馈系统前向通道相移不仅有 0° 和 180°,还有 ±90°。

(97) 强调集成放大器分类为同相放大器、反相放大器及 ±90° 移相放大器。

（98）提出一等两零法（$u_+ = u_-$，$i_+ = 0$，$i_- = 0$），结合依次应用串联分压法、中点电压法、弥尔曼公式及节点电压法，创新 OPA 应用电路分析计算方法，提高效率。

（99）指出集成移相振荡器至少需要两节 RC 移相电路而非三节。

（100）科学绘制科比兹振荡电路图，突出 LC 串联特性及反馈系数的负号。

（101）科学绘制哈特来振荡电路图，突出 LC 串联特性及反馈系数的负号。

（102）强调微分运算、积分运算等电路的第二功能乃至第三功能。

（103）根据（信号所经过）集电结个数的奇偶判断通道放大倍数为负还是正。

（104）根据（信号所经过）集电结个数的奇偶识别 OPA 等差分放大器的反相端与同相端。

（105）指出 RC 串并联电路品质因数最大值仅有 0.5。

（106）重申常见谐振幅频特性曲线在对数频率轴下对称、在普通频率轴下不对称。

（107）推崇用正、负反馈抵消概念建立和分析正弦振荡电路的方法。

（108）指出带通滤波器组成的振荡器相位平衡条件 $\varphi_a + \varphi_f + \varphi_s = 2n\pi$，$n = 0, 1, 2$。

（109）指出带阻滤波器组成的振荡器相位平衡条件 $\varphi_a + \varphi_f + \varphi_s = (2n+1)\pi$，$n = 0, 1, 2$。

（110）重建模拟电子学的符号系统，用简略的符号表达更多的内容。

"模拟电子技术"课程原来是一门难课。经过笔者十几年的不懈研究工作，如今这门难课已经不再难了。真是蜀道变通途！

笔者自豪地宣布：在笔者的手中，在电工技术、电路、模拟电子技术、数字电子技术、单片机等相关课程的教学过程中，学生的学习积极性已经充分调动起来了。就连手机网络游戏，都在笔者的课堂上吃了闭门羹。读者已经看到，笔者的学生以及注电学员，已经不仅局限于学习，而且主动参与学术创新。

下篇详细汇报这些研究成果，以期为相关专业技术人员、教师及学生助力，并抛砖引玉。

下篇　研究进展

第3章

电路理论及方法的创新

本章探讨如何针对 1.1 节所述传统电路理论的错漏,创新概念及计算方法。

3.1 电路分析计算方法

1. 电压极性或电压降方向的三种表达形式

电压(假设)极性或电压降方向有＋、－号,双字母,箭头等 3 种表达方式,如图 3.1.1 所示,U_{ab} 表示以 b 点为基准看 a 点的电压,$U_{ab}=U_a-U_b$,箭头表示电压降落的方向。

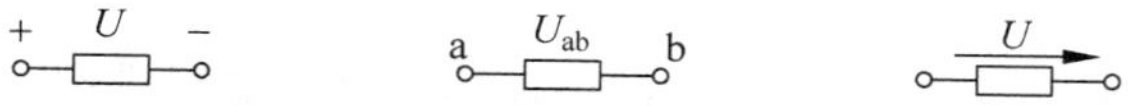

图 3.1.1　电压极性或电压降方向的三种表达形式

近年来,电压极性或电压降方向的 3 种表达方式已得到广泛使用,在此强调一下。

2. 机与电之间的桥梁——功

科学计算结果的单位比数值更重要。若计算结果数值有错,则可能只是失之毫厘;若单位搞错,则会谬以千里。

机械看得见、摸得着,比较形象化。电子看不见、摸不着,比较神秘。找到机电之间的桥梁,对于有效利用电路理论快速准确解决问题大有裨益。

机与电之间的桥梁在哪里呢?

功,就是机与电之间的桥梁。电源做的功与机械动力源做的功,只要大小一样,就应该相等。按照机与电做的功相等的原理,能快速、准确确定计算结果的单位。

从电的视角看,把 1 库仑电荷提升 1 伏特电位,做功是 1 焦耳,即 1J＝1C・V。从机械的视角看,把 1 牛顿重物提升 1 米高度,做功也是 1 焦耳,即 1N・m＝1J。

1J 既可表达为 1C・V,也可表达为 1N・m。这样就架起了机电之间的桥梁:

$$N \cdot m = C \cdot V \quad 或 \quad N = C \cdot V/m \tag{3.1.1}$$

例 3.1.1　长度为 l、电流为 I 的载流导线在磁通密度 B 的磁场中的受力为 $F=BlI$。试借助机与电之间的桥梁,确定电磁力 F 的单位。

解　磁通密度 B 的单位为特斯拉（T，韦伯/平方米：sV/m^2）、长度 l 的单位为米（m）、电流 I 的单位为安（库仑/秒：C/s）时，力 F 的单位为（Vs/m^2）m（C/s）=V·C/m=N，即牛顿。

一般地，为使答案得到正确单位，可采取两种方案。

方案1：已知数的量纲分解参加运算，有关量纲抵消后自然得出答案的量纲；

方案2：已知量单位用瓦（W）、伏（V）、库（C）、安（A）、欧（Ω）、秒（s）、米（m）、法（F）、亨（H）、韦伯（Wb）、特斯拉（T）、牛顿（N），答案单位必是上述之一。

方案1适合生手用来练功，方案2适合熟手用来工作。

3. 电阻电压极性与电流方向的关联性

管道中的流体从压力高处向低处流动而形成液、气流。随着液、气体的流动，压力变得越来越低。液、气压 P 关联假设极性应以假设流体流进一端为正极，如图3.1.2所示。

负载中的正电荷也是从电位高处向低处流动中形成电流。随着正电荷的流动，电位（电压）变得越来越低。负载电压 U 的关联假设极性应以电流流进一端为正极，如图3.1.3所示。

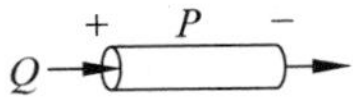

图3.1.2　管道流体压力 P 极性与流量
Q 方向的关联假设

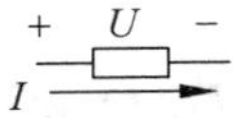

图3.1.3　电阻电压 U 极性与电流
I 方向的关联假设

电阻上的电压降与电流方向一致。知道电压极性，就能标出电流方向。假设了电压极性，就能标出电流关联假设方向；知道电流方向，也能标出电压极性。设定了电流假设方向，也能标出电压关联假设极性。

欧姆定律可以详细表达为：一段导体（电阻）的电流 I 等于进端 a 的电压 U_a 减去出端 b 电压 U_b 与该电阻 R 的比值，即

$$I = \frac{U_a - U_b}{R} = \frac{U_{ab}}{R} \tag{3.1.2}$$

式（3.1.2）是欧姆定律的实施细则，按照式（3.1.2）实施欧姆定律，就方便多了。

电压与电流大小相关，极性与方向亦相关。未知电流的方向或电压的极性都可以任意假设。但是电压极性假设后，电流方向就不能继续随意假设，而是应当根据电压极性关联假设；电流方向假设后，电压极性也不能继续随意假设，而是应当根据电流方向关联假设。

原始假设不同，仅仅影响假设参数计算结果的符号。关联假设一旦搞错，就会混淆计算式或方程中的加号与减号，使分析计算差一个符号，甚至前功尽弃、铸成大错。

4. 电容电流方向与电荷及电压极性的关联性

正电荷造就正电压。电容电压与电荷同极性，即电容电压与电荷用同一个极板为基准。电容电流等于其正极板上的电荷增加率。电容电流的关联假设方向与电荷、电压的假设极性的关系如图3.1.4所示。

5. 电感感应电压极性与电流方向的关联性

按照楞次定律，电感感应电压，也称为感应电动势，总是阻止电流变化。因此，电感感应电压在电流增加时作为阻力，在电流减小时作为短暂的动力。电阻电压作为电流的阻力，以

电流进端为正极。电感电压作为电流的阻力,也应以电流进端为正极。电感感应电压(假设)极性与电流的关联(假设)方向的关系如图 3.1.5 所示。准确弄清电感感应电压极性与电流方向的关联性,就能把电感感应电压计算式中的负号去掉,如实写为 $u = L\,\mathrm{d}i/\mathrm{d}t$。

图 3.1.4　电容电流 i 方向与电荷 q 及电压　　　　图 3.1.5　电感感应电压 u 极性与电流
$\quad\quad\quad\quad u$ 极性的关联假设　　　　　　　　　　　　　　i 方向的关联假设

6. 线圈发电电压极性与磁通方向的关联性

在图 3.1.6 中,设磁芯磁通 Φ 向上、数值增大。依照楞次定律,线圈感应电流 i 应阻止磁通 Φ 增大,因此 i 与 Φ 方向应符合左手螺旋定则。先用左手螺旋定则判断感应电流关联假设方向为顺时针,再根据电流从电源正极流出的规律,判断线圈发电电压(感应电动势)u 与方向朝上的磁通 Φ 的关联假设极性为左负右正。明确线圈发电电压极性与磁通方向的关联性,就能把法拉第发电电压计算式中的负号去掉,如实写为 $u = N\,\mathrm{d}\Phi/\mathrm{d}t$。

7. 电压源工作电流方向与电动势极性的关联性——电压源方向

电压源工作电流,即放电电流,从电源正极出发流向负载,经负载后从电源负极流回到正极,形成完整的闭合循环。在电压源内部,工作电流从负极流到正极。工作电流从电压源负极流到正极,意味着机械等外力把正电荷提升到高电位,将机械等能量转化为电能。电压源电流方向与电动势极性的关联假设如图 3.1.7 所示。

图 3.1.6　感应电压 u 极性与磁通 Φ　　　　图 3.1.7　电压源工作电流方向与电动
$\quad\quad\quad\quad$ 方向的关联假设　　　　　　　　　　　　　　势极性的关联假设

把电压源从负极到正极的方向定义为电压源的方向。电压源的方向与电流源的方向可以直接对比。判断一个电路中的电压源与电流源是相互加强还是削弱时,电压源方向概念十分方便有效。电路中的电压源与电流源若方向相同,则互相加强;若方向相反,则互相削弱。

若电压源工作电流计算值为正,则说明电压源在工作;若计算值为负,则说明电压源在充电。

无论在电阻、电容、感中还是在电源中,电流方向与电压极性都是关联的,而且总是关联的。

8. "熊仔爬山法"循循善诱,"猛虎下山法"势如破竹

以海平面为 0 点,可以计算某地的海拔高度。以电路中任一点为 0 点(零电位点),计算的电压升就是电路中该点的电位。电路中的零电位点常用符号⊥表示,有时冠以 GND。

地球某地的海平面是唯一的,而一个地点的海拔高程也是唯一的。复杂电路中的零电位点一般不是唯一的,而电路中一点的电位一般也不是唯一的。只有一个电源的简单电路常以电源负极为零电位点。不工作的电压源虽然不输出电流,但还是会影响电位。

逆水行舟,海拔越来越高。逆气流巡行,压力越来越高。逆电流巡行,电位越来越高。

熊仔爬山法(Panda Go up Method,PGM)电位计算操作要领:假设读者像一个小熊仔那样爬山。若逆着电流方向爬过电阻,则所遇电阻电流乘积 RI 是电压升,或从电压源负极爬到正极,则所遇电动势 E 是电压升,都应当累加起来;若巡行方向顺着电流方向,则所遇乘积 RI 是电压降;或从电压源正极爬到负极,则所遇电动势 E 是电压降,都应当减去。从零电位点开始巡行,一直爬到指定点,一步步累加的电压升代数和就是该点的电位。

电压源充电时端电压大于工作时的端电压,原因就是充电时内阻电压与电动势极性一致而相加,工作时内阻电压与电动势极性不一致而相减,如图 3.1.8 所示。

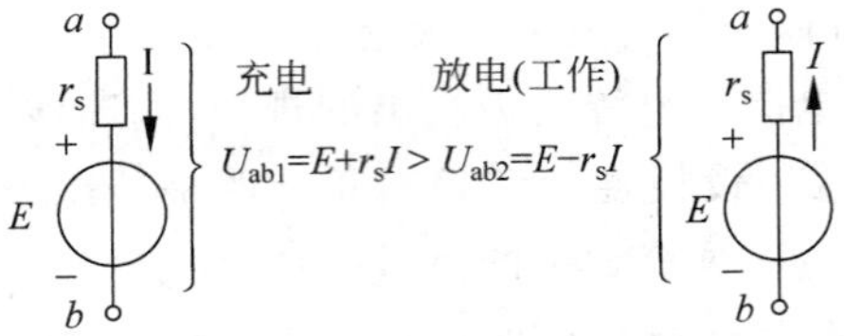

图 3.1.8　电压源充电时端电压 $U_{ab}=E+r_sI$ 大于工作时端电压 $U_{ab}=E-r_sI$

猛虎下山法(Tiger Go down Method,TGM)电压降计算操作要领:假设读者像一只猛虎那样下山。若巡行方向顺着电流方向,则所遇乘积 RI 是电压降;或从电压源正极爬到负极,则所遇电动势 E 是电压降,都应当累加起来。若逆着电流方向爬过电阻,则所遇电阻电流的乘积 RI 是电压升,或从电压源负极爬到正极,则所遇电动势 E 是电压升,都应当减去;从零电位点开始巡行,一直爬到指定点,一步步累加起来,就是总电压降。

9. 中点电压法争分夺秒

串联电阻 R_1、R_2 两端电压各为 U_1、U_2,如图 3.1.9 所示,则 R_2 上的电压为

$$U_{R2}=\frac{R_2}{R_1+R_2}(U_1-U_2)$$

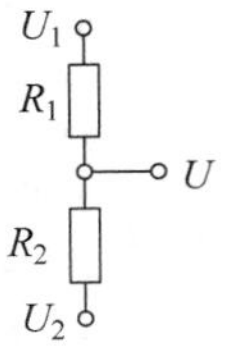

图 3.1.9　串联电阻的中点电压

串联电阻 R_1、R_2 的中点电压为 $U=U_{R2}+U_2=\dfrac{R_2}{R_1+R_2}(U_1-U_2)+U_2$,化简有

$$U=\frac{R_2U_1+R_1U_2}{R_1+R_2} \tag{3.1.3}$$

中点电压定理　两电阻串联,中点电压等于异名电阻与端电压交叉积的加权平均值。

中点电压法(Middle Voltage Method,MVM)也可叙述为:中点电压等于电压与电阻错位相乘相加的平均值。

公式是点睛之作。中点电压计算公式简单明了、易于记忆。串联分压及加法等运算虽然不复杂,但是占用时间一点也不含糊。使用中点电压法的价值在于省去了串联分压及加法等的推导运算过程,用起来直截了当,快速方便。中点电压法无疑是解题的捷径。

工作中,尤其考试中经常发生某些题目会做、能做,但因时间不足而忍痛放弃的尴尬。

用中点电压法能争分夺秒,使人如虎添翼,变被动为主动,变不能为能。

实践已经证明,中点电压法对运放(OPA)应用电路的分析计算尤其有效。

10. 基于虚拟节点电流平衡原理重建节点电压法(甩开负互导)

电阻是正数。电导是电阻的倒数。电导自然也是正数。传统节点电压法计算过程中所建立的互导却是负数。负互导概念令人狐疑。节点电压法本来不错,效率挺高,但是让负互导概念整得灰头灰脸,掉了身价。

笔者发现,运用节点电压法解决问题时,负互导概念并非独木桥。

这里以图 3.1.10 所示三节点电路为例,说明运用节点电压法解决问题时,如何甩开烦人的负互导概念,直接基于虚拟电流平衡原理列、解方程组,进行分析计算的方法及步骤。

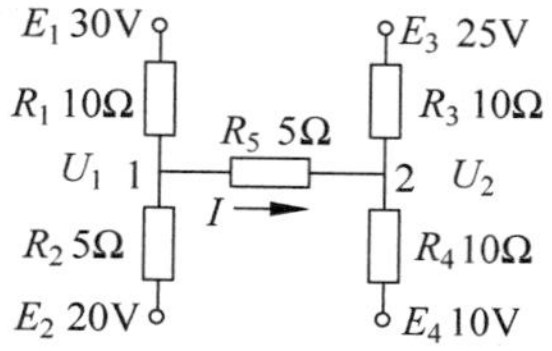

图 3.1.10　三节点电路

例 3.1.2(供 1303[①])　图 3.1.10 电路有节点 1、节点 2 及电源地 3 个节点,试用节点电压法计算电阻 R_5 的电流 I。

解　用电导代替电阻,$G = 1/R$,设节点 1、节点 2 对地电压各为 U_1、U_2。依照流出节点的电流总和为零的原理,可列出原始方程组

$$(U_1 - E_1)G_1 + (U_1 - E_2)G_2 + (U_1 - U_2)G_5 = 0$$
$$(U_2 - E_3)G_3 + (U_2 - E_4)G_4 + (U_2 - U_1)G_5 = 0 \tag{3.1.4}$$

原始方程组有两种整理方式:传统方式和简明方式。简明方式即新的虚拟电流法。

传统方式:所有包含节点电压未知数 U_1、U_2 的项都留在等号左边,所有包含电源的项都移到等号右边,形成如下线性方程组:

$$(G_1 + G_2 + G_5)U_1 - G_5U_2 = G_1E_1 + G_2E_2$$
$$(G_3 + G_4 + G_5)U_2 - G_5U_1 = G_3E_3 + G_4E_4$$

$G_{11} = G_1 + G_2 + G_3$ 称为节点 1 的自导。$G_{22} = G_3 + G_4 + G_5$ 称为节点 2 的自导。自导>0。$G_{12} = -G_5$ 称为节点 1 对 2 的互导。$G_{21} = G_{12} = -G_5$ 称为节点 2 对 1 的互导。互导<0。传统做法关于节点电压未知数的线性方程组用自导和互导概念书写为

$$\begin{cases} G_{11}U_1 + G_{12}U_2 = G_1E_1 + G_2E_2 \\ G_{21}U_2 + G_{22}U_2 = G_3E_3 + G_4E_4 \end{cases} \tag{3.1.5}$$

电阻是正数。电阻的倒数电导自然也是正数。自导是正数好理解,互导是负数牵强附会。令人狐疑的负互导概念,不知使多少人夜不能寐。

虚拟电流法:方程 1 只把未知数 U_1 留在左边,方程 2 只把 U_2 留在左边,改写如下:

$$\begin{cases} (G_1 + G_2 + G_5)U_1 = G_5U_2 + G_1E_1 + G_2E_2 \\ (G_3 + G_4 + G_5)U_2 = G_5U_1 + G_3E_3 + G_4E_4 \end{cases} \tag{3.1.6}$$

以第 1 个方程为例,$(G_1 + G_2 + G_5)U_1$ 可认为是假设节点 1 电压独立作用时,流出该节点的虚拟电流,G_5U_2、G_1E_1 及 G_2E_2 可认为是假设相邻节点电压或电源独立作用时,流进该节点的虚拟电流。简明形式实质就是,在电路的任一节点上,假设流出节点的虚拟电流等

① 供 1303 中的"供"指供配电,"发"指发输变电,"13"指 2013 年,"03"是题号。"供 1303"系注册电气工程师专业基础考试供配电 2013 年第 3 题。"发 1813"系注册电气工程师专业基础考试发输变电 2018 年第 13 题。

于流进节点的虚拟电流。

明白这个道理后,就可以按照假设流出节点的虚拟电流等于流进节点的虚拟电流的原理,直接列出方程组(3.1.6)。

传统方法用式(3.1.6)列方程组需要使用烦琐的自导和互导概念,尤其是负互导概念令人狐疑。简明方法按照式(3.1.6)列方程组只需使用简单明了的虚拟电流概念,配用简单的电导概念甚至电阻概念,不用令人狐疑的负互导概念,就能解决问题。

采用虚拟电流法,将例3.1.2图3.1.10电路中的已知数据代入式(3.1.6)中有

$$(1/10+1/5+1/5)U_1=U_2/5+30\text{V}/10+20\text{V}/5$$
$$(1/10+1/10+1/5)U_2=U_1/5+25\text{V}/10+10\text{V}/10$$

图3.1.10电路有五条支路。若用支路电流法,即便要解算的电流只有一个,也需要列出五元一次方程组。手工解算五元一次方程组,颇有些令人恐怖。若用节点电压法,则只需列出二元一次方程组。因此分析计算多支路复杂电路时,节点电压法是捷径,而用虚拟电流法列写节点电压平衡方程的路子,堪称捷径中的捷径。

化简为以下二元一次方程租:

$$\begin{cases} 5U_1-2U_2=70\text{V} \\ -2U_1+4U_2=35\text{V} \end{cases}$$

第一个公式乘以2加上第二个公式消去未知数U_2有$8U_1=175\text{V}$,依次得到

$$U_1=21.875\text{V}$$
$$U_2=19.6875\text{V}$$
$$I=(U_1-U_2)/R_5=(21.875\text{V}-19.6875\text{V})/5\Omega=0.4375\text{A}$$

电路中含有电流源时,只要将电流源叠加到虚拟节点电流平衡方程中即可。

例3.1.3   试用节点电压法计算图3.1.11所示三节点电路的节点电压U_1、U_2。

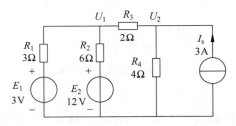

图3.1.11   三节点电路用节点电压法解题的例子

解   用流出节点的虚拟电流总和等于流入节点的虚拟电流总和的简明形式,套用式(3.1.6)列出节点电流平衡方程。列写节点2节点的电流平衡方程时注意将电流源I_s累加在流进节点的电流总和中:

$$U_1(G_1+G_2+G_3)=U_2G_3+E_1G_1+E_2G_2$$
$$U_2(G_3+G_4)=U_1G_3+I_s$$

代入数据,化简为二元一次方程组:

$$\begin{cases} U_1(1/3+1/6+1/2)=U_2/2+3/3+12/6 \\ U_2(1/2+1/4)=U_1/2+3 \end{cases}$$

化简为

$$\begin{cases} 2U_1 - U_2 = 6 \\ U_1 - 1.5U_2 = -6 \end{cases}$$

解之得

$$U_1 = 7.5\text{V}$$
$$U_2 = 9\text{V}$$

11. 明确最大功率传输定理的适用场合使人豁然开朗

1) 最大功率传输定理

电压源负载电阻短路时电压为 0，功耗为 0；负载电阻断路时电流为 0，功耗亦为 0。这说明负载电阻一定时，获得功率将达到最大。

为分析负载究竟多大时所获功率将达到最大，由图 3.1.12 构造电压源负载功耗函数

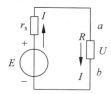

图 3.1.12　电压源驱动负载电阻的电路

$$P = RI^2 = R\left(\frac{E}{r_s + R}\right)^2 = E^2 \frac{R}{(r_s + R)^2} \quad (3.1.7)$$

将负载功耗 P 看作函数、电阻 R 看作自变量，微分负载功耗函数有

$$\frac{\mathrm{d}P}{\mathrm{d}R} = E^2 \frac{r_s - R}{(r_s + R)^3}$$

$$P_{\max} = E^2 \frac{r_s}{(r_s + r_s)^2} = \frac{E^2}{4r_s}$$

由此知，负载电阻 R 与电压源内阻 r_s 相等时，负载功率将达到最大值。此规律称为最大功率传输定理。

最大功率传输定理的字眼很响亮，但是究竟适用于哪些场合，实际效果如何，一直以来悬而未决。

为分析最大功率传输定理的适用场合，首先应当观察负载功率与负载大小的关系。问题的症结在于，电压源的负载电阻 R 不能代表负载的大小，负载功率 P 与负载电阻 R 的关系也不能代表负载功率与负载大小的关系。实际上，别说最关键的负载功率-负载特性曲线，即便代表负载功率与负载大小的关系的数学模型，传统都缺乏讨论。

首先必须研究功率-负载数学模型，并画出功率-负载特性曲线。

2) 电压源输出功率-负载函数及 $(P\text{-}G)$ 特性曲线

电压源负载电阻 R 的倒数即电导 G 代表负载大小。只有 $P\text{-}G$ 函数才能代表电压源输出功率-负载特性函数，只有 $P\text{-}G$ 特性曲线才能代表电压源功率-负载特性曲线。

在式(3.1.7)的分子、分母中同时除以 R^2，并将电阻的倒数 $1/R$ 改写为电导 G，可得到 $P\text{-}G$ 函数即电压源功率-负载特性函数：

$$P = E^2 \frac{1/G}{(r_s + 1/G)^2} = E^2 \frac{G}{(1 + r_s G)^2} \quad (3.1.7a)$$

根据电压源功率-负载特性函数绘制功率-负载特性曲线，如图 3.1.13 所示。

可看出，负载很小，即 $G \ll 1/r_s$ 时，随着负载 G 增长，$P \approx E^2 G$，负载功率 P 基本上线性增长。负载 G 继续增大，负载功率 P 增速减慢。负载电导 G 达到电源内电导 $(1/r_s)$ 时，其

获得功率达到最大值。

3）电压源功率传输的实际情况

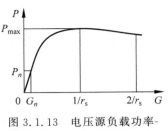

图 3.1.13　电压源负载功率-
负载特性曲线

虽然理论上负载 G 与电源内电导 $1/r_s$ 相等,即负载电阻 R 与电源内阻 r_s 相等时负载获得功率可达到最大,但是此时负载电压只剩电源电动势的一半,电源效率只有 50%。此时在一般场合下很多电源及负载已经都难以正常工作了。

因此,实际上,除了内阻较大、功耗较小的信号放大电路的负载电阻可与电源内阻 r_s 相当之外,负载电阻 R 通常远远大于电源内阻 r_s,即负载电导 G 通常远远小于电源内电导 $1/r_s$。

工频电源的内阻 r_s 是很小的,一旦负载 G 很大,还没达到电源内阻的倒数 $1/r_s$ 时,就会使保护机构动作或烧保险。实际上,工频电源不可能实现最大功率匹配,就是这个道理。实际负载 G 不超过额定值 G_n,负载电阻远大于电压源内阻,即 $R \gg r_s$,通常 $R \geqslant 20r_s$,以保证电源电动势的绝大部分都加在负载上,系统工作在功率-负载特性曲线的最初一小段,见图 3.1.13。在这一小段上,负载电阻越小;负载越大,电源输出功率就越大;负载电阻越小,负载越大,就是针对电压源说的。

总而言之,功率最大传输只是属于弱电的电子电路才可考虑的,强电不宜追求。

12. 强调各种元器件的额定参数及其定义

在元器件的若干参数中选取一个作为额定参数,既有客观性,又有主观性。因此,要弄清元器件的额定参数,往往颇费周折。

RLC 三大元件额定参数规定：电阻 R 额定功率、电感 L 额定电流、电容 C 额定电压。典型负载额定功率,灯具在输入侧定义,即输入电功率,电机在输出侧定义。

发电机等电源额定功率定义为输出电功率,电动机额定功率定义为输出机械功率。

电阻 R 定义额定功率,是因为电阻实际功耗不能超过极限值,否则会烧毁。

电感 L 定义额定电流,是因为电感实际电流不能超过极限值,否则会烧毁。

电容 C 定义额定电压,是因为电容实际电量不能超过极限值,否则会烧毁。但电量不易测量和比对,所以定义与电量成比例的、易于测量和比对的电压为电容额定参数。

电路三大参数电压、电流、功率,R、L、C 三大元件的额定参数各占其一,合情合理。难的是电机电器额定功率的定义,有的在输入侧定义,有的在输出侧定义。

笔者不光在理论上强调各种电机电器额定功率的定义,而且在实验项目中尽可能让学生亲手测量验证额定功率。

笔者一直强调实验项目的综合性、设计性及创新性。虽然课时有限、实验项目有限,但是实验要求应该尽可能多。就是说,一个实验项目中,应当因地制宜尽可能多安排一些实验要求,以让学员受到尽可能多的训练,得到尽可能多方面的收获。

例如,借助电感镇流日光灯演练提高系统功率因数的实验项目,主要任务是测量实验用额定功率 30W 日光灯的功率因数,以及并联 $3.4\mu F$ 电容后功率因数提高效果。所用电工实验台配备的功率因数表除了测量并显示功率因数之外,也能够测量并显示负载实耗电功率。测量负载实耗电功率,犹如顺手牵羊。笔者安排学员在功率因数实验项目中同时测量 30W 日光灯实耗电功率,以便弄清楚额定功率 30W 的日光灯究竟消耗多少电功率。

为保证实际功耗测量精度,笔者要求学员实验前将电源电压调到220V±0.5V。

长沙大学2014级材料专业2班13位学员的实验结果统计表明,额定功率30W的日光灯,功耗实际测量值在28.5～31.3W浮动,与额定功率名义值30W高度吻合。经过实验,学员明白了灯具额定功率真的是在输入侧定义的,这样以后进行类似计算时就能得心应手。

13. 将简单实验项目带到课堂上随堂演示手把手教学员操作

旧式实验设备体积大而重。如示波器,要两个人才能抬得动。实验只能在实验室里做。现今的实验设备体积小而轻。如示波器,一个人轻轻就能提起来。实验项目进教室,技术层面上已经逐渐许可了。

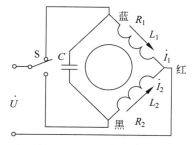

图3.1.14　单相电动机换向电路

单相交流电动机应用日广,但是很多电工不知道如何调节其转动方向。额定功率7W的单相交流电动机质量不足1kg,体积如拳头大小。笔者上课时将7W单相交流电动机及配套1μF分相电容器、电源插线等带到课堂上,讲完工作原理后即在讲台上指导学员当场按照黑板上的电路图接线,如图3.1.14所示,演示单相交流电动机启动及转向调节。

2011年冬天,长沙大学2009级建筑3班大三学生颜路亭跟着笔者学习电工技术课。2012年寒假,他还没毕业,就用在学校刚刚学到的新知识,自己动手,使他家乡湖南攸县的父老乡亲建筑工地升降机的单相交流电动机欢快地转起来,解决了很多老电工都发怵的难题。

14. 用臭豆腐比喻三相功率计算方法 $P=\sqrt{3}U_l I_l \cos\varphi$

三相功率计算有两种算法。

第一种算法是将相电压 U_p、相电流 I_p 与功率因数 $\cos\varphi$ 三者的乘积乘以3,就是每相功率乘以3: $P=3U_p I_p \cos\varphi$。这个算式虽然简单清晰,但大家用得却很少。因为相电压是星形负载的内部参数,相电流是角形负载的内部参数。检测内部参数,需要拆开负载,工作量比较大,实施起来比较难。

第二种算法是将线电压 U_l、线电流 I_l 与功率因数 $\cos\varphi$ 三者的乘积乘以 $\sqrt{3}$,即用公式 $P=\sqrt{3}U_l I_l \cos\varphi$。乘以 $\sqrt{3}$ 虽然难于乘以3,但因线电压、线电流不仅是线路参数,而且是额定参数,公开透明容易检测,大家反而用得很多。

这些实情,笔者都动之以情、晓之以理,一五一十地交代给学生,并说明,乘以 $\sqrt{3}$ 难于乘以3。学生听课后,情不自禁地主动使用公式 $P=\sqrt{3}U_l I_l \cos\varphi$ 计算三相功率,效果甚好。

15. 揭示间绕结构的高频电感比密绕容易调节的奥秘

在电子产品上,高频电感既有密绕结构的,也有间绕结构的。笔者[27]探讨了电流排磁场切变理论,并且由此发现,间绕的奥秘除了减少分布电容之外,关键在于能避免或减少电流趋肤效应对电感的影响。

电感采用间绕结构时,导线间距过大,势必会造成体积过大。笔者还讨论了间绕电感的临界尺寸计算方法,以在保证间绕效果的前提下使设备/装备的体积尽可能小。

TRF1445中周为20世纪80年代的东芝TA两片彩色电视机所采用,D0148中周为夏普 TA 两片彩色电视机所采用。两种中周的性能及引脚相同,可以互换。两种中周内部线圈并联的电容极板长时间氧化后电容性能参数变化,轻则使彩电的自动频率调节功能(AFT)尽失而跑台,重则伴音产生噪声、图像失去彩色甚至扭曲。

中周换新后通常需要调整。没有扫频仪时,TRF1445 中周调节比较困难,D0148 中周调节就比较容易。笔者[27]从理论上很好地解释了这个现象。原因就是 TRF1445 中周采用密绕结构,而 D0148 中周采用间绕结构。这使很多工程师豁然开朗。道理摆明了,很多维修工程师都选用 D0148 中周替换 TRF1445 中周,调整起来得心应手,节约了很多时间。

笔者的电流排磁场切变理论,有助于设计出性能好且调节方便的产品。笔者这项工作得到业界的热烈反响。电子报 2002 年第 21 期第 3 版刘伟同志的文章《建议用 D0148 中周代换 TRF1445 中周》[28]用笔者的电流排磁场切变理论解释了 D0148 中周容易调节的原因,得到同行的一致赞成。该文成为网络流行最广泛的文章。虽然该文发表至今已过去二十年,但是在因特网搜索它,依然出现一大串该文题目及相关信息。

16. 正弦交流电的最小做功周期及有效值计算

众所周知,从做功的角度把交流电等效为直流电,从而产生交流电有效值概念。显然,交流电有效值应当在其最小做功周期上计算。一直以来,误认为交流电周期就是最小做功周期,来计算有效值。虽然结果没错,但是严格看来,有关概念及过程都是不合适的。

1)周期性电压电流的有效值概念及其计算原理

电阻 R 上瞬时电压 u 与瞬时电流 i 的关系及瞬时功率消耗 p 各为

$$u = Ri$$

$$p = ui = Ri^2 = u^2/R$$

设周期性电流 i 的最小做功周期为 T,那么在一个最小做功周期 T 内所做的功为

$$W_1 = \int_0^T p\,dt = \int_0^T Ri^2\,dt$$

同一段时间 T 内电流为 I 的直流电在同一个电阻上所做的功为

$$W_2 = RI^2 T$$

若 $W_2 = W_1$,则称 I 是周期性电流 i 的有效值。令 $W_2 = W_1$,有

$$RI^2 T = \int_0^T Ri^2\,dt$$

消去电阻 R,得到周期性电流 i 的有效值 I 为

$$I = \sqrt{\frac{1}{T}\int_0^T i^2\,dt} \tag{3.1.8}$$

同理,可得到周期性电压 u 的有效值 U 为

$$U = \sqrt{\frac{1}{T}\int_0^T u^2\,dt} \tag{3.1.8a}$$

正弦交流电的电压、电流有效值各用大写字母 U 或 I 表示,幅值则用带小写 m 下标的大写字母 U_m 或 I_m 表示。

2)在最小做功周期内计算正弦交流电压电流的有效值

正弦交流电做功的最小周期是 1/4 电周期即 $(1/4)T$,或 $\pi/2$,见图 3.1.15。

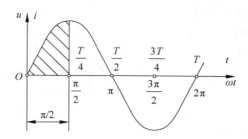

图 3.1.15　正弦交流电的最小做功周期

为分析正弦交流电的有效值 U 与幅值 U_m 的关系，首先计算函数 $\sin^2\varphi$ 的不定积分：

$$\int\sin^2\varphi\,\mathrm{d}\varphi = \int\frac{1-\cos2\varphi}{2}\,\mathrm{d}\varphi = \frac{1}{2}\left(\varphi-\frac{1}{2}\sin2\varphi\right)$$

然后利用此结果在 $0\sim\pi/2$ 区间积分，寻找正弦交流电压的有效值与幅度的关系：

$$U = \sqrt{\frac{1}{\pi/2}\int_0^{\pi/2}(U_\mathrm{m}\sin\omega t)^2\,\mathrm{d}\omega t} = U_\mathrm{m}\sqrt{\frac{2}{\pi}\frac{1}{2}(\omega t-0.5\sin2\omega t)}\Bigg|_0^{\pi/2}$$

$$= U_\mathrm{m}\sqrt{\frac{1}{\pi}\times\pi/2} = \frac{U_\mathrm{m}}{\sqrt{2}}$$

这说明正弦交流电压有效值 U 是其幅度 U_m 的 0.707 倍，或说 U_m 等于 U 的 1.414 倍，即

$$U = 0.707U_\mathrm{m},\quad U_\mathrm{m} = 1.414U$$

通常所讲工频交流电 220V 电压就是指有效值。有效值 220V 正弦交流电的电压幅度为

$$U_\mathrm{m} = \sqrt{2}U \approx 1.414\times220\mathrm{V} \approx 310\mathrm{V}$$

传统上在 2 倍最小做功周期 π 或 4 倍最小做功周期 2π 内平方、积分求均值。

众所周知，一个运算，若过程正确，只是结果有误，则可以酌情得到一些分数。反之，一个运算，虽然结果没错，但是过程不对，则任何一点分数都不能得到。

传统正弦交流电压有效值计算在电源周期而非最小做功周期内进行，虽然得到的有效值结果不错，但是过程是错误的。要求学生严谨，首先教师、科学家自己要严谨。

17. 正弦交流电路分析计算的单位电导法（λ 变换法）

RC 电路参数组合 $j\omega RC$ 无量纲。令 $j\omega RC=\lambda$，即用 λ 表示 $j\omega RC$，能把书写工作量减少到原先的四分之一。采用这种简单的 λ 变换法，交流电路分析计算过程往往能用 λ 幂函数的多项式表示。λ 的偶次幂函数是实数，λ 的奇次幂函数仍然是虚数。借助 $\lambda=j\omega RC$ 能极大地简化有关交流电路的分析计算过程。笔者把借助 $\lambda=j\omega RC$ 简化分析计算过程的方法称为单位电导法（λ 变换法）。

三节及更多节 RC 滞后移相振荡器的分析计算，本来复杂得使人望而却步，但是在 λ 变换法面前，变成了一碟小菜！用单位电导法分析计算移相振荡电路，方便快捷，判断振荡频率及起振条件，非常有效。详见本书第 12 章。

18. 合理选用电路分析计算方法提高工作效率

解决一个科学问题的途径通常有如下几种：

(1) 直接使用最终结论，如直接使用反相运算电路输出电压与输入电压的关系。

(2) 套用事先提炼出来的专用计算公式，如套用上述中点电压计算公式。

（3）根据原始概念、原理，从源头临时推导计算式子，或寻找计算方法。

最好根据电路的复杂程度，依次使用专用公式、选用串联分压法、中点电压法、节点电压法弥尔曼公式、节点电压法方程组。电路是一个环路，就用中点电压法。电路有两个节点，就用弥尔曼公式。电路节点多于两个，则用节点电压法列方程组。

尽可能选用最简单有效的方法。有简单的专用公式可用，就连串联分压法也不要了。能用串联分压法，就不用中点电压法。能用中点电压法，就不用弥尔曼公式。能用弥尔曼公式，就不用节点电压法方程组。

同样一个电路，通常节点电压数少于支路电流数。因此节点电压法一般是捷径。

所讨论电路有对称性，就要充分利用对称性，不要再理会星角转换。

读者反映，节点电压法难记难用。笔者发现，节点电压法难记难用，是难在自导、互导，以及自导为正、互导为负等人为规定上。笔者已经总结，直接用虚拟节点电流法列出电压平衡方程组，就能甩开自导概念及烦人的互导概念。

对于双节点电路，无论支路再多，节点电压未知数只有一个。这样不用列方程，更不用方程组，用弥尔曼公式一步就敲定。而且电流方向上或下，左或右最终都会水落石出，不用事先假设。多节点电路亦如此。一旦计算出节点电压，所有电流方向都一清二楚！

就这样，读者反映什么难记，笔者就免去记忆要求，让读者记那些既好记又好用的概念和方法。什么好记就记什么，什么好用就用什么。学习过程由压抑的负担变为愉快的享受。

解决同样一个问题，选用的方法合适得当，可以节省很多时间，多快好省，往往赛过事半功倍。选用的方法不合适，则将额外耗费很多时间，无异于事倍功半，甚至走进死胡同。

学生考试要获得好成绩，工程师设计要达到高质量，首先应当讲究方法提高效率。

笔者用水流比喻电流、用水压比喻电压。知道水向低处流，就知道电流向低电位处流。还注意各种计算方法优缺点的对比。电路分析计算方法首先是支路电流法（支流法）。然后是网孔电流法（网流法）。笔者指出，同样一个电路，网流数目总比支路电流少。若采用网流法，则未知数少，所列方程组的维数少，解起来就快。于是很多学员，包括文理兼招生，都情不自禁地喜欢上网流法。写作业本来要求用支流法，很多学员自我拔高，采用网流法。

笔者就这样抓住学员的眼珠子，一步步引导学生像登山一样攀登，学会选合适的方法，提高分析设计能力，解决各种复杂问题。

典型电路，如图 3.1.16 所示正方体任意两个顶点之间的立体电阻，就是立体对角线两顶点（最远的两顶点）之间的电阻 R_{df}，平面对角线两顶点之间的电阻如 R_{ca}，任一边上两顶点（最近的两顶点）之间的电阻如 R_{cd}，都能计算，也能测量。用经典的加压求流法虽然能计算，但是很烦琐。

当 $R=10\text{k}\Omega$ 时，R_{df} 就应等于 $8.33\text{k}\Omega$。然后拿出 12 只 $10\text{k}\Omega$ 电阻搭成立体电阻方阵，如图 3.1.16 所示，用数字万用表当场测量 R_{df}。数字万用表显示结果真的是 $8.33\text{k}\Omega$，分毫不差。学生这一听一看一对比，切身感受到，这电路计算方法神了，这万用表也神了。这么好的理论和技术再不学，还要学啥呢。就这样，学生的眼珠被老师抓住了，积极性调动起来了。

如何用最优方法计算立体对角线两顶点之间的电阻 R_{df} 呢？首先把电路平面化，如图 3.1.7 所示。根据电路的对称性，点 b、g、e 电位相同，相当于一个点；点 c、a、h 电位相同，相当于一个点。于是与点 f 相邻的三个 R 电阻等效于并联，并联电阻为 $R/3$；与点 d 相邻的三个 R 电阻也等效于并联，并联电阻亦为 $R/3$；剩下 6 只电阻也等效于并联，并联电阻

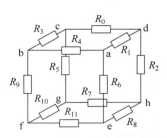

图 3.1.16　正方体顶点之间的立体电阻

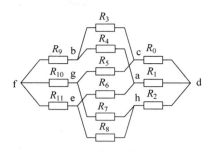

图 3.1.17　图 3.1.16 所示立体电阻的平面化表达

为 $R/6$，如此三下五除二就能计算出 $R_{df}=R/3+R/6+R/3=5/6R=0.833R$。什么定理也不用，选用最优方法，三下五除二就能计算出立体对角线两顶点之间的电阻 $R_{df}=5/6R=0.833R$。老师三言五语就能说清楚，学生当下就能听明白。

用类似方法，还能快速算出 $R_{ca}=3/4R$，$R_{cd}=7/12R$。

2018 年春天，在长沙大学 2016 级物业管理专业电工技术课堂上，笔者就是这么讲授的。

笔者摆在前排课桌上的两套立体电阻，下课后都让学生带走了，就是明证。学生若不感兴趣，即使你送他，他也不一定要。兴趣上来了，课堂纪律、作业交纳率、实验完成率、考试及格率都不在话下。

电流好似血流。这种不用电流就能计算电阻电压的方法，可谓"兵不血刃"。本书介绍的中点电压法，就是"兵不血刃"的典型。

如今学生上课都抢着往后排坐，前四排的"雅座"反而空荡荡，令教师很愁。在笔者的课堂上，学生却是抢着往前排坐。为什么？现在谜底揭开了，那就是，只有坐在前排，才能更好地欣赏老师如何兵不血刃地快刀斩乱麻，解决那些貌似复杂的电路计算问题，而且下课后还能抢到"战利品"，然后做家教时再给"小弟弟""小妹妹"现身说法。

在笔者的鼓励下，长沙大学不仅历届机电类学生电工技术学习效果都很好，而且土木类，甚至文、理科生兼招的物业管理等专业的学生电工技术学习效果也都很好。课堂纪律好，作业交得全，动手能力高，实验完成好，考试及格率高。很多年级的物业管理专业电工技术考试甚至是 100% 通过。而且很多届考试成绩最好的学生往往就是文科生。

就连笔者的搭档、专职实验教师杨军老师都说，笔者执教的学生，机电专业、材料专业的不必说，即便是非电类的土木专业，甚至文、理兼招的物业管理专业的学生，在实验室做电工技术实验，也很少有人玩闹，课堂纪律、动手操作等各方面表现，都是非常好的。

19. 正弦曲线的快捷作图方法

正弦曲线的特征是：

零点上下笔直，真好像男子刚强；

峰点左右弯曲，又恰似女子温柔；

谷点左右对称，还宛如水中捞月；

刚中柔柔中刚，能屈能伸任逍遥。

正弦曲线是一种点斜对称（点对称）、刚柔相济的非常美丽的曲线。

不过正弦曲线的作图又是一件令人烦恼的事情。

用 ω 表示角频率，正弦曲线函数及其关于电角度 ωt 的微分依次为

$$u = U_{\mathrm{m}} \sin\omega t$$

$$\frac{\mathrm{d}u}{\mathrm{d}\omega t} = U_{\mathrm{m}} \cos\omega t$$

正弦曲线的零点切线斜率及零点切线方程依次为

$$\frac{\mathrm{d}u}{\mathrm{d}\omega t}\Big|_{t=0} = U_{\mathrm{m}}\cos\omega t\,\Big|_{t=0} = U_{\mathrm{m}}$$

$$u = U_{\mathrm{m}}\omega t$$

先画出若干零点切线构成梯形框架或三角形框架,再在框架内侧做光滑曲线,即能徒手画出漂亮的正弦曲线。

1)用梯形框架法快速绘制正弦曲线

正弦曲线的导数说明其零点斜率的单位为电压幅度/弧度。正弦曲线的零点切线过点 $(1, U_{\mathrm{m}})$。近似用 $(\pi/3, U_{\mathrm{m}})$ 即 $(60°, U_{\mathrm{m}})$ 代替 $(1, U_{\mathrm{m}})$ 点,可以做出正弦曲线所贴近的梯形框架,在梯形框架内侧做光滑曲线,即能徒手画出精度足够高的正弦曲线,如图 3.1.18 所示。

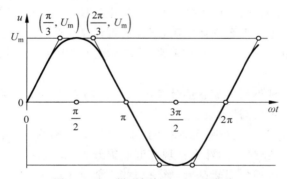

图 3.1.18　梯形框架法画正弦曲线

2)用三角形框架法快速绘制正弦曲线

正弦曲线的斜率函数还说明,其零点切线过点 $A[\pi/2, (\pi/2)U_{\mathrm{m}}]$。先画出若干零点切线构成三角形框架,再找到曲线顶点所在点 $C(\pi/2, U_{\mathrm{m}})$,然后在框架内侧过点 C 做光滑曲线,也能徒手画出漂亮的正弦曲线,如图 3.1.19 所示。

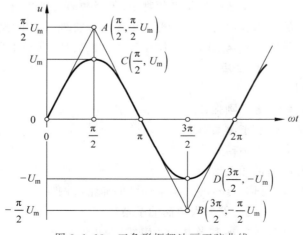

图 3.1.19　三角形框架法画正弦曲线

3.2 RLC电路幅频特性曲线在对数频率坐标下对称

电路在 L、C 阻抗的互补特性或串、并联阻抗的互补特性影响下,频率变化时输出电流或电压达到极值的现象称为谐振,常见的有 RLC 电路串联谐振、RLC 电路并联谐振、RC 串并联电路谐振等。

RLC 电路串联谐振及 RLC 电路并联谐振时,整个电路都呈现纯电阻性,原因是电感 L 的感抗模 $X_L = \omega L$,与频率成正比,电容 C 的容抗模 $X_C = 1/\omega C$,与频率成反比,频率适中谐振时由于 L、C 阻抗的互补,感抗与容抗抵消,结果剩下纯电阻。

3.2.1 RLC串联电路幅频特性曲线在对数频率坐标下对称

1. RLC 串联电路的基本关系

RLC 串联电路见图 3.2.1,其总阻抗 Z 及总阻抗模 $|Z|$ 各为

$$Z = R + \mathrm{j}(X_L - X_C) = R + \mathrm{j}(\omega L - 1/\omega C)$$

$$|Z| = \sqrt{R^2 + (X_L - X_C)^2} \quad \text{或} \quad |Z| = \left[R^2 + (\omega L - 1/\omega C)^2\right]^{0.5}$$

$$U_R^2 + (U_C - U_L)^2 = U^2$$

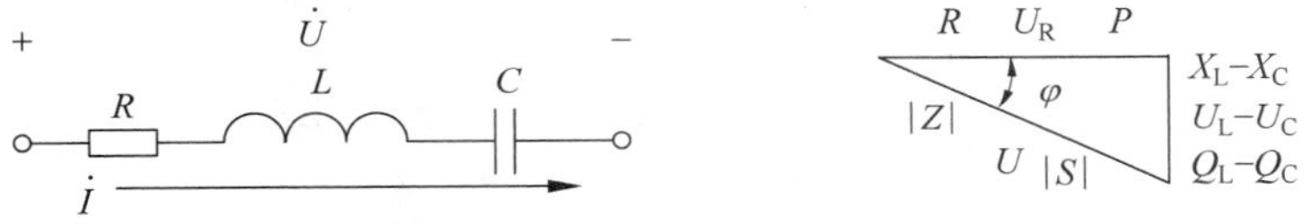

图 3.2.1 RLC 串联电路及其阻抗、电压、功率三角形与串联谐振

已知电源电压相量 $\dot{U} = U \angle 0° = U$,可求得电流相量

$$\dot{I} = \frac{\dot{U}}{R + \mathrm{j}(X_L - X_C)}$$

$$\dot{I} = \frac{U}{|Z|}\left(\frac{R}{|Z|} - \mathrm{j}\frac{X_L - X_C}{|Z|}\right) = I(\cos\varphi - \mathrm{j}\sin\varphi)$$

$$I = \frac{U}{\sqrt{R^2 + (X_L - X_C)^2}}$$

$$\tan\varphi = \frac{X_L - X_C}{R}$$

$$\cos\varphi = \frac{R}{\sqrt{R^2 + (X_C - X_L)^2}}$$

LC 串联时电容容抗与电感感抗互相削弱,电容电压与电感电压亦互相削弱。无论频率 f 的影响还是电阻 R、电感 L、电容 C 的影响都表现在对阻抗模 $|Z|$ 的影响上。R、L、C 不变时与频率有关。

2. 电源频率变化对 RLC 串联电路的影响——串联谐振

电感感抗大小与频率成正比,电容容抗大小与频率成反比。频率比较低时,电感感抗很

小,电容容抗却很大,使整个 RLC 串联线路的阻抗模很大,电流很小。此时线路阻抗特征是 $X_L - X_C < 0$,电感的作用被淹没,整个电路呈容性,总效果好像一个电容与电阻串联。

频率较高时,电容容抗很小,电感感抗却很大,同样使整个 RLC 串联线路的阻抗模很大,电流很小。此时线路特征为 $X_L - X_C > 0$,电容的作用被淹没,电路呈感性,总效果好像一个电感与电阻串联。

频率适中时,$X_L - X_C = 0$,即 $\omega L - 1/\omega C = 0$,$|Z|$ 最小,电容与电感的作用恰好互相抵消,电路呈电阻性,总效果像一个纯电阻作用,此时线路阻抗模最小,而电流最大,且电流与电源电压同相。把 RLC 串联线路 $\omega L - 1/\omega C = 0$ 线路阻抗最小、电流最大的现象称作串联谐振,见图 3.2.2。从 RLC 串联电路的电流频率特性曲线上可以看出,串联谐振时电流形成一个峰值。

在曲线上任找等高的两点 $A(\omega_1, I)$、$B(\omega_2, I)$,设 $\omega_2 > \omega_1$。若 $\omega_2 - \omega_0 = \omega_0 - \omega_1$,则曲线在普通频率坐标轴下关于直线 $\omega = \omega_0$ 对称;若 $\omega_2/\omega_0 = \omega_0/\omega_1$,则曲线在对数频率坐标轴下关于直线 $\omega = \omega_0$ 对称。为分析计算方便,不妨将 A、B 两点取为上、下限频率点,即取 $I = 0.707 I_{max}$,$\omega_1 = \omega_L$,$\omega_2 = \omega_H$,如图 3.2.2 所示。

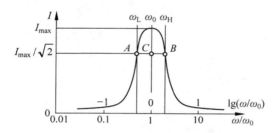

图 3.2.2　RLC 串联谐振电流-频率特性曲线

串联谐振条件有两种形式,即

$$\omega_0 L - 1/(\omega_0 C) = 0, \quad \omega_0^2 LC = 1$$

从串联谐振条件中可求得串联谐振角频率、谐振频率及电流最大值

$$\omega_0 = \frac{1}{\sqrt{LC}}, \quad f_0 = \frac{1}{2\pi\sqrt{LC}} \tag{3.2.1}$$

$$I_{max} = \frac{U}{R} \tag{3.2.2}$$

例 3.2.1　已知 RLC 串联电路电感 $L = 36\text{mH}$,电容 $C = 10\mu\text{F}$,试计算串联谐振频率,并说明电源频率小于串联谐振频率、等于及大于串联谐振频率时电路各呈现性质。

解　$f_0 = \dfrac{1}{2\pi\sqrt{LC}} = \dfrac{1}{6.28 \times \sqrt{36 \times 10^{-3} \times 10 \times 10^{-6}}} = \dfrac{10^4}{6.28 \times 6} \approx 265\text{Hz}$

当电源频率小于、等于及大于 265Hz 时,电路分别呈现电容性、电阻性和电感性。

3. 串联谐振效果的衡量——品质因数 Q

上、下限频率的差值称为频带宽度,简称带宽。带宽用符号 Δf 或 BW 表示,即

$$\Delta f = \text{BW} = f_H - f_L \tag{3.2.3}$$

谐振特性曲线呈尖锐峰状。谐振特性曲线越尖锐,说明谐振效果就越好。带宽越小,谐振特性曲线越尖锐,谐振效果就越好。但是只有带宽小还不能充分说明谐振特性曲线究竟

多么尖锐,谐振效果多么好。带宽与谐振频率的比值叫做相对带宽。相对带宽的倒数,即谐振频率与带宽的比值称为品质因数,用符号 Q 表示,即

$$Q = f_0 / (f_H - f_L) \tag{3.2.4}$$

只有品质因数 Q 才能充分说明谐振特性曲线尖锐程度以及谐振效果。品质因数 Q 是衡量串联谐振及并联谐振效果的基本技术指标。这里先讨论串联谐振品质因数 Q。

$I = U / |Z|$,$I_{max} = U / R$,令 $I / I_{max} = 1 / \sqrt{2}$ 有 $(I_{max} / I)^2 = 2$。由式(3.2.2)获得上、下限频率应满足的条件为

$$\left[R^2 + \left(\omega L - \frac{1}{\omega C} \right)^2 \right] / R^2 = 2 \rightarrow R^2 + \left(\omega L - \frac{1}{\omega C} \right)^2 = 2R^2$$

$$\rightarrow \left(\omega L - \frac{1}{\omega C} \right)^2 = R^2 \rightarrow | \omega L - 1/\omega C | = R \qquad ①$$

在谐振频率以下,下限角频率 ω_L 满足 $\omega_L L - 1/\omega_L C < 0$,式①演变为 $1/\omega_L C - \omega_L L = R$,等号两边同时乘以 $\omega_L C$ 可得到关于未知数 ω_L 的一元二次方程:

$$LC \omega_L^2 + RC \omega_L - 1 = 0$$

其中一个有意义的解就是下限角频率:

$$\omega_L = \frac{\sqrt{(RC)^2 + 4LC} - RC}{2LC} \tag{3.2.5}$$

在谐振频率以上,上限角频率 ω_H 满足 $\omega_H L - 1/\omega_H C > 0$,式①演变为 $\omega_H L - 1/(\omega_H C) = R$,等号两边同时乘以 $\omega_H C$ 可得到关于未知数 ω_H 的一元二次方程:

$$LC \omega_H^2 - RC \omega_H - 1 = 0$$

其中一个有意义的解就是上限角频率:

$$\omega_H = \frac{\sqrt{(RC)^2 + 4LC} + RC}{2LC} \tag{3.2.6}$$

角频带宽度

$$\Delta \omega = \omega_H - \omega_L = \frac{R}{L} \tag{3.2.7}$$

品质因数 Q 用谐振频率与带宽的比值 $f_0 / (f_H - f_L)$ 来定义并计算,即

$$Q = \frac{\omega_0}{\Delta \omega} = \sqrt{\frac{1}{LC}} \bigg/ \frac{R}{L} = \frac{1}{R} \sqrt{\frac{L}{C}} \tag{3.2.8}$$

RLC 串联谐振品质因数 Q 与电阻 R 成反比,与电感 L 和电容 C 比值的平方根成正比。

串联谐振品质因数 Q 也能用谐振时电容电压或电感电压与电阻电压的比值来计算,即

$$Q = \frac{U_L}{U_R} = \frac{U_C}{U_R}$$

将 $U_L = \omega_0 L I$、$U_C = I / \omega_0 C$、$U_R = R I$ 代入上式,有

$$Q = \frac{\omega_0 L}{R} = \frac{1}{R \omega_0 C} = \frac{1}{R} \sqrt{\frac{L}{C}}$$

品质因数无量纲。为避免计算结果出错,计算品质因数时要注意,电阻 R、电感 L 和电容 C 应当分别以欧姆(Ω)、亨($H = s\Omega$)和法($F = s/\Omega$)代入。

例 3.2.2　已知 RLC 串联电路的电阻 $R=1\Omega$，电感 $L=36\mathrm{mH}$，电容 $C=10\mathrm{pF}$，试计算串联谐振品质因数 Q。

解　$Q=\dfrac{1}{R}\sqrt{\dfrac{L}{C}}=\dfrac{1}{1\Omega}\sqrt{\dfrac{36\times10^{-3}\,\Omega\cdot\mathrm{s}}{10\times10^{-12}\,\mathrm{s}/\Omega}}=\sqrt{36\times10^{8}}=60000$

式(3.2.5)和式(3.2.6)表明，RLC 串联谐振上、下限频率的几何平均值等于谐振频率，即

$$\omega_\mathrm{L}\omega_\mathrm{H}=\omega_0^2，\qquad f_\mathrm{L}=f_\mathrm{H}f_0^2$$

由此推出，$\omega_\mathrm{H}/\omega_0=\omega_0/\omega_\mathrm{L}$，以及 $\lg(\omega_\mathrm{H}/\omega_0)=\lg(\omega_0/\omega_\mathrm{L})$。

这就证明了，在对数频率坐标轴条件下，RLC 串联谐振幅频特性曲线左右对称。

3.2.2　RLC 并联电路幅频特性在对数频率坐标下对称

电容电压代表其能量。电压绝对值增大，表示电容吸收能量；电压绝对值减小，表示电容释放能量。从图 3.2.3 可看出，在 $0\sim\pi/2$ 及 $\pi\sim3\pi/2$ 范围内，电容电压绝对值增大，表示吸收能量；在 $\pi/2\sim\pi$ 及 $3\pi/2\sim2\pi$ 范围内，电容电压绝对值减小，表示释放能量。在一个电周期内，电容电压的绝对值由零到大再到零，变化两个周期。电容在一个电周期内能量的吸收和释放循环两次。

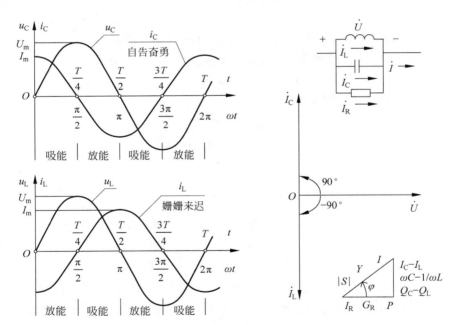

图 3.2.3　RLC 并联电路及电流、导纳、功率三角形

电感电流代表其能量。电流绝对值增大，表示电感吸收能量；电流绝对值减小，表示电感释放能量。从图 3.2.3 可看出，在 $0\sim\pi/2$ 及 $\pi\sim3\pi/2$ 范围内，电感电流绝对值减小，表示释放能量；在 $\pi/2\sim\pi$ 及 $3\pi/2\sim2\pi$ 范围内，电感电流绝对值增大，表示吸收能量。在一个电周期内，电感电流的绝对值由零到大再到零，变化两个周期。电感在一个电周期内能量的吸收和释放循环两次。

同一个电源电压作用下电感电容的能量变化是互补的。电感释放能量时,电容吸收能量;反之亦然。电感电容在正弦交流电作用下,一个释放能量,另一个吸收能量,是典型的张弛现象。从图 3.2.3 所示电压电流波形图和相量图上都可以看出,能量吸收与释放的互补表现为在同一正弦交流电作用下的电感电流与电容电流相位差为 $180°$,互相削弱。

电感电流滞后于电压 $90°$,电容电流超前于电压 $90°$。同样一个电源电压作用下的电感电流与电容电流相位差为 $180°$,即并联的电感电容的电流相位差为 $180°$,见图 3.2.3。

与纯电感并联一个电容,见图 3.2.3,电容与电感的并联阻抗为

$$Z_{L//C} = \frac{Z_L Z_C}{Z_L + Z_C} = \frac{j\omega L \dfrac{1}{j\omega C}}{j\omega L + \dfrac{1}{j\omega C}} = \frac{\omega L \dfrac{1}{j\omega C}}{\omega L - \dfrac{1}{\omega C}} = \frac{j\omega L}{1 - \omega^2 LC}$$

当容抗模 $1/\omega C$ 等于感抗模 ωL 时,电容与电感的并联阻抗模为无穷大,电感电流与电容电流完全抵消,不是电感电流直接给电容充电,就是电容电荷全部释放给电感,能量在电感与电容之间自我循环,线路总电流达到最小,这样的现象称为 RLC 并联谐振。

令 $\omega^2 LC = 1$ 可得到 RLC 并联谐振角频率、频率及线路电流最小值,即

$$\omega_0 = \frac{1}{\sqrt{LC}}, \quad f_0 = \frac{1}{2\pi\sqrt{LC}} \tag{3.2.9}$$

$$I_{min} = U/R \tag{3.2.10}$$

RLC 并联电路电流与电导 $G = 1/R$、电感 L、电容 C、角频率 ω 及电源电压 U 的关系为

$$\dot{I} = [G + j(\omega C - 1/\omega L)]\dot{U}$$

$$I = \sqrt{G^2 + (\omega C - 1/\omega L)^2}\, U$$

根据电流与频率的函数关系可画出 RLC 并联谐振电流-频率特性曲线,见图 3.2.4。

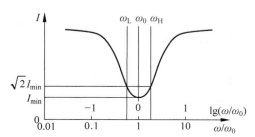

图 3.2.4 RLC 并联谐振电流-频率特性曲线

令 $I/I_{min} = \sqrt{2}$,得到上、下限频率条件为

$$[G^2 + (\omega C - 1/\omega L)^2]/G^2 = 2$$

$$1 + (\omega C - 1/\omega L)^2 R^2 = 2$$

$$|\omega C - 1/\omega L|\, R = 1$$

在谐振频率以下,$\omega C < 1/\omega L$,下限频率条件为

$$1/\omega_L L - \omega_L C = 1/R$$

化简得到关于下限频率未知数的一元二次方程:

$$LC\omega_L^2 + L/R\omega_L - 1 = 0$$

其中一个有意义的解就是下限频率:

$$\omega_L = \frac{\sqrt{(L/R)^2 + 4LC} - L/R}{2LC} \qquad (3.2.11)$$

在谐振频率以上,$\omega C > 1/\omega L$,上限频率条件为

$$\omega_H C - 1/\omega_H L = 1/R$$

化简得到关于上限频率未知数的一元二次方程:

$$LC\omega_H^2 - L/R\omega_H - 1 = 0$$

其中一个有意义的解就是下限频率:

$$\omega_H = \frac{\sqrt{(L/R)^2 + 4LC} + L/R}{2LC} \qquad (3.2.12)$$

由式(3.2.11)和式(3.2.12)得到带宽及品质因数依次为

$$\Delta\omega = \omega_H - \omega_L = \frac{1}{RC} \qquad (3.2.13)$$

$$Q = \frac{\omega_0}{\Delta\omega} = \frac{1}{\sqrt{LC}} \bigg/ \frac{1}{RC} = R\sqrt{\frac{C}{L}} \qquad (3.2.14)$$

RLC 并联谐振品质因数 Q 与电阻 R 成正比,与电容和电感的比值的平方根成正比。

品质因数也能用并联谐振时电感电流或电容电流与电阻电流的比值来计算

$$Q = \frac{U/\omega_0 L}{U/R} = \frac{R}{\omega_0 L} = R\sqrt{\frac{C}{L}}$$

RLC 并联谐振与 RLC 串联谐振的比较:

1. 相同点

(1)谐振条件及谐振频率只与 LC 有关,而与 R 无关。

(2)谐振电流只与 R 有关,而与 LC 无关。

(3)谐振时电路对外呈现为纯电阻。

(4)幅频特性曲线在对数坐标下对称。

2. 对偶点

(1)串联谐振时线路电流最大,并联谐振线路电流最小。

(2)二者的品质因数互为倒数 $Q_p = 1/Q_s$。串联谐振品质因数与 R 成反比,并联谐振品质因数与 R 成正比。

(3)谐振点上下电路容性感性互为映像,即频率 f 小,串联谐振电路呈容性,并联谐振电路呈感性;f 大,串联谐振电路呈感容性,并联谐振电路呈容性。

3.3   RC 串并联电路谐振阻抗、曲线对称性及品质因数

3.3.1   RC 串并联电路谐振时分阻抗及总阻抗均非电阻性

RC 串并联电路如图 3.3.1 所示。首先明确,电容容抗模 $X_C = 1/\omega C$。频率越小,电容容抗就越大,串联电容 C_1 影响就越大,并联电容 C_2 影响就越小,$R_1 C_1$ 的串联阻抗 Z_S 就越大,而 $R_2 C_2$ 的并联阻抗 $Z_P \approx R_2$,结果分压比变小,如图 3.3.1(a)所示。

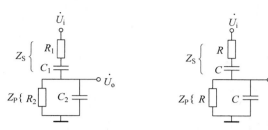

(a) 最一般的RC串并联电路　　(b) 等电阻等电容RC串并联电路

图 3.3.1　正分压比 RC 串并联谐振电路(带通滤波器)

频率越大,电容容抗就越小,串联电容 C_1 影响就越小,并联电容 C_2 影响就越大,使 R_1C_1 的串联阻抗 $Z_S \approx R_1$,而 R_2C_2 的并联阻抗 $Z_P \approx 0$,结果分压比也变小。

因此,频率适中时,分压比就存在一个最大值,使输出电压达到最大,即谐振。

简言之,频率小,RC 串并联电路的上半部阻抗就大,结果分压比变小;频率大,RC 串并联电路的下半部阻抗就越接近零,结果分压比也变小。频率适中,分压比就存在一个最大值,使输出电压达到最大,发生电压谐振。

RC 串并联电路谐振用了 3 个简单原理:一是电容容抗与频率成反比;二是串联阻抗里较大的那个起主导作用;三是并联阻抗里较小的那个起主导作用。

RC 串并联谐振电路很常见,但很多人并不熟悉。关键不是这个电路有多么复杂,而是有关理论不成熟,有关著作的叙述不到位。

如图 3.3.1(b)所示,$C_2 = C_1 = C$、$R_2 = R_1 = R$,称为等电阻等电容 RC 串并联电路。

根据串联阻抗分压原理可计算等电阻等电容 RC 串并联电路串联分压比为

$$F = \frac{\dot{U}_o}{\dot{U}_i} = \frac{R \; /\!/ \; 1/j\omega C}{R + 1/j\omega C + R \; /\!/ \; 1/j\omega C}$$

分子分母同乘以 $j\omega C$,并将 $j\omega RC$ 用 λ 表示,有

$$F = \frac{\lambda \; /\!/ \; 1}{\lambda + 1 + \lambda \; /\!/ \; 1}$$

展开并联阻抗计算式并将分子分母同乘以 $\lambda + 1$,有

$$F = \frac{\lambda}{(\lambda + 1)^2 + \lambda} = \frac{\lambda}{3\lambda + \lambda^2 + 1} = \frac{1}{3 + \lambda - 1/\lambda}$$

再将 λ 还原为 $j\omega RC$,有

$$F = \frac{1}{3 + j(\omega RC - 1/\omega RC)}$$

由此看出,当 $\omega RC = 1$ 时串联分压比达到最大值 $1/3$,输出电压达到输入电压的 $1/3$ 且与输入电压同相。所以 $\omega RC = 1$ 就是谐振点。由此得到等电阻等电容 RC 串并联电路的谐振角频率 ω_0、谐振频率 f_0 及谐振时滤波器分压比 F_0 各为

$$\omega_0 = \frac{1}{RC}, \quad f_0 = \frac{\omega_0}{2\pi} = \frac{1}{2\pi RC} \tag{3.3.1}$$

$$F_0 = \frac{1}{3} \tag{3.3.2}$$

将谐振条件 $\omega RC = 1$ 代入上半部 RC 串联阻抗 Z_S 及下半部 RC 并联阻抗 Z_P 计算公式,有

$$Z_S = R + \frac{1}{j\omega C} = R + \frac{R}{j\omega RC} = (1-j)R$$

$$Z_P = \frac{R/j\omega C}{R + 1/j\omega C} = \frac{R}{1+j\omega RC} = \frac{R}{1+j} = 0.5(1-j)R$$

RC 串并联电路谐振时两个分阻抗均为容性,且阻抗角相同。总阻抗为

$$Z = Z_S + Z_P = (1-j)R + 0.5(1-j)R = 1.5(1-j)R$$

RC 串并联电路谐振时两个分阻抗为相角特性一样的电容性,但不是纯电阻性。

可见,RC 串并联电路谐振时串联分压比为实数,原因仅仅是上边的 RC 串联阻抗与下边的 RC 并联阻抗的阻抗角相同,但并非纯电阻。

3.3.2　RC 串并联电路幅频特性曲线在对数频率坐标轴对称

为说明电阻及电容大小对品质因数的影响,假设 RC 串并联电路的两只电阻不相等、两只电容亦不相等,如图 3.3.1(a)所示。

根据串联阻抗分压原理,计算图 3.3.1(a)电路稳态时串联分压比

$$F = \frac{\dot{U}_o}{\dot{U}_i} = \frac{R_2 /\!/ (1/j\omega C_2)}{R_1 + 1/j\omega C_1 + R_2 /\!/ (1/j\omega C_2)}$$

展开并联阻抗计算式,并将分子分母同乘以 $(R_2 + 1/j\omega C_2)$,有

$$F = \frac{R_2/j\omega C_2}{(R_1 + 1/j\omega C_1)(R_2 + 1/j\omega C_2) + R_2/j\omega C_2}$$

再将分子分母同乘以 $(j\omega C_1 j\omega C_2)$,有

$$F = \frac{j\omega R_2 C_1}{(j\omega R_1 C_1 + 1)(j\omega R_2 C_2 + 1) + j\omega R_2 C_1}$$

展开分母,有

$$F = \frac{j\omega R_2 C_1}{1 - \omega^2 R_1 R_2 C_1 C_2 + j\omega (R_1 C_1 + R_2 C_2 + R_2 C_1)} \quad (3.3.2a)$$

由此得到,$R_2 \neq R_1$、$C_2 \neq C_1$ 条件下谐振角频率 ω_0、谐振频率 f_0 及谐振时滤波器分压比 F_0:

$$\omega_0 = \frac{1}{\sqrt{R_1 R_2 C_1 C_2}}, \quad f_0 = \frac{\omega_0}{2\pi} = \frac{1}{2\pi \sqrt{R_1 R_2 C_1 C_2}} \quad (3.3.1a)$$

$$F_0 = \frac{R_2 C_1}{R_1 C_1 + R_2 C_2 + R_2 C_1} \quad (3.3.2b)$$

分子分母同时除以 $R_2 C_1$,就得到既好记又好用的滤波器分压比 F_0 计算公式:

$$F_0 = \frac{1}{1 + R_1/R_2 + C_2/C_1} \quad (3.3.2c)$$

令分压比计算式(3.3.2a)分母中的虚部与实部相等,可得到上、下限频率条件为

$$|1 - \omega^2 R_1 R_2 C_1 C_2| = \omega(R_1 C_1 + R_2 C_2 + R_2 C_1)$$

在谐振频率以下,$1 - \omega^2 R_1 C_1 R_2 C_2 > 0$,从上式得到下限频率条件为

$$1-\omega_{\mathrm{L}}^{2}R_{1}C_{1}R_{2}C_{2}=\omega_{\mathrm{L}}(R_{1}C_{1}+R_{2}C_{2}+R_{2}C_{1})$$

转化为一元二次方程的标准形式为

$$R_{1}C_{1}R_{2}C_{2}\omega_{\mathrm{L}}^{2}+(R_{1}C_{1}+R_{2}C_{2}+R_{2}C_{1})\omega_{\mathrm{L}}-1=0$$

其中一个有意义的解就是 $R_{2}\neq R_{1}$，$C_{2}\neq C_{1}$ 条件下串并联 RC 带通滤波器下限角频率：

$$\omega_{\mathrm{L}}=\frac{\sqrt{(R_{1}C_{1}+R_{2}C_{2}+R_{2}C_{1})^{2}+4R_{1}R_{2}C_{1}C_{2}}-(R_{1}C_{1}+R_{2}C_{2}+R_{2}C_{1})}{2R_{1}R_{2}C_{1}C_{2}} \tag{3.3.3}$$

在谐振频率以上，$1-\omega^{2}R_{1}C_{1}R_{2}C_{2}<0$，从上式得到上限频率条件为

$$\omega_{\mathrm{H}}^{2}R_{1}C_{1}R_{2}C_{2}-1=\omega_{\mathrm{H}}(R_{1}C_{1}+R_{2}C_{2}+R_{2}C_{1})$$

转化为一元二次方程的标准形式为

$$\omega_{\mathrm{H}}^{2}R_{1}C_{1}R_{2}C_{2}-\omega_{\mathrm{H}}(R_{1}C_{1}+R_{2}C_{2}+R_{2}C_{1})-1=0$$

其中一个有意义的解就是 $R_{2}\neq R_{1}$、$C_{2}\neq C_{1}$ 条件下串并联 RC 带通滤波器上限角频率：

$$\omega_{\mathrm{H}}=\frac{\sqrt{(R_{1}C_{1}+R_{2}C_{2}+R_{2}C_{1})^{2}+4R_{1}R_{2}C_{1}C_{2}}+R_{1}C_{1}+R_{2}C_{2}+R_{2}C_{1}}{2R_{1}R_{2}C_{1}C_{2}} \tag{3.3.4}$$

很多人使用普通频率坐标轴根据实验数据绘图时已经发现，RLC 串并联电路的幅频特性曲线左右并不对称。不对称的原因分析如下。

在式(3.3.3)、式(3.3.4)中令 $R_{2}=R_{1}=R$，$C_{2}=C_{1}=C$，再化简得到等电阻等电容条件下 RC 串并联电路的上、下限频率为

$$\omega_{\mathrm{H}}=0.5(\sqrt{13}+3)\omega_{0}\approx3.303\omega_{0}$$

$$\omega_{\mathrm{L}}=0.5(\sqrt{13}-3)\omega_{0}\approx0.303\omega_{0}$$

由此得到：$\omega_{\mathrm{H}}-\omega_{0}=2.303\omega_{0}$，$\omega_{0}-\omega_{\mathrm{L}}=0.697\omega_{0}$。因 $\omega_{0}-\omega_{\mathrm{L}}<\omega_{\mathrm{H}}-\omega_{0}$，故采用普通频率坐标轴时，幅频特性曲线的左半部(低频段)比右半部(高频段)陡峭，左瘦右胖不对称。

由此看出，很多传统著作在普通频率坐标轴条件下所绘制的幅频特性曲线左右对称是不符合实际的，是错误的。

众所周知，对数频率坐标轴能展宽低频段、压缩高频段。采用对数频率坐标轴，就有可能将本来陡峭窄瘦的低频段展宽、本来平坦宽胖的高频段压缩，结果就有可能使本来左瘦右胖不对称的曲线变得对称起来。

继续观察

$$\omega_{\mathrm{H}}/\omega_{0}=0.5(\sqrt{13}+3)=3.303$$

$$\omega_{0}/\omega_{\mathrm{L}}=1/[0.5(\sqrt{13}-3)]=0.5(\sqrt{13}+3)=3.303$$

$$\omega_{\mathrm{H}}/\omega_{0}=\omega_{0}/\omega_{\mathrm{L}}$$

$$\lg(\omega_{\mathrm{H}}/\omega_{0})=\lg(\omega_{0}/\omega_{\mathrm{L}})$$

因此，采用对数频率坐标轴，$R_{2}=R_{1}$、$C_{2}=C_{1}$ 时，幅频特性曲线真的变得左右对称了，如图 3.3.2 所示。

当 $R_{2}\neq R_{1}$、$C_{2}\neq C_{1}$ 时，从式(3.3.3)、式(3.3.4)也可看出，上、下限频率的几何平均值等于谐振频率，即

$$f_{\mathrm{L}}f_{\mathrm{H}}=f_{0}^{2}，\quad\omega_{\mathrm{L}}\omega_{\mathrm{H}}=\omega_{0}^{2}$$

由此推出 $\omega_{\mathrm{H}}/\omega_{0}=\omega_{0}/\omega_{\mathrm{L}}$，以及 $\lg(\omega_{\mathrm{H}}/\omega_{0})=\lg(\omega_{0}/\omega_{\mathrm{L}})$。

这就证明了，在对数频率坐标轴条件下，即使 $R_{2}\neq R_{1}$，$C_{2}\neq C_{1}$，RC 串并联谐振幅频特

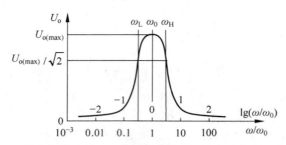

图 3.3.2　等电阻等电容 RC 串并联带通滤波器半对数幅频特性曲线

性曲线也左右对称。

就是说,用普通频率坐标轴,则 RC 串并联电路、RLC 串联电路及 RLC 并联电路的幅频特性曲线左右都不对称。问题很明显,只有采用对数频率坐标轴,它们左右才能对称起来。其实问题也不大,只要采用对数频率坐标轴,它们左右就能对称起来。

就是说,带通滤波器幅频特性曲线若要照对称制图,就必须采用对数频率坐标轴。

3.3.3　RC 串并联电路品质因数最大值仅为 0.5

由式(3.3.1a)、式(3.3.3)及式(3.3.4)可得到 RC 串并联谐振角频带宽度及品质因数 Q:

$$\Delta\omega = \omega_H - \omega_L = \frac{R_1 C_1 + R_2 C_2 + R_2 C_1}{R_1 R_2 C_1 C_2} \tag{3.3.5}$$

$$Q = \frac{\omega_0}{\Delta\omega} = \frac{\omega_0}{\omega_H - \omega_L} = \frac{\sqrt{R_1 R_2 C_1 C_2}}{R_1 C_1 + R_2 C_2 + R_2 C_1} \tag{3.3.6}$$

令 $R_2 = R_1$、$C_2 = C_1$,从中能得到等电阻等电容情况下 RC 串并联电路的品质因数

$$Q = \frac{RC}{RC + RC + RC} = \frac{1}{3}$$

为考究 R_2 与 R_1、C_2 与 C_1 成怎样的关系时 RC 串并联带通滤波器的品质因数 Q 达到最大,最大值为何,将品质因数 Q 计算式(3.3.6)的分子分母同除以 $\sqrt{R_1 R_2 C_1 C_2}$,变换为

$$Q = \frac{1}{\sqrt{(R_1/R_2)(C_1/C_2)} + \sqrt{(R_2/R_1)(C_2/C_1)} + \sqrt{(R_2/R_1)(C_1/C_2)}} \tag{3.3.6a}$$

设 $\sqrt{(R_1/R_2)(C_1/C_2)} = x$,$\sqrt{C_1/C_2} = y$,则

$$Q = \frac{1}{x + 1/x + y^2/x} \tag{3.3.6b}$$

构造函数

$$w = x + (1 + y^2)/x$$

计算其偏导数并令其等于 0,得到使品质因数 Q 取极值的条件

$$\frac{\partial w}{\partial x} = 1 - (1 + y^2)/x^2 = 0$$

$$\frac{\partial w}{\partial y} = 2y/x = 0$$

由第二个偏导数=0 知,应有 $y \to 0$,即

$$C_1 \ll C_2$$

将 $y=0$ 代入第一个偏导数有 $x^2=1$，即

$$(R_1/R_2)(C_1/C_2)=1$$

$C_1 \ll C_2$、$(R_1/R_2)(C_1/C_2)=1$，就是品质因数 Q 取极大值的条件。这两个条件同时满足时，品质因数 Q 取极大值：

$$\lim_{y \to 0, x \to 1} Q = \lim_{y \to 0, x \to 1} \frac{1}{1+1/1+0/1} = \frac{1}{2}$$

RC 串并联电路的品质因数最大值为 0.5，是很低的。

条件 $(R_1/R_2)(C_1/C_2)=1$ 即 $R_1/R_2=C_2/C_1$ 容易满足。因为电容 C_1 不可能取 0，C_2 不可能取无穷大，$C_1 \ll C_2$ 就不可能完全满足，而品质因数 Q 也难以达到 0.5。通常可取 $R_1/R_2=10$，$C_2/C_1=10$，代入式(3.3.6a)可计算品质因数为

$$Q = \frac{1}{1+1+0.1} \approx 0.4762$$

与等电阻等电容 RC 串并联电路相比，品质因数提高量为

$$\delta Q = (0.4762 - 0.3333)/0.3333 = 43\%$$

此时谐振时串联分压比为

$$F_0 = \frac{1}{1+R_1/R_2+C_2/C_1} = \frac{1}{1+10+10} \approx 0.05$$

由此可见，等电阻等电容 RC 串并联谐振电路的品质因数 Q 值只有 1/3。即使合理搭配电阻比及电容比，极限最大值也只有 0.5。所以 RC 串并联电路仅用在频率稳定性要求不高的场合。

频率稳定性要求较高，可选用双 T 网络带阻滤波器组成振荡器或用石英晶体振荡器。

3.4　伯德图半对数相频特性曲线中点斜率的计算及应用

对数频率特性曲线为美国科学家伯德所创建，通称伯德图(Bode Plot)。伯德图因有渐近线而显得舒展优美、漂亮大方。伯德图不仅为模拟电子学的电压放大器及滤波器等章节所采用，而且为自动控制原理等很多学科广泛采用。画好伯德图，对于很多专业的大学生都是一项很重要的基本功。伯德图好用，但是其相频特性曲线的绘制一直停留在最原始、最笨拙、最低效的描点法水平上。关键是中点斜率不明朗，使人疑虑重重，见图 1.1.1。

只有名正才能言顺。首先讨论伯德图中两条曲线的命名。伯德图中的幅频特性曲线的横轴及纵轴都采用对数坐标，故称为对数幅频特性曲线。相频特性曲线只有横轴采用对数频率坐标，而纵轴采用角度坐标，故宜称为"半对数相频特性曲线"。传统称其为"对数相频特性曲线"有失偏颇。

这里介绍笔者如何计算中点切线斜率并依托中点切线快速高质量制作伯德图半对数相频特性曲线的技巧。

伯德图舒展优美、漂亮大方，是因为对数幅频特性曲线有渐近线，半对数相频特性曲线点对称、有渐近线及中点切线。若要求不高，则用渐近线及中点切线组成的折线就能够近似表示系统的频率特性。若要求较高，则在这些折线基础上稍加修饰，就能得到足够精确的伯德图。因此，快速准确绘制伯德图，关键是画出渐近线及中点切线。

频率特性函数具有因子$(1+j\omega/\omega_0)^n(n=\pm 1,\pm 2)$的半对数相频特性曲线很典型,其绘制方法作为一项基本功,非常重要。这里以$n=1$即频率特性函数为$(1+j\omega/\omega_0)$的一阶微分环节来介绍此类曲线的特点及画法。

1. 画好对数频率特性图的六个要领

第一,设中间变量$x=\lg(\omega/\omega_x)$。

用微分工具可准确观察曲线斜率。但是自变量以对数频率坐标轴表达的函数如何微分,学界一直鲜见讨论。微分是对均匀刻度的自变量进行的。众所周知,对数频率坐标轴照$\lg(\omega/\omega_x)$制作均匀刻度。若设中间变量$x=\lg(\omega/\omega_x)$,则刻度x就是均匀的。只有设定中间变量x,才能进行微分,获得曲线斜率。设定中间变量$x=\lg(\omega/\omega_x)$是最关键的一步。

第二,设定对数频率原点(零点)。

$x=\lg(\omega/\omega_x)$,$\omega=\omega_x$时$x=0$。$\omega=\omega_x$即$x=0$的点称为对数频率原点(零点)。

制作放大器伯德图时,通常设某个转折频率ω_1为对数频率原点,即设$\omega_x=\omega_1$。

第三,纵横坐标轴长短比例要合适。

通常取纵轴20dB线段长等于十倍频程(1dec)线段长的0.5倍左右,取纵轴90°线段长等于十倍频程(1dec)线段长的0.5~1倍。

第四,借助渐近线及中点切线画图。

要先画出渐近线及中点切线,然后由若干条直线构成频率特性曲线的框架。

第五,必要时经若干特殊点将直线框架光滑修正为精确曲线。

必要时在转折点上计算增益值和相角值,确定频率特性曲线的特殊点,再经这些特殊点将渐近线及中点切线框架光滑修正为精确曲线。

第六,因纵横坐标单位不同,故应注意,渐近线及中点切线等斜线只能用两点法绘制。

2. 一阶微分环节伯德图的对数幅频特性曲线的渐近线

一阶微分环节(PD环节)传递函数为$A(s)=1+Ts$。频率特性函数为$A(\omega)=1+j\omega T$。

令$1/T=\omega_0$,则有$A(\omega)=1+j\omega/\omega_0$。其幅频特性函数为

$$|A(\omega)|=\sqrt{1+(\omega/\omega_0)^2}$$

电压放大倍数的常用对数的20倍称为对数幅频特性,简称为增益,符号$L(\omega)$。增益的单位是分贝(decibel),符号dB。$L(\omega)$与$A(\omega)$的关系为

$$L(\omega)=20\lg|A(\omega)|\text{ dB} \tag{3.4.1}$$

一阶微分环节的对数幅频特性函数

$$L(\omega)=20\lg\sqrt{1+(\omega/\omega_0)^2}\text{ dB} \tag{3.4.2}$$

为进行微分观察曲线斜率,设

$$x=\lg(\omega/\omega_0) \tag{3.4.3}$$

则$\omega/\omega_0=10^x$。在对数频率坐标轴上,频率每变化10倍,称为十倍频程,即1个dec(A decade),相当于x变化1。因此变量$\Delta x=1$就代表十倍频程(dec)。

借助中间变量x,一阶微分环节的对数幅频特性函数可表示为

$$L(x)=20\lg\sqrt{1+10^{2x}}\text{ dB} \tag{3.4.4}$$

$x\gg 1$时简化为

$$L(x)=20x\text{ dB} \tag{3.4.5}$$

$L(x)$ 与 x 成正比,这就是渐近线。

微分式(3.4.4)得到增益曲线的斜率函数,其单位是分贝/十倍频程,符号为 dB/dec

$$\frac{\mathrm{d}L(x)}{\mathrm{d}x} = 20\,\frac{10^{2x}}{1+10^{2x}}\mathrm{dB/dec}$$

由此看出,$x \ll 1$ 时 $10^{2x} \to 0$,$\mathrm{d}L/\mathrm{d}x \to 0$,增益曲线呈现为水平线。

$x \gg 1$ 时 $10^{2x} \to \infty$,$\mathrm{d}L/\mathrm{d}x \to 20\mathrm{dB/dec}$,增益曲线是 20dB/十倍频程(dB/dec)的斜线,即高端渐近线。

一阶微分环节对数幅频特性曲线的两条渐近线如图 3.4.1 所示。

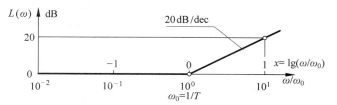

图 3.4.1 一阶微分环节对数幅频特性曲线的渐近线

相频特性函数

$$\varphi(\omega) = \arctan(\omega/\omega_0) \qquad (3.4.6)$$

若频率横坐标直接以 ω/ω_0 等分,则相频特性函数就是常见的反正切函数,见图 3.4.2。

原始反正切函数曲线左右不对称,好像一只丑陋的小鸭子。

伯德图的幅频特性曲线与相频特性曲线要求上下对齐画在一起,共用频率坐标轴。伯德图中的幅频特性曲线的横坐标是对数频率坐标 $\lg(\omega/\omega_0)$。为使相频特性曲线

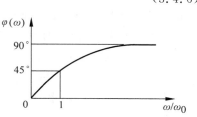

图 3.4.2 原始反正切函数的图像

与幅频特性曲线上的点能一一对应,相频特性曲线的横坐标也采用对数频率坐标 $\lg(\omega/\omega_0)$。

纵坐标轴采用电压放大倍数的对数——增益、横坐标轴采用对数频率的幅频特性曲线称为对数幅频特性曲线。

纵坐标轴采用角度、横轴采用对数频率的相频特性曲线称为半对数相频特性曲线。

对数幅频特性曲线有渐近线。依托渐近线可以方便快捷地绘制对数幅频特性曲线。

半对数相频特性曲线的中点斜率一直没有计算出来,无法绘制中点切线,因此传统只能用描点法或修正法来描绘,绘图效率低,见图 1.1.1。

借助中间变量 x,半对数相频特性函数可表示为

$$\varphi(x) = \arctan 10^x \qquad (3.4.7)$$

3. 证明半对数相频特性曲线点对称

在对数频率轴上,频率每变化 10 倍称为一个十倍频程。设十倍频程线段长度为 1cm,只要频率变化 10 倍,则从 1Hz 到 10Hz 是 1cm 线段,或从 1kHz 到 10kHz 也是 1cm 线段。就是说,普通频率轴改为对数频率轴,则低频段被拉开,高频段被压缩。反正切函数图像原点处最陡峭,但是因水平拉伸最厉害而被拉平,函数变成奇函数。就像串、并联谐振幅频特性曲线采用对数频率轴对称起来一样,本来不对称的反正切函数图像,会变得点对称。

为观察半对数相频特性曲线究竟是否点对称,将纵轴移到 $\omega=\omega_0$ 即 $x=0$ 处,横轴移到 $\varphi=45°$ 处,然后建立坐标系 $xo\theta$,并构造相频特性函数

$$\theta(x)=\arctan10^x-45°$$

在纵轴左侧,相频特性函数变为

$$\theta(-x)=\arctan10^{-x}-45°$$

根据正切函数性质有 $\arctan10^x+\arctan10^{-x}=90°$,则有 $\arctan10^{-x}=90°-\arctan10^x$,而

$$\theta(-x)=\arctan10^{-x}-45°=90°-\arctan10^x-45°=-(\arctan10^x-45°)=-\theta(x)$$

这就证明了,函数 $\theta(x)$ 为奇函数,其图像关于点 $(0,0°)$ 对称,如图 3.4.3 所示。

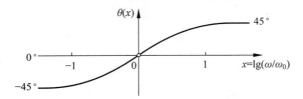

图 3.4.3　半对数相频特性曲线的对称图像

横坐标采用对数频率坐标 $\lg(\omega/\omega_0)$,不仅使相频特性曲线上的点与幅频特性曲线上的点一一对应起来,而且使本来不对称的反正切函数变得对称了,好似丑小鸭变成了白天鹅。真是一箭双雕！伯德图受到全球科学界的普遍欢迎,曲线美观大方是一个重要因素。

半对数相频特性曲线的中点是拐点。拐点处的切线与原曲线贴合最好,可以当渐近线使用。中点切线框架可以作为近似曲线。以中点切线为依托可以快速绘制精确曲线。

4. 寻找中点切线斜率

为寻找中点切线斜率,先求函数 $\varphi(x)=\arctan10^x$ 对自变量 x 的一阶和二阶导数:

$$\frac{\mathrm{d}\varphi}{\mathrm{d}x}=\ln10\,\frac{10^x}{1+10^{2x}}\,(\mathrm{rad/dec}) \tag{3.4.8}$$

由此看出,无论自变量 x 如何,总有 $\dfrac{\mathrm{d}\varphi}{\mathrm{d}x}>0$,故半对数相频特性曲线整体上呈上升态势。

函数 $\varphi(x)$ 本身的单位可以是弧度(rad)或度(°),但是微分时必须用弧度(rad)。

就是说,函数 $\varphi(x)$ 导数的单位是弧度/十倍频程(rad/dec)。

$\omega\to0$ 时,$x\to-\infty$,$\dfrac{\mathrm{d}\varphi}{\mathrm{d}x}\to0$,$\varphi\to0°$,曲线改平,有低频渐近线 $\varphi=0$。

$\omega\to+\infty$ 时,$x\to+\infty$,$\dfrac{\mathrm{d}\varphi}{\mathrm{d}x}\to0$,$\varphi\to90°$,曲线改平,有高频渐近线 $\varphi=90°$。

$\omega=\omega_0=1/T$ 时,$x\to0$,$\varphi=45°$,获得中点切线斜率为

$$\frac{\mathrm{d}\varphi}{\mathrm{d}x}=\frac{10^0}{1+10^{2\times0}}\ln10(\mathrm{rad/dec})=\frac{1}{2}\ln10(\mathrm{rad/dec})=1.1513\mathrm{rad/dec} \tag{3.4.9}$$

将单位弧度转换为度,得到半对数相频特性曲线的中点切线斜率为

$$\frac{\mathrm{d}\varphi}{\mathrm{d}x}=\frac{1}{2}\times\frac{180}{\pi}\times\ln10(°/\mathrm{dec})=65.964°/\mathrm{dec}\approx66°/\mathrm{dec} \tag{3.4.10}$$

由此得到半对数相频特性曲线的中点切线方程为

$$\varphi=66°x+45° \tag{3.4.11}$$

令 $\varphi=0$ 得拐点切线与横坐标轴交点的横坐标——相角转折频率点(见图 3.4.4)为

$$x_A = -\frac{45°}{66°} = -0.68 \approx -2/3$$

令 $\varphi=90°$ 得拐点切线与横坐标轴的另一个相角转折频率点为

$$x_B = \frac{45°}{66°} = 0.68 \approx 2/3$$

实际操作时,过两个相角转折点 $A(-2/3,0)$、$B(3/3,90°)$ 作直线,就得到中点切线。

若绘制精度要求不高,就可以用低频渐进线、中点切线和高频渐进线组成的折线近似表示 PD 环节的半对数对数相频特性曲线,见图 3.4.4。

$$\begin{cases} \varphi=0, & x<-2/3 \\ \varphi=66°x+45°, & -2/3 \leqslant x \leqslant 2/3 \\ \varphi=90°, & x>2/3 \end{cases}$$

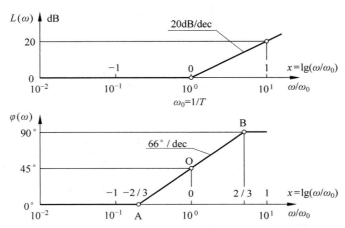

图 3.4.4 PD 环节伯德图——渐近线、中点切线的近似折线表达

在增益纵轴做出 0dB、20dB 两个刻度,角度纵轴做出 0°、45°、90° 三个刻度,在对数频率横轴上做出 -1、0、+1 三个刻度,并定出 -2/3、2/3 两个转折点,就能画出近似曲线。

将 $\varphi(x)$ 导数再次关于 x 微分得到其二阶导数为

$$\frac{d^2\varphi}{dx^2} = \ln^2 10 \frac{1-10^{3x}}{(1+10^{2x})^2} (\text{rad/dec}^2) \tag{3.4.12}$$

$\omega<\omega_0$ 时 $x<0$,$\dfrac{d^2\varphi}{dx^2}>0$,故半对数相频特性曲线左半段为凹曲线,见图 3.4.5。

$\omega>\omega_0$ 时 $x>0$,$\dfrac{d^2\varphi}{dx^2}<0$,故半对数相频特性曲线右半段为凸曲线,见图 3.4.5。

5. 依托渐近线及中点切线绘制精确曲线

在对数幅频特性曲线中,$\omega=\omega_0$ 点的频率称为转折频率。

转折频率点处的误差最大。

要求较高时,找出若干转折频率作为关键点,以渐近线及中点切线为依托画光滑曲线,就能得到精度足够高的频率特性曲线(伯德图)。

首先令 $\omega=\omega_0=1/T$,根据式(3.4.2)计算转折频率处增益真值:

$$L(\omega_0) = 20\lg|A(\omega_0)| = 20\lg\sqrt{1+(\omega_0/\omega_0)^2} = 20\lg\sqrt{2} = 10\lg2 = 3\text{dB}$$

在对数幅频特性图上画出 3dB 点,见图 3.4.5。

再求出半对数相频特性曲线 a、b 两点处的曲线纵坐标,即相角真值。

转折频率点 a 处 $\omega_a/\omega_0 \approx 10^{-2/3} = 0.209$,相角真值为

$$\varphi_a = \arctan(\omega_a/\omega_0) = \arctan0.209 = 11.8° \approx 12°$$

转折频率点 b 处 $\omega_b/\omega_0 \approx 10^{2/3} = 4.808$,相角真值为

$$\varphi_b = \arctan(\omega_b/\omega_0) = \arctan4.808 = 78.3° \approx 78°$$

这说明,点 b 处曲线纵坐标为 $\varphi = 78°$。$90° - 78° \approx 12°$。故自高频渐进线 $\varphi = 90°$ 往下移 $\Delta\varphi \approx 12°$,即得到曲线上一点。

这样确定半对数相频特性曲线上的两个特殊点 $c(-2/3, 12°)$、$d(3/3, 78°)$。

实际操作时,首先找到点 $c(-2/3, 12°)$、$d(3/3, 78°)$,然后过这两点作折线的光滑连接曲线,即是精度足够高的半对数相频特性曲线,见图 3.4.5。

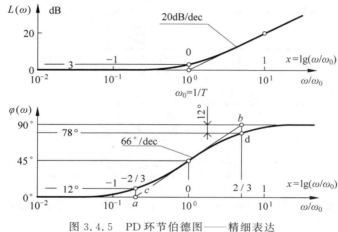

图 3.4.5 PD 环节伯德图——精细表达

若是惯性环节,则将上述图像上下颠倒即可。

3.5 自感与互感的计算方法

1. 电磁感应定律及自感概念

法拉第电磁感应定律 磁路中磁通 φ 有变化,绕在其上的线圈就按照法拉第电磁感应定律产生感应电压 u,且

$$u = n\frac{\mathrm{d}\varphi}{\mathrm{d}t} \tag{3.5.1}$$

当磁通单位为韦伯(Wb=s·V)、时间单位为秒(s)时,感应电压单位为伏特(V)。

已知或者假设磁通方向,可以推断感应电压的关联假设极性,见图 3.1.5。

将霍普金森定律(Hopkinson's law)的瞬变形式 $\varphi = ni/R_m$ 代入 $u = n\mathrm{d}\varphi/\mathrm{d}t$ 中有

$$u = \frac{n^2}{R_m} \frac{di}{dt}$$

组合符号 n^2/R_m 无论读、写，还是用起来都很烦琐，因此给它起名为自感系数，用 L 表示：

$$L = \frac{n^2}{R_m} \tag{3.5.2}$$

线圈自感系数 L 与匝数 n 的平方成正比，与磁路磁阻 R_m 成反比。式(3.5.2)是分析变压器及电感式传感器工作原理的基础。

匝数 n 无量纲，故式(3.5.2)还说明，磁阻 R_m 的量纲与自感系数 L 的量纲互为倒数。

借助自感系数 L 值可计算线圈电流变化产生的感应电压：

$$u = L \frac{di}{dt} \tag{3.5.3}$$

自感系数 L 的单位为亨利，简称 H，以纪念美国科学家亨利(Henry)。

由 $u_L = L(di_L/dt)$ 可知，自感系数 L 的单位亨利 H=伏·秒/安=欧姆·秒= s·Ω。

线圈感应电压既可按照式(3.5.1)认为是由磁路磁通变化而来，也可按照式(3.5.3)认为是由线圈电流变化而感应产生。电感感应电压与磁通变化发电是一回事。

若电流按正弦规律变化，$i = I_m \sin\omega t$，代入式(3.5.3)，有

$$u = \omega L I_m \cos\omega t = \omega L I_m \sin(\omega t + 90°)$$

用相量表达就是

$$\dot{U} = j\omega L \dot{I}$$

将磁阻计算公式 $R_m = l/\mu S$ 代入式(3.5.2)，可得到磁路由单一磁性材料组成时自感系数的计算方法：

$$L = \mu \frac{n^2 S}{l} \tag{3.5.4}$$

由此可知，线圈自感系数与磁路材料的磁导率成正比，与匝数的平方成正比，与磁路横截面积成正比，与磁路长度成反比。

从霍普金森定律求出 $R_m = nI/\varphi$ 代入 $L = n^2/R_m$ 中，有

$$L = \frac{n\varphi}{I} \tag{3.5.5}$$

线圈匝数与磁通的乘积 $n\varphi$ 称为磁链，用 Ψ 表示，$\Psi = n\varphi$。

$$L = \frac{\psi}{I} \tag{3.5.6}$$

这说明，线圈自感系数 L 的物理意义是单位励磁电流作用下所产生的磁链。

2. 互感及电感串并联计算

线圈 2-4 与 1-3 彼此靠近，如图 3.5.1 所示。其中某线圈流过电流 i 时，不仅在本线圈产生磁通 φ，而且在邻近线圈产生一定的磁通 $k\varphi$，称为互感或耦合，k 称为耦合系数，通常 $0 \leqslant k \leqslant 1$。

图 3.5.1(a)线圈 1-3 流过电流 i，不仅在本线圈产生磁通 φ_1，而且在邻近的线圈 2-4 产生磁通 $k\varphi_1$。

线圈异名端相接，两个线圈好像一个线圈，见图 3.5.1(b)、(c)。

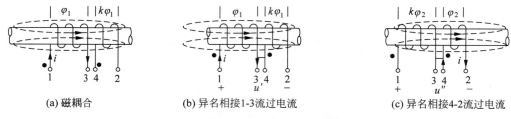

(a) 磁耦合　　　　(b) 异名相接1-3流过电流　　　　(c) 异名相接4-2流过电流

图 3.5.1　互感及线圈串联电感计算

　　线圈 1-3 流过电流 i 时,见图 3.5.1(b),线圈 1-3 产生磁通 φ_1,线圈 2-4 亦有磁通 $k\varphi_1$,线圈 1-2 的感应电压为

$$u' = n_1 \frac{\mathrm{d}\varphi_1}{\mathrm{d}t} + n_2 \frac{\mathrm{d}(k\varphi_1)}{\mathrm{d}t}$$

$$= (n_1 + kn_2) \frac{\mathrm{d}\varphi_1}{\mathrm{d}t}$$

$$= (n_1 + kn_2) \frac{n_1}{R_{\mathrm{m}}} \frac{\mathrm{d}i}{\mathrm{d}t}, \quad \varphi_1 = \frac{n_1 i}{R_{\mathrm{m}}}$$

　　线圈 3-4 流过同样的电流 i 时,见图 3.5.1(c),线圈 2-4 产生磁通 φ_2,线圈 1-3 亦有磁通 $k\varphi_2$,线圈 1-2 的感应电压为

$$u'' = n_2 \frac{\mathrm{d}\varphi_2}{\mathrm{d}t} + n_1 \frac{\mathrm{d}(k\varphi_2)}{\mathrm{d}t}$$

$$= (n_2 + kn_1) \frac{\mathrm{d}\varphi_2}{\mathrm{d}t}$$

$$= (n_2 + kn_1) \frac{n_2}{R_{\mathrm{m}}} \frac{\mathrm{d}i}{\mathrm{d}t}, \quad \varphi_2 = \frac{n_2 i}{R_{\mathrm{m}}}$$

　　根据叠加原理,线圈 1-3、4-2 共同流过电流 i 时,线圈 1-2 的总感应电压为

$$u = u' + u'' = \frac{n_1^2 + n_2^2 + 2kn_1 n_2}{R_{\mathrm{m}}} \frac{\mathrm{d}i}{\mathrm{d}t}$$

$\frac{n_1^2}{R_{\mathrm{m}}}$ 是线圈 1-3 的自感,$\frac{n_2^2}{R_{\mathrm{m}}}$ 是线圈 2-4 的自感,$\frac{kn_1 n_2}{R_{\mathrm{m}}}$ 是两个线圈之间的互感。

自感用字母 L 表示,互感用字母 M 表示:

$$M = \frac{kn_1 n_2}{R_{\mathrm{m}}} = k\sqrt{L_1 L_2} \tag{3.5.7}$$

$$u = (L_1 + L_2 + 2M) \frac{\mathrm{d}i}{\mathrm{d}t}$$

　　这说明,两线圈串联,异名端相接,总的自感系数为

$$L = L_1 + L_2 + 2M \tag{3.5.8}$$

　　上式又可以写为

$$L = (L_1 + M) + (L_2 + M) \tag{3.5.8a}$$

　　这说明,两个互感 M 的线圈 L_1、L_2 异名相接串联,可等效为没有互感的自感线圈 $(L_1 + M)$、$(L_2 + M)$ 的串联电路,如图 3.5.2 所示。此即去耦等效电路。利用去耦等效电路可简化计算。去耦等效方法在 LC 正弦振荡电路分析计算中很好用,见 12.2 节。

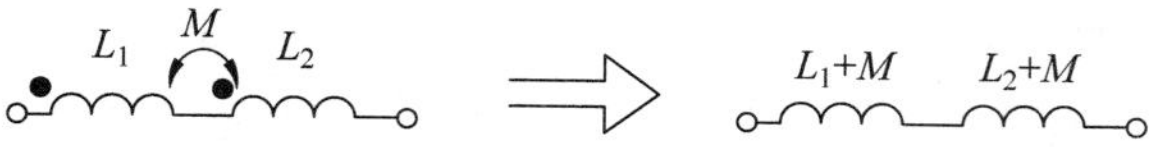

图 3.5.2 异名相接串联互感线圈及其去耦等效电路

同样,两线圈串联,同名端相接,总的自感系数为

$$L = L_1 + L_2 - 2M \tag{3.5.9}$$

上式又可以写为

$$L = (L_1 - M) + (L_2 - M) \tag{3.5.9a}$$

总之,两互感 M 的线圈 L_1、L_2 同名相接串联,可等效为没有互感的线圈($L_1 - M$)、($L_2 - M$)的串联电路,如图 3.5.3 所示。

图 3.5.3 同名相接串联互感线圈及其去耦等效电路

给如图 3.5.4 所示的同名相接并联的互感线圈施加电压 $\dot{U}$,设产生电流 $\dot{I}$,则有

$$j\omega L_1 \dot{I}_1 + j\omega M \dot{I}_2 = \dot{U}$$

$$j\omega L_2 \dot{I}_2 + j\omega M \dot{I}_1 = \dot{U}$$

$$\dot{I} = \dot{I}_1 + \dot{I}_2$$

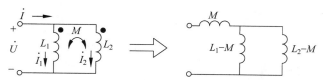

图 3.5.4 同名端相接并联的互感线圈及其去耦等效电路

从中消去分支电流 $\dot{I}_1$、$\dot{I}_2$ 可求出电压电流关系为

$$j\omega \frac{L_1 L_2 - M^2}{L_1 + L_2 - 2M} \dot{I} = \dot{U}$$

这说明,同名端相接、互感 M 的电感 L_1、L_2 并联,并联总电感为

$$L = \frac{L_1 L_2 - M^2}{L_1 + L_2 - 2M} \tag{3.5.10}$$

用上式可证明,双线并绕及多股线并绕电感与单线电感量一样大。

例如,双线并绕,$n_2 = n_1$,$L_2 = L_1$,$M = k\sqrt{L_1 L_2} = kL_1$,代入式(3.5.9)有

$$L = \frac{L_1^2 - k^2 L_1^2}{L_1 + L_1 - 2kL_1} = \frac{(1 - k^2)L_1^2}{2(1 - k)L_1} = \frac{(1 + k)(1 - k)}{2(1 - k)}L_1 = \frac{1 + k}{2}L_1$$

双线并绕两线之间为全耦合,$k = 1$,故有

$$L = L_1$$

电感采用双线并绕及多线并绕的方式来制造,有以下考虑:

(1)线径较粗时单股线弯曲绕制困难,改成扁线,或分成双股或多股,就容易弯曲绕制了;

（2）开关变压器等高频工作时采用双线并绕及多股线并绕，可减少趋肤效应，提高导线利用率，减小损耗，相当于减小电阻，提高线圈 Q 值。线圈 Q 值等于感抗与电阻的比值。

同名端相接并联电感计算式还可以去耦分解为

$$L = \frac{L_1 L_2 - M^2}{L_1 + L_2 - 2M} = \frac{(L_1 - M)(L_2 - M)}{L_1 - M + L_2 - M} + M \tag{3.5.10a}$$

就是说，同名端相接，互感 M 的电感 L_1、L_2 并联，并联总电感可以等效为两个独立电感 $L_1 - M$、$L_2 - M$ 先并联，再与数值为 M 的独立电感串联，其去耦等效电路如图 3.5.4 所示。

对于如图 3.5.5 所示的异名相接并联互感线圈，设施加电压 $\dot{U}$，产生电流 $\dot{I}$，则有

$$j\omega L_1 \dot{I}_1 - j\omega M \dot{I}_2 = \dot{U}$$

$$j\omega L_2 \dot{I}_2 - j\omega M \dot{I}_1 = \dot{U}$$

$$\dot{I} = \dot{I}_1 + \dot{I}_2$$

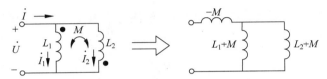

图 3.5.5　异名端相接的并联互感线圈及其去耦等效电路

从中可求出电压电流关系

$$j\omega \frac{L_1 L_2 - M^2}{L_1 + L_2 + 2M} \dot{I} = \dot{U}$$

两个具有互感 M 的电感 L_1、L_2 并联，异名端相接，并联总电感有以下两种形式

$$L = \frac{L_1 L_2 - M^2}{L_1 + L_2 + 2M} \tag{3.5.11}$$

$$L = \frac{(L_1 + M)(L_2 + M)}{L_1 + M + L_2 + M} - M \tag{3.5.11a}$$

就是说，异名端相接的互感 M 的电感 L_1、L_2 并联，并联总电感可以等效为两个独立电感 $L_1 + M$、$L_2 + M$ 先并联，再与数值为 $-M$ 的独立电感串联，其去耦等效电路如图 3.5.5 所示。

异名端相接的并联电感计算公式与同名端相接的并联电感计算公式很相似。两者的分子相同，只是分母差一个加、减号，很容易混淆。改变一个公式中的 M 的符号，就得到另一个。M^2 项的符号是不会改变的，因为正负数的平方都是正数。

鉴别方法：

（1）耦合系数 $k = 1$，同名端相接时并联电感等于原值，用式（3.5.9）应该能得到；

（2）耦合系数 $k = 1$，异名端相接时并联电感等于零，用式（3.5.10）应该能得到。

不仅两个电感真正并联可以等效为去耦电路，而且两个电感只要有一端相连，就可以等效为去耦电路，如图 3.5.6 所示。就是说，即使电阻断开，等效关系依然成立。

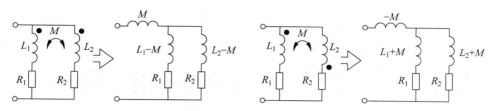

图 3.5.6 两电感线圈只要有一端相接，就可以简化为去耦等效电路

L_2 被短路时的处理如图 3.5.7 所示。

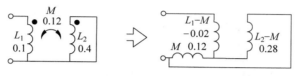

图 3.5.7 L_2 被短路时的处理

第4章

半导体物理学PN结理论的重构

本章进一步讨论半导体 PN 结及晶体二极管理论的错漏及其纠正。

空穴带正电的错误把人们引进一个死胡同。沿着老路,就连 PN 结平面展开图都无法画下去。因此,要想准确阐述 PN 结原理,首先必须彻底告别空穴带正电的错误观点。

4.1 PN 结二极管工作原理

4.1.1 按照空穴不带电绘制半导体及 PN 结示意图

碳的一种同素异构体是自然界最坚硬的物质——金刚石。金刚石中碳原子的立体构造称为金刚石结构。金刚石结构并非碳元素专有。不仅碳原子可以排列成金刚石结构,而且硅原子也能排列成金刚石结构。图 4.1.1(a)所示为硅晶体的金刚石结构的立体表达。

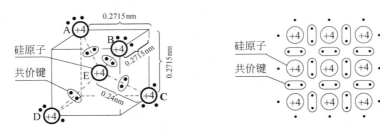

(a) 实际的硅晶体金刚石结构立体单元图　　　　(b) 硅晶体的详细平面展开

图 4.1.1　半导体的晶体结构及其平面展开表达金刚石

金刚石结构的特征是,与任意原子等近的有四个原子。在图 4.1.1(a)中,与标号 E 的硅原子等近的有 A、B、C、D 四个原子。

由于硅的化合价为四,其外层有四个电子。金刚石结构中的硅原子外层四个电子正好与邻近四个原子的外层电子两两组成共价键。共价键中的两个电子互相束缚,成为价电子,就好像夫妻俩互相约束,谁也不能出轨一样,限制了硅的导电性。考虑本征激发,有极微量价电子挣脱共价键的束缚成为自由电子,最终使硅的导电率非常低而成为半导体。

晶体的立体表达真实感强,但制作及识别起来都比较复杂。因此通常假设把所有原子都摊铺在一个平面上,简化为平面表达,见图4.1.1(b)。

四价硅掺杂微量五价元素磷或砷。由于掺杂微量,且是替位掺杂,故整体仍保持金刚石结构。每掺入一个五价原子,就产生一个自由电子,而增强硅的导电性。把这种直接依靠自由电子导电的杂质半导体称为电子型半导体,由于电子带负电荷,又称为负半导体(Negative semiconductor),通称N型半导体。N型半导体的平面表达如图4.1.2(a)所示。

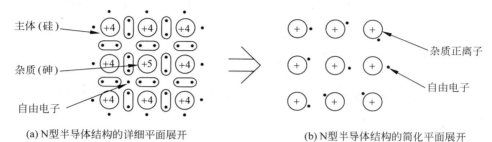

主体(硅)　　　　　　　　　　　　　　　　　　　　　　　　　　杂质正离子

杂质(砷)　　　　　　　　　　　　　　　　　　　　　　　　　　自由电子

自由电子

(a) N型半导体结构的详细平面展开　　　　　　(b) N型半导体结构的简化平面展开

图4.1.2　N型半导体晶体结构的详细画法及简化画法

掺杂浓度实际值只有千万分之一左右。平面表达画法中掺杂浓度若如实画出,则要画的Ⅳ族主体原子简直多得数不清,所需篇幅大得了不得,或者要求原子画得非常小而密集,以致看不清楚。因此详细画法中掺杂浓度都是夸大画出的。

就是说,尽管实际上一个Ⅲ或Ⅴ族杂质原子对应数百万个Ⅳ族主体原子,但通常一个Ⅲ或Ⅴ族杂质原子只对应画出八个Ⅳ族主体原子,见图4.1.2(a)。

N型半导体中众多硅原子的作用只是保持金刚石框架,直接提供自由电子的是杂质原子。从提供自由电子角度看,硅只是幕后英雄,没起直接作用。因此画图时可以把硅放到后台,即在示意图中省略硅原子。于是N型半导体的详细平面表达通常又进一步简化为只画杂质原子,而且杂质原子拆解为正离子和自由电子,见图4.1.2(b)。

由于一个Ⅴ价杂质原子提供一个自由电子,所以这种只画杂质原子的简略画法对产生自由电子的效果表达得最好,因此PN结平面图都采用这种简略平面展开。

四价硅也可掺杂铝或硼等微量Ⅲ价元素。由于掺杂微量,且是替位掺杂,故整体仍保持金刚石结构。只是每掺入一个Ⅲ价原子,就缺少一个配对电子。每缺少一个配对电子,就好似产生一个空位,也叫空穴,如图4.1.3(a)所示。邻近的电子有填补空穴的意向。在电源作用下电子真的顺次定向填补空穴,也能达成电荷的定向转移,增强硅的导电性。把这种因空穴增强导电性的杂质半导体称为空穴型半导体。

把直接导电的自由电子与有利于导电的空穴都称为载流子。

在空穴型杂质半导体中,只有杂质原子才能提供空穴载流子。从贡献空穴载流子的角度看,众多的硅原子只起幕后作用,故省略不画。于是P型半导体的平面表达简化为如图4.1.3(b)所示的样子,只画杂质原子。空穴载流子本来是杂质原子提供的,故画图时空穴载流子画在杂质原子旁边,这称为物归原主。

为表达共价键关系,图4.1.3(a)中Ⅲ价杂质原子照Ⅲ价正离子与3个电子来画出。图4.1.3(b)没有了共价键,Ⅲ价杂质照完整的原子来画。每个Ⅲ价杂质原子贡献一个空穴。自然,Ⅲ价杂质及空穴都不带电。

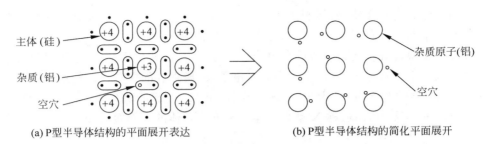

(a) P型半导体结构的平面展开表达　　　　　　(b) P型半导体结构的简化平面展开

图 4.1.3　P 型半导体晶体结构及其简化画法

拔出萝卜留下坑,移走电子产生空。空位或空穴,只是一个形象化的描述。空穴、空穴,空空如也,一方真空而已,自然不可能带什么电荷。

从详细平面表达到简化平面表达的过渡中,主体原子包括周围的电子都省略了,因此物质的电性维持不变,只有Ⅲ价杂质原子及空穴保留下来。空穴型半导体不带电,Ⅲ价杂质原子不带电,故空穴也不带电,见图 4.1.3(b)。

空穴型半导体称为正半导体(Positive semiconductor),统称 P 型半导体,源于历史上空穴带正电的错误。虽然此错误应当纠正,但是 P 型半导体的名称还是继续沿用为好。

4.1.2　用自由电子扩散势解释 PN 结平衡及光生电动势

1. 费米能级及 PN 结自由电子扩散势(逃逸势)

1) PN 结自由电子扩散势(逃逸势)

按照能带论,物质中的电子从低到高排列在各个能级上。电子所在能带的顶部类似沸水。就像沸水没有一个绝对的水面一样,能带顶部也没有一个绝对有无电子的能级。在整个容器内,从最深处开始,沸水的水分子占据概率从 1 渐减到 0,如图 4.1.4 所示。在整个能带上,从最低能级开始,电子占据概率也是从 1 渐减到 0,如图 4.1.5 所示。电子占据概率为 0.5 的能级称为费米能级。可以近似认为费米能级是电子占据的最高能级。

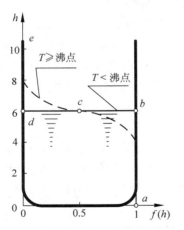

图 4.1.4　$T <$沸点及 $T \geqslant$沸点时水分子在高程上的分布

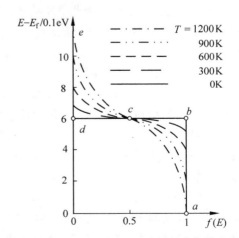

图 4.1.5　$T = 0K$ 及 $>0K$ 时电子在能带上的分布——费米-狄拉克分布

人多热气高。同样的两个房间,人多的房间温度就会高一些。能级类似于温度。PN结N区与P区晶体结构相同,就好像两个同样的房间。N区比P区电子多,就像N区房间比P区房间人多。半导体PN结N区费米能级高于P区。

PN结费米能级差代表电势能的差值。费米能级差$(E_{FN}-E_{FP})$的单位是电子伏特。单位是电子伏特的费米能级差$(E_{FN}-E_{FP})$除以电子电量e,就得到单位是伏特的费米能级差$(E_{FN}-E_{FP})/e$。

单位是伏特的费米能级差$(E_{FN}-E_{FP})/e$的实质是PN结自由电子扩散势,用符号E_e表示

$$E_e = \frac{E_{FN}-E_{FP}}{e} \tag{4.1.1}$$

换句话说,重物的下落是受到重力的作用,电子的移动是受到电动势的作用。自由电子从N区移动到P区,必然受到一种电动势,即扩散势,或逃逸势的推动。

PN结自由电子扩散势的数值大小与材料及掺杂浓度有关,受温度影响。

Ⅲ族杂质浓度与Ⅴ族杂质浓度相等的PN结称为对称PN结。

按照半导体物理学原理,PN结自由电子扩散势可计算为

$$E_e = \frac{2k_0 T}{e} \ln \frac{N_d}{N_i} \tag{4.1.1a}$$

式中,k_0:波尔茨曼常数,$k_0 = 1.38 \times 10^{-23}$CV/K。

T:热力学温度,单位K,与摄氏温度t的关系$T(K)=273+t(℃)$

e:电子电量,$e=1.602 \times 10^{-19}$C。

N_i:本征载流子浓度,与材料及温度有关。

N_d:对称结掺杂浓度;或不对称结三价、五价掺杂浓度的几何平均值。

$2k_0/e = 2 \times 1.38 \times 10^{-23}CV/K/(1.602 \times 10^{-19}C) = 1.723 \times 10^{-4}$V/K

$\ln(N_d/N_i) = \lg(N_d/N_i)/(\lg 2.718282) = 2.3026\lg(N_d/N_i)$

$$E_e \approx 3.968 T \lg(N_d/N_i) \times 10^{-4} \text{V} \tag{4.1.1b}$$

绝对温度$T=300$K,大约相当于室温环境27℃时,硅材料本征载流子相对浓度$N_i=3 \times 10^{-13}$,硅PN结自由电子扩散势与相对掺杂浓度的关系为

$$E_e \approx (1.49 + 0.119 \lg N_{d(rel)}) \text{V} \tag{4.1.1c}$$

同理,可推得硅PN结自由电子扩散势的温度系数与相对掺杂浓度的关系为

$$\frac{dE_e}{dT} = (0.819 + 0.396 \lg N_{d(rel)}) \frac{\text{mV}}{℃} \tag{4.1.1d}$$

相对掺杂浓度$N_{d(rel)} = 10^{-7}$时,室温300K下,硅PN结扩散势及温度系数各为

$E_e = [1.49 + 0.119 \lg(10^{-7})] \text{V} = (1.49 - 7 \times 0.119) \text{V} = 0.66 \text{V}$

$\frac{dE_e}{dT} = [0.819 + 0.396 \lg(10^{-7})] \approx -2.0 \text{mV}/℃$

硅PN结自由电子扩散势E_e及其温度系数与相对掺杂浓度的关系见表4.1.1。

表 4.1.1　室温下硅 PN 结自由电子扩散势 E_e（正向压降）及其温度系数与相对掺杂浓度的关系

$\lg N_{rel}$	-11	-10	-9	-8	-7	-6	-5
E_e/V	0.18	0.30	0.42	0.54	0.66	0.78	0.90
$\dfrac{dE_e}{dt}\Big/\dfrac{mV}{℃}$	-3.5	-3.1	-2.7	-2.4	-2.0	-1.6	-1.2

2）PN 结自由电子扩散势的方向

电场中把单位正电荷从 P 点移动到 N 点过程中所做的功定义为 P 点与 N 点之间的电势。PN 结中，自由电子从 N 区扩散到 P 区，因电子带负电，相当于正电荷从 P 区移动到 N 区，故扩散势 E_e 的极性为 P 正 N 负。

2. 平衡 PN 结内电场势垒与自由电子扩散势相平衡

两端没有施加电压，或不受光照的 PN 结，含开路 PN 结，通常称为平衡 PN 结。平衡 PN 结内电场势垒设为 U_{bo}，宽度设为 λ_o。下标 b 来自 barrier，o 来自 open。

PN 结刚形成时，见图 4.1.6（a），N 区自由电子会经过界面移到 P 区填充空穴。N 区自由电子移到 P 区填充空穴时，一方面与空穴旁边的电子组成共价键，另一方面与杂质原子组成负离子，见图 4.1.6（b）。

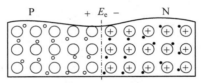

(a) PN结刚刚形成，还没有内电场

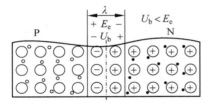

(b) 电子正在从N区向P区扩散中

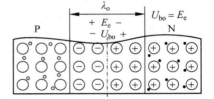

(c) 内电场达到应有宽度，电子停止扩散

图 4.1.6　PN 结及其内电场的形成过程

常温下晶格固定，原子不能活动。就好像电子是和尚，原子是庙。俗话说：跑了和尚跑不了庙。N 区电子跑到 P 区填充空穴，原地 N 区一侧留下正离子，形成正电荷区，目的地 P 区一侧的三价杂质原子变为负离子，形成负电荷区。P 区负电荷区与 N 区正电荷区组成 PN 结内电场，也叫空间电荷区。内建电势（势垒）U_b 极性 N 正 P 负，与扩散势 E_e 方向相反，见图 4.1.6（b）。U_b 削弱 E_e 的作用。内建电势 U_b 对电子迁移是阻力。最先迁移的电子形成势垒，阻止其他电子继续迁移。

电子定向扩散会形成电场，而电场会阻止过分的扩散。随着 N 区自由电子向 P 区的运动，内电场越来越宽，势垒 U_b 越来越大。因此电子从 N 区到 P 区的迁移势头会很快减弱。到内电场增宽至势垒 U_b 数值达到自由电子扩散势 E_e 时，阻力与动力平衡，电子不再扩散，内电场正式稳定形成，见图 4.1.6（c），

$$U_{bo} = E_e$$

在平衡 PN 结中，自由电子扩散势 E_e 由内电场势垒 U_{bf} 平衡，就像狐狸尾巴深藏不露。自由电子扩散势 E_e 能计算出来，也能测量出来。

4.1.3 自由电子扩散势的实际测量（PN 结单向导电性）

狐狸再狡猾，其尾巴终究会露出来。外加电压及光照都能打破 PN 结内电场势垒与自由电子扩散势的平衡，改变内电场的大小。当内电场不存在时，自由电子扩散势就像狐狸的尾巴原形毕露，用普通电压表包括万用表电压挡就能测量到。

1. 正电压加在 PN 结使内电场为零导通、扩散势独立存在能测量到

正向电源就像一位猎人，能使 PN 结内电场减小为 0，使自由电子扩散势这只狐狸显露原形而能测量到。

电源正极接 P、负极接 N，称为 PN 结外加正向电压（正偏）。

外加电源 U、扩散势 E_e 及内电场势垒 U_b 属于闭合电路上的物理量。U 与 E_e 之间的关系及 U 与 U_b 之间的关系，都应照闭合电路来理解。

在闭合电路上看，外加正向电压 U 与逃逸势 E_e 同名相接，极性相反。外加正向电压 U 对自由电子扩散表现为阻力。原始扩散动力由 E_e 降低为 $E_e - U$。动力小了，自由电子的迁移提前终止，PN 结内电场变窄，见图 4.1.7（a）。正向电压作用下 PN 结内电场宽度 λ_p、势垒 U_{bp} 都变小。

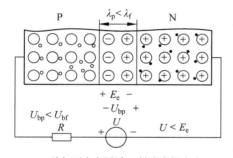
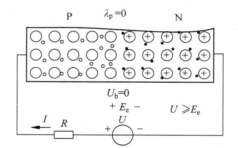

(a) 外加正向电压时PN结内电场变窄　(b) 外加正向电压较大时PN结内电场消失逃逸势现身

图 4.1.7　外加正向电压对 PN 结内电场的影响

PN 结内电场内建电势 U_{bp} 与外加正向电压 U 的关系如下

$$U_{bp} = \begin{cases} E_e - U & (U < E_e) \\ 0 & (U > E_e) \end{cases} \tag{4.1.2}$$

外加正向电源电压 U 达到扩散势时，PN 结内电场不复存在；U 值继续增大，PN 结就会导通，线路只剩下外加正向电源电压 U 与扩散势 E_e 的差作为净电源。N 区自由电子直接运动，P 区电子依次定向填补空穴，形成电流，见图 4.1.7（b）。二极管正偏不一定正向导通，但正向导通必正偏。外加正向电压与扩散势的差值加在电阻上。电流最终由电阻 R 限定

$$I = \frac{U - E_e}{R} \tag{4.1.2a}$$

这表明：外加正向电压 U 达到扩散势 E_e 时，内建电场消失，势垒 $U_b=0$，扩散势就会独立体现出来。外加正向电压 U 大于扩散势 E_e 时，PN 结导通。在闭合电路上顺着电流方向巡行，可发现扩散势 E_e 表现为电压降落即正向压降。这说明，二极管正向压降来源于自由电子扩散势。掺杂浓度影响扩散势，也影响正向压降。

硅二极管正向压降不同，原因是掺杂浓度不同。表 4.1.1 表明，相对掺杂浓度介于 $10^{-10} \sim 10^{-9}$ 时，硅二极管获得 0.4V 正向压降，掺杂浓度大约 10^{-7} 即千万分之一时，获得最常见的 0.7V 正向压降，掺杂浓度大约 10^{-6} 即百万分之一时，获得 0.8V 的正向压降。

外加正向电压 U 远远大于正向压降 E_e 时，E_e 可忽略不计，式(4.1.2a)可简化为

$$I \approx \frac{U}{R} \tag{4.1.2b}$$

在 PN 结二极管原理中，自由电子扩散势是一个关键物理参数。自由电子扩散势就像一把金钥匙。把握住自由电子扩散势这把金钥匙，自由 PN 结内电场势垒计算、导通 PN 结正向压降及其温度系数计算，这些半个多世纪以来一直未解开的谜题，就都迎刃而解了！

正偏 PN 结的内电场是一个与自由电子扩散势伴生的副产品。正偏 PN 结内电场势垒的最大值始终不超过自由电子扩散势。因此，正偏 PN 结内电场势垒只能从理论上计算，但实际上无法测量。

对比之下，反偏 PN 结的内电场势垒的数值约等于外加电压，一览无余，无须测量。

2. PN 结在外加反向电压（反偏）下的表现——等效断开

电源 U 的正、负极各接 PN 结 N、P 极，称为外加反向电压。反向电压 U 与扩散势 E_e 方向相同，对 N 区电子向 P 区的迁移都是动力。迁移动力大了，就会有更多的电子迁移，迁移就会延后终止，外加反向电压下 PN 结内电场 λ_n 变宽、势垒 U_{bn} 变大，见图 4.1.8(a)。

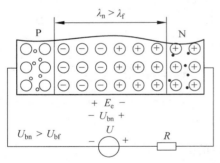
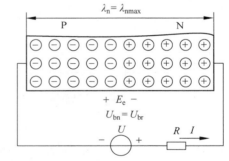

(a) 外加反向电压时内电场变厚   (b) 外加反向电压时内电场宽度达到极限

图 4.1.8 外加反向电压对 PN 结内电场的影响

外加反向电压较小时，内电场厚度随着外加反向电压数值增大而变大，呈现类似水涨船高的态势，内电场内建电压总能与外加反向电压及扩散势平衡，就没有电流。

$$U_{bn} = \begin{cases} U + E_e & (U < U_{br}) \\ U_{br} + E_e & (U > U_{br}) \end{cases} \tag{4.1.3}$$

施加正向电压只要达到小小的扩散势就导通，加反向电压只要不超过很大的反向击穿电压就截止，此即 PN 结（二极管）单向导电性。U_{br} 代表 PN 结反向击穿电压。

PN 结 N 区自由电子及 P 区空穴都是有限的。外加反压一直增大时，最终不是 P 区所

有空穴都被填满了,就是所有自由电子都扩散到P区了。无论P区所有空穴都被填满,还是所有自由电子都扩散到P区,见图4.1.8(b),内电场都不能再继续变宽。内电场不能跟着反压继续变宽,就不能与外加反压相平衡,结果外加反压就会把PN结击穿。

3. 光照射在PN结上也能使内电场为零、扩散势独立存在而测量到

光线好像另一位猎人,也能抓住PN结自由电子扩散势这只狐狸。这就是光电效应。

4.1.4 光电效应——有效光生电子-空穴对及自由电子扩散势

1. 光电效应与有效光生电子-空穴对

PN结迎光面各处都会产生电子-空穴对。其中在内电场之外产生的光生电子-空穴对不受内电场作用,只能在原地漫游。只有在内电场中产生的光生电子才会在内建电势作用下奔向内电场的正极,空穴奔向负极。因此把在内电场中产生的光生电子-空穴对称为有效光生电子-空穴对。

有效光生电子、空穴在电场力的作用下分别持续奔向电场正、负极边缘,是一种内部短程电流,用 I_0 表示,如图4.1.9所示。若PN结开路,则光照PN结内电场持续变窄,最终消失,结果自由电子扩散势(逃逸势)现身,所产生的开路光生电压等于自由电子扩散势: $E_{pho}=E_e$。这就是PN结的光生伏特效应,即光电效应。

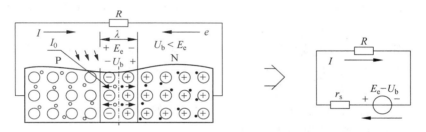

图4.1.9 PN结在光照下的表现——光电效应(光电池及光电二极管原理)

光电二极管本质也是PN结。光电二极管工作原理与光电池基本相同,仅应用电路有所不同。

虽然人们都知道,光电二极管对于工作电源高低没有特殊要求。工作电源低,甚至为零,光电二极管传感器只是灵敏度降低,但是总能保持一定的灵敏度,但是这个现象一直没有得到解释。

用有效光生电子-空穴对概念,能很好地解释光电二极管传感器工作电源电压低到零也能保持一定的灵敏度的事实。

内电场越宽,有效光生电子-空穴对就越多,光电效应就越强。光电二极管工作电源对PN结来说属于反向电压,如图4.2.5所示。已经明确,PN结外加反向电压时内电场变宽。内电场变宽,有效光生电子较多,光电效应就较强,光电传感器灵敏度就较高。但是,即使没有电源即电源短路为零,PN结变成自由结,其内电场只是变小,但还是存在。有内电场就依然能产生有效光生电子-空穴对。因此传感器还是有一定的灵敏度,也还能探测光。

2. 光生电动势

PN结自由电子扩散势是光电池电动势的源泉。扩散势P正N负,故光生电动势也是P正N负。光照下的PN结接通负载,负载中就会有电流 I 产生,见图4.1.9。光电池内电子

的运动,在内电场内部靠电场力即势垒 U_b,在内电场之外靠扩散势 E_e。正是:在家靠父母,出门靠朋友。PN结刚受光照时,内电场最宽,内部短程电流大于负载电流,$I_0>I$。$I_0>I$ 时,内电场变窄。随着内电场持续变窄,有效光生电子-空穴对减少,I_0 相应减小,$U_b<E_e$,光生电动势 E_{pho} 持续增大,负载电流 $I=(E_e-U_b)/R$ 持续增大,至 $I_0=I$ 时达到平衡,内电场保持固定尺寸,光生电动势 E_{pho}、短程电流 I_0 及负载电流 I 都维持在固定数值。

光生电动势等于扩散势与内电场内建电势之差。

$$E_{pho}=E_e-U_b \tag{4.1.4}$$

光生电动势极性与扩散势相同,P极为正,N极为负。

PN结受光照时各处都会产生光生电子-空穴对。不过只有在内电场产生的光生电子-空穴对才能受到电场力的作用而定向运动,有益于光生电动势;内电场外产生的光生电子-空穴对不受电场力作用,其运动方向杂乱无章,无益于光生电动势。

总之,内电场既是光生电动势的动力,又是光生电动势的阻力。因此,光照时负载PN结内电场虽然会变窄,但是不会消失。仅仅开路PN结内电场在光照作用下才会完全消失,而光生电动势达到最大 $E_{pho}=E_e$,与扩散势相等。

为使电动势尽可能大,制造光电池时应尽可能加大掺杂浓度,以使PN结获得较大的扩散势,最终有利于使光电池获得较大的电动势。

在秋日光照下,白色塑料外壳的红/绿LED,可产生约 1.5V 光生电动势。玻封二极管具有一定的光电效应。$\Phi 3mm/2mm$ 玻封硅二极管可产生约 0.4V/0.1V 光生电动势。

白色塑料外壳的LED可当作光电二极管使用,质优价廉,做实验或应用都可考虑。

二极管只有在反偏或自由状态下才能发生光电效应;正向导通流过电流时,光电效应就没有了。这个事实证明:

(1) 只有内电场产生的光生电子-空穴对才是有效的,才能产生光电效应;

(2) 导通PN结的确没有残余内电场。

3. 用PN结N区费米能级高于P区的特征解释二极管发热发光原理

用PN结N区费米能级高于P区的特征,能解释二极管发热及发光原理。

PN结正向电流是从P区流向N区,电子则是源源不断地从N区移到P区。电子从N区移动到P区,就会有能量释放。电能有两种释放形式:一是以热能形式释放,二是以光能形式释放。以热能形式释放,就是普通二极管。

以光能形式释放,就是发光二极管(Light Emitting Diode,LED)。LED被击穿流过反向电流时,电子从低能带区走到高能带区,无能量可释放,故不能发光。

金属封装二极管的螺栓端通常制成正极,以利于热量直接从P区向外界散发,尽可能保证工作可靠性。也有的二极管,如2CZ11A,螺栓端制成负极,可能是理论欠缺而盲目。

4. 磁敏二极管工作原理的描述

两端各是P区、N区,中间隔着本征区I区的半导体结称为PIN结。

磁敏二极管由一侧光滑、另一侧毛糙的PIN结组成,如图4.1.10(a)所示,中间的I代表本征区。光滑的侧面内部的电子易于通过,毛糙侧面内部称为r高阻区,电子难以通过。若磁场产生的洛仑磁力使运动的电子向打毛的侧面偏移,如图4.1.10(b)所示,则运动路径加长,电流变小;若向打光的侧面偏转,则电流变大,如图4.1.10(c)所示。磁敏二极管的符号如图4.1.10(d)所示。

(a) 一侧光滑一侧粗糙的PIN结构　　(b) 正磁场作用下电流减少　　(c) 负磁场作用下电流增大　　(d) 符号

图 4.1.10　磁敏二极管原理及符号

5. 学术界关于 PN 结理论的动态

很多半导体物理学著作都论述了费米能级，以及 PN 结 N 区费米能级高于 P 区的现象，即 PN 结费米能级差的概念。还有半导体物理学著作提到 PN 结内电场势垒高度（大小）正好补偿了 PN 结 N 区与 P 区之间的费米能级差。

虽然 PN 结 N 区与 P 区之间的费米能级差补偿其内电场势垒高度（大小）的实质就是 PN 结自由电子扩散势补偿其内电场势垒，但因为 PN 结内电场势垒高度（大小）的单位是伏特，而 PN 结 N 区与 P 区之间的费米能级差的单位是电子伏特，所以 PN 结内电场势垒高度（大小）与 PN 结 N 区与 P 区之间的费米能级差的补偿只是定性的，只能说说而已，停留在口头上，很难进一步计算。

可惜几十年来，半导体物理学关于 PN 结理论恰恰就是停留在费米能级差的叙述上，名不副实，应用起来很困难，效果大打折扣。七十年来，PN 结理论的缺陷的消极影响持续发酵：第一给读者理解造成无穷的悬念，第二给工程师设计造成很多困难，第三成为影响产品可靠性的隐患。理论上的缺陷就是产品可靠性的隐患。世界上一个个惨重的设备/装备事故，有关基础理论的缺陷能逃脱干系、置身度外吗？

比较起来看，在知道 PN 结 N 区费米能级高于 P 区现象的基础上，建立起 PN 结费米能级差的概念，就将认识推进了一步；在建立 PN 结费米能级差概念的基础上，建立起 PN 结自由电子扩散势的概念，又将认识推进了一步。

用 PN 结内电场势垒补偿 PN 结自由电子扩散势，两者单位都是伏特，计算起来很方便。PN 结自由电子扩散势概念作为半导体物理新的内容，圆满解释了 PN 结平衡机制、平衡 PN 结内建电场不能用万用表测量的原因、正向导通 PN 结不再有残余内电场、二极管正向压降的来源及其分散性以及光生电动势的来源等一系列科学问题，其必要性众所周知。PN 结自由电子扩散势的必要性及新颖性都是不容否认的。建立 PN 结自由电子扩散势的概念，是半导体物理学及模拟电子学发展的必然。

4.1.5　掺杂浓度取值范围及半导体器件最高工作温度

1. 热激发（本征激发）

温度高于热力学零度 0K（−273.15℃）时，半导体内会有极微量价电子挣脱共价键的束缚成为自由电子，原地留下空穴，成对产生自由电子和空穴。把半导体受热后成对产生自由电子和空穴的现象称为热激发（本征激发）。热激发与材料有关。温度越高，热激发越厉害。

本征激发形成的载流子浓度称为本征载流子浓度。本征自由电子浓度及空穴浓度各用 N_i、P_i 表示，$N_i = P_i$。

载流子浓度及掺杂浓度有相对浓度 N_{rel}、P_{rel} 和体积浓度 N_{vol}、P_{vol} 之分。体积浓度指的是每立方厘米体积内的载流子数量。硅的原子浓度为 $10^{22}/cm^3$。硅的相对载流子浓度及掺杂浓度 N_{rel}、P_{rel} 与体积浓度 N_{vol}、P_{vol} 之间的关系为

$$N_{\text{vol}} = N_{\text{rel}} \times 5 \times 10^{22}/\text{cm}^3 \quad \text{或} \quad P_{\text{vol}} = P_{\text{rel}} \times 5 \times 10^{22}/\text{cm}^3 \quad (4.1.5)$$

本征载流子浓度与材料有关,受温度影响。温度越高,本征载流子越多,浓度越高。室温时硅晶体本征载流子浓度 $N_i = P_i = 3 \times 10^{-13}$,相当于 $1.5 \times 10^{10}/\text{cm}^3$。

2. 杂质半导体中的多数载流子与少数载流子

半导体中掺入五价杂质,不仅会直接生成大量自由电子,而且会冲淡原有的空穴,使空穴更少。N 型半导体中大量自由电子称为多数载流子,微量残留空穴称为少数载流子。

半导体中掺入三价杂质,不仅会直接生成大量空穴,而且会冲淡原有的自由电子,使自由电子更少。P 型半导体中大量空穴称为多数载流子,微量残留自由电子称为少数载流子。

多数载流子简称为多子,少数载流子简称为少子。多子是半导体器件工作的基础,少子使器件产生反向漏电流而有害。可以说掺杂目的就是使多子尽可能多、少子尽可能少。

3. 掺杂浓度的取值范围

为使多子尽可能多、少子尽可能少,掺杂浓度应当远大于本征载流子浓度,即 $N_d \gg N_i$,$P_d \gg P_i$。室温时硅晶体中本征载流子浓度 $N_i = P_i = 3 \times 10^{-13}$,故掺杂浓度 N_d 应明显高于 10^{-13}。因此掺杂浓度下限大约取 10^{-10} 即百亿分之一。

掺杂太多会影响晶体结构使其发生简并而呈现金属特性。为此在半导体某晶格方向上看,掺杂浓度大约应低于 1%。反映到三维空间,对于硅材料,就是掺杂浓度上限大约取 $(1\%)^3 = (10^{-2})^3 = 10^{-6}$,即百万分之一,见表 4.1.1。

4. 冲淡定律(质量作用定律)

四价本征半导体掺入五价杂质后,自由电子是多数载流子。最终形成的多数载流子浓度(多子浓度)设为 N_f,则

$$N_f = N_d + N_i$$

由于掺杂浓度远大于本征载流子浓度,故多子浓度约等于掺杂浓度

$$N_f = N_d + N_i \approx N_d$$

四价本征半导体掺入三价杂质后,空穴是多数载流子。多子浓度亦约等于掺杂浓度

$$P_f = P_d + P_i \approx P_d$$

四价本征半导体掺入五价杂质后形成大量自由电子,同时冲淡原有的微量空穴;掺入三价杂质后形成大量空穴,同时冲淡原有的微量自由电子。就是说,杂质半导体中的少子浓度比本征载流子浓度更低。杂质半导体中的少子浓度可由冲淡定律来计算。

冲淡定律(质量作用定律) 半导体掺杂前后两种载流子浓度的乘积等于常数,或说掺杂后两种载流子浓度的乘积等于本征载流子浓度的平方。

$$N_f P_f = N_i P_i \quad N_f P_f = N_i^2 \quad (4.1.6)$$

式(4.1.6)来自于半导体物理学,通常称为**质量作用定律**。它反映了半导体掺杂后少子如何被冲得更淡的规律。所以笔者又将之称为**冲淡定律**。

常温时对硅材料,$N_f P_f = N_i P_i = (3 \times 10^{-13})^2$。

冲淡定律可用来估算杂质半导体的少数载流子浓度、少数载流子与本征载流子浓度的比值及少数载流子与多数载流子浓度的比值。

例 4.1.1 为获得正向压降 0.7V 的硅二极管,需照浓度 $N_d = 10^{-7}$ 即千万分之一掺入杂质。室温时硅本征载流子浓度 $N_i = P_i = 3 \times 10^{-13}$。试求其中的 N 型硅的少子浓度、少子浓度与本征子浓度的比值及少子浓度与多子浓度的比值。

解　掺杂千万分之一,相对掺杂浓度为 $N_d = 10^{-7}$,形成多子浓度 $N_f \approx N_d = 10^{-7}$。

首先根据质量作用定律计算少子浓度

$$P_f = N_i P_i / N_f = N_i^2 / N_f = (3 \times 10^{-13})^2 / 10^{-7} \approx 1 \times 10^{-18} \text{(约百亿亿分之一)}$$

再计算最终的少子浓度与本征载流子浓度的比值

$$P_f / N_i \approx 1 \times 10^{-18} / (3 \times 10^{-13}) \approx 3 \times 10^{-6} \text{(约百万分之三)}$$

最后计算少子浓度与多子浓度的比值

$$P_f / N_f = 1 \times 10^{-18} / (10^{-7}) \approx 1 \times 10^{-11} \text{(约千亿分之一)}$$

这说明,硅晶体掺杂浓度为千万分之一时,少子浓度只剩下约百亿亿分之一。少子数目只有本征子的约百万分之三;假设一块本征半导体材料原有 100 万个自由电子及空穴,按照浓度 $N_d = 10^{-7}$ 掺入 5 价杂质后,则只剩下不足 3 个空穴;少子只有多子的约千亿分之一,即约 1000 亿个多子,才对应 1 个少子。

这说明本征载流子本来很少,掺杂后被冲得更淡。

可见,掺杂的效果是双重的。掺杂越浓,不仅多子越多,而且少子越少。

掺杂甚微但导电性改善效果明显,奥秘就在于掺杂虽然极微量,但是已经形成明显的多数载流子,而残余的少数载流子愈加微乎其微。

热激发及其产生的少数载流子微乎其微,故以上分析 PN 结内电场形成时忽略了热激发及少子的影响。仅仅以下分析漏电流时才考虑少子。

硅晶体掺杂千万分之一的三价或五价杂质时多子体积浓度

$$N_{d(vol)} = 10^{-7} \times 5 \times 10^{22} / cm^3 = 5 \times 10^{15} / cm^3 = 5 \times 10^6 \times 10^8 / cm^3$$

这说明,相对掺杂浓度为千万分之一时,每立方厘米 N 型硅中的多子为五千万亿个,极大地提高了电导率。

5. 半导体器件极限工作温度

少子造成漏电流,对器件工作不利。实际上少子浓度与温度有关。温度越高,少子越多。本征载流子浓度 N_i、P_i 越高,少子越多;少子越多,漏电流就越大,所制成的半导体器件极限最高工作温度就越低。表 4.1.2 展示了室温 300K 下锗、硅、砷化镓半导体材料的本征载流子浓度及其所制成的半导体器件的极限最高工作温度。

表 4.1.2　室温 300K 下常见材料的 N_i、P_i 值及器件极限最高工作温度

材　　料	锗	硅	砷化镓
本征载流子浓度 $N_i = P_i$	$2.4 \times 10^{13} / cm^3$	$1.5 \times 10^{10} / cm^3$	$1.1 \times 10^7 / cm^3$
器件极限最高工作温度	100℃	250℃	450℃

半导体材料有以下四个基本特点:

(1) 电导率介于导体与绝缘体之间;

(2) 物质结构为单晶体;

(3) 微量掺杂后电导率猛然增大;

(4) 光照或受热后电导率稍微增大。

4.1.6　PN 结(二极管)伏安特性的四种表达方式

器件特性曲线就是工作时有关参数变化的轨迹。器件特性曲线就好似火车的轨道。火

车运行须臾离不开轨道,器件工作循着特性曲线进行。器件特性曲线不仅决定元器件如何工作,并且直接影响整个电路工作。器件特性曲线是打开模拟电路大门的金钥匙。

传统模拟电子学著作的器件特性曲线的横坐标为电压轴,纵坐标为电流轴,所画是安伏特性曲线。从安伏特性曲线可以直接观察电导。但是平时要观察的通常不是电导而是电阻。从安伏特性曲线上读取动态电阻时,需要逆向思维,使人越看越别扭。

2012年笔者讲授模拟电子技术课程时,就有李杰等学生质疑安伏特性曲线难用。

器件特性曲线表达的是电压与电流的关系。至于电压、电流,哪个是输入参数哪个是输出参数,第一就像先有鸡还是先有蛋一样很难扯清楚,第二并不重要,不用扯。

若把横坐标设为电流轴,纵轴设为电压,如图 4.1.11 所示,则器件特性曲线就是名副其实的伏安特性曲线。伏安特性曲线的斜率就是器件动态电阻,可以直接读取,非常方便。

将横坐标轴设为电流,纵轴设为电压,来画器件的伏安特性曲线,还有利于进行放大器非线性失真分析,详见 7.1.3 小节及 12.3 节。

设计如图 4.1.11 所示实验电路进行实验,再根据实验数据描出二极管伏安特性曲线,或在晶体管特性图示仪上做出。电源电压 E 为正时为正向接法,E 为负时为反向接法。二极管伏安特性曲线见图 4.1.12。

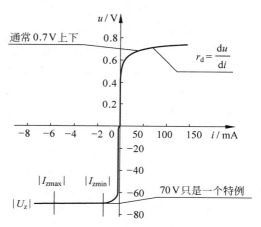

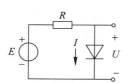

图 4.1.11　二极管伏安特性实验电路　　　　图 4.1.12　硅晶体二极管伏安特性曲线

二极管伏安特性特点是:电流很小时正向压降亦很小。电流较大,一般达到 1mA 左右时,正向压降趋于稳定。用数字万用表 PN 结挡测量二极管正向导通时,表盘显示数字通常为 1mA 测试电流条件下的正向压降。

二极管伏安特性曲线的斜率称为管子的动态电阻(交流电阻)。

电阻与电导相比,电阻概念用得最多。器件特性曲线以电流为横坐标轴、以电压为纵坐标轴,有利于充分表达管子的动态电阻。因此笔者赞同学生提议主张器件特性曲线以电流为横坐标轴、以电压为纵坐标轴来做图。

由图 4.1.12 可看出,正向电流很小时二极管动态电阻几乎是无穷大的;正向电流越大,二极管动态电阻就越小。

普通二极管的反向击穿电压通常在 30V 以上,最高可达几千伏。图 4.1.12 特性曲线所示二极管模型的反向击穿电压约为 70V。

建立元器件数理模型,并且进行简化,获得不同等级的客观、清晰的数理模型,是电子电路分析设计的关键。二极管反向伏安特性只有一种,即反向电压较小时截止,极微小的反向漏电流基本恒定;超过击穿电压时反向击穿,电压基本保持恒定,见图4.1.13。

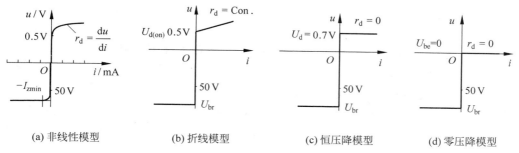

图 4.1.13 晶体二极管伏安特性的四种数理模型

二极管正向伏安特性的数理模型有四种,见图4.1.13。

1. 非线性模型

非线性模型可用指数曲线和多项式等模型来表达。

1) 指数曲线模型

指数曲线模型见图4.1.13(a)。PN结电流 i 与电压 u 之间的关系可用指数函数

$$i = I_s(e^{u/U_T} - 1)\,|_{u>2U_T} \approx I_s e^{u/U_T} \tag{4.1.7}$$

来描述,其中 I_s 为与材料和掺杂浓度有关的常数,U_T 是一个与热力学温度 T 成正比的电压当量,$U_T = 0.08614T\,(\text{mV})$,$T = 302\text{K}\,(\approx 29℃)$ 时,$U_T = 0.08614 \times 302 \approx 26\text{mV}$。在模拟电子学中,$U_T = 26\text{mV}$ 是一个与圆周率 $\pi = 3.14$ 一样重要的常数,很多分析设计计算都要用到 U_T。

从式(4.1.7)求出 $u = \ln(i/I_s)U_T$,再以 u 为函数、i 为自变量进行微分,得到二极管动态电阻

$$r_d = \frac{du}{di} = \frac{U_T}{i} \tag{4.1.7a}$$

例 4.1.2 某硅二极管正向压降 $u = 0.6\text{V}$ 时电流为 10mA,试估计 $u = 0.66\text{V}$ 时的电流。

解 $i \approx I_s e^{u/U_T} = I_s e^{0.66\text{V}/U_T} = I_s e^{(0.6\text{V}+0.06\text{V})/U_T} = (I_s e^{0.6\text{V}/U_T}) e^{0.06\text{V}/U_T} = 10\text{mA} \times e^{60\text{mV}/26\text{mV}}$
$= 10\text{mA} \times e^{2.308} = 10\text{mA} \times 10 = 100\text{mA}$

2) 多项式模型

PN结二极管的多项式数理模型如下

$$i = a_1 u + a_2 u^2 + a_3 u^3 + \cdots \tag{4.1.7b}$$

其中 $a_1, a_2, a_3, \cdots$ 为常系数。多项式模型特别适合于混频分析计算。

2. 折线模型(线性化模型)

正向电压 u 小于开启值 $U_{d(on)}$ 时认为二极管根本不导通,伏安特性简化为电流恒为0;正向电压大于开启值 $U_{d(on)}$ 时二极管导通,认为二极管动态电阻 r_d 不变,伏安特性简化为斜线表示,见图4.1.13(b)。折线模型既贴近实际,又容易使用。

3. 恒压降模型

不论正向电流大小,认为二极管正向压降 U_d 是固定值,硅管 $U_d \approx 0.7\text{V}$,锗管 $U_d \approx$

0.3V，见图4.1.13(c)。整个二极管模型由过反向击穿电压U_{br}向右的水平线、铅直坐标轴上U_{br}至正向导通电压U_d的垂线和过U_d向右的水平线组成。

温度为0K时，恒压降模型能真正代表二极管正向特性，平时能近似代表二极管正向特性。

4. 零压降模型（理想模型）

认为二极管正向电阻为零，正向压降为零，反向电阻为无穷大，见图4.1.13(d)。整个二极管模型由过反向击穿电压U_{br}向右的水平线、铅直坐标轴上U_{br}至原点的垂线和水平坐标轴组成。零压降模型也称为理想模型。

整流、放大器工作点及镜像电流阱计算用恒压降模型或零压降模型。电压放大倍数及比例电流阱计算用折线模型，比例电流阱、混频等计算需要用非线性曲线模型。

4.2　二极管应用电路及其分析计算方法

4.2.1　发光二极管及光电二极管应用电路

1. 直流应用

LED属于电压型负载，简单的串联电阻用电压源驱动，或直接用电流源驱动，以获得所需电流。直径3～5mm的LED通常只需要0.5mA左右的电流，所发光就肉眼可见。

电流1mA条件下，红外LED正向压降$U_{led} \approx 1.1V$，红、黄LED正向压降$U_{led} \approx 1.8V$，绿LED依材料不同，正向压降有1.8V和3V两种，蓝、白LED正向压降$U_{led} \approx 3V$。

为简化设计，选择LED限流电阻时常用PN结恒压降模型，见图4.2.1。使用PN结恒压降模型时，计算。已知LED工作电流I，电源电压U_{cc}，限流电阻可计算为

图4.2.1　最简LED应用电路

$$R = \frac{U_{cc} - U_{led}}{I} \qquad (4.2.1)$$

例4.2.1　红色LED电源电压$U_{cc}=5V$，要求工作电流$I=1mA$，试计算限流电阻R。

解　$R = \dfrac{U_{cc} - U_{led}}{I} = \dfrac{(5-2)V}{1mA} = 3k\Omega$

LED光色主要与材料有关，其次与电流也有一点关系。通常电流过大时波长会稍长，即光色向光谱的红端变化。例如，绿LED电流过大时光色会偏黄。

2. 交流应用

二极管限流电阻无论正向导通还是反向击穿都起作用。若限流电阻得当，则二极管，包括LED，在交流电路中也能正常工作。红色及部分绿LED与电阻串联作220V交流电源指示灯，见图4.2.2。Φ3～5mm的LED最大耗散功率50mW。考虑约2V正向压降及20V反向击穿电压，可计算470kΩ限流电阻功耗约为0.1W，LED为高亮型，功耗$P \approx 10mW$。LED闪亮，但因工频电源频率高于人眼临界闪烁频率，人们看到的是常亮。电阻及LED实际功耗均小于最大耗散功率。20年来这种R+LED电路已经在交流电源插排、热得快、电

热毯、电蚊拍等产品中得到了广泛应用,几乎是世界上用量最大的典型电路。

如图 4.2.2 所示 R+LED 交流电路指示灯,在世界上应用已经超过 20 年,但是很多传统模拟电子学著作至今未见任何介绍。这说明理论滞后于实践多么严重!

图 4.2.3 是一种电热毯 LED 加热功率指示电路,S 为加热功率选择开关,红色 LED_1 为半功率指示器,绿色 LED_2 为全功率指示器,R_1、R_2 为 LED 限流电阻,R_3 为 100W 电热丝。LED 反向耐压 5~30V,D_1 为反向耐压 1000V 以上的整流二极管。开关 S 打在上位 H,220V 交流电直接加在电热丝上,绿色 LED_2 亮,指示全功率,由于 D_1 的单向导电作用,红色 LED_1 只有反向电流而无正向电流,不亮;开关 S 打在中位 L,220V 交流电经 D_1 使电热丝获得半功率,红色 LED_1 亮,指示半功率,由于 D_1 的单向导电作用,绿色 LED_2 只有反向电流而无正向电流故不亮;开关 S 打在下位,关掉电源。

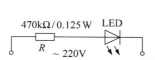

图 4.2.2　经典 R+LED 交流电源简易指示电路

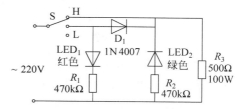

图 4.2.3　电热毯加热功率 LED 指示电路

LED 流过反向电流时,电子不断地从 P 区走到 N 区,不仅没有能量可释放,反而要吸收能量,所以不可能发光。图 4.2.3 还能演示 LED 流过反向电流时不能发光的现象。

3. 光电池及光电二极管应用电路

PN 结是光电池的核心。一个硅 PN 结能产生 0.7V 以下的光生电动势。将多个 PN 结串联,可以提高光生电动势,见图 4.2.4。将多个 PN 结并联,可以提高光生电流。

光电池由硅等材料制成的 PN 结串并联组成。光电池是迄今为止最有前途的清洁能源之一。卫星上的光电池安装在翼板上以充分接受光照,俗称太阳翼。

国产 2CR 型硅光电池在 $100mW/cm^2$ 的入射光强作用下,可得到开路电压(电动势)450~600mV,短路电流 16~30mA。

光敏二极管也称为光电二极管,其结构与光电池大同小异。光敏二极管负极 N 接正电源,能加宽内电场,提高灵敏度。无光照时,内电场内建电势 U_b 与电源电压 E 及扩散势 E_e 平衡,$U_b = E + E_e$,负载电阻无电流,输出电压 $U_o = 0$。

光照下光生电子和空穴各自移向 N、P 区,内电场被削弱,U_b 下降,光生电流在电阻 R_L 上产生输出电压 U_o,见图 4.2.5。U_o 代表光的强弱。这是 PN 结光电传感器的工作原理。

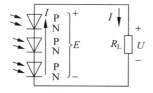

图 4.2.4　光电池应用电路

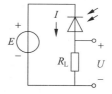

图 4.2.5　光电二极管电路

电源有故障短路时,相当于自由 PN 结。因自由 PN 结内电场还有一定宽度,还能产生有效光生电子-空穴对,所以电源有故障短路时,光电二极管还有一定的灵敏度,还能探测光。这说明,光电二极管传感器的电源不是必须配置的,不过是锦上添花而已。光电二极管传感器的电源出现故障时,将其摘除,电源两点短接,电路还能工作,只是灵敏度降低。

4. 描述 PN 结二极管单向导电性的充电电池模型

二极管正向电流从扩散势 E_e 正极流向负极。正向导通的二极管恰似电池在充电。二极管正向电流相当于电子连续不断地从高能级跌落在低能级,多余能量以热能或光能形式随即释放,正向导通的二极管可认为是一块只能充电不能放电的电池,见图 4.2.6。

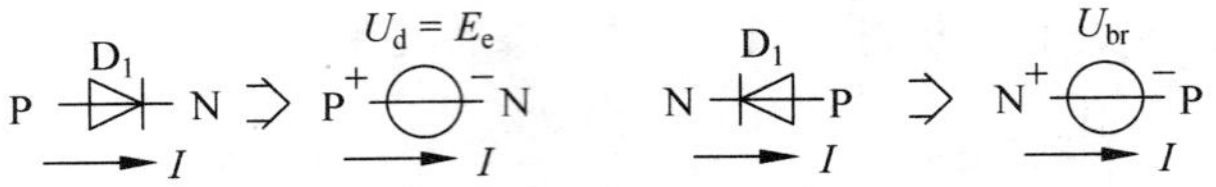

$$D_1 \quad U_d = E_e \qquad\qquad D_1 \qquad U_{br}$$

图 4.2.6　二极管电路正向导通或反向击穿的等效模型——只能充电的电池

二极管正反向都可视为电压大小不同的只能充电不能放电的电池。二极管扩散势 E_e 视为正向电池电压,反向击穿电压 U_{br} 视为反向电池电压。PN 结的单向导电性也可描述为:正向电池电压 E_e 很小,只有零点几伏。反向电池电压 U_{br} 很大,高达几十甚至上万伏。正反向电压悬殊如此之大,PN 结施加很小的正压就导通,施加很大的反压依旧截止。

外加电压正极接 P 区,即 PN 结接正向电压,也叫正向偏置,还可说是顺接;外加电压正极接 N 区,即 PN 结接反向电压,也叫反向偏置,也可说是反接,还可说是顶牛。

电池恒压充电需要电阻限流。二极管相当于电池,故二极管无论正向导通还是反向击穿,都需要电阻限流。只有用电阻限流,才能把 PN 结功耗限制在允许值,使其正常工作。

4.2.2　二极管电路分析方法

1. 在线电流分析法

将二极管当成一块只能充电不能放电的电池。例如,将硅二极管当成 0.7V 电池,锗二极管当成 0.2V 电池,理想二极管当成 0V 电池。计算某管电流,若为正向,则判断该管导通,结果成立;若为反向,则判断该管截止,结果不成立,实际电流应为 0,应将该管断开后重新计算。

例 4.2.2　图 4.2.7 电路中二极管恒压降 0.7V,试计算节点电压 U_{AB} 及二极管电流 I_2。

解　二极管等效为只能充电的 0.7V 电池。依题意,电路改画为图 4.2.8。

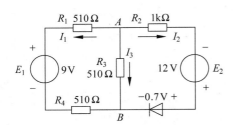

图 4.2.7　含有二极管的电路

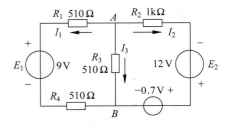

图 4.2.8　二极管等效为只能充电的电池

整体用在线电流法解题。先假设二极管正向导通。用节点电压法弥尔曼公式计算节点电压 U_{AB}。

$$U_{AB}=\frac{E_1/(R_1+R_4)+(0.7V-E_2)/R_2}{1/(R_1+R_4)+1/R_3+1/R_2}=\frac{9/1.02+(0.7-12)/1}{1/1.02+1/0.51+1/1}\frac{V/k\Omega}{1/k\Omega}=-0.628V$$

再用熊仔爬山法从电路右上端向下顺时针爬到 A 点,计算 R_2 左端相对右端的电压

$$U_2=E_2-0.7V+U_{AB}=12V-0.7V+(-0.628V)=10.672V$$

$$I_2=U_2/R_2=10.672V/1k\Omega=10.672mA>0$$

I_2 也是流过二极管的电流,是正向电流,因此此二极管真的正向导通,计算结果成立。

若计算结果 $I_2<0$,则因二极管单向导电,应将结果修正为 $I_2=0$。然后判断二极管截止,相当于断开。剩余电源 E_1 与电阻 R_2、R_3、R_4 组成简单电路。

2. 开路电压分析法

断开所有二极管,计算其开路电压。若有开路电压大于二极管正向压降,则先判断开路电压最大的那只二极管导通。再接通这只应该导通的二极管,计算其他管子的开路电压,继续判断。每分析计算一次,就确定一只管子是否导通。

例 4.2.3 电路见图 4.2.7,二极管恒压降 $U_d=0.7V$,判断其导通还是截止。

解 断开二极管,如图 4.2.9 所示,用熊仔爬山法从点 k 爬到 a,计算其开路电压

$$U_{ak}=E_1/3+E_2=9V/3+12V=3V+12V=15V>0.7V$$

判断二极管正向导通。

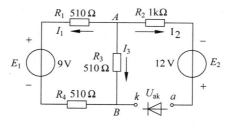

图 4.2.9 拆掉二极管计算其开路电压电路

例 4.2.4(发 1224) 电路如图 4.2.10 所示,设图中各二极管的性能均为理想,当 $u_i=15V$ 时,u_o 为

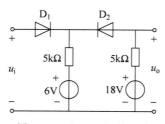

图 4.2.10 双二极管电路

A. 6V   B. 12V   C. 15V   D. 18V

解 用开路电压法,摘掉所有两只二极管,计算它们各自的开路电压。

D_1 开路电压为 $15V-6V=9V>0$,D_2 开路电压为 $18V-6V=12V>0$。

D_2 开路电压大于 D_1，首先判断 D_2 导通。

接上 D_2，计算 D_1 开路电压为 $15V-0.5(6V+18V)=15V-12V=3V>0$

判断 D_1 也导通。

由于 D_1、D_2 都导通，故 15V 电压被引到输出端，$u_o=15V$。

答案为 C。

第5章

BJT晶体管理论的创新

本章探讨 BJT 晶体管理论的缺陷及遗留问题。

BJT 晶体管原理内容很多。传统模拟电子学 BJT 晶体管理论本身千孔百疮,再加上习惯分散在放大电路的若干不同章节里,杂乱无章,不成体系,效果更差。本书不仅尝试对 BJT 晶体管理论创新,而且安排在一个整章里集中讨论。

5.1　晶体三极管原理及数理模型

5.1.1　用竞争机制阐述 BJT 三极管工作原理

用扩散或合金等工艺制成两个背靠背的 PN 结。图 5.1.1 为 NPN 结构。下面的 N 区称为发射区,中间薄薄的 P 区称为基区,上边的 N 区称为集电区。基区与发射区之间的 PN 结称为发射结,基区与集电区之间的 PN 结称为集电结。从三区表面用欧姆接触引出三根线,各称为基极 B(Base)、发射极 E(Emitter)和集电极 C(Collector),整个器件称为晶体三极管,简称晶体管或三极管,全称双极结型晶体管(Bipolar Junction Transistor,BJT)。

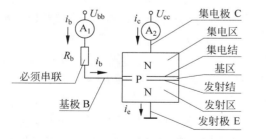

(a) PN结背靠背形成三极管　　　　(b) NPN型三极管符号

图 5.1.1　背靠背的 PN 结——晶体三极管

NPN 型 BJT 结构及应用电路有如下三个特点。

(1) 从尺寸上看,基区很薄,只有 μm 数量级,发射区和集电区较宽阔。

薄薄的基区好像狭窄的山梁,电子拥挤不堪又极易受到"风吹",很难立足。

(2)从掺杂浓度上看,基区最低,发射区最高,集电区居中。NPN型BJT发射区自由电子浓度是基区空穴浓度的100倍以上。

基区空穴浓度很低,使得从发射区到达基区的电子中,只有少量电子有机会与基区的空穴复合而形成基极电流。可以说,基区很"荒凉",电子难"安家"。

(3)集电极尺寸较大并加有正电源。以发射极为公共极,通过限流电阻R_b给NPN型BJT基极加上>0.7V的正电源电压U_{bb},发射结正向导通,有电流自基极流向发射极,就是说,有大量电子自发射区流向基区。

集电极正电源U_{cc}对NPN型BJT中由发射区流到基区的大量电子是很强的吸引力——动力。从发射区流向基区的大量电子中,只有少数得以与基区的空穴动态复合,再考虑基极外串大电阻R_b,只能形成较小的基极电流i_b,多数电子被集电极正电源所俘获,抄近道越过狭窄的基区奔向广阔的集电区并到达集电极,结果形成较大的集电极电流i_c。

基区尺寸很小、载流子浓度很低、发射区载流子浓度很高及集电区尺寸较大这样四个内在因素,加上基极外串大电阻限流、集电极正电源的强劲动力等外部条件,形成竞争机制,最终使BJT集电极电流是基极电流的很多倍。这就是人们通常所说BJT的电流放大机理。

由于集电区与发射区掺杂浓度不同,使用时BJT发射极和集电极不能互换,否则电流放大能力将降低到标称值的10%左右,极可能使电路不能正常工作。

用竞争机制讲解晶体三极管电流放大原理,已经获得大家的一致赞同。

三极管符号大致应当分布在高宽比3∶2的矩形框内。BJT符号的画法要领:先点出高宽比3∶2的矩形框的四个顶点,画出一个长边,分为三等份,从两个等分点引出两条斜线到矩形框的另两个端点。一根斜线条代表集电结,另一根斜线上加箭头代表发射结。

BJT符号中的箭头代表基极与发射极之间的PN结即发射结。不仅BJT中有PN结,很多其他半导体器件中,如JFET也都有PN结。所有半导体器件中代表PN结的箭头方向都是从P区指向N区。明确这一点,有助于快速辨别半导体器件的极性、沟道。

强调BJT三极管的画法,是因为很多学生不会画三极管。甚至很多工程师都不会识别管子极性、不会分辨FET管的沟道种类。

例如,明确NPN型BJT中代表发射结的箭头方向是从P区指向N区,而二极管正向电流是从P区流向N区,就可以判断NPN型BJT基极电流只能从基极流进管子,从发射极流出。集电极电流只能顺着基极电流方向,从集电极流进管子,从发射极流出。

因硅晶体管发射结只有0.7V正向压降,而电源至少在1.5V,故若没有外接电阻限流,晶体管将很快烧毁。无论是考虑管子安全还是整个电路功能,无论在模拟电路还是数字电路中,基极限流电阻R_b都是必须使用的,而且其阻值要足够大。

电压与电流的乘积等于元器件功率消耗,电阻是这样,二极管、三极管也是这样。集-射电压U_{ce}俗称三极管的管压,集电极电流I_c俗称管流。BJT全部功耗为$P=U_{ce}I_c+U_{be}I_b$,但$I_b<I_c$,$U_{be}<0.7V$亦有限,而U_{ce}通常很大,故BJT功耗约等于管压与管流的乘积

$$P \approx U_{ce}I_c \tag{5.1.1}$$

U_{ce}分为U_{cb}和U_{be},通常$U_{cb}>U_{be}$。可看出BJT功耗主要为集电区所消耗。故晶体管功耗也称为集电极损耗。通常功率BJT将集电区与外壳相连,以利于管子散热。

电阻电压与电流方向关联,晶体管集电极电流与基极电流方向也是关联的。NPN管

I_b 从 B 流到 E，I_c 从 C 流到 E；PNP 管 I_b 从 E 流到 B，I_c 从 E 流到 C。

在 BJT 的三个电极中，基极 B 为控制极，集电极 C 及发射极 E 称为主电极。

5.1.2　BJT 三极管三特性

器件传输特性指输出参数与输入参数之间的关系。BJT 输入参数是基极电流，输出参数是集电极电流。三极管传输特性指集电极电流与基极电流的倍数关系。发射结电压影响基极电流的形成。集-射压降影响集电极电流的形成。把发射结电压对基极电流的影响称为晶体管输入特性，集-射压降对集电极电流的影响称为晶体管输出特性。输入特性、传输特性和输出特性简称为三极管的三特性。要用好三极管，首先要熟悉它的三特性。

1. 三极管输入特性——发射结电压与基极电流的关系

发射结电压与基极电流的伏安特性称为 BJT 的输入特性。在图 5.1.2 中令电源电压 U_{cc} 取不同数值，如各取 $U_{cc}=0$、$U_{cc}=12\mathrm{V}$，逐渐改变 U_{bb} 或改变 R_b 进行实验，记录 I_b、U_{be} 数据。根据得到的两组 I_b、U_{be} 数据可画出 BJT 输入特性曲线，见图 5.1.3。

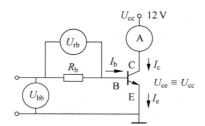

图 5.1.2　BJT 实验电路

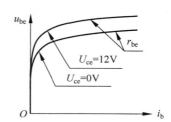

图 5.1.3　BJT 集-射恒压输入特性曲线

可看出，BJT 输入特性曲线与二极管 PN 结正向特性曲线相似，但更陡峭。就是说，二极管 PN 结正向电压达到 0.4V 后就开始逐渐导通，受集电极电源 U_{cc} 的影响，三极管发射结正向电压达到 0.5V 后才开始逐渐导通。图 5.1.3 两条输入特性曲线对比，说明集电极电源电压 U_{cc} 越大，发射结导通就越晚。因 U_{ce} 是派生参数，图 5.1.2 BJT 集电极未接电阻，仅无 I-U 转换功能，但管子不会烧毁。因 U_{be} 有限，基极若无 R_b 限流，则管子会烧毁！

BJT 输入特性即发射结伏安特性的处理及简化可参照二极管（PN 结）的四个模型。

BJT 输入特性曲线的斜率称为管子的输入电阻。在二极管动态电阻算式上加上发射结本身的电阻即体电阻 $r_{bb'}$，得到三极管输入电阻三个等价的计算公式

$$r_{be}=r_{bb'}+\frac{U_T}{I_b} \quad 或 \quad r_{be}=r_{bb'}+\beta\frac{U_T}{I_c} \quad 或 \quad r_{be}=r_{bb'}+(\beta+1)\frac{U_T}{I_e} \quad (5.1.2)$$

式(5.1.2)是计算 BJT 输入电阻的常用公式，必须给予高度关注。本式和图 5.1.3、图 5.1.5 所示的 BJT 输入特性曲线都表明，电流越大，管子 BJT 输入电阻 r_{be} 就越小。

下面简单介绍 BJT 输入电阻 r_{be} 计算公式(5.1.2)的使用技巧。

(1) 灵活选用：已知 I_b、I_c、I_e 时各用第一、第二、第三个公式。

(2) 体电阻 $r_{bb'}=100\sim300\Omega$，一般作为一个已知条件使用。已知条件未给定 $r_{bb'}$ 时，可在 $100\sim300\Omega$ 范围内取值进行试算。

(3) 参数单位：U_T 应使用 mV，应记住常温条件下 $U_T=26\mathrm{mV}$，电流 I_b、I_c、I_e 应使用 mA，这样所计算 $r_{b'e}$ 的单位是 Ω，与 $r_{bb'}$ 单位相同，便于直接相加得到 r_{be}，不易出错。

2. 三极管传输特性——基极电流放大为集电极电流

图 5.1.2 电路中，逐渐减小限流电阻 R_b，若增大基极电流 I_b，则集电极电流 I_c 及管耗 $U_{cc}I_c$ 都会一直增大，直到管子烧毁为止。这样的电路是没有实际价值的。实际电路不是在集电极串入电阻 R_c，就是在发射极串入电阻 R_e，以把电流转换为电压。

如图 5.1.4 所示的实验电路在 BJT 集电极接入电阻 R_c，可研究 BJT 的实际传输特性和输出特性。

根据如图 5.1.4 所示的 BJT 传输特性实验电路可以写出集-射压降 U_{ce} 与管流 I_c 的关系

$$U_{ce} = U_{cc} - R_c I_c \qquad (5.1.3)$$

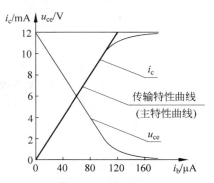

图 5.1.4　BJT 特性实验电路及其甲类饱和

该式代表 BJT 应用电路中集-射压降与集电极电流的逻辑关系。从能量角度看，集-射压降是 BJT 进行电流放大的净动力。从逻辑关系上看，集-射压降是一个派生参数，说明 BJT 集电极或发射极接有电阻时，放大所需的净能量受到集电极电阻压降的限制。

在图 5.1.4 实验电路中暂时将 R_c 固定为 $1k\Omega$，然后改变被测晶体管基极电源电压 U_{bb}，电阻 R_b，设法测量发射结电压 U_{be}、基极电流 I_b、管流 I_c，集-射压降 U_{ce} 填入表 5.1.1。

表 5.1.1　BJT 传输特性实验数据

U_{be}/V	0	0.4	0.5	0.586	0.629	0.646	0.658	0.665	0.670
$I_b/\mu A$	0	0	0.05	1.4	7.1	15.4	24.2	33.5	43
I_c/mA	0	0	0.004	0.12	0.64	1.42	2.27	3.17	4.1
U_{ce}/V	12	12	12.00	11.88	11.36	10.58	9.73	8.83	7.9
β			80	85.7	90.1	92.2	93.8	94.6	95.3
U_{be}/V	0.674	0.677	0.680	0.684	0.686	0.69	0.694	0.699	0.70
$I_b/\mu A$	53	62	72	82	91	101	111	120	130
I_c/mA	5.04	6.01	6.96	7.9	8.87	9.71	10.53	11.33	11.89
U_{ce}/V	6.96	5.99	5.04	4.1	3.13	2.29	1.47	0.67	0.11
β	95.1	96.9	96.7	96.3	97.5	96.1	94.9	94.4	91.5

根据表 5.1.1 的实验数据可验证式(5.1.3)，并再次画出 BJT 输入特性曲线，见图 5.1.5。

根据表 5.1.1 中的实验数据还可以画出 BJT 电流传输特性曲线，见图 5.1.6。

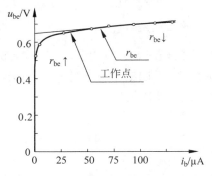

图 5.1.5　BJT 实际输入特性曲线及直线拟合

图 5.1.6　BJT 电流传输特性曲线

　　可以看出,实验用 BJT 的集电极电流约是基极电流的 96 倍,说明 BJT 具有电流放大能力。用希腊字母 β 表示 BJT 集电极电流与基极电流的比值,称 β 为 BJT 的电流放大倍数。电流放大倍数 β 值是 BJT 的主参数。本实验用 BJT 电流放大倍数 $\beta \approx 96$。目前 β 数量级通常为 100。超 β 晶体管的 β 值可达 1000。

　　集-射压降实质上是 BJT 进行电流放大的净电压或净动力。BJT 的电流放大能力以集-射压降较大为前提。电流流过电阻时产生电压降即 VCR 是一个不变的客观规律。因此强调,集-射压降是一个派生参数。从式(5.1.3)可看出,集电极电流 I_c 较大时,由于电阻 R_c 压降的影响,BJT 集-射压降作为一个派生参数,自然降低为很小的数值。

　　基极电流很大,使集-射压降很小时,集电极电流不再与基极电流同比上升。这种基极电流很大、集-射压降很小时 BJT 电流放大能力受限的现象,称为 BJT 管子饱和。BJT 管子的饱和类似于溶液所含溶质的量达到最大限度,如空气中所含水蒸气达到最大限度,不能再溶解。

　　3. 三极管输出特性——集-射压降对集电极电流的影响

　　在图 5.1.4 实验电路中固定基极电流 i_b,通过调节集电极外接电阻 R_c,或者调节电源 U_{cc},都可改变集-射压降 u_{ce},得到集电极电流 i_c 与集-射压降 u_{ce} 的一组实验数据,画出一根 Γ 形特性曲线,见图 5.1.7。如此改变 I_b n 次,获得 n 组实验数据,就画出 n 条 Γ 形特性曲线即曲线族。i_b 固定时 i_c-u_{ce} 之间的 Γ 形特性曲线称为 BJT 管子的输出特性曲线。若干条输出特性曲线组成输出特性曲线族。

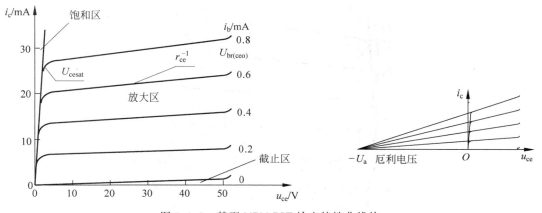

图 5.1.7　某型 NPN BJT 输出特性曲线族

　　晶体管输出特性曲线(族)也可由晶体管特性图示仪或计算机自动制作并显示。

　　BJT 输出特性曲线呈 Γ 形,曲线左上角拐角处表示管子电流放大能力开始急剧受限,该处电压叫饱和压降,用 $U_{ce(sat)}$ 表示,sat 摘自英语单词 saturation,简写为 U_{ces}。

　　晶体管的饱和是一个渐进的过程。很难说输出特性曲线究竟在哪一点改平。习惯上以 U_{ce} 与 U_{be} 的大小比对来判断。以 $U_{ce} = U_{be}$ 为临界点。认为 $U_{ce} > U_{be}$ 为放大区,$U_{ce} = U_{be}$ 时 BJT 管子开始饱和;$U_{ce} < U_{be}$ 为饱和区。由此流行集电结反偏为放大、集电结正偏为饱和的说法。

　　i_c-u_{ce} 平面顺时针数起来,分为饱和区、放大区和截止区。$i_b = 0$ 所在最下边一条曲线表示漏电流,电压轴与 $i_b = 0$ 所在最下边一条曲线之间的小窄条称为截止区,其上侧 $i_b > 0$

为放大区和饱和区。

基极电流 i_b 不变时，u_{ce} 变化量与集电极电流变化量的比值称为晶体管输出电阻，用 r_{ce} 表示，也称为集-射动态电阻（交流电阻）。

输出特性曲线的斜率的倒数就是 BJT 输出电阻 r_{ce}，如图 5.1.7 所示。

放大区输出特性曲线斜率很小，说明 BJT 输出电阻 r_{ce} 很大。集电极电流增大，输出特性曲线斜率少许变大。反映在输出特性曲线族上，就是紧挨电压轴的那一根输出特性曲线最平缓，其余的逐渐陡峭，见图 5.1.7。放大区所有输出特性曲线段的延长线交于一点，此点电压称为厄利电压（Early voltage），符号为 U_a。U_a 值为 15～150V。

I_c 越大，r_{ce} 越小。U_a 越大，r_{ce} 越大。I_c 为 mA 数量级时，BJT 输出电阻常在 100kΩ 数量级。就信号放大器来说，通常记住 BJT 输出电阻 $r_{ce} \approx 100$kΩ 就可以解决很多问题。

已知 BJT 的厄利电压 U_a 及集电极电流 I_c，可用下式估算管子的输出电阻

$$r_{ce} = \frac{U_{ce} + U_a}{I_c} \tag{5.1.4}$$

按照功率消耗，i_c-u_{ce} 平面分为正常工作区和非工作区，非工作区又分为过流区、过损耗区和过压区，见图 5.1.8。双曲线 $u_{ce}i_c = P_{CM}$ 即是 BJT 临界损耗曲线，P_{CM} 为晶体管极限耗散功率。临界损耗曲线与输出特性曲线族坐标系相同，可画在一起，见图 5.1.8 中的虚线。

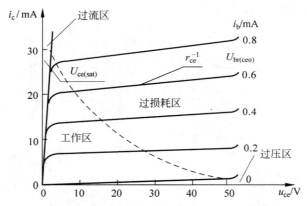

图 5.1.8　某型 NPN BJT 临界损耗曲线划分的工作区与红灯区

在过损耗区，管子虽然可能还有电流放大能力，但工作时间稍长就会因过热而损坏。在过流区，管子或电流放大能力将降低，或容易烧毁。管子一旦进入过压区，就会马上击穿损坏。一定要注意防止管子过压。过损耗区、过流区和过压区可统称为红灯区。

BJT 输出特性曲线族的主要功能是表示集-射压降对集电极电流的影响。不同种类的 BJT 集-射压降对集电极电流的影响大同小异。就是说，若去掉坐标轴刻度，图 5.1.7 实际上可代表几乎所有种类 BJT 的集-射压降对集电极电流的影响。输出电阻 r_{ce} 是 BJT 的共性参数。r_{ce} 能提供大电压增益但又不影响输出范围，可当成有源负载作安伏变换器使用。

集-射压降变化后集电极电流基本不变，说明 BJT 有一个比较硬的输出特性，即负载特性。而比较硬的负载特性类似于机电技术中硬的机械特性，通常正是 BJT 工作所需要的。在线性放大区，集-射压降变化时，集电极电流几乎没有什么变化，说明 BJT 可作为电流源。

输出电阻 r_{ce} 就是等效电流源的内阻。

通过输出特性曲线族和极限功耗双曲线可以观察 BJT 管的以下参数：

(1) 电流放大倍数 β；

(2) 输出电阻 r_{ce}；

(3) 集-射漏电流 I_{ceo}；

(4) 集-射击穿电压 $U_{br(ceo)}$。

(5) 集电极最大电流 I_{CM}。

BJT 输出电阻 r_{ce} 很大，集-射漏电流 I_{ceo} 很小，输出特性曲线斜率及漏电流一般都是夸大画出的。实际能从输出特性曲线上得到的数据只有电流放大倍数 β、集-射击穿电压 $U_{br(ceo)}$，其中能直接读取的只有 $U_{br(ceo)}$。输出特性曲线上端斜率猛然增大，表示管子将被击穿，此转弯处的电压就是 BJT 集-射击穿电压。

例 5.1.1 试从图 5.1.7 读取某晶体管 β 值、集-射击穿电压 $U_{br(ceo)}$ 和极限功率 P_{CM}。

解 从图 5.1.7 最上边一条输出特性曲线可看出，基极电流 $i_b=0.8\text{mA}$ 时，集电极电流 $i_c \approx 30\text{mA}$，由此计算电流放大倍数 $\beta = i_c/i_b \approx 30/0.8 = 37.5$ 倍。从该图还可看出，输出特性曲线接近 50V 时斜率猛然减小，故该型 BJT 集-射击穿电压约为 $U_{br(ceo)}=50\text{V}$。

从图 5.1.8 虚线所示的 BJT 临界损耗曲线上任取一点，如取 $u_{ce}=20\text{V}$，可读出 $i_c=10\text{mA}$，由此计算该型 BJT 极限耗散功率 $P_{CM}=20\times10\text{mW}=200\text{mW}$。

在 BJT 三特性中，电流传输特性无疑最重要，但传统模拟电子学著作鲜见介绍。

传统理论过分夸大 BJT 输出特性曲线族的作用，将 BJT 输出特性曲线族用于放大器工作点及输出范围的图解分析计算，结果不了了之，造成模拟电子学最大的败笔。

4. 三极管的两种饱和形式及饱和特性

集电极电能和电流都充足供应时，BJT 集电极电流 i_c 与基极电流 i_b 同步增长。无论集电极电能还是电流本身供应不足，BJT 电流放大能力都会受到限制。BJT 电流放大能力受到限制的基本特征是 $\beta i_b > i_c$。将晶体管电流放大能力受到限制的现象称为饱和。

集-射压降代表集电极电能供应。把集-射压降很小，即集电极电能供应很少导致的饱和称为甲类饱和（A 类饱和），也叫电压饥饿饱和。把多个主电极串联的 BJT 互相约束，造成其中部分管子集电极电流供应直接受到其中一只晶体管约束的饱和称为乙类饱和（B 类饱和）。乙类饱和也叫电流饥饿饱和。

1) 甲类饱和（电压饱和）

对任意电路结构，已知管子的 β 值、基极电流 I_b 及集电极电流最大值 $I_{c(max)}$，若下式

$$\beta I_b \geq I_{c(max)} \tag{5.1.5}$$

中的等号成立，则判断管子刚刚完全进入饱和（临界饱和）；若大于号成立，则判断管子已经完全进入饱和；若 $\beta I_b \gg I_{c(max)}$ 或 $\beta I_b / I_{c(max)} \gg 1$，则判断管子进入深度饱和。

若电路结构如图 5.1.9 所示，认为饱和压降 $U_{ces}=0$，则晶体管饱和时集电极电流最大达到为

$$I_{c(max)} = U_{cc}/R_c \tag{5.1.5a}$$

可用电流比对法或电阻比对法判断 BJT 甲类饱和

$$\beta I_b \geq U_{cc}/R_c \quad \text{或} \quad R_b \leq \beta R_c \tag{5.1.5b}$$

可看出，基极限流电阻 R_b 越小，或者晶体管 β 值越大，或者集电

图 5.1.9 BJT 的甲
类饱和

极电阻 R_c 越大,管子越容易进入甲类饱和。

基极限流电阻 R_b 越小,基极电流 i_b 就越大;晶体管 β 值越大,βi_b 值就越大。βi_b 值就是"喂"给晶体管的电流。U_{cc}/R_c 是最大消化量。βi_b 大,就是给 BJT"吃"得多。"吃"得越多,越容易饱和;集电极电阻 R_c 越大,好比是晶体管胃口越小。胃口越小,也越容易饱和。

BJT 工作起来就是放大电流。它要工作,首先要有基极电流可放大。因此 BJT 要工作,发射结必须正向导通,所以发射结应当正偏。使发射结正偏的技术措施是发射极接地,基极通过限流电阻 R_b 接电源。

晶体管放大电流需要能量,因此集电极至少需要接 1.5V 电源电压。以 NPN 硅管发射极接地为例,基极电压至多为 0.7V,集电极至少为 1.5V,故 $u_{ce} > u_{be}$,即 $u_c > u_b$,因 NPN 管集电极 C 为 N 区,故 NPN 晶体管放大时集电结反偏。PNP 管也如此。但是放大时的 BJT 集电结反偏,又不同于二极管 PN 结的反偏。二极管 PN 结反偏时无电流,BJT 集电结反偏时自 N 区到 P 区有电流。因此把 BJT 处于放大状态时集电结反偏称为逻辑反偏。

无论由于 R_c 过大还是由于 I_b 过大,都会使 u_{ce} 被压缩得很小而使 BJT 饱和。逻辑上也常以 $u_{ce} < u_{be}$ 判断 BJT 饱和。输出特性曲线拐角处横坐标与 u_{be} 很接近。实际上也可以输出特性曲线拐弯时判断 BJT 开始进入饱和,至 $u_{ce} = 0$ 时饱和最深。小功率晶体管饱和压降 $U_{ces} \ll 0.7V$,通常 $U_{ces} \approx 0.1V$,可认为 $U_{ces} = 0$。

PN 结正偏导通时有正向电流,但 BJT 集电结正偏时并无正向电流。就是说,BJT 集电结正偏与二极管 PN 结正偏有差别,因此把 BJT 集电结正偏称为逻辑正偏。BJT 在饱和区时,发射结和集电结虽然都是正偏,但只有发射结才是真正的正偏,集电结只是逻辑正偏。只是根据 $u_{ce} < u_{be}$ 即集电结正偏判断管子饱和,根据 $u_{ce} > u_{be}$ 即集电结反偏判断管子放大。

BJT 饱和,通常只是说明电流放大能力受到限制而已,但不一定意味管子承受不了。

BJT 饱和判定方法,一是 $\beta I_b \geqslant I_{c(\max)}$,二是 $u_{ce} < u_{be}$。

2)乙类饱和(电流饱和)

n 只 BJT 主电极 C、E 串联工作,$n \geqslant 2$,由于很难保证 $\beta_1 i_{b1} = \beta_2 i_{b2} = \cdots = \beta_n i_{bn}$,而集电极电流 i_c 只能达到其中最小的一个 $\min(\beta_1 i_{b1}, \beta_2 i_{b2}, \cdots, \beta_n i_{bn})$,于是总有 $(n-1)$ 只管子的电流放大能力受 1 只管子的约束而得不到充分发挥,结果只有 1 只管子处于放大状态,其余 $(n-1)$ 只管子都处于饱和状态,称为多管乙类饱和。乙类饱和也称为电流饱和。

图 5.1.10 所示为两个 BJT 主电极串联,为简单的双管乙类饱和,T_1 管饱和条件

$$\beta_1 i_{b1} > \beta_2 i_{b2} \qquad (5.1.6)$$

多管乙类饱和,T_1 管饱和条件

$$\beta_1 i_{b1} > \beta_x i_{bx} \qquad (x = 2, 3, \cdots, n) \qquad (5.1.6a)$$

乙类饱和最厉害的管子的电流放大能力利用率

$$\eta = \frac{\min(\beta_1 i_{b1}, \beta_2 i_{b2}, \cdots, \beta_n i_{bn})}{\max(\beta_1 i_{b1}, \beta_2 i_{b2}, \cdots, \beta_n i_{bn})} \times 100\% \qquad (5.1.6b)$$

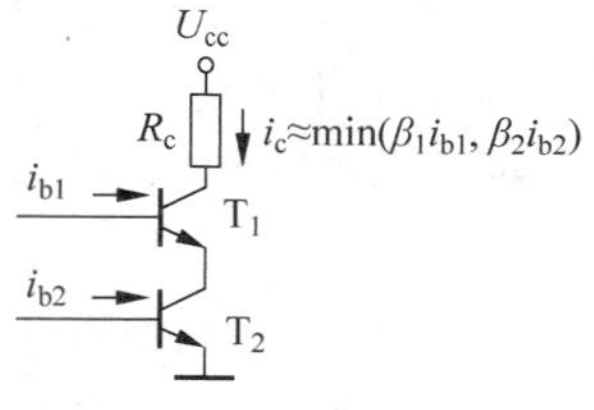

图 5.1.10　BJT 的乙类饱和（电流饱和）

图 5.1.7 及图 5.1.8 的放大区到饱和区之间都是圆滑过渡,没有明显的尖角。这说明晶体管的饱和是渐进的。放大器的电压传输特性曲线与晶体管传输特性曲线相似,都是反扣的勺形曲线。

由此晶体管饱和分两种:一是甲类饱和,二是乙类饱和。

电流饥饿饱和是网友给乙类饱和起的形象化的名字。

网友对研究者所提出乙类饱和的发言原话如下：

某网友："这种饱和一般是有源负载时存在,BJT 会因电流饥饿而饱和,MOS 管则进入 triode 工作区。"

"triode 工作区"指的就是 MOS 管的饱和区。

网友"xu_"先生："B 类饱和现象出现于集成电路中。比如电源有 PNP 管供应,而负荷为 NPN 管,中间没有电阻限流。"

网友"百川"先生："当 $\beta I_b >$ 恒流电流时,这可能就是'电流饥饿饱和'。"

5. 三极管极性——NPN BJT 与 PNP BJT 及其电流方向与数量关系

NPN 晶体管应用最多,此外还有 PNP 晶体管。PNP 晶体管与 NPN 晶体管可以互补。如 NPN 管与 PNP 管组成互补射随器;NPN 管与 PNP 管组成有源负载放大器。在一些场合,如计算机接口电路,PNP 晶体管反而可能最适用。

由 PN 结单向导电性,NPN 晶体管基极电流 i_b 自基极流进管子,集电极电流 i_c 从集电极流进管子,两者在管子内部汇合为发射极电流 i_e,从发射极流出,见图 5.1.11。

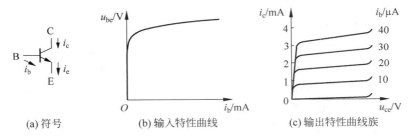

(a) 符号   (b) 输入特性曲线   (c) 输出特性曲线族

图 5.1.11 NPN 晶体管符号、输入特性曲线及输出特性曲线(小进大出 NPN)

PNP 晶体管发射极电流 i_e 流进管子,然后在管子内部分离为基极电流 i_b 与集电极电流 i_c,再各自从管子的基极和集电极流出,见图 5.1.12。

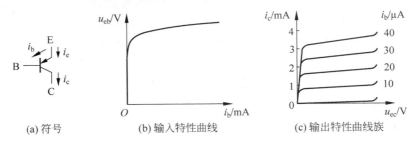

(a) 符号   (b) 输入特性曲线   (c) 输出特性曲线族

图 5.1.12 PNP 晶体管符号、输入特性曲线及输出特性曲线(大进小出 PNP)

三极管集电极电流和发射极电流与基极的关系各为

$$i_c = \beta i_b$$
$$i_e = i_b + \beta i_b = (\beta + 1) i_b$$

i_c 稍小于发射极电流 i_e。通常可认为 $\beta + 1 \approx \beta$、$i_e \approx i_c$。

晶体管基极电流 i_b(艾碧)只能顺着发射结二极管正向流动,小小的基极电流 i_b 放大成为大大的集电极电流 i_c(艾西),i_c 方向受控于 i_b,自然与 i_b 一致,i_c 优先在电阻 R_c 上产生电压降,剩余才是集射极压降 u_{ce},u_{ce} 太小了又反过来限制 i_c。

这些客观规律可用口诀来形容。

艾碧顺着发射结,携来电子多如云;

小小艾碧大艾西,艾西顺着艾碧循。

艾西电压落电阻,剩余才给集射极;

集射压降太少了,管子饱和限艾西。

BJT 图形符号的箭头有三个功能。

(1) 箭头代表管子的发射结。

(2) 箭头方向指示管子的极性。

箭头从基极指向发射极即从里指向外,代表 NPN 管,否则为 PNP 管。

(3) 箭头表明基极电流方向及发射极电流方向

BJT 符号的箭头有这么多功能,画图时一定要按照应有方向将其画在正确位置上。

在场效应管 FET 的符号中,以不同的箭头方向区别是 N 沟道管或 P 沟道管。

6. 三极管放大时三极电压特点

已经明确,三极管放大时,集电极电压代表所需的净能量。NPN 三极管放大时电压特征为 $U_c \gg U_b > U_e$,PNP 三极管放大时电压特征为 $U_c \ll U_b < U_e$。

由此发现,三极管放大时其集电结的 N 极电压高于 P 极电压。因此三极管放大时其集电结形式上反偏。三极管放大时其集电结只是形式反偏,与一般二极管 PN 结反偏是不一样的。同样,三极管饱和时其集电结的 P 极电压高于 N 极电压。因此三极管饱和时其集电结形式上正偏。三极管饱和时其集电结只是形式正偏,与一般二极管 PN 结正偏也是不一样的。总之,不能用普通二极管的 PN 结原理去推断三极管集电结的工作机理。

三极管的集电结的形式反偏及形式正偏可用来区别管子的引脚。

5.1.3　BJT 三极管数理模型

BJT 数理模型有非线性模型和线性化模型。非线性模型包括 1954 年由 Ebers 和 Moll 提出的埃伯斯-莫尔模型(Ebers-Moll,EM 模型)及 1970 年由 Gummel 和 Poon 提出的葛牟-潘模型(Gummel-Poon 模型,GP 模型)。非线性模型全面但复杂。GP 模型有几十个参数。

这里按照信号种类介绍线性化模型。BJT 线性化数理模型分为直流模型和交流模型。按照工作频率,交流模型又分为中低频数理模型和高频数理模型。

1. 直流数理模型

忽略管子输入电阻 r_{be} 等参数,BJT 可以等效为如图 5.1.13 所示的直流 CCCS 数理模型。

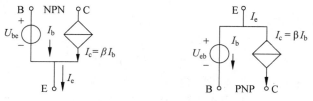

图 5.1.13　BJT 的直流数理模型(直流 CCCS)

BJT 直流模型用于直流等效电路的分析计算非常有效,但目前介绍较少。

2. 交流数理模型

1) H 四参数数理模型

i_c 和 u_{be} 主要与 i_b 有关,还受 u_{ce} 的影响。通常认为基极电流 i_b 和集-射压降 u_{ce} 是 BJT 的两个输入量,集电极电流 i_c 和发射结电压 u_{be} 是两个输出量。在工作点附近把两个输入量对两个输出量的影响进行线性化,将 β 改为 h_{fe},r_{be} 改为 h_{ie},u_{ce} 对 i_c 的影响 $1/r_{ce}$ 写为 h_{oe},u_{ce} 对 u_{be} 的影响用 h_{re} 表示,$h_{re} \approx 0.001$,h_{re} 称为晶体管内反馈系数。建立线性化模型

$$\begin{cases} \Delta i_c = h_{fe} \Delta i_b + h_{oe} \Delta u_{ce} \\ \Delta u_{be} = h_{ie} \Delta i_b + h_{re} \Delta u_{ce} \end{cases} \tag{5.1.7}$$

该模型中有四个 H 参数,故称为 H 四参数线性化混合模型(Hybrid model),见图 5.1.14。

$$h_{fe} = \frac{\partial i_c}{\partial i_b}, \quad h_{ie} = \frac{\partial u_{be}}{\partial i_b}, \quad h_{re} = \frac{\partial u_{be}}{\partial u_{ce}}, \quad h_{oe} = \frac{\partial i_c}{\partial u_{ce}}$$

集电极电流 i_c 为 mA 级,集-射压降 u_{ce} 变化 10V,不饱和时集电极电流变化在 0.1mA 以内。此微量变化在常见放大电路中是次要矛盾,一般会被忽略,但在有源负载放大电路中则是所依赖的主要因素。模拟电子技术被称为艺术,就是因为类似的灵活性太多了。

2) H 三参数数理模型(β、r_{be}、r_{ce} 三参数模型)

忽略 u_{ce} 对 u_{be} 的影响,认为 $h_{re} = 0$,并用 β 表示 h_{fe},r_{be} 表示 h_{ie},r_{ce} 表示 h_{oe},H 四参数模型式可简化为 H 三参数模型,即 β、r_{be}、r_{ce} 三参数模型,见图 5.1.15。式(5.1.7)简化为

$$\begin{cases} \Delta i_c = \beta \Delta i_b + \Delta u_{ce}/r_{ce} \\ \Delta u_{be} = r_{be} \Delta i_b \end{cases} \tag{5.1.7a}$$

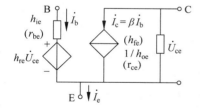
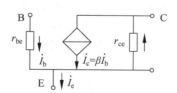

图 5.1.14 BJT 的 H 四参数交流 CCCS 数理模型　　图 5.1.15 BJT 的 H 三参数交流 CCCS 数理模型

H 三参数数理模型(5.1.7a)中,第一个式子显得尤为重要,故经常写为

$$\dot{I}_c = f(\dot{I}_b, \dot{U}_{ce}) = \beta \dot{I}_b + \frac{\dot{U}_{ce}}{r_{ce}} \tag{5.1.7b}$$

H 三参数数理模型实际是基极电流控制的电流源,简称为流控电流源(Current Control Current Source,CCCS),r_{ce} 是内阻。有源负载放大器分析需用带内阻的 CCCS 模型。

3) H 两参数模型(β、r_{be} 模型)

忽略 u_{ce} 对 i_c 的影响,认为 $r_{ce} \to \infty$,H 三参数模型可简化为 H 两参数模型,也称为 β、r_{be} 两参数模型。β、r_{be} 两参数模型就是理想流控电流源 CCCS,见图 5.1.16。理想 CCCS 应用于普通电压放大器分析。

$$\begin{cases} \Delta i_c = \beta \Delta i_b \\ \Delta u_{be} = r_{be} \Delta i_b \end{cases} \tag{5.1.7c}$$

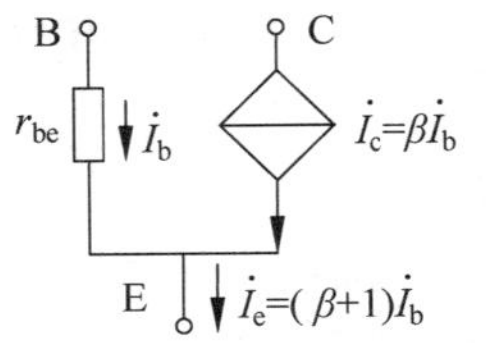

集-射压降是保证 BJT 电流放大的净能量储备。BJT 传输特性可概括为：集-射压降大于饱和值条件下 BJT 具有电流放大能力。式（5.1.7c）可以派生为直流模型和交流模型

图 5.1.16　BJT 两参数交流 CCCS 数理模型

$$i_c = \beta i_b \quad (u_{ce} > U_{ces}) \text{ 或} (u_{ce} > 0) \tag{5.1.7d}$$

$$\dot{i}_c = \beta \dot{i}_b \quad (u_{ce} > U_{ces}) \text{ 或} (u_{ce} > 0) \tag{5.1.7e}$$

3. 高频数理模型

PN 结分布电容使得工作频率很高时 BJT 电流放大倍数 β 值将下降且不再是实数

$$\beta = \frac{\beta_0}{1 + j\omega U_T (C_\pi + C_\mu)/I_b} \tag{5.1.8}$$

把 β 值下降到正常值的 $1/\sqrt{2} = 70.7\%$ 时的工作频率称为 BJT 的截止频率，用 f_β 表示：

$$f_\beta = \frac{I_b}{2\pi U_T (C_\pi + C_\mu)} \tag{5.1.8a}$$

晶体管电流放大倍数 β 与频率 f 的关系为

$$\beta = \frac{\dot{i}_c}{\dot{i}_b} \approx \frac{\beta_0}{1 + j\omega/\omega_\beta} \quad \text{或} \quad \beta = \frac{\dot{i}_c}{\dot{i}_b} \approx \frac{\beta_0}{1 + jf/f_\beta} \tag{5.1.8b}$$

把电流放大能力下降到 $|\beta| = 1$ 时的工作频率称为特征频率，用 f_T 表示

$$f_T \approx \beta_0 f_\beta \tag{5.1.8c}$$

在式（5.1.8b）中，令 $|\beta| = 1$，有 $f = f_T$、$|1 + jf_T/f_\beta| \approx \beta_0$ 及 $f_T/f_\beta \approx \beta_0$，即 $f_T \approx \beta_0 f_\beta$，说明晶体管特征频率 f_T 是截止频率 f_β 的 β_0 倍。特征频率 f_T 也称为管子的增益带宽积。

例 5.1.2　从手册上查得某晶体管特征频率 $f_T = 600\text{MHz}$，$\beta = 100$，试求截止频率 f_β。

解　$f_\beta = f_T/\beta = 600\text{MHz}/100 = 6\text{MHz}$。

例 5.1.3　已知某晶体管截止频率 $f_\beta = 2\text{MHz}$，当频率 $f = 14\text{MHz}$ 时测得电流放大倍数实值 $|\beta| = 10$ 倍，试推算该管的特征频率 f_T 及中频电流放大倍数 β_0。

解　依题意 $f_T = \beta f = 140\text{MHz}$，$f_\beta = 2\text{MHz}$ 时，$\beta = 0.707\beta_0$，故有

$$\beta f_\beta = f_T = 140\text{MHz}, \quad \text{即} \quad 0.707\beta_0 f_\beta = f_T = 140\text{MHz}$$

由此求出 $\beta_0 = f_T/(0.707 f_\beta) = 140\text{MHz}/(0.707 \times 2\text{MHz}) \approx 100$ 倍。

现有模拟电子学著作对 BJT 数理模型介绍很少，将高频数理模型内容安排在放大器章节，往往使初学读者踏破铁鞋无觅处。

5.2　三极管技术参数及测试应用

5.2.1　BJT 三极管技术参数

晶体管应用人员应当了解原理、熟悉结构、明确参数、掌握数据。

1. 中低频电流放大倍数 β

一般不是用 β_0 而是用符号 β 表示中低频电流放大倍数，简称为电流放大倍数。

直流电流放大倍数：BJT 集电极总电流与基极总电流的比值，即

$$\overline{\beta} = \frac{i_c}{i_b}$$

交流电流放大倍数：BJT 集电极电流变化量与基极电流变化量的比值，即 BJT 集电极交流电流分量有效值与基极交流电流分量有效值的比值，即

$$\beta = \frac{\mathrm{d}i_c}{\mathrm{d}i_b} \quad 或 \quad \beta = \frac{\dot{I}_c}{\dot{I}_b}$$

实践证明，在线性范围内，BJT 的直流电流放大倍数与交流电流放大倍数相差很小。根据抓主要矛盾的指导思想和一般规范做法，本书将不区分直流电流放大倍数与交流电流放大倍数，而一概使用电流放大倍数的概念，并且统一使用符号 β。

晶体管 β 值反映了管子的主要功能，因此 β 是 BJT 的主参数，应注意重点关注。β 值范围大体在几十到几百之间，大功率晶体管 β 值只有 20 倍，也属正常。

为解决晶体管 β 值分散给生产应用带来的困难，一些旧型号国产 BJT 在出厂前按照 β 值分类，并在管子顶部标上色点来表示 β 值所在范围，见表 5.2.1。

表 5.2.1　国产小功率三极管 β 值色标法

色点	棕	红	橙	黄	绿	蓝	紫	灰	白	黑
β 值	5～15	15～25	25～35	45～55	55～80	80～120	120～180	180～270	270～600	600～1000

新型号 BJT 不仅 β 值明显变大，而且同一批次产品的分散度很小。

2. 集电极电流对晶体管电流放大能力的影响及集电极最大电流 I_{CM}

晶体管 β 值与集电极电流大小有一定关系。晶体管集电极电流自小变大，β 值将稍微变大。集电极电流继续增加，β 值反而会变小，如表 5.1.1 及图 5.2.1 所示。将晶体管 β 值降低到正常值的一定比例时的集电极电流定义为集电极电流最大允许值，用 I_{CM} 表示。集电极电流超过最大允许值 I_{CM} 后，BJT 或者电流放大能力将显著降低，或者过热损坏。

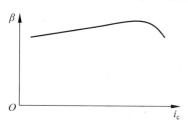

图 5.2.1　集电极电流对晶体管电流放大倍数 β 值的影响

BJT 晶体管具有电流放大能力的根源是竞争机制。电流太小，竞争机制还没有很好地建立，电流太大，竞争机制被破坏，都会影响电流放大能力，使 β 值下降。

晶体管 β 值与集电极电流大小有一定关系，自然与基极电流大小也有一定关系。

数字万用表晶体管 β 值测量通常是在基极电流 $I_b = 10\mu A$ 条件下进行的。

3. 集-射极击穿电压 $U_{br(ceo)}$（分类指标）

集-射压降超过一定数值后，BJT 将被击穿损坏。

$U_{br(ceo)}$ 是基极开路时，BJT 集-射极之间所允许施加的最大电压。$U_{br(ceo)}$ 数值一般在 50V 以上，CRT 行扫描用的大功率高反压 BJT 的 $U_{br(ceo)}$ 达 1500V 以上。

4. 集电极最大耗散功率 P_{CM}（分类指标）

集-射压降与集电极电流的乘积最大值代表 BJT 的极限耗散功率

$$P_{CM} = U_{ce}I_c$$

小功率 BJT 极限耗散功率有 100mW、200mW、300mW、500mW、700mW 等规格。下面引出一些管子的极限耗散功率：3DG6 为 100mW，2SC1815 为 400mW，9013 为 500mW，3DG12 为 700mW。极限耗散功率降额折算后，可以作为晶体管的工作允许耗散功率。

5. 截止频率 f_β（截止角频率 ω_β）与特征频率 f_T（其中 f_T 为分类指标）

6. 输入电阻 r_{be}

BJT 输入特性曲线的斜率，称为管子的输入电阻，用 r_{be} 表示，用式（5.1.2）计算。

7. 输出电阻 r_{ce}

BJT 输出特性曲线的斜率的倒数，见图 5.1.7，称为管子的输出电阻，用 r_{ce} 表示。集电极电流越大，输出电阻 r_{ce} 越小。I_c 为 mA 数量级时放大区 BJT 输出电阻 r_{ce} 约为 100kΩ。

8. 饱和导通电阻

BJT 饱和导通时集-射极之间相当于一个小电阻，称为饱和导通电阻，用符号 $r_{ce(on)}$ 表示。为简化计算，可认为 $r_{ce(on)} = 0$ 及 $U_{ces} = 0$，从而把 BJT 简化为一个理想电子开关。

9. 极间漏电流

实际由于少数载流子的存在，二极管 PN 结和三极管集电结都有很小的反向漏电流。三极管表现为集-基极反向漏电流和集-射极漏电流。

1）集-基极反向漏电流 I_{cbo}

发射极开路时集-基极之间的反向漏电流检测电路见图 5.2.2。

2）集-射极漏电流 I_{ceo}

基极开路时，在外加电压作用下集-射极之间的漏电流检测电路见图 5.2.3。

　　　　　　　　　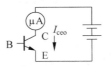

图 5.2.2　BJT 集-基极反向漏电流 I_{cbo} 检测电路　　　图 5.2.3　BJT 集-射极漏电流检测电路

在如图 5.2.2 所示的检测电路中，集-基极反向漏电流 I_{cbo} 从基极流出只是测试需要。实际晶体管工作时，I_{cbo} 不是从基极流出来，而是经基区直接流到发射极。I_{cbo} 实际起到了基极电流的作用，见图 5.2.3。因此集-射漏电流 I_{ceo} 大约等于集-基反向漏电流 I_{cbo} 的 $\beta+1$ 倍。

漏电流越小，晶体管质量越好。同种管子，其工作温度越高，漏电流就越大。硅管 I_{cbo} 在 1μA 以下，I_{ceo} 在几 μA 以下。锗管漏电流大约是硅管的 100 倍。

10. 发射结反向击穿电压 $U_{(br)beo}$

由于制造工艺结构限制，BJT 发射结反向击穿电压很低，通常只有几伏特。因此 BJT 发射结是一个薄弱环节，最容易损坏。最初用户在应用电路中给 BJT 发射结并联一个电阻加以保护。给 BJT 发射结并联保护电阻的做法为业界所认可后逐渐成为一个规范设计。为方便用户使用，很多器件制造厂家干脆在管壳内部给 BJT 发射结并联一个保护电阻。

11. 有关参数的温度特性

1）电流放大倍数 β 值的正温度系数 θ

环境温度上升时,晶体管 β 值要变大。将温度每增加 1℃时 β 值的相对增加量称为 β 值温度系数,用符号 θ 表示。用 $\Delta\beta$ 代表 β 值绝对变化量,$\Delta\beta=\beta_2-\beta_1$,$\delta\beta$ 代表 β 值相对变化量,$\delta\beta=\Delta\beta/\beta=(\beta_2-\beta_1)/\beta_1$,$\theta=\delta\beta/\Delta T$

$$\theta=\delta\beta/\Delta T=\frac{\beta_2-\beta_1}{\beta_1}\times100\%/(T_2-T_1) \tag{5.2.1}$$

晶体管 β 值的温度系数 θ 的大小主要与材料特性有关。通常环境温度每上升 1℃,硅晶体管 β 值变大 0.5%～1%。就是说,硅晶体管 β 值温度系数 $\theta\approx(0.5\%～1\%)/℃$。

2）发射结压降 U_{be} 的负温度系数 γ

发射结压降 U_{be} 的温度系数与二极管 PN 结正向压降的温度系数类似,与半导体材料掺杂浓度有关,见图 5.2.4,其值通常为 $\gamma\approx-2mV/℃$。

3）反向漏电流 I_{cbo}、I_{ceo} 的正温度系数 ξ

温度上升,少数载流子增多,漏电流就变大。温度每升高 10℃,I_{cbo} 增加约 1 倍。

12. BJT 技术参数的分类——个性参数和共性参数

为了有效记忆和使用,按照数值特点,BJT 技术参数可分为个性参数和共性参数。

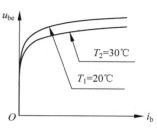

图 5.2.4 温度上升后 BJT 输入特性曲线下移

1）个性参数

数值与管子具体型号种类有关的参数称为个性参数。选用 BJT 时需声明或查证。

上述第 1～5 项参数:电流放大倍数、集电极最大电流、集-射击穿电压、BJT 最大耗散功率、截止频率 f_β 与特征频率 f_T 属于个性参数。

低频或中频应用时,只要知道所选 BJT 的电流放大倍数 β 值、集电极最大电流 I_{CM}、集-射击穿电压 $U_{br(ceo)}$、BJT 最大耗散功率 P_{CM} 四项参数就足够了。

2）共性参数

数值与管子具体型号种类无关的参数称为共性参数。不同型号种类 BJT 的参数数值基本相同,选用 BJT 时作为一般常识,但不需要就具体型号给予特殊关注,通常在设计、制造或维修发生问题或争议时才涉及。

上述第 6～11 项参数:输入电阻 r_{be}、极间漏电流、发射结反向击穿电压、输出电阻 r_{ce}、饱和导通电阻以及有关参数的温度系数属于共性参数。应当明确 BJT 极间漏电流很小、发射结反向击穿电压很低、输出电阻很大、饱和导通电阻很小、有关参数的温度系数很小。

5.2.2 BJT 三极管测试鉴别

1. BJT 种类及型号命名

1）低压晶体管、中压晶体管与高压晶体管(高反压晶体管)之分

常把集-射击穿电压 $U_{br(ceo)}<100V$ 的晶体管称为低压晶体管,$100V\leqslant U_{br(ceo)}<800V$ 的晶体管称为中压晶体管,$U_{br(ceo)}\geqslant800V$ 的晶体管称为高压晶体管。

2）低频晶体管、中频晶体管与高频晶体管之分

把特征频率 f_T ＜3MHz 的晶体管称为低频晶体管，3MHz≤f_T＜30MHz 的晶体管称为中频晶体管，f_T≥30MHz 的晶体管称为高频晶体管。

3）小功率晶体管、中功率晶体管与大功率晶体管之分

硅管的结温允许值约为 150℃，锗管的结温允许值约为 85℃。要保证管子结温不超过允许值，就必须将产生的热量散发出去。晶体管在使用时，其实际功耗不允许超过极限耗散功率 P_{CM} 值，否则晶体管会因过载过热而损坏。

常将极限耗散功率 P_{CM}＜500mW 的晶体管称为小功率晶体管，500mW≤P_{CM}＜5W 的晶体管被称为中功率晶体管，将 P_{CM}≥5W 的晶体管称为大功率晶体管。

按照材料，BJT 分为硅晶体管、锗晶体管及砷化镓晶体管等。

按照极性，BJT 分为 NPN 晶体管与 PNP 晶体管。

BJT 型号命名方法如下：

国产三极管型号由四部分组成。

第一部分：电极数，以数字 3 表示。

第二部分：材料和管子极性，以大写字母 A 代表 PNP 锗管，B 代表 NPN 锗管，C 代表 PNP 硅管，D 代表 NPN 硅管。

第三部分：频率及功率功能，以大写字母 X 代表低频小功率管，G 代表高频小功率管，D 代表低频大功率管，A 代表高频大功率管，T 代表晶体闸流管（可控硅，SCR）。

第四部分：参数规格，以数字字母表示。

例如，3DG12 表示国产硅材料 NPN 高频中功率三极管。

日产晶体管型号开头的数字代表 PN 结数目，三极管以数字 2 开头，如 2SC1815。

韩国产三极管型号用四位数字表示，如 9012 为 PNP 管，9013 为 NPN 管。

下面给出一些常见 BJT 型号及参数。

3DG12：NPN，β≈40～150 倍，300mA，20V，700mW，f_T＝150MHz，中国产；

2SC1815：NPN，β≈100～500 倍，150mA，60V，400mW，日本产；

9013（NPN），9012（PNP）：β≈100～300 倍，100mA，50V，500mW，韩国产。

晶体管除了以 I_b 控制 I_c 的经典 CCCS 类型之外，还有光敏晶体管和磁敏晶体管。

晶体管除了作为独立个体供货之外，还有很多类型，如复合 BJT、带阻尼带保护的 BJT、孪生 BJT，光敏晶体管与 LED 组合为光电耦合器。

2．BJT 特性及参数测量

用 BJT 特性图示仪可以测量晶体管特性曲线及参数 r_{be} 和 β 等。常见数字万用表及高档指针式万用表都有晶体管 h_{FE} 参数测量挡位，可直接测量晶体管 β 值。

应急情况下，可以借助手指充当基极电阻，用指针式万用表电阻挡直接判断 BJT 有无电流放大能力，见图 5.2.5 及图 5.2.6。这种简便方法的要点是利用万用表等效电路，将表内电池（≥1.5V）当作电源，表内电阻当作集电极电阻 R_c，借用手指作基极限流电阻 R_b，表头作集电极电流指示。测量时，表针摆幅越大，晶体管电流放大能力就越强，β 值也就越大。

测量 NPN 晶体管时，黑表笔应接被测三极管集电极，红表笔接被测三极管发射极，手指按压在基极与集电极之间充当基极上拉限流电阻，即形成如图 5.2.5 所示的测量电路。

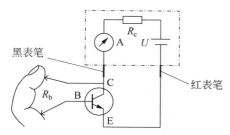

图 5.2.5 借助手指电阻测 NPN 管放大能力

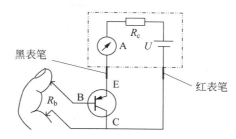

图 5.2.6 借助手指电阻测 PNP 管放大能力

测量 PNP 晶体管时,黑表笔应接被测三极管发射极,红表笔接被测三极管集电极,手指按压在基极与集电极之间充当基极下拉限流电阻,即形成如图 5.2.6 所示的测量电路。

表面干燥手指接触电阻约为 $10M\Omega$,蘸水后明显降低。借助手指充当基极电阻 R_b 估计晶体管电流放大能力时,必要时可蘸些水润湿,以减小接触电阻,改善效果。

手指等效电阻法的价值不仅在于能估计三极管电流放大能力,而且能区别管子集电极与发射极。若误把 E 当成 E,E 当成 C,则电流放大倍数将变得很小,表针摆幅很小。对 NPN 管来说,两次测试时,表针摆动较大的那次测量中黑笔所接的是集电极,红笔所接的是发射极。用手指等效电阻法还能在简陋条件下鉴别晶体管好坏。

乘积 $U_{ce}I_c$ 可以代表晶体管功耗。测得 U_{ce} 和 I_c,计算其乘积即得到 BJT 功耗。

3. BJT 极性、材料及引脚鉴别

不同晶体管有以下特性:

(1)内部两个 PN 结的公共极不同;

(2)电流大小及方向各不相同;

(3)电压大小及方向各不相同。

鉴别 BJT 极性、材料及引脚,有型号识别法、电流比对法、电压比对法及仪表测量法等。

1)型号识别法

三极管型号包含极性、材料、引脚等信息。型号识别法效率最高,应优先掌握。

应会识别国产晶体管及常用进口管 C9013,9012,C1815、A1015 的极性及材料。

2)电流比对法——三电流居间的是集电极

放大时 BJT 管 $I_e > I_c \gg I_b$,NPN 管基极电流流进管子,可判断电流居间的是集电极,最大的是发射极,最小的是基极。若基极电流流进管子,则为 NPN 管,否则为 PNP 管。

用电流比对法能判别管子极性及各脚功能并识别 β 值,但不能判别材料。

3)电压比对法——三电压居间的是基极

由 BJT 管放大时发射结逻辑正偏、集电结逻辑反偏知,BJT 基极电压接近发射极、集电极电压明显不同于另两极电压,NPN 管 $U_c \gg U_b > U_e$、PNP 管 $U_c \ll U_b < U_e$。给定三电压,可判断电压居间的为基极 B,电压特高,似"鹰击长空",为集电极,电压比基极低 $0.2\sim 0.7V$ 的为发射极,管子为 NPN 管;电压特低,似"鱼翔浅底",也是集电极,电压比基极高 $0.2\sim 0.7V$ 的为发射极,管子为 PNP 管。基极发射极电压差 $0.2\sim 0.3V$ 为锗管,差 $0.6\sim 0.7V$ 为硅管。

用电压比对法能判别管子极性及各脚功能并判别材料,但不能识别 β 值。

4）仪表测量法

BJT 内部有两个 PN 结,两个 PN 结的公共极是基极。NPN BJT 内部的两个 PN 结共用正极 P,见图 5.1.11(a)。PNP BJT 内部的两个 PN 结共用负极 N,见图 5.1.12(a)。用万用表鉴别要分两步走:

第一步应先筛出基极 B 并判断管子极性,第二步鉴别集电极 C 与发射极 E。

用指针式万用表鉴别管子极性及管脚时仪表应置于电阻挡,如图 5.2.7 所示。

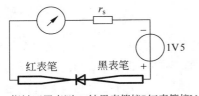
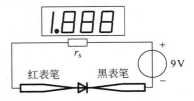

(a) 指针万用表测PN结黑表笔接P红表笔接N　　　　(b) 数字万用表测PN结红表笔接P黑表笔接N

图 5.2.7　用万用表测 PN 结

黑表笔试接任意一脚,红表笔分别接第二、三脚时若表针都摆动,则管子为 NPN,且黑表笔所接即基极。红表笔试接任意一脚,黑表笔分别接第二、三脚时若表针都摆动,则管子为 PNP,且红表笔所接即基极。

数字万用表置于 PN 结挡,用红表笔试接任意一脚,黑表笔依次接另两脚时若都通,则红表笔所接脚为基极,管子为 NPN。用黑表笔试接任意一脚,红表笔各接另两脚时若都通,则红表笔所接脚为基极,管子为 PNP。

数字万用表测试 PN 结导通时,表盘所显示数字为 1mA 电流条件下的正向压降。

管子极性及基极都鉴别出来之后,集电极与发射极可用两种方法区别开来。

（1）用测试电流放大倍数的方法鉴别集电极与发射极。

NPN 管用如图 5.2.5 所示的等效手指电阻测量法方法,表针摆动较大的那一次黑表笔所接的是集电极;PNP 管用如图 5.2.6 所示的方法,表针摆动较大的那一次黑表笔所接的是发射极。

（2）根据发射结压降稍大于集电结压降的特征鉴别集电极与发射极。

晶体管发射区掺杂浓度大于集电区。因此同一个管子的发射结压降比集电结大 0.02～0.05V。这个差异可用数字万用表 PN 结挡测出来。利用此特性可鉴别晶体管集电极与发射极。例如,所测晶体管甲脚到乙脚的结电压为 0.69V,再测甲脚到丙脚的结电压为 0.66V,则管子极性为 NPN,甲脚为基极,乙脚为发射极,丙脚为集电极。

最初研究者曾用"鹤立鸡群"来形容 NPN 管子三个电压中有一个特别高的特征。后来湖南机电职业学院机电 1409 班学生邱植(在课堂上)提出"鹰击长空"更好,笔者当即采纳。

在群策群力之下,笔者进一步总结出根据管子的三极电流大小及方向或电压大小判断BJT 晶体管极性、材料及引脚的顺口溜:

小进大出 NPN。小电流进管子、大电流从管子流出,就是 NPN 管。

大进小出 PNP。大电流进管子、小电流从管子流出,就是 PNP 管。

鹰击长空 NPN。管子三个电压中有一个特别高,似鹰击长空,就是 NPN 管。

鱼翔浅底 PNP。管子三个电压中有一个特别低,如鱼翔浅底,就是 PNP 管。

结压点二是锗管。发射结压降 $U_{be} \approx 0.2V$ 的管子是锗管。

结压点七为硅管。发射结压降 $U_{be} \approx 0.7V$ 的管子是硅管。

两结压差点零三。同一个管子发射结压降 U_{be} 比集电结压降 U_{bc} 大约高 $0.03V$。

四两千斤发射极。高出的区区 $0.03V$ 好像四两拨千斤,用它能鉴别发射极 E 与集电极 C。

经过这样的艰苦细致认真工作,晶体管引脚鉴别由一件难事变为"小菜一碟"。

5.2.3 BJT三极管产品形态及应用

1. 复合三极管

将两只三极管级联就形成电流放大倍数更大的复合三极管。复合晶体管也称为达林顿晶体管(Darlington Transistor)。使用复合管可以简化电路。

三极管复合接法有两种:一是同极性管子复合,即两只 NPN 管相复合或两只 PNP 管复合;二是异极性管子复合,即 NPN 管与 PNP 管复合,PNP 管与 NPN 管复合。

1)同极性管子复合

同极性管子复合,见图 5.2.8(a)、(b),前管发射极接后管基极,两管集电极相连,所形成复合管的极性不变,所甩出的新引脚功能不变。

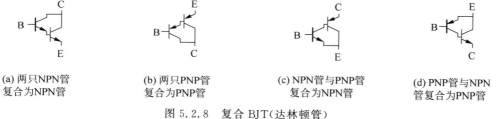

(a) 两只NPN管
复合为NPN管   (b) 两只PNP管
复合为PNP管   (c) NPN管与PNP管
复合为NPN管   (d) PNP管与NPN
管复合为PNP管

图 5.2.8 复合 BJT(达林顿管)

同极性管子接成的复合 BJT 电流放大倍数为

$$\beta = \beta_1 + (\beta_1 + 1)\beta_2 \approx \beta_1 \beta_2 \tag{5.2.2}$$

2)异极性管子复合

异极性管子复合,见图 5.2.8(c)、(d),前管集电极 C 接后管基极 B,前管发射极 E 接后管集电极,形成复合管。异极性管子形成的复合管的极性与前管相同。前管基极作为复合管基极,后管发射极作为复合管集电极,后管集电极作为复合管发射极。

异极性管子接成的复合 BJT 电流放大倍数为

$$\beta = \beta_1 + 1 + \beta_1 \beta_2 \approx \beta_1 \beta_2 \tag{5.2.3}$$

三极管发射结压降在应用电路中通常表现为损耗。由同极性 BJT 构成的复合 BJT 的发射结压降是 2 倍的 PN 结压降,由异极性 BJT 构成的复合 BJT 的发射结压降只有前管的 1 个 PN 结压降。比较起来,由异极性 BJT 构成的复合 BJT 的发射结压降损失只有由同极性 BJT 构成的复合 BJT 的一半。因此通常选用异极性 BJT 构成复合 BJT。

复合管组成原则:代表发射结的箭头首尾相接。同极性管子复合,两发射结箭头直接首尾相接,见图 5.2.8(a)、(b),异极性管子复合,两发射结箭头通过后管集电结依然首尾相接,见图 5.2.8(c)、(d)。根据发射结箭头是否首尾相接,可判断复合管连接是否正确。

3)复合管的输入电阻

同极性管子组成的复合管见图 5.2.9,前管 T_1 基极电流为 i_b,T_2 基极电流为

$(\beta_1+1)i_b \approx \beta_1 i_b$，输入压降为 $r_{be1}i_{b1}+r_{be2}i_{b2}=r_{be1}i_b+r_{be2}\beta_1 i_b$。输入压降与输入电流之比就是输入电阻。同极性复合管输入电阻为 $r_{be}=(r_{be1}i_b+\beta_1 r_{be2}i_b)/i_b = r_{be1}i_b+\beta_1 r_{be2}$

$$r_{be}=r_{be1}+\beta_1 r_{be2} \tag{5.2.4}$$

由图 5.2.8(c)、(d) 知，异极性管子组成的复合管的输入电阻等于前管的输入电阻。

$$r_{be}=r_{be1} \tag{5.2.5}$$

2. 孪生晶体管（差分对管）

差分放大电路等要求两只配对晶体管的电流放大倍数等特性参数非常一致。实际上很难寻找两只各种特性参数都匹配非常好的晶体管。为此晶体管生产厂家在一块晶片上制出两只特性匹配较好的晶体管，并封装在一个管壳中，称为孪生晶体管，也叫差分对管。

3. 带阻尼二极管及保护电阻的晶体管

经过长期实践，在 BJT 应用方面已经形成了一些专业性很强的单元电路。如根据工作要求，作电视机行扫描用的 NPN 高反压大功率 BJT 集电极与发射极之间需要反并联阻尼二极管。早期阻尼二极管与三极管在结构上是独立的。后来晶体管制造厂家为方便电视机制造厂，就把阻尼二极管与三极管以及发射结保护电阻都制作在一个管壳内，并起名称为行输出管，其内部结构见图 5.2.10，使得 CRT 显示器制造厂和维修者使用起来都很方便。

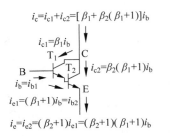

图 5.2.9　同极性复合 BJT（达林顿管）

图 5.2.10　CRT 行扫描输出 BJT——自带阻尼二极管及保护电阻

4. 晶体管阵列

晶体管不仅在集成电路中成批使用，而且也在分立元件电路中成批使用。半导体器件制造厂商根据市场要求推出了晶体管阵列模块，以满足用户批量使用晶体管的需要。

图 5.2.11 所示为复合晶体管阵列模块 ULN2803。复合晶体管阵列模块 ULN2803 的外形与双列直插式集成电路一样，其中有 8 只 NPN 达林顿管，每只达林顿管电流放大倍数保证 1000 以上。图 5.2.11(a) 展示了 ULN2803 内部每个复合 BJT 的单元结构。为方便用户使用，制造厂家把保护电子开关的续流二极管以及保护三极管发射结的电阻也做在芯片内部。图 5.2.11(b) 是 ULN2803 达林顿阵列芯片引脚布置，该图的 BJT 符号省略了限流电阻和保护电阻，属于简化画法。可以看出，所有达林顿管的发射极连在一起作为公共地，以第 9 脚引出，所有续流二极管负极连在一起备接正电源，第 9 脚与第 n 脚之间（$n=11\sim18$）是 8 个电子开关。BJT 阵列无电源线。

类似的芯片还有 MC1413。BJT 阵列 MC1413 具有 7 个电子开关，其结构与 ULN2803 相似。MC1413 在全自动洗衣机中应用很广泛。

使用晶体管阵列不仅可以有效地减小线路板面积，而且可以降低成本。

早期电子产品的电路板上晶体管密密麻麻，现代电子产品上则是集成电路星罗棋布。

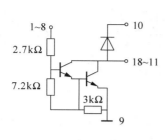

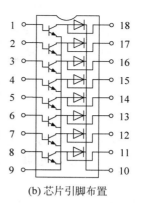

(a) 单元构造　　　　　　　　　(b) 芯片引脚布置

图 5.2.11　达林顿阵列 ULN2803 工作原理与内部结构

越来越多的晶体管隐藏在晶体管阵列模块中。下面介绍的光电耦合器的外形也与集成电路一样。欲熟练应用 BJT,不仅要重视 BJT 工作原理,更需要知道其产品形态。

5. 光敏晶体管与光电耦合器

光电二极管工作时加上 N 正 P 负的电源电压,PN 结反偏,说明 PN 结只有无偏或反偏才能在光照下产生光电流。晶体三极管工作时其集电结反偏。制造三极管时使集电结能受光,就形成光敏晶体管。光敏晶体管基极无引线,外形与光敏二极管相似,见图 5.2.12(a)。

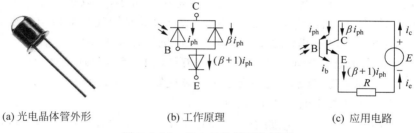

(a) 光电晶体管外形　　　　　(b) 工作原理　　　　　　(c) 应用电路

图 5.2.12　光电晶体管工作原理

光敏晶体管集电结可以拆分为两只 PN 结,加上发射结总共等效为三只 PN 结,见图 5.2.12(b),其中左上角的 PN 结受光敏结,其余上、下两只 PN 结各是集电结和发射结。受光照时,见图 5.2.12(c),其光敏结的光生电流 i_{ph} 从集电极 C 出发,到基极 B,再经过发射结流向发射极,起到基极电流 i_b 的作用,$i_b = i_{ph}$,放大 β 倍后在集电极形成电流 βi_{ph} 与 i_{ph} 一并流向发射极,形成发射极电流 $(\beta+1)i_{ph}$。总之,光敏晶体管集电结受光照射,其光生电流就等效为基极电流。光敏晶体管也称为光电晶体管。

$$i_c = i_{ph} + \beta i_{ph} = i_{ph} + \beta i_{ph} = (\beta+1)i_{ph}$$
$$i_e = i_{ph} + \beta i_{ph} = (\beta+1)i_{ph}$$

就是说,光敏晶体管的发射极电流恒等于集电极电流,这一点与普通三极管有所不同。

光电二极管及光电晶体管可以独立工作,也可与 LED 封装在一起,制成各种光电耦合器。图 5.2.13 从左到右依次为槽型 BJT 光电耦合器、密封型 BJT 光电耦合器,密封型晶闸管光电耦合器、密封型光电二极管型线性光电耦合器。

密封型光电二极管型线性光电耦合器线性好,可实现信号的线性光耦合。

图 5.2.13　各种光电耦合器 后续图号亦应依次改动

6. 磁敏三极管

导通和关断受磁场控制的三极管称为磁敏三极管。A3141 就是一款典型的磁敏三极管组件。A3141 广泛应用在电动车的无刷直流电动机控制电路中。

7. 晶体管应用基础

1）模拟应用

BJT 工作在电流放大状态，作为放大器、振荡器、混频器等的核心器件。

模拟电子技术课程重点介绍 BJT 如何工作在电流放大状态，作为放大电路的核心器件，使放大器输入的正弦波电压幅度或直流电压幅度得到放大而尽量不失真；作为振荡电路的核心器件，产生正弦波、矩形波、三角波、锯齿波等电压。

2）开关应用

BJT 在截止和饱和状态之间切换工作，作为电子开关使用。

历史上最常用的开关曾经是机械触点开关，简称有触点开关，包括手动开关和继电器、接触器上的电动开关。有触点开关的优点是接触电阻非常小，可以小到零点零几个欧姆以下；但其缺点也很明显，就是动作速度低、寿命短，难以满足现代自动控制的需要。电子开关也称为无触点开关。电子开关的导通电阻虽然比机械开关大一些，但是其突出优点是动作非常快，动作速度是继电器机械触点开关的千万倍以上，能满足现代自动控制的需要。电子计算机工作速度那么高，就是因为一台电子计算机使用了无数的电子开关。

BJT 的开关应用在数字电子技术课程中介绍。

如图 5.2.14 所示的二保三电路中的三极管当作电子开关 S 使用，它有两种保护功能。其一是过压保护。输入电压 u_i 超过稳压二极管 D_2 稳定电压时，D_2 反向击穿，经限流电阻 R 供给三极管基极电流，电子开关饱和导通，继电器线圈得电，启动过压保护。

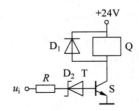

图 5.2.14　二保三电路（用二极管保护三极管）

其二是电子开关断开时免受高电压保护。输入电压 u_i 小于 D_2 稳定电压时，或者 u_i 变为 0 时，D_2 截止，三极管基极无电流，电子开关断开，继电器线圈失电，触头断开，撤销保护；在这个短暂过程中，二极管 D_1 给线圈中的电流提供通路，使线圈电流平缓衰减，直到由线圈电阻消耗衰减到 0 为止，以免电子开关 S 承受高电压而损坏。开关断开后为电感电流提供通路的二极管 D_1 称为续流二极管。

这种用二极管保护三极管的电路在电气工程中应用很广泛。重型卡车、SUV、轿车上要用几十个,即使小小的电动车上也要用上好几个。笔者的著作[8]、[9]、[10]、[25]、[26]从 2009 年开始就陆续介绍。可传统著作却难得一见。

说来电路名称"二保三"还是 2011 年在课堂上,笔者的一位学生回答老师提问时起的。用二极管保护三极管的电路,确实可以简称为二保三电路,而且太妙了! 一直以来这个电路虽然人们已经用了几十年,但是谁也从来没有想到用如此妙语来形容这个电路。初出茅庐的学生想到了,而且大胆地说出来了,而且是文科女生,真是了不起!

笔者当时表扬她,并且采纳她的建议。从 2013 年开始出版的著作[9]、[10]、[26]里开始使用名称"二保三电路"。

第6章

FET晶体管理论的补充

本章探讨 FET 晶体管理论的缺陷及遗留问题。

6.1 结型场效应管

场效应管具有输入电阻高、抗辐射能力强、温度系数小、噪声小等优点。

场效应管种类很多。这里以结型场效应管（JFET）为例讨论场效应管传输特性分布区域、输出特性曲线族分区等基础问题。

6.1.1 结型场效应管工作原理

在一块 N 型半导体材料两边制成两个局部 P 型薄层，见图 6.1.1，形成两个面对面的 PN 结。两个面对面的 PN 结内电场之间可形成 N 型导电沟道。内电场厚度增大/减小时，夹在其间的导电沟道宽度就跟着减小/增大。在两片 P 型材料侧面制出栅极（Gate）G，在 N 型导电沟道上端面制出漏极（Drain）D，下端制出源极（Source）S。可看出，在 D、S 之间的电子正是顺着 PN 结结合面方向运动的，因此受控于施加在 PN 结上的电压。

图 6.1.1 用双点画线表示 PN 结界面。JFET 的 PN 结内电场由栅-源电压 u_{gs} 控制。工程中双向交叉剖面线通常表示绝缘体剖面。考虑 PN 结内电场能阻止电子在漏极 D 与源极 S 之间运动，起绝缘体作用，图 6.1.1 用双向交叉剖面线表示 JFET 内部的 PN 结内电场剖面。工程中平行剖面线常表示导体剖面。考虑 N 型半导体和 P 型半导体具有导电能力，图 6.1.1 用平行剖面线表示两个面对面的内电场之间的 N 型半导体与两侧的 P 型半导体。

JFET 内左、右两 PN 结界面之间距离设为 ε，见图 6.1.1，PN 结内电场宽度为 λ，导电沟道宽度为 σ。σ 与 ε 及 λ 的关系为 $\sigma=\varepsilon-0.5\lambda-0.5\lambda=\varepsilon-\lambda$。栅-源电压 $u_{gs}=0$ 时，PN 结内电场宽度为 λ_f，制造时使 $\varepsilon>\lambda_f$，则 $u_{gs}=0$ 时左、右两 PN 结之间就存在原始导电沟道，见图 6.1.1(a)。例如，若使 $\varepsilon=2\lambda_f$，则原始导电沟道宽度 $\varepsilon=2\lambda_f-\lambda_f=\lambda_f$。

栅-源电压 u_{gs} 作为正向电压施加在 PN 结上。随着 u_{gs} 从零开始增大，PN 结内电场变窄，沟道变宽，好像大门逐渐开启，导电能力增大，见图 6.1.1(b)。栅-源电压 u_{gs} 越大，PN

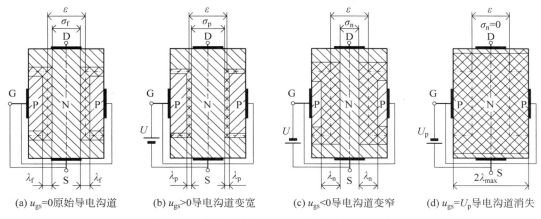

(a) $u_{gs}=0$原始导电沟道　　(b) $u_{gs}>0$导电沟道变宽　　(c) $u_{gs}<0$导电沟道变窄　　(d) $u_{gs}=U_p$导电沟道消失

图 6.1.1　栅-源电压对 JFET 导电沟道的影响

结内电场就越薄,导电沟道就越宽。

栅-源电压 $u_{gs}<0$ 时,PN 结内电场变宽,导电沟道变窄,见图 6.1.1(c),沟道导电能力变差。u_{gs} 负向越大,内电场越宽,沟道越窄,导电能力越差。u_{gs} 负向达到一定数值时,两个面对面的 PN 结内电场接合,其间的导电沟道被两个内电场夹断而不复存在,见图 6.1.1(d),好像大门关闭,沟道彻底失去了导电能力。沟道彻底失去导电能力时源-栅极之间所施加的控制电压 u_{gs} 称为夹断电压,用符号 U_p 表示。两 PN 结界面距离 ε 越大,则夹断电压绝对值 $|U_p|$ 就越大。

管子基于 PN 结内电场宽度可控而工作,故把如图 6.1.1 所示的半导体器件称为结型场效应管(Junction Field Effect Transistor,JFET)。因栅-源电压 $u_{gs}=0$ 时管子就存在原始导电沟道,所以 JFET 也称为常闭型场效应管。

N 沟道 JFET 栅-源极之间施加负向电压时,JFET 具有控制能力,且管子输入电阻很大;施加正向电压时,JFET 仍然具有控制能力,外加正向电压数值较小时,管子输入电阻仍然很大;超过 PN 结死区电压时,内电场仍然继续变窄,管子还有控制能力,只是管子输入电阻会变小。

6.1.2　JFET 传输特性——零栅压零电阻漏极电流

JFET 及所有 FET 完整的控制途径是:栅-源电压→漏-源电阻→漏极电流。通常直接把漏极电流与栅-源电压的关系定义为 FET 传输特性并加以深入考究。

如图 6.1.2 所示的 JFET 符号中的竖线表示 $u_{gs}=0$ 时就存在原始导电沟道。箭头代表管子栅极与导电沟道之间的 PN 结。N 沟道 JFET 符号中的箭头从栅极指向管子内部,表示 PN 结 P 端在栅极。P 沟道 JFET 符号中的箭头从管子内部指向栅极,表示 PN 结 P 端在管子内部。

为观察 3DJ6F 型 JFET 的传输特性,设计了 JFET 实验电路进行传输特性实验,见图 6.1.3。U_{dd} 表示经电阻或直接加在漏极 D 的直流电源,下标 d 是 drain(漏极)的首字母。

根据 3DJ6F 夹断电压 U_p 约为 $-2V$ 以及 PN 结正向导通电压约为 0.7V,设计栅极控制电压 U_{gg} 在 $-2\sim+1V$ 之间连续可调。调节栅极控制电压 U_{gg},使栅-源电压 U_{gs} 等于表 6.1.1 的数据,根据 U_{rs} 计算栅极电流 I_g、根据 U_{rd} 计算漏极电流 I_d 等数据,记录在表 6.1.1 中。

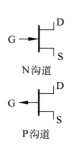

图 6.1.2　JFET 符号

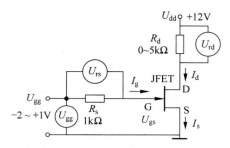

图 6.1.3　JFET 传输特性实验电路

表 6.1.1　JFET 传输特性实验数据

		u_{gs}/V	-2	-1.6	-1.2	-1	-0.8	-0.6	-0.4	-0.2
		I_g/nA	-0.1	-0.1	-0.1	-0.1	-0.1	-0.1	-0.1	0
		r_{gs}/MΩ	∞	∞	∞	∞	∞	∞	∞	∞
R_d/kΩ	3	I_d/mA	0	0.01	0.20	0.38	0.60	0.86	1.14	1.46
	2		0	0.01	0.21	0.39	0.62	0.88	1.18	1.50
	1		0	0.01	0.21	0.40	0.64	0.90	1.21	1.54
		u_{gs}/V	0	0.1	0.2	0.3	0.4	0.5	0.6	0.7
		I_g/nA	0	0	0	0.4	12.8	61	137	220
		r_{gs}/MΩ	∞	∞	∞	25	8	2.1	1.3	1.2
R_d/kΩ	3	I_d/mA	1.81	2.00	2.17	2.37	2.57	2.76	2.87	2.93
	2		1.86	2.04	2.25	2.45	2.65	2.85	2.98	3.04
	1		1.92	2.12	2.32	2.51	2.72	2.92	3.05	3.10

1. JFET 输入电阻

按照表 6.1.1 中的数据,用公式 $r_{gs}=\Delta u_{gs}/\Delta I_{gs}$ 计算管子输入电阻,再填入表 6.1.1。

可看出,JFET 输入电阻确实与管子栅-源电压有关。对实验用 3DJ6F 型 JFET 来说,栅-源电压 $u_{gs}\leqslant 0.3$V 时,管子输入电阻 r_{gs} 几乎是无穷大;$u_{gs}\geqslant 0.4$V 时,管子输入电阻 r_{gs} 仍在 1MΩ 以上。实际若能保证栅-源电压≤+0.4V,就能保证 JFET 输入电阻 r_{gs} 不小于 10MΩ,若能保证栅-源电压≤+0.6V,就能保证 JFET 输入电阻 r_{gs} 不小于 1MΩ。

JFET 以及 MOSFET 的输入电阻都很大。因此,所有 FET 都没有输入特性曲线。

2. JFET 传输特性及其线性分析

输出参数与输入参数之间的关系称为器件传输特性。JFET 输入参数是栅-源电压 u_{gs},输出参数是漏极电流 i_d。JFET 及所有 FET 的传输特性都是指漏极电流 i_d 与栅-源电压 u_{gs} 的关系。用表 6.1.1 的实验数据可画出 JFET 传输特性曲线,见图 6.1.4。FET 传输特性曲线的斜率称为跨导,用 g_m 表示。跨导 g_m 反映了栅-源电压对漏极电流的控制能力。跨导是广义的放大倍数,是 JFET 及所有 FET 的主参数。

$$g_m = \frac{\partial i_d}{\partial u_{gs}} \tag{6.1.1}$$

i_d-u_{gs} 曲线斜率越大,跨导 g_m 越大,说明 FET 控制能力越强。栅-源电压变化时,若漏极电流线性变化,跨导 g_m 数值基本不变,则说明管子传输特性线性良好。

从如图 6.1.4 所示的 N 沟道 JFET 传输特性曲线可以看出以下三点:

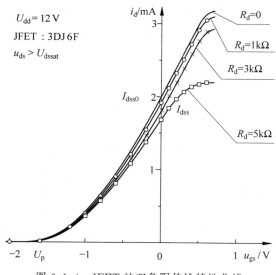

图 6.1.4　JFET 的双象限传输特性曲线

（1）N 沟道 JFET 在正、负栅-源电压作用下都有控制特性。

在第二象限，栅-源电压向正向变化时，漏极电流增长；到第一象限，栅-源电压继续变大时，漏极电流依旧保持增长态势。就是说，JFET 不仅在 $U_{gs} \leqslant 0V$ 负向栅-源电压作用下具有控制特性，而且在 $U_{gs} > 0 \sim +0.7V$ 正向栅-源电压作用下依然具有控制特性。

（2）栅-源电压极性变化时 JFET 传输特性曲线连续光滑地跨象限过渡。

栅-源电压 u_{gs} 由负变正时 N 沟道 JFET 传输特性曲线从第二象限连续光滑地线性地过渡到第一象限。这是因为，栅-源电压 u_{gs} 极性变化时，所改变的只是内电场厚度，而管子输入电阻没有变化，在零栅-源电压左右，JFET 传输特性的线性最好。

（3）正向电压作用下的传输特性线性度和线性范围比负向电压作用下的还好。

在第二象限，栅-源电压 u_{gs} 在 $-0.2 \sim 0V$ 变化时，N 沟道 JFET 传输特性线性最好；到第一象限，栅-源电压 u_{gs} 在 $0 \sim +0.5V$ 变化时，传输特性线性最好。可以发现 JFET 在正向电压控制下的线性范围比负向电压控制下的线性范围宽得多。栅-源电压 u_{gs} 远离夹断电压 U_p 并在 $-0.6 \sim 0.6V$ 变化时，3DJ6F 型 N 沟道 JFET 传输特性曲线的线性总体较好，见图 6.1.4。

实验结果与理论分析一致。N 沟道结型场效应管的传输特性曲线不仅分布在第二象限，而且也在第一象限存在。JFET 的确具有两象限传输特性。

传统错误地认为 JFET 管的 PN 结一旦承受正压就导通，并且认为管子在第一象限不能工作，并由此认为 N 沟道 JFET 管的传输特性只在第二象限存在。

JFET 在夹断电压附近不仅线性最差，而且跨导几乎降低为 0。因此，除了混频等对非线性有特殊需要的场合之外，JFET 放大器工作点最好远离夹断电压。

漏极外接电阻 $R_d = 5k\Omega$ 时，3DJ6F 型 JFET 在正向控制电压达到 0.3V 时线性范围就变窄，其原因是漏极电阻 R_d 较大使 JFET 饱和，并非栅极电压达到 0.3V 左右时管子传输特性本身就一定变弯。实践中应当注意漏极外接电阻 R_d 不宜过大。

以上数据是在硅材料及一定的掺杂浓度下取得的。适当增大掺杂浓度，还能加大正向电压控制下的线性范围。材料改用砷化镓等,能在正向电压控制下获得更大的线性范围。

3. JFET 零栅压漏极电流的实验及计算

栅-源电压为零时 JFET 已导通,在电源作用下,漏-源极之间已经有电流。当栅-源极短路即 $u_{gs}=0$ 时,JFET 的漏极电流称为零栅压漏极电流,用 $I_{ds(short)}$ 表示,简写为 I_{dss}。

无论漏-源极之间 JFET 内部导电沟道电阻受栅-源极电压控制而变化,还是漏-源极外串联不同阻值的电阻 R_d,都会影响漏极电流。因此,JFET 零栅压漏极电流 I_{dss} 肯定要受漏极外接电阻 R_d 影响。为此建立零栅压零电阻漏极电流概念,用符号 I_{dss0} 表示。

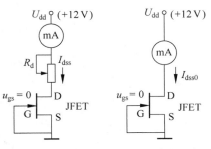

图 6.1.5 零栅压漏极电流测量电路

为分析漏极外接电阻对 JFET 零栅压漏极电流 I_{dss} 的影响,构造了如图 6.1.5 所示的实验电路。当 3DJ6F 型 JFET 漏极串联不同电阻时,零栅压漏极电流的实测数据见表 6.1.2。

表 6.1.2　JFET 零栅压漏极电流与电阻关系的实验数据

漏极电阻 $R_d/\text{k}\Omega$	0	1	2	3	4	5
零栅压漏极电流 I_{dss}/mA	2.0	1.92	1.86	1.81	1.76	1.69

根据表 6.1.2 的实验数据可画出 JFET 零栅压漏极电流 I_{dss} 与漏极电阻 R_d 的关系曲线,见图 6.1.6。可以看出,漏极电阻 R_d 变大时,零栅压漏极电流 I_{dss} 线性下降。用 I_{dss0} 代表零栅压零电阻漏极电流,设管子输出电阻为 r_{ds},则 I_{dss} 与 R_d 及 I_{dss0} 的关系为

$$I_{dss} = (1 - R_d/r_{ds})I_{dss0} \tag{6.1.2}$$

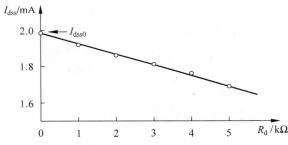

图 6.1.6　零栅压漏极电流与漏极外接电阻的关系

式(6.1.2)不仅适用于 JFET,而且适用于耗尽型 MOSFET 等所有常闭型 FET。

用最小二乘法可得到实验所用 3DJ6F 型 JFET 的输出电阻为 $r_{ds} \approx 30\text{k}\Omega$。

零栅压零电阻漏极电流 I_{dss0} 与电源电压有关。手册上公布的 I_{dss0} 应该声明所用电源电压。用 $I_{dss0(12V)}$ 表示 12V 电源作用下的零栅压零电阻漏极电流。建议将 $I_{dss0(12V)}$ 作为 JFET 技术参数公布在手册上。若用户所用电源电压 $U_{dd} \neq 12V$,则既可直接通过实验得到 $U_{dd} \neq 12V$ 条件下管子的零栅压零电阻漏极电流 I_{dss0},见图 6.1.5;又可根据管子输出电阻 r_{ds} 和所用电源电压 U_{dd},用下式推算 $U_{dd} \neq 12V$ 条件下管子的零栅压零电阻漏极电流 I_{dss0}

$$I_{dss0(2)} \approx I_{dss0(1)} + \frac{U_{dd(2)} - U_{dd(1)}}{r_{ds}} \tag{6.1.3}$$

例 6.1.1　$U_{dd}=12\text{V}$ 条件下 3DJ6F 型 JFET 零栅压零电阻漏极电流 $I_{dss0}=2\text{mA}$，安伏变换器 $R_d=1\text{k}\Omega$，现用电源电压 $U_{dd}=18\text{V}$，试计算 I_{dss0} 及 I_{dss}，FET 输出电阻 r_{ds} 按 30kΩ 计。

解　$I_{dss0(18\text{V})}\approx I_{dss0(12\text{V})}+\dfrac{U_{dd(2)}-U_{dd(1)}}{r_{ds}}=2\text{mA}+\dfrac{18-12}{30}\text{mA}=2.2\text{mA}$

$I_{dss}=I_{dss0}(1-R_d/r_{ds})=2.2\text{mA}(1-1/30)\approx 2.13\text{mA}$

6.1.3　场效应管输出特性

1. 场效应管（FET）输出特性

在如图 6.1.4 所示的 JFET 传输特性实验电路中固定栅极输入电压 U_{gg}，即固定栅-源电压 U_{gs}，改变漏极电源 U_{dd} 或漏极电阻 R_d，可得到漏极电流 i_d 与漏-源压降 u_{ds} 的关系曲线。漏极电流 i_d 与漏-源压降 u_{ds} 的关系曲线称为 JFET 的输出特性曲线。这样每调整一次 U_{gg}，改变 U_{dd} 或 R_d 就可得到一条输出特性曲线，并组成一个曲线族，见图 6.1.7。

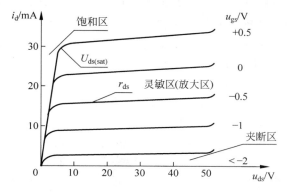

图 6.1.7　N 沟道 JFET 输出特性[7](62)

FET 输出特性曲线与 BJT 输出特性曲线很相似，曲线拐角处的横坐标就是管子饱和压降 $U_{ds(sat)}$。按照 u_{ds} 大小，i_d-u_{ds} 平面分为灵敏区和饱和区。灵敏区输出特性曲线斜率的倒数，代表 FET 输出电阻，也称为 FET 漏-源动态电阻，用 r_{ds} 表示。漏极电流 i_d 越大，输出电阻 r_{ds} 越小。漏极电流 i_d 在 mA 数量级时，r_{ds} 约为几十 kΩ 到几百 kΩ。可以认为用于信号放大器的 FET 输出电阻 r_{ds} 数量级在 100kΩ 左右。$i_d=2\text{mA}$ 时，3DJ6F 型 JFET 输出电阻 $r_{ds}\approx 30\text{k}\Omega$。灵敏区可用于传感或放大。

按照 u_{gs} 大小，i_d-u_{ds} 平面又分为夹断区和工作区，见图 6.1.8。$u_{gs}=U_p$ 以左称为夹断区，$u_{gs}>U_p$ 称为工作区。整个 i_d-u_{ds} 平面分为夹断区、灵敏区和饱和区。

电压电流积 $u_{ds}i_d$ 是 FET 功耗。依功耗，在临界功耗双曲线 $u_{ds}i_d=P_{DM}$ 内外侧，i_d-u_{ds} 平面分为工作区和非工作区，非工作区分为过流区、过损耗区和过压区，见图 6.1.8 中的粗线条。

灵敏区输出特性曲线斜率很小，说明 FET 输出电阻 r_{ds} 很大，u_{ds} 的变化对 i_d 影响很小。u_{ds} 增大，曲线斜率猛然变大，表示管子将被击穿。输出特性曲线斜率猛然变大转弯处的电压就是 FET 漏-源击穿电压 $U_{br(dso)}$。

FET 输出特性曲线的主要功能是表达漏-源电压对漏极电流的影响。不同种类 FET

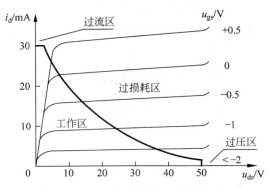

图 6.1.8 N 沟道 JFET 工作区与红灯区

漏-源电压对漏极电流的影响大同小异。就是说，如果去掉坐标轴刻度，图 6.1.7 实际上可代表几乎所有种类 FET 的输出特性曲线。

漏-源压降变化后漏极电流基本不变，说明 FET 有一个比较硬的输出特性即负载特性，通常正是 FET 工作所需要的。灵敏区漏-源压降变化时，漏极电流几乎没有什么变化，说明 FET 可作为电流源。100kΩ 数量级的输出电阻 r_{ds} 就是电流源内阻。

理论上通过输出特性曲线能看出 FET 的四个参数：跨导 g_m、漏-源击穿电压 $U_{br(dso)}$、输出电阻 r_{ds} 和极限耗散功率 P_{DM}。

实际能从输出特性曲线上直接读取的数据只有漏-源击穿电压 $U_{br(dso)}$。

2. 场效应管（FET）的两种饱和形式

FET 的功能是将栅-源电压的变化转换为漏极电流的变化。FET 饱和是指漏极电能或电流供应不足使管子栅-源电压到漏极电流的转换能力不能充分发挥，漏极电流不再随着栅-源电压改变而变化的现象。FET 饱和以 $di_d/du_{gs} < g_m$ 为基本标志。

把 FET 受主电极串联电阻大或电源电压低的影响，即电能供应不足而饱和的现象称为甲类饱和，见图 6.1.9。把多个主电极串联的 FET 互相约束，即电流本身供应不足，造成其中部分管子饱和的现象称为乙类饱和，见图 6.1.10，也称为电流饥饿饱和。

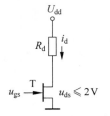

图 6.1.9 场效应管的甲类饱和

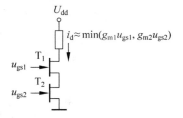

图 6.1.10 场效应管的乙类饱和

将图 6.1.7 与图 5.1.7 对比可知，FET 与 BJT 输出特性曲线分区相同，控制特性非常相似。FET 的栅极 G、漏极 D、源极 S 分别对应 BJT 的基极 B、集电极 C 和发射极 E。基极是 BJT 的控制电极，集电极和发射极是主电极；栅极是 FET 的控制电极，漏极和源极是主电极。电流放大倍数 β 是 BJT 的主参数，跨导 g_m 是 FET 的主参数。输出电阻 r_{ce} 是 BJT 的共性参数，r_{ds} 是 FET 的共性参数，就连 r_{ds} 与 r_{ce} 的数量级也相同，都是大约 100kΩ 数量级。FET 与 BJT 都有两种饱和形式：甲类饱和与乙类饱和。

BJT有输入特性、传输特性、输出特性三种特性曲线。因FET输入电阻很大，FET不需要输入特性曲线。FET只有传输特性、输出特性两种特性曲线。在熟悉BJT的基础上，充分利用FET与BJT的共性，能较快地掌握FET特性及应用要领。

6.1.4　结型场效应管数理模型及技术参数

从图6.1.4可看出，JFET传输特性既有零栅-源电压附近线性良好的区段，又有夹断电压附近非线性突出的区段。通常电路功能需要线性时，JFET传输特性的线性是优点；需要非线性时，JFET传输特性的非线性反而成为优点。设计JFET电路时应注意扬长避短。

1. JFET管的二次曲线数理模型

JFET管传输特性曲线可以简化为一条二次曲线，见图6.1.4。

$$i_d = \left(1 - \frac{u_{gs}}{U_p}\right)^2 I_{dss} \tag{6.1.4}$$

JFET的零栅压漏极电流 I_{dss} 既可以根据零栅压零电阻漏极电流 I_{dss0} 来计算，又可以直接在电路中测量获得。对比看，跨导的获得就比较困难。二次曲线模型式(6.1.4)的一个用途就是可以根据零栅压漏极电流 I_{dss} 和夹断电压 U_p 来计算给定电流处的跨导 g_m。

将式(6.1.4)微分得

$$g_m = \frac{\partial i_d}{\partial u_{gs}} = \left(\frac{u_{gs}}{U_p} - 1\right)\frac{2I_{dss}}{U_p}$$

$$g_m = \left(\frac{u_{gs}}{U_p} - 1\right)\sqrt{I_{dss}}\,\frac{2}{U_p}\sqrt{I_{dss}}$$

根据式(6.1.4)，有 $\left(\frac{u_{gs}}{U_p} - 1\right)\sqrt{I_{dss}} = \sqrt{I_d}$，代入上式得到给定电流 $i_d = I_d$ 处的跨导

$$g_m = 2\frac{\sqrt{I_d I_{dss}}}{|U_p|} \tag{6.1.5}$$

用 g_{m0} 表示零栅压跨导，令 $I_d = I_{dss}$ 得到零栅压跨导

$$g_{m0} = \frac{\partial i_d}{\partial u_{gs}}\bigg|_{u_{gs}=0} = \frac{2I_{dss}}{|U_p|} \tag{6.1.6}$$

该式说明：根据夹断电压 U_p 和零栅压漏极电流 I_{dss} 可以计算零栅压跨导 g_{m0}。

已知零栅压跨导 g_{m0} 和夹断电压 U_p，也可计算零栅压漏极电流

$$I_{dss} = 0.5 g_{m0}\,|U_p| \tag{6.1.6a}$$

已知零栅压跨导 g_{m0} 和零栅压漏极电流 I_{dss}，也可推算夹断电压 U_p

$$U_p = -2I_{dss}/g_{m0} \tag{6.1.6b}$$

例6.1.2　某JFET夹断电压 $U_p = -2\text{V}$，$I_{dss0} = 2.02\text{mA}$，$r_{ds} = 30\text{k}\Omega$，$R_d = 3\text{k}\Omega$，试计算 I_{dss}，并用二次曲线模型估算管子的漏极电流 $I_d = 1.2\text{mA}$ 处的跨导和零栅压跨导。

解　零栅压漏极电流

$$I_{dss} = I_{dss0}(1 - R_d/r_{ds}) = 2.02\text{mA}(1 - 3/30) \approx 1.82\text{mA}$$

给定电流 $I_d = 1.2\text{mA}$ 处的跨导

$$g_m = 2\frac{\sqrt{I_d I_{dss}}}{|U_p|} = 2 \times \frac{\sqrt{1.2 \times 1.82}}{2}\,\frac{\text{mA}}{\text{V}} = 1.478\text{mS}$$

零栅压跨导

$$g_{m0} = \frac{2I_{dss}}{|U_p|} = \frac{2 \times 1.82\text{mA}}{2\text{V}} = 1.82\text{mS}$$

2. JFET 线性化数理模型

若电路工作需要线性,且设计时使输入电压 u_{gs} 基本仅限于线性范围,不涉及传输特性曲线弯曲最厉害的部分,更远离夹断电压 U_p,则建立 JFET 数理模型时可仅考虑零栅-源电压附近的线性范围,而不需要考虑非线性传输特性,更不需要考虑夹断电压。仅考虑零栅-源电压附近的线性范围时,JFET 传输特性曲线的线性化数理模型可以用一条纵轴截距为 I_{dss},斜率为零栅压跨导 g_{m0} 的固定直线来表达,见图 6.1.11。

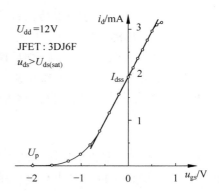

图 6.1.11　JFET 传输特性曲线的线性化

在有些场合,如分析有源负载放大器工作原理时,需要考虑和利用漏-源压降 u_{ds} 对漏极电流 i_d 的影响。图 6.1.12 是 FET 线性化双参数等效电路,对应数理模型为

$$\dot{I}_d = f(\dot{U}_{gs}, \dot{U}_{ds}) = g_m\dot{U}_{gs} + \frac{\dot{U}_{ds}}{r_{ds}} \quad (u_{ds} > U_{ds(sat)}) \tag{6.1.7}$$

漏极电流 i_d 数值常为 mA 数量级,而常用电源电压 $U_{dd} = 12\text{V}$,$u_{ds} < U_{dd}$,取 $r_{ds} = 100\text{k}\Omega$ 计算,实际 $|u_{ds}|/r_{ds}$ 不超过 0.1mA,因此 u_{ds} 对 i_d 的影响有些情况下又可以忽略不计。忽略漏-源压降对漏极电流的影响时所建立 FET 单参数等效电路见图 6.1.13,对应的数理模型为

$$\dot{I}_d = g_m\dot{U}_{gs} \tag{6.1.7a}$$

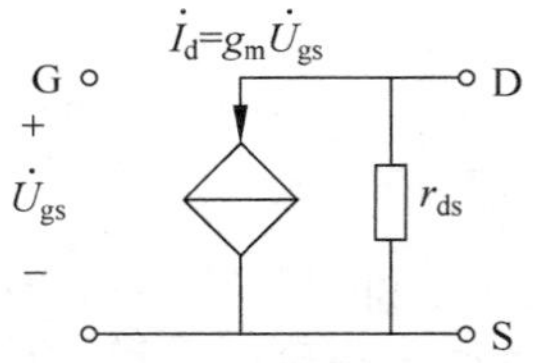

图 6.1.12　FET 双参数等效电路

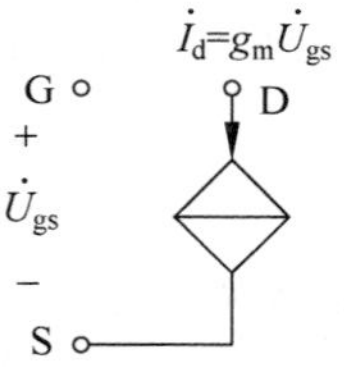

图 6.1.13　FET 单参数等效电路

直流分析时

$$i_d = g_{m0}u_{gs} + I_{dss} \quad (u_{ds} > U_{ds(sat)}) \tag{6.1.8}$$

例 6.1.3　3DJ6F 型 JFET 零栅压跨导 $g_{m0} = 1.7\text{mS}$,$I_{dss0} = 2.02\text{mA}$,$r_{ds} = 30\text{k}\Omega$,$U_{dd} = 12\text{V}$,$R_d = 3\text{k}\Omega$,试计算零栅压漏极电流、零栅压漏-源电压及栅压 $u_{gs} = 0.3\text{V}$ 时的漏-源电压。

解　漏极电阻 $R_d = 3\text{k}\Omega$ 时的零栅压漏极电流及零栅压漏-源电压

$$I_{dss} = I_{dss0}(1 - R_d/r_{ds}) = 2.02\text{mA}(1 - 3/30) \approx 1.82\text{mA}$$

$$U_{ds} = U_{dd} - R_d I_{dss} = 12\text{V} - 3 \times 1.82\text{V} = 6.54\text{V}$$

$u_{gs} = 0.3\text{V}$ 时的漏极电流可用线性模型计算或非线性模型计算。但未给定夹断电压

U_p 时只能用线性模型计算。用线性模型计算栅压 $u_{gs}=0.3V$ 时的漏极电流漏-源电压

$$I_d = I_{dss} + g_{m0}u_{gs} = 1.82mA + 1.7 \times 0.3mA = 2.33mA$$

$$U_{ds} = U_{dd} - R_d I_d = 12V - 3 \times 2.33V = 5.01V$$

FET 漏-源饱和压降比 BJT 集-射饱和压降大得多。通常认为集-射压降减小到 1V 时 BJT 开始饱和,而漏-源压降减小到 2V 时 FET 即开始饱和。若 $R_d = 4k\Omega$,则栅压 $u_{gs} = 0.3V$ 时漏-源压降减小到 2V,管子已经开始饱和,所以传输特性线性变差。因此 3DJ6F 型 JFET 电源电压为 12V 时,漏极外接电阻以不大于 $4k\Omega$ 为宜。

除了以上介绍的 N 沟道 JFET 之外,还有 P 沟道 JFET。P 沟道 JFET 与 N 沟道 JFET 传输特性的对比见表 6.1.3。

表 6.1.3　P 沟道 JFET 与 N 沟道 JFET 控制特性对比

管 子 极 性	N 沟道 JFET	P 沟道 JFET
夹断电压 U_p	<0	>0
漏极电源 U_{dd}	>0	<0

一般讲,N 沟道 JFET 使用最广泛,P 沟道 JFET 通常作为 N 沟道 JFET 的对偶或补充。但在一些场合,如运放锁零电路,P 沟道 JFET 反而显得更具优势。

3. FET 高频特性

FET 像 BJT 一样,各电极之间都有分布电容。栅-源极分布电容 C_{gs},又名 C_π,与信号源内阻串联分压。栅-源极分布电容 C_{gs} 的串联分压就是有效输入信号电压 u_{gs},此串联分压越多越好。频率升高,C_{gs} 容抗模变小,会直接减少串联分压,拉低有效输入信号电压 u_{gs}。栅-漏极分布电容 C_{gd},又名 C_μ,直接与等效负载电阻争夺漏极电流。

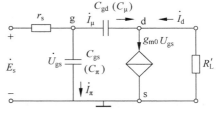

图 6.1.14　FET 高频等效电路

在 FET 单参数模型基础图 6.1.13 上可以建立其高频数理模型,见图 6.1.14。

FET 高频跨导

$$g_m = \frac{\dot{I}_d}{\dot{U}_{gs}} = \frac{g_{m0} - j\omega C_\mu}{1 - j\omega C_\mu R'_L} \qquad (6.1.9)$$

很明显,频率很高时极间分布电容将降低 FET 有效跨导,并且产生相移。

例 6.1.4　某 FET 中低频跨导 $g_{m0}=2.2mS$,$C_\mu=1pF$、$R'_L=1k\Omega$,试分析计算其在 $f=200MHz$ 频率时的有效跨导和相移。

解　$\omega C_\mu = 6.28 \times 2 \times 10^8 /s \times 10^{-12} s/\Omega \approx 0.00126S = 1.26mS$

$\omega C_\mu R'_L = 6.28 \times 2 \times 10^8 /s \times 10^{-12} s/\Omega \times 1 \times 10^3 \Omega \approx 1.26$

$$|g_m| = \sqrt{\frac{2.2^2 + 1.26^2}{1 + 1.26^2}} = \sqrt{\frac{6.4276}{2.5876}} = 1.58mS = 0.72g_{m0}$$

有效跨导已经降低到正常值的 72% 左右,由此判断此 FET 的截止频率为 200MHz。

$$\varphi = \arctan\omega C_\mu R'_L - \arctan\omega C_\mu/g_{m0} = \arctan 1.26 - \arctan(1.26/2.2) = 22°$$

世界上工作速度最快的 FET 的截止频率已达 100GHz。

4. JFET 技术参数

1）中低频零栅压跨导 g_{m0}

JFET 的技术参数很多，其中跨导 g_m 是 JFET 的主参数，也是所有 FET 的主参数。FET 的非线性使得其跨导与栅-源电压 u_{gs} 有关而不是常数，因此很难像给出 BJT 电流放大倍数 β 值一样给出 JFET 跨导 g_m 值。零栅压跨导 g_{m0} 可反映 JFET 的主要功能，可以具体作为 JFET 包括耗尽型 MOSFET 的主参数。

频率较高时跨导会变小，故 g_m 称为中低频跨导，但一般仍简称为跨导。

如果漏极电流单位为 mA，栅-源电压单位为 V，则跨导单位为毫西门子(mS)。

JFET 零栅压跨导 g_{m0} 数值一般为 1～100mS。3DJ6F 型 JFET 的跨导范围为 1.2～2.5mS，实验所用 3DJ6F 跨导约为 1.9mS。

2）漏极最大允许电流 I_{DM}

FET 漏极电流的最大允许值用符号 I_{DM} 表示。

3）漏-源击穿电压 $U_{br(dso)}$

漏-源压降超过一定数值后，FET 将被击穿损坏。

$U_{br(dso)}$ 是栅极开路时 FET 漏-源极之间所允许施加的最大电压，其数值通常＞20V。

4）漏极最大允许耗散功率 P_{DM}

漏极功率消耗可以代表 FET 整体功耗。漏-源压降与漏极电流乘积的最大值代表 FET 最大允许耗散功率

$$P_{DM} = U_{ds} I_d$$

5）零栅压零电阻漏极电流 I_{dss0}

零栅压零电阻漏极电流 I_{dss0} 是建立数理模型所依赖的一个基本参数。

6）输入电阻

JFET 输入电阻在 10MΩ 上下。

7）夹断电压 U_p

夹断电压 U_p 作为一个基本参数，其作用一是建立非线性数理模型，二是与 I_{dss} 一起，用于计算零栅压跨导 g_{m0}。

8）栅源 PN 结反向耐压

JFET 栅-源极间承受负向电压工作时，栅-源极间的 PN 结反向偏置。因此要求负向控制电压不得大于 PN 结反向击穿电压。

9）输出电阻

FET 在放大区工作时，漏-源压降变化与漏极电流变化的比值称为 BJT 输出电阻，用符号 r_{ds} 表示。FET 输出电阻 r_{ds} 通常在几十 kΩ 到几百 kΩ。r_{ds} 数量级为 100kΩ。

通常可认为 FET 输出电阻 r_{ds} 为无穷大，从而把 FET 简化为一个理想压控电流源。

10）饱和导通电阻

FET 饱和导通时，其漏-源极之间相当于一个很小的电阻，称为饱和导通电阻，用符号 $r_{ds(on)}$ 表示。$r_{ds(on)}$ 的数值与管子型号有关。

JFET 技术参数像 BJT 一样也可分为共性参数和个性参数，以方便记忆和应用。

（1）个性参数：零栅压跨导、零栅压漏极电流、漏极最大电流、漏-源击穿电压、最大允许耗散功率。

（2）共性参数：栅-源 PN 结反向耐压、输入电阻、输出电阻、饱和导通电阻属共性参数。

6.2 金属氧化物半导体场效应管

6.2.1 金属氧化物半导体场效应管的工作原理及特性参数

1. 耗尽型金属氧化物半导体场效应管(耗尽型 MOSFET)

图 6.2.1 所示是耗尽型 MOSFET 符号。其中长竖实线代表管子的原始导电沟道,短竖线代表栅极金属膜,其间的空隙代表二氧化硅绝缘层,箭头代表衬底。分立元件(Deplete Element)FET 的衬底与源极 S 接在一起。

图 6.2.2 所示是 N 沟道耗尽型 MOSFET 传输特性曲线。耗尽型 MOSFET 传输特性曲线与 JFET 非常相似。区别是耗尽型 MOSFET 正栅-源电压控制范围比 JFET 大。栅-源电压大于 0.5V 以后,JFET 传输特性曲线斜率变小,见图 6.1.4,而耗尽型 MOSFET 传输特性曲线斜率不降反升,见图 6.2.2。

N沟道

P沟道

图 6.2.1 耗尽型 MOSFET 符号

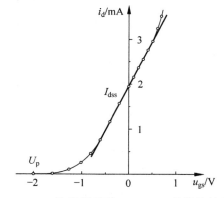

图 6.2.2 N 沟道耗尽型 MOSFET 传输特性曲线

耗尽型 MOSFET 的特性、数理模型及技术参数体系与 JFET 基本相同,区别仅仅在于数值大小不尽相同。例如,JFET 输入电阻约为 $10M\Omega$,耗尽型 MOSFET 输入电阻为 $10^3 \sim 10^9 M\Omega$。描述 JFET 特性及数理模型的很多公式及讨论结果基本上都适用于耗尽型 MOSFET。在有些场合,耗尽型 MOSFET 与 JFET 可以考虑互换。

2. 增强型金属氧化物半导体场效应管(增强型 MOSFET)

如图 6.2.3 所示是增强型 MOSFET 符号。其中短竖线表示栅极金属膜,长竖虚线表示管子无原始导电沟道,其间的空隙代表二氧化硅绝缘层,箭头代表衬底。分立元件 FET 的衬底与源极 S 接在一起。

增强型 MOSFET 输入特性实验电路与图 6.1.3 基本相同,只是输入电压范围不同。应按照表 6.2.1 要求的输入电压进行实验。实验管型号为 VN2222LL,实验数据填在表 6.2.1 中。根据表 6.2.1 中的 1 号实验管的实验数据可以画出增强型 MOSFET 传输特性曲线,见图 6.2.4。

表 6.2.1　增强型 MOSFET 传输特性实验数据

实验管编号	U_{gs}/V	0	1.0	1.5	1.6	1.7	1.8	1.9
1		0	0	$3\mu A$	$7\mu A$	0.02	0.05	0.13
2	I_d/mA	0	0	0	$1\mu A$	$4\mu A$	0.02	0.06
3		0	0	0	0	0	$2\mu A$	0.04
实验管编号	U_{gs}/V	2.0	2.1	2.2	2.3	2.4	2.5	2.6
1		0.40	0.95	2.16	4.24	6.84	9.6	
2	I_d/mA	0.19	0.55	1.22	2.55	4.70	7.21	9.7
3		0.12	0.36	0.91	1.96	3.82	6.43	9.4

N沟道

P沟道

图 6.2.3　增强型 MOSFET 符号

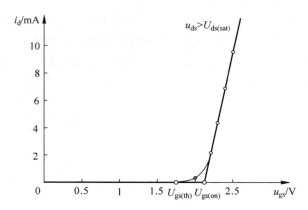

图 6.2.4　N 沟道增强型 MOSFET 传输特性曲线

从特性曲线可以看出,漏极电流大于 1mA 时,增强型 MOSFET 传输特性的线性开始好起来。

根据实验数据计算各管 $i_d>1mA$ 条件下的跨导及开启电压。

1 号管: $g_m=(9.6-2.16)mA/(6.5-2.2)V=24.8mS,U_{gs(th)}\approx1.70V,U_{gs(on)}\approx2.15V$

2 号管: $g_m=(9.7-2.55)mA/(6.6-2.3)V=23.8mS,U_{gs(th)}\approx1.80V,U_{gs(on)}\approx2.25V$

3 号管: $g_m=(9.4-1.96)mA/(6.6-2.3)V=24.8mS,U_{gs(th)}\approx1.80V,U_{gs(on)}\approx2.25V$

可以看出,这批管子的跨导及开启电压都比较一致。

1) 增强型 MOSFET 技术参数

(1) 中低频跨导 g_m。

FET 技术参数很多,其中跨导 g_m 是增强型 MOSFET 的主参数。

非线性影响使传输特性曲线各处跨导不相等。栅-源电压达到两倍开启电压即 $U_{gs}=2U_{gs(th)}$ 时的跨导称为倍压跨导。倍压跨导用符号 g_{md} 表示,下标 d 是 double(两倍)的词头。

(2) 漏极最大允许电流 I_{DM}。

FET 漏极电流的最大允许值,用 I_{DM} 表示。

(3) 漏-源击穿电压 $U_{br(dso)}$。

漏-源压降超过一定数值后,FET 将被击穿损坏。

$U_{br(dso)}$ 是栅极开路时,FET 漏-源极之间所允许施加的最大电压,其数值常大于 20V。

（4）漏极最大允许耗散功率 P_{DM}。

FET 漏极功率消耗可以代表 FET 功耗。漏-源压降与漏极电流乘积的最大值代表 FET 最大允许耗散功率

$$P_{DM}=U_{ds}I_d$$

（5）栅源开启电压 $U_{gs(th)}$。

当实际栅-源电压大于开启电压 $U_{gs(th)}$ 时，增强型 MOSFET 才逐渐开始导通。

开启电压 $U_{gs(th)}$ 是建立非线性数理模型所用的一个基本参数。

（6）输入电阻。

增强型 MOSFET 输入电阻为 $10^9 \sim 10^{15} M\Omega$。

（7）输出特性、输出电阻及饱和导通电阻。

FET 的输出特性、输出电阻及饱和导通电阻与 JFET 相似，参见 2.1 节。

2）增强型 MOSFET 数理模型

（1）增强型 MOSFET 的线性数理模型。

根据图 6.2.4 可以写出增强型 MOSFET 传输特性的线性化数理模型

$$i_d = \begin{cases} 0 & (u_{gs} < U_{gs(on)}) \\ g_m(u_{gs}-U_{gs(on)}) & (u_{gs} \geq U_{gs(on)}, u_{ds} > U_{ds(sat)}) \end{cases} \quad (6.2.1)$$

直流数理模型及交流数理模型

$$I_d = \begin{cases} 0 \\ g_m(U_{gs}-U_{gs(on)}) \end{cases} \quad (6.2.1a)$$

$$\dot{I}_d = g_m\dot{U}_{gs} \quad (6.2.1b)$$

要注意：$U_{gs(th)}$ 与 $U_{gs(on)}$ 是两个相似又有所不同的概念，$U_{gs(th)}$ 是非线性模型中的参数，$U_{gs(on)}$ 是线性模型中的参数，见图 6.2.4，$U_{gs(on)} > U_{gs(th)}$。

通常可以由下式根据非线性开启电压 $U_{gs(th)}$ 估算线性化开启电压 $U_{gs(on)}$

$$U_{gs(on)}=1.25U_{gs(th)} \quad (6.2.2)$$

（2）增强型 MOSFET 的非线性数理模型。

FET 漏极电流与宽长比 W/L 的关系

$$i_d = (u_{gs}-U_{gs(th)})^2 \frac{\mu_n C_{ox}}{2}\frac{W}{L} \quad (u_{gs}>U_{gs(th)})$$

式中，μ_n 是电子迁移率，单位 $m^2/(Vs)$；C_{ox} 为单位面积的栅氧化层电容，单位 F/m^2；W/L 为 MOS 管的宽长比。

令 $u_{gs}=2U_{gs(th)}$ 有 $i_d=I_{dd}=U_{gs(th)}^2\frac{\mu_n C_{ox}}{2}\frac{W}{L}$

由此得到，$\frac{\mu_n C_{ox}}{2}\frac{W}{L}=\frac{I_{dd}}{U_{gs(th)}^2}$，以及增强型 MOSFET 的二次曲线模型

$$i_d = \left(\frac{u_{gs}}{U_{gs(th)}}-1\right)^2 I_{dd} \quad (u_{gs}>U_{gs(th)}) \quad (6.2.3)$$

二次曲线模型是一种典型的非线性数理模型。由二次曲线模型可求增强型 MOSFET 的跨导。将式（6.2.3）微分得

$$g_{\mathrm m}=\frac{\partial i_{\mathrm d}}{\partial u_{\mathrm{gs}}}=\left(\frac{u_{\mathrm{gs}}}{U_{\mathrm{gs(th)}}}-1\right)\frac{2I_{\mathrm{dd}}}{U_{\mathrm{gs(th)}}}$$

$$g_{\mathrm m}=\left(\frac{u_{\mathrm{gs}}}{U_{\mathrm{gs(th)}}}-1\right)\sqrt{I_{\mathrm{dd}}}\,\frac{2}{U_{\mathrm{gs(th)}}}\sqrt{I_{\mathrm{dd}}}=2\,\frac{\sqrt{I_{\mathrm d}I_{\mathrm{dd}}}}{U_{\mathrm{gs(th)}}}$$

给定电流 $i_{\mathrm d}=I_{\mathrm d}$ 处的跨导

$$g_{\mathrm m}=2\,\frac{\sqrt{I_{\mathrm d}I_{\mathrm{dd}}}}{U_{\mathrm{gs(th)}}} \tag{6.2.3a}$$

栅-源电压达到两倍电压 $U_{\mathrm{gs}}=2U_{\mathrm{gs(th)}}$ 时的跨导称为倍压跨导。用 g_{md} 表示倍压跨导

$$g_{\mathrm{md}}=2\,\frac{I_{\mathrm{dd}}}{U_{\mathrm{gs(th)}}} \tag{6.2.3b}$$

式(6.2.3a)与式(6.2.3b)是 FET 的线性模型与非线性模型之间的桥梁。

3. 场效应管的两参数线性数理模型

漏-源电压对漏极电流的影响能被忽略时,可以使用上述 JFET 数理模型、耗尽型 MOSFET 数理模型以及增强型 MOSFET 数理模型。

有些情况下漏-源电压对漏极电流的影响不可忽略。例如,分析 FET 有源负载放大器的输出电压时,漏-源电压对漏极电流的影响就不可忽略。必须考虑漏-源电压对漏极电流的影响时,就需要建立包括漏-源电压对漏极电流的影响在内的 FET 数理模型。

$$\Delta i_{\mathrm d}=g_{\mathrm m}\Delta u_{\mathrm{gs}}+\Delta u_{\mathrm{ds}}/r_{\mathrm{ds}} \tag{6.2.4}$$

对 JFET 与耗尽型 MOSFET

$$i_{\mathrm d}=g_{\mathrm m}u_{\mathrm{gs}}+u_{\mathrm{ds}}/r_{\mathrm{ds}}+I_{\mathrm{dss}} \tag{6.2.4a}$$

对增强型 MOSFET

$$i_{\mathrm d}=g_{\mathrm m}(u_{\mathrm{gs}}-U_{\mathrm{gs(on)}})+u_{\mathrm{ds}}/r_{\mathrm{ds}} \tag{6.2.4b}$$

只研究放大交流信号时,可以不考虑 FET 种类,将式(6.2.4)改写为

$$\dot I_{\mathrm d}=g_{\mathrm m}\dot U_{\mathrm{gs}}+\dot U_{\mathrm{ds}}/r_{\mathrm{ds}} \tag{6.2.4c}$$

忽略 FET 输出电阻 r_{ds} 时,式(6.2.4c)可改写为

$$\dot I_{\mathrm d}=g_{\mathrm m}\dot U_{\mathrm{gs}} \tag{6.2.4d}$$

4. FET 与 BJT 组成复合管

两只 BJT 组成 BJT 复合管,其极性取决于前边那只 BJT 管。

同理,BJT 与 FET 组成复合管,究竟等效于 BJT 复合管还是 FET 复合管,取决于前一只管子是 BJT 还是 FET。前一只管子是 BJT 管,BJT 与 FET 组成的复合管就等效于 BJT,前一只管子是 FET 管,BJT 与 FET 组成复合管就等效于 FET。

FET 的输入特性好于 BJT,BJT 的输出特性好于 FET。FET 与 BJT 组成复合管时,通常 FET 在前 BJT 在后,组成 FET 复合管,见图 6.2.5。

图 6.2.5　FET 与 BJT 组成 FET 复合管

6.2.2 各种 FET 及其与 BJT 的综合对比

1. 不同种类 FET 的基本特性

BJT 的种类只有 NPN 和 PNP 两种。只要额定参数相同,不同型号的 NPN 管可以代换,不同型号的 PNP 管也可以代换。

FET 种类很多。FET 的代换相当复杂。很有必要对比不同 FET 传输特性。

比较六种常见 FET 的传输特性曲线及输出特性曲线,可以发现以下规律。

(1) 所有 N 沟道 FET 的传输特性曲线相似,见图 6.2.6、图 6.2.7 及图 6.2.8,所有 P 沟道 FET 的传输特性曲线相似,见图 6.2.9、图 6.2.10 及图 6.2.11。

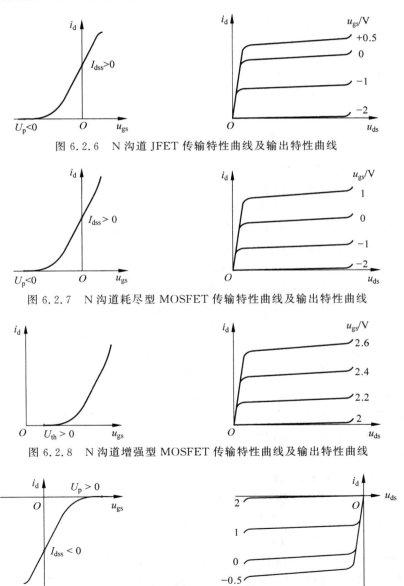

图 6.2.6 N 沟道 JFET 传输特性曲线及输出特性曲线

图 6.2.7 N 沟道耗尽型 MOSFET 传输特性曲线及输出特性曲线

图 6.2.8 N 沟道增强型 MOSFET 传输特性曲线及输出特性曲线

图 6.2.9 P 沟道 JFET 传输特性曲线及输出特性曲线

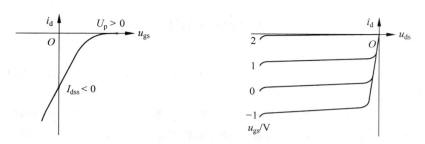

图 6.2.10 P 沟道耗尽型 MOSFET 传输特性曲线及输出特性曲线

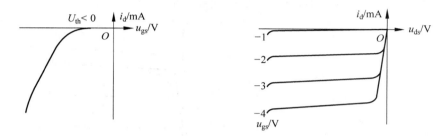

图 6.2.11 P 沟道增强型 MOSFET 传输特性曲线及输出特性曲线

（2）P 沟道 FET 特性曲线与 N 沟道 FET 特性曲线关于原点对称。

（3）不同 N 沟道 FET 的传输特性曲线的差异主要表现在特性曲线的水平位移（即偏移）。不同 P 沟道 FET 的传输特性曲线的差异也表现在特性曲线的水平位移（即偏移）。

（4）耗尽型 MOSFET 与 JFET 的共性是都存在原始导电沟道，即在零栅压时就已经导通，因此把耗尽型 MOSFET 及 JFET 统称为常闭型 FET。

JFET 与耗尽型 MOSFET 具有相似的双象限传输特性。JFET 传输特性的线性优于耗尽型 MOSFET。因为 JFET 传输特性曲线由夹断电压所在象限的上凹转化为另一个象限的下凹，见图 6.2.6，故理论上曲线存在拐点，而拐点左右传输特性的线性最好。

实验和理论分析都已经证明，信号源内阻对于抑制器件的非线性是至关重要的。

若把一个内阻很小的正弦信号源直接加在共射 BJT 放大器上，其输出波形不仅由于 BJT 非线性明显失真，而且产生杂波，放大器很难正常工作。同样将一个内阻很小的正弦信号源直接加在零栅-源偏压共源 JFET 放大器上，输出正弦波形就非常纯净，说明在零栅-源电压左右 JFET 的线性特性确实非常优秀。

JFET 与 MOSFET 相比有以下特点。

（1）JFET 比 MOSFET 的噪声系数更低。

（2）JFET 比 MOSFET 的输入电容小，因此 JFET 的工作频率上限比 MOSFET 更高。

（3）JFET 比 MOSFET 的线性特性更好。

JFET 在 BJT 和 FET 中的线性特性是最好的。

（4）MOSFET 比 JFET 的输入电阻更高。

JFET 的输入电阻为 $10\mathrm{M}\Omega$ 以上，而 MOSFET 的输入电阻为 $10^3\mathrm{M}\Omega$ 以上。

一般讲，MOSFET 使用得多些，但有些场合，如运放锁零电路，JFET 最为合用。

在所有种类的场效应管中，增强型 MOSFET 的特性与 BJT 最接近，有时增强型

MOSFET 甚至可以直接替换 BJT。

2. FET 与 BJT 的综合对比

场效应管 FET 与双极型晶体管 BJT 非常相似。FET 所有参数都能与 BJT 的相应参数相对应,各个引脚都能对号入座,见表 6.2.2。

表 6.2.2　FET 与 BJT 的相似性

项目 种类	输入量	输出量	线性放大必要条件	引　脚		
BJT	基极电流	集电极电流	$u_{ce} > U_{ce(sat)}$	基极 B	集电极 C	发射极 E
FET	栅-源极电压	漏极电流	$u_{ds} > U_{ds(sat)}$	栅极 G	漏极 D	源极 S

(1) FET 输入电阻比 BJT 高得多。

(2) FET 线性比 BJT 好。

(3) FET 利用多数载流子工作,不受少数载流子造成的漏电流的困扰。

(4) FET 噪声系数比 BJT 低,因此 FET 适合用在多级放大器的输入级。

(5) FET 温度系数比 BJT 低,且在栅-源电压等于一定数值时温度系数为零。

(6) FET 漏-源极饱和压降比 BJT 的集-射极饱和压降大。

总之,FET 与 BJT 相比,优点多,缺点少。

BJT 输入电阻通常为几千欧,而 FET 输入电阻在 $10^4 \text{k}\Omega$ 以上;FET 工作时几乎不消耗信号源功率。

在零温度系数栅-源电压上,漏极电流不随温度变化而变化。如果能将放大器中的 FET 工作点选在零温度系数栅-源电压上,那么就不再需要稳定工作点,只需要适当稳定电压增益。电路比较简单,却能使放大器获得较强的适应性。

考虑临界偏置要求时,尽管很难选取零温度系数栅-源电压作为 FET 偏置参数,但是栅极偏置电阻阻值不受工作点稳定要求的影响,使得可以根据电压放大倍数要求将栅极偏置电阻取较大阻值。

BJT 的电流增益温度系数通常在 $+0.5\% \sim 1.0\%$,这意味着在基极输入电压不变的情况下,若环境温度从 0℃ 上升到 100℃,则集电极电流要增加 $0.5 \sim 1$ 倍。

比较来看,FET 的漏极电流温度系数就要低得多。例如,东芝公司生产的 2SK48 型 JFET,环境温度从 0℃ 上升到 100℃,在栅-源极电压不变的情况下漏极电流仅从 1.15mA 降低到 0.95mA,相对变化只有 $(0.95 - 1.05)/1.05 = -9.5\%$,折合 $-0.1\%/℃$。

第7章

BJT晶体管放大电路理论的创新与重建

本章分析探讨晶体管放大电路理论的错漏及遗留问题。

7.1 基本共射放大电路

7.1.1 科学绘制放大电路的交流和直流等效电路

1. 基本共射放大电路

基本共射放大电路见图 7.1.1。交流信号源虽然微弱,但是从概念上也应当理解为交流电源。整个晶体管交流放大电路宜理解为交流电源与直流电源共同作用的双电源电路,宜用叠加法来分析。传统分析过程虽然没有挑明,但实质上用的也是叠加法。

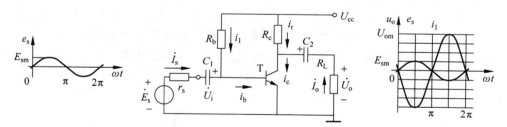

图 7.1.1　电容耦合基本共射放大电路(固定偏置放大器)及四倍反相放大

2. 基本共射放大器中电流、电压的符号

如图 7.1.1 所示的基本共射放大器中的电流电压符号安排如下。

小写字母 i、u 代表瞬时总值。大写字母 I_b、I_c、U_{ce} 代表工作点参数,其中 I_b 代表基极偏流,I_c 代表集电极偏流,以下简称偏流;U_{ce} 代表集-射偏置压降,以下简称偏压。U_{cc} 表示直流电源电压。

$\dot{E}_s$ 代表交流信号源电动势相量，E_{sm} 代表 $\dot{E}_s$ 的幅度；$\dot{I}_s$ 代表交流信号源电流相量，I_{sm} 代表 $\dot{I}_s$ 的幅度；$\dot{I}_b$ 代表 BJT 基极交流信号电流相量，$\dot{I}_c$ 代表 BJT 集电极交流信号电流相量，I_{cm} 代表 $\dot{I}_c$ 的幅度；$\dot{I}_o$ 代表负载获得的交流信号电流相量，I_{om} 代表 $\dot{I}_o$ 的幅度。

集电极-发射极压降 u_{ce} 是一个派生参数，简称集-射压降。图 7.1.1 中 $u_{ce}=U_{cc}-R_ci_c$。

应当注意 i_b、i_c、u_{ce} 的逻辑顺序关系：先有 i_b，放大后形成 i_c，电源电压 U_{cc} 除去 R_c 压降 R_ci_c，最后才有 u_{ce}，u_{ce} 又制约着 i_c 的增大。

3. 分步骤绘制基本共射放大电路的直流通路与交流通路

根据叠加原理，交流信号源暂时不起作用，仅直流电源起作用的称为直流通路，即直流等效电路；直流电源暂时不起作用，仅交流信号源起作用的称为交流通路，即交流等效电路。

首先根据叠加原理画出其直流等效电路和交流等效电路，见图 7.1.2。

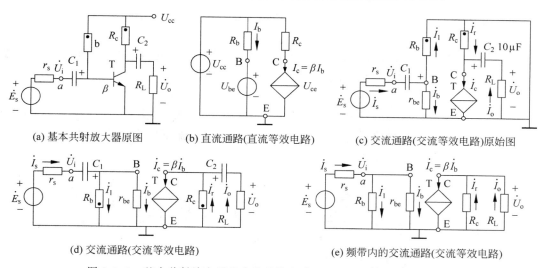

图 7.1.2　基本共射放大器的直流等效电路及交流等效电路的作图过程

笔者绘制放大电路的直流通路和交流通路时注意到以下细节。

（1）画直流通路，就该用晶体管直流模型；画交流通路，就应该用晶体管交流模型。

（2）令信号源电压为 0，耦合电容电压再无变化。直流稳态下电容相当开路。故去掉耦合电容，BJT 画成直流模型，就得到直流通路，U_{be} 与 U_{cc} 共同体现，见图 7.1.2(b)。

（3）撤掉直流电源 U_{cc}，两端短路。晶体管用交流模型，U_{be} 自然撤除。所有元器件都保留且位置不变，电阻符号一端打点，表示其上端。这样就把原始电路图 7.1.2(a)改画为交流通路原始图，见图 7.1.2(c)。

原始图 7.1.2(c)虽然没错，但是不甚美观，而且 R_c 与 R_L 的关系也不甚明确。既然 R_b 和 R_c 的上端已经接地，索性就把 R_b 和 R_c 拉下来，使其上端向下接地，这样图 7.1.2(c)优化为整齐划一的图 7.1.2(d)。

信号频率 f 及角频率 $\omega=2\pi f$ 都比较大。对于 $C_1=C_2=10\mu F$，$f=2kHz$，C_1、C_2 的容抗模只有 $1/\omega C=1/(6.28\times2000\times10\times10^{-6})\approx15\Omega$，远远小于 R_c 及 R_L。所以在频带内耦合电容应视作交流短路。短路 C_1 及 C_2，图 7.1.2(d)又可以改画为频带内的交流通路，见

图 7.1.2(e)。

从交流通路原始图 7.1.2(c)到保留耦合电容的交流通路图 7.1.2(d),从图 7.1.2(d)到频带内的交流通路图 7.1.2(e),分步骤绘制,循循善诱,引导读者逐步理解。

根据图 7.1.2(d)可以写出放大电路频率特性函数,以计算上、下限频率等参数。

传统模拟电子学著作没有图 7.1.2(c),因此交流通路画得很突兀,难以理解;缺少图 7.1.2(d),使上、下限频率等参数分析计算不完善。

在频带内的交流通路里,安伏变换器 R_c 与负载电阻 R_L 表现为并联关系,故称 $R_c /\!/ R_L$ 为晶体管的等效交流负载电阻,用符号 R'_L 表示

$$R'_L = R_c /\!/ R_L \tag{7.1.1}$$

7.1.2 三组态通用的 U、I、P 三大放大倍数计算公式

输入电阻、输出电阻及放大倍数是放大电路的三大基本参数。

电压 U、电流 I、功率 P 的放大倍数称为放大电路的三大放大倍数。

1. 输入电阻计算

放大器输入端 a 与地之间的等效电阻称为放大器的输入电阻。由频带内的交流通路图 7.1.2(e)可见,基本共射放大器输入电阻

$$r_i = R_b /\!/ r_{be} \approx r_{be} \tag{7.1.2}$$

基本共射放大器输入电阻 r_i 等于偏置电阻 R_b 与 BJT 输入电阻 r_{be} 的并联值,$r_i \approx r_{be}$。

为使输出电阻计算公式具有代表性,用 BJT 三参数交流模型代替两参数交流模型,把图 7.1.2(e)改画为图 7.1.3。

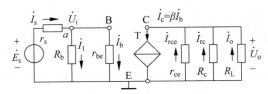

图 7.1.3 考虑 r_{ce} 的共射放大器交流等效电路

2. 输出电阻计算

撤除信号源 $\dot{E}_s$ 及负载电阻 R_L,放大器输出端与地之间的等效电阻就是输出电阻。

为计算放大器输出电阻 r_o,撤除信号源 $\dot{E}_s$ 及负载电阻 R_L,在放大器输出端加上虚拟电压 $\dot{U}_i$,如图 7.1.4 所示。

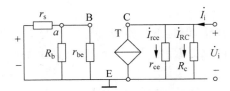

图 7.1.4 用加压求流法计算放大器输出电阻的虚拟电路

由于电流源是从左到右单向受控,故虚拟电压 $\dot{U}_i$ 不能在 r_s、R_b 及 r_{be} 上产生电流。r_{be}

上无基极电流,受控电流源就没有集电极电流。于是虚拟电压 $\dot{U}_i$ 只能在晶体管输出电阻 r_{ce} 及安伏变换器 R_c 上产生电流。故基本共射放大器的输出电阻

$$r_o = r_{ce} \ /\!/ \ R_c \approx R_c \tag{7.1.3}$$

3. 电压放大倍数计算

从图 7.1.2(e)可一步步看出输出电压与信号源电动势的关系

$$\dot{I}_s = \frac{\dot{E}_s}{r_s + r_i} \approx \frac{\dot{E}_s}{r_s + r_{be}}, \quad \dot{I}_b = \frac{R_b}{R_b + r_{be}}\dot{I}_s \approx \dot{i}_s, \quad \dot{I}_c = \beta\dot{I}_b, \quad \dot{U}_o = -R'_L\dot{I}_c$$

由此得到基本共射放大器源电压放大倍数 A_u 及自身电压放大倍数 A_{uz}

$$A_u = \frac{\dot{U}_o}{\dot{E}_s} = -\beta\frac{R_b}{R_b + r_{be}}\frac{R'_L}{r_s + r_i} \approx -\beta\frac{R'_L}{r_s + r_{be}} \tag{7.1.4}$$

式中线性电阻 r_s 与非线性电阻 r_{be} 相加。线性电阻 r_s 越大,就越有利于抑制非线性。

$$A_{uz} = A_u \mid_{r_s=0} = \frac{\dot{U}_o}{\dot{U}_i} = -\beta\frac{R'_L}{r_{be}} \tag{7.1.4a}$$

由式(5.1.2)知,BJT 管的输入电阻 r_{be} 与电流有关。r_{be} 在交流信号放大过程中变化很大。信号放大过程中 r_{be} 值的变化,既影响电压放大倍数,也是非线性失真的主要来源。

为减少误差,计算电压放大倍数时,理论上应取交流信号峰点与谷点之间 r_{be} 的平均值,实际上考虑操作方便,可取工作点处的 r_{be} 数值,即 r_{be} 算式的分母应取偏流值。

晶体管电流放大倍数 β 值也与电流有一定关系。数字万用表测量晶体管 β 值通常在基极电流 $I_b = 10\mu A$ 条件下进行。如果放大器基极偏流不是 $I_b = 10\mu A$,最好直接测量偏流 $I_b、I_c$。然后计算 $\beta = I_c/I_b$,以使电压放大倍数计算比较准确。

电压放大倍数中的负号表示共射放大器频带内输出电压与输入信号电压符号相反。故共射放大器(Common Emitter Amplifier,CEA)属于反相放大器。

放大器电压放大倍数分为源电压放大倍数和自身电压放大倍数。源电压放大倍数是输出电压与信号源电压的比值,是考虑信号源内阻的电压放大倍数。自身电压放大倍数是输出电压与放大器输入电压的比值,是不考虑信号源内阻的电压放大倍数。

将源电压放大倍数计算公式(7.1.4)的分子分母同乘以 BJT 管的输入电阻 r_{be} 可得到源电压放大倍数 A_u 及电流放大倍数 A_i 与自身电压放大倍数 A_{uz} 的关系

$$A_u = -\beta\frac{R_b r_{be}}{R_b + r_{be}}\frac{R'_L}{r_s + r_i}\frac{1}{r_{be}} = \frac{r_i}{r_s + r_i}\left(-\beta\frac{R'_L}{r_{be}}\right) = \frac{r_i}{r_s + r_i}A_{uz}$$

$$A_i = \frac{\dot{I}_o}{\dot{I}_s} = \beta\frac{R_b}{R_b + r_{be}}\frac{R_c}{R_c + R_L}\frac{\dot{E}_s}{r_s + r_i}\bigg/\frac{\dot{E}_s}{r_s + r_i} = \beta\frac{R_b r_{be}}{R_b + r_{be}}\frac{R_c R_L}{R_c + R_L}\frac{1}{r_{be}R_L} = \frac{r_i}{R_L}\mid A_{uz}\mid$$

由此得到根据放大器输入电阻 r_i 和自身电压放大倍数 A_{uz} 计算源电压放大倍数 A_{us}、电流放大倍数 A_i 及功率放大倍数 A_p 的三个通用计算公式

$$A_u = \frac{r_i}{r_s + r_i}A_{uz} \tag{7.1.4b}$$

$$A_i = \frac{r_i}{R_L}\mid A_{uz}\mid \tag{7.1.5}$$

$$A_p = \frac{r_i^2}{(r_s + r_i)R_L}A_{uz}^2 \tag{7.1.6}$$

放大电路的源电压放大倍数 A_u 一般由晶体管 β 值及两个电阻比的乘积构成,比较复杂,难记难用。自身电压放大倍数 A_{uz} 一般由晶体管 β 值及一个电阻比的乘积构成,比较简单。直接计算源电压放大倍数 A_u 往往比较困难。$r_i/(r_s+r_i)$ 是一个串联分压比。根据放大器输入电阻 r_i 和自身电压放大倍数 A_{uz} 计算源电压放大倍数,简单直观,是一个捷径。

更可贵的是,式(7.1.4)、式(7.1.5)、式(7.1.6)还具有组态通用性。其中放大器输入电阻 r_i 及自身电压放大倍数 A_{uz} 按照哪种组态来计算,就能计算哪种放大器的源电压放大倍数 A_u、电流放大倍数 A_i 及功率放大倍数 A_p。因此,这些公式的"性价比"很高。

7.1.3 BJT 放大器非线性失真分析

晶体管放大器几何失真有非线性失真、削波失真等。非线性失真与削波失真的成因及特征根本不同,自然应当分别研究。

输出与输入应当呈线性关系。输入是直线,输出亦应是直线;输出偏离直线,就是非线性失真。输入是正弦波,输出亦应是正弦波;输出偏离正弦波,也称为非线性失真。

1. 非线性失真的成因

放大器输出电压波形非线性失真的成因可从几何和解析两种途径来分析。

1) 非线性失真的几何分析

式(7.1.4)表明,信号源内阻 r_s 有利于抑制管子的非线性。令 $r_s=0$,基本共射放大器非线性失真肯定最厉害,最容易观察。这里在 $r_s=0$ 条件下用图解法观察基本共射放大器非线性失真。

对基本共射放大器来说,当信号源内阻 $r_s=0$ 时,正弦信号电压就直接加在晶体管发射结上。当晶体管发射结电压为正弦波时,基极电流是什么波形呢?

为了观察晶体管非线性输入特性如何引起放大器输出电压的非线性失真,将正弦信号电压波形的时间轴对准晶体管伏安输入特性曲线上的工作点 Q,见图7.1.5。

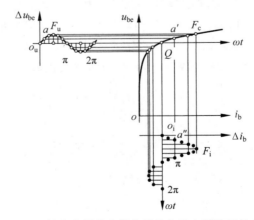

图 7.1.5 基本共射放大器非线性失真电流波形的来历

自工作点向下画垂线,代表所产生的基极电流的时间轴,建立电流时间坐标系原点 o_i。过正弦信号电压波形的任一点 $F_u(U,\omega t)$ 向右做水平线与晶体管伏安输入特性曲线相交于

点 F_c,过点 F_c 向下做垂线。在电流时间轴上量取 ωt 线段,然后做水平线与自上而下的垂线相交,交点就是电流曲线应有的点。

在正弦信号电压上半波,晶体管动态输入电阻 r_{be} 较小,故转换为较大幅度的尖顶电流波;在正弦信号电压下半波,晶体管动态输入电阻 r_{be} 较大,故转换为较小幅度的圆顶电流波。

图 7.1.5 将代表电压时间轴一个周期的线段分成 12 等份,做出 12 个电压-时间点,对应画出 12 个电流-时间点,然后将电流曲线上的若干点用光滑曲线连接起来,就得到基极电流曲线。可以看出,基极电流曲线呈尖顶圆底波。

尖顶圆底波基极电流经过 β 倍放大成为尖顶圆底波集电极电流。

尖顶圆底波集电极电流自下而上流过负载电阻 R_L',反相后成为圆顶尖底波负载电压,如图 7.1.6 所示。

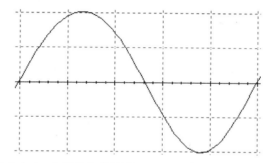

图 7.1.6 非线性失真波形 THD=5%(肉眼刚好察觉)

2)非线性失真的解析分析

由图 7.1.2(e)可得到基本共射放大器信号源电流及晶体管基极交流电流

$$\dot{I}_s = \frac{\dot{E}_s}{r_s + r_i} \approx \frac{\dot{E}_s}{r_s + r_{be}}$$

$$\dot{I}_b = \frac{R_b}{R_b + r_{be}} \frac{\dot{E}_s}{r_s + r_{be}}$$

将信号源电动势改写为三角函数形式,可得到 BJT 基极信号电流瞬时值表达式

$$i_b = \frac{R_b}{R_b + r_{be}} \frac{E_{sm}\sin\omega t}{r_s + r_{be}} \qquad ①$$

如果 BJT 输入电阻 r_{be} 是常数,则基极信号电流亦为完美的正弦波形。由 BJT 输入特性曲线可知,参见图 5.1.11,在正弦信号瞬时值变化过程中 BJT 输入电阻 r_{be} 不是常数,而是在信号变化过程中一直变化。信号电压正半周时管子输入电阻 r_{be} 比较小,由式①也可看出,基极电流及集电极信号电流都较大,经反相后输出电压负半波将变得瘦长;信号电压负半周时 r_{be} 比较大,管子基极电流及集电极信号电流都较小,经反相后输出电压正半波将变得矮胖,整个输出电压波形为上矮胖下瘦长,偏离正弦波,如图 7.1.6 所示。

两串联电阻中的一个电阻越大,该电阻无论对于串联分压还是电流波形所起作用就越大。就是说,两串联电阻中较大的一个起主导作用。式①说明,基极偏置电阻 R_b 或信号源内阻 r_s 越大,对 r_{be} 非线性的抑制作用就越大。因此理论上,只有 R_b 和 r_s 均为无穷大,基本共射放大器非线性失真才能彻底消除。理论上,只有电压信号源改为交变电流信号源、电阻偏置改为直流电流源偏置,基本共射放大器非线性失真才能彻底消除。

由式①可看出,信号源内阻 r_s 的有限造成了非线性分压失真,基极偏置电阻 R_b 的有限造成了非线性分流失真。由此明确,基本共射放大器非线性输入失真由非线性分压失真和非线性分流失真组成。

实验表明,即使信号源内阻 r_s 无穷大,基本共射放大器非线性失真也不能完全消除。电压信号源改为交变电流信号源,使 r_s 为无穷大,基本共射放大器非线性失真虽然变得很小,但并没有彻底消除。此时所剩下的微量非线性失真,就是非线性分流失真。

2. 晶体管放大器非线性失真的现象及度量

因共射放大器输出电压与电流反相,故放大器输出电压呈圆顶尖底波。将信号源内阻调整到较小,可见共射放大器输出圆顶尖底波电压,如图 7.1.6 和图 7.1.7 所示。

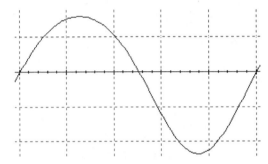

图 7.1.7　非线性失真波形 THD＝10％(肉眼可见)

信号源内阻比较小、信号电压幅度比较大时,基本共射放大器输出电压波形会明显偏离正弦波,见图 7.1.6 和图 7.1.7,基本特征是上半波变得矮胖,下半部变得瘦长。信号源内阻为 0、信号电压幅度比较大时,基本共射放大器输出电压会演变为圆顶尖底波。

按照傅里叶级数理论,任意非正弦周期波都可以分解为同频正弦基波 U_0 与高次谐波 U_1, U_2, U_3, $\cdots$ 的无限项级数和。把高次谐波有效值的方均根值与基波有效值的比称为总谐波失真(Total Harmonic Distortion,THD)

$$\text{THD} = \frac{\sqrt{U_1^2 + U_2^2 + U_3^2 + \cdots}}{U_0} \qquad (7.1.7)$$

图 7.1.6 所示非线性失真波形的 THD＝5％,图 7.1.7 所示非线性失真的 THD＝10％。通常 THD 达到 5％左右时,正常人眼即能分辨出来。THD 达到 10％时,失真已很明显。

3. 正确对待放大器中间参数的非线性失真

在示波器上可以看到,即使信号源正弦电压波形和放大器输出电压波形都正常,但晶体管发射结电压波形也是明显的圆顶尖底失真波形。

导致这个现象的原因是 PN 结特性曲线的非线性很严重。晶体管放大器信号传输路线是:信号源电压→信号源电流→晶体管基极电流→集电极电流→等效负载电压。在该传输过程中,由于信号源内阻对晶体管非线性的压制,使晶体管基极电流基本为正弦波,以保证负载电压大体为正弦波。晶体管基极电流基本为正弦波,那么经过 PN 结非线性特性的作用,电流正半周期间 r_{be} 较小,安伏转换作用很差,电压正半波矮胖;电流负半周期间 r_{be} 较大,安伏转换作用很强,电压负半波瘦长,整个发射结电压自然为圆顶尖底波。

这种两头正常、中间失真的现象一方面说明了虽然晶体管非线性的局部影响和作用总存在,但是不影响全局,另一方面说明了内阻等元件的线性及负反馈对全局的关键作用。实际上,晶体管发射结电压是一个副产品。因此比较起来看,晶体管发射结电压波形失真与否并不重要,重要的是基极电流波形应当基本正常。

基本共射放大器零内阻电压放大倍数即放大器自身电压放大倍数 A_{uz} 定义是输出电压 U_o 与放大器输入电压 U_i 即晶体管发射结电压 U_{be} 的比值。通常发射结电压 U_{be} 严重非线性失真。因此 A_{uz} 不宜通过直接测量 U_i 有效值来计算,而是应当通过 A_u、r_s、r_i 来间接推算。

放大器失真包括管子截止、饱和造成的削波失真及管子非线性输入失真等。合理设计基极偏置电阻 R_b,建立合适的工作点能避免单向削波失真,为被放大的信号创造最宽松的生存空间,为抑制非线性失真打下基础。合理利用信号源内阻、负反馈及多级反相放大,能有效地抑制非线性失真。

7.1.4　BJT 放大器削波失真及工作点设计

1. BJT 放大器削波失真分析与工作点设计

电压信号放大过程中若晶体管截止或饱和,则正弦波电压波头或波谷就会被削平。正弦波电压波头或波谷被削平的失真称为削波失真。

设信号放大后形成的 BJT 集电极电流交流分量的幅度为 I_{cm}。$I_{cm} < I_c$ 时,晶体管不会截止。当 $I_{cm} = I_c$ 时,晶体管就会在交流信号谷点截止。因此 I_{cm} 最大只能达到偏流 I_c。可以说偏流 I_c 是防止管子截止的储备量,$R_L' I_c$ 是由管子截止限制的输出电压幅度。偏压 U_{ce} 是防止管子饱和的储备量,也是由管子饱和限制的输出电压幅度。

判断截止削波失真的诀窍:信号电压上、下两个波峰中,哪个波峰与 BJT 发射结的 N 极相接,即与代表晶体管发射结的箭头顶牛,哪个波峰超限时就会发生截止削波失真。

NPN 管共射放大器输入信号电压负半波与 BJT 发射结的 N 极相接,负半波与 BJT 发射结箭头顶牛,见图 7.1.1。负半波过大或偏流过小时易发生截止失真,反相后输出电压 u_o 顶部削波,见图 7.1.8。

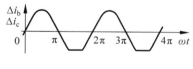

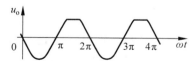

图 7.1.8　基极偏置电阻偏大造成的截止失真

偏流过小时,随着信号幅度增大,BJT 首先截止,输出范围由管子截止限制。偏流大小没有比较对象。应把 $R_L' I_c$ 与偏压 U_{ce} 来比较。

若 $R_L' I_c < U_{ce}$,则随着信号幅度逐渐增大,在正弦信号电压谷点,偏流储备量 I_c 先用完,发生截止失真,基极电流和集电极电流波谷被削平,由于共射反相放大,到输出侧负载电压倒相为波峰被削平,见图 7.1.8。此处 Δi 表示电流 i 的交流分量。

$$U_{om} = R_L' I_c$$

若 $U_{ce} < R_L' I_c$,则随着信号幅度逐渐增大,在正弦信号电压峰点,偏压储备量 U_{ce} 先用完,管子进入饱和,虽然基极电流波形尚正常,但集电极电流波峰被削平,由于共射反相放

大,到输出侧,负载电压倒相为波谷被削平,见图 7.1.9。

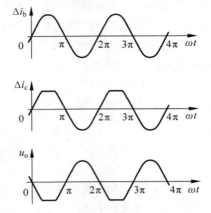

图 7.1.9 基极偏置电阻偏小造成的饱和失真

总之,若偏压过小,则随着信号幅度增大,BJT 首先饱和,输出范围由管子饱和限制

$$U_{om} = U_{ce} = U_{cc} - R_c I_c$$

由此得到非临界偏置条件下计算基本共射放大器输出范围的分段函数

$$U_{om} = \min(R'_L I_c, U_{ce}) \tag{7.1.8}$$

图 7.1.10 直观说明,无论实际工作点低于或高于临界点,放大器输出范围都会降低。

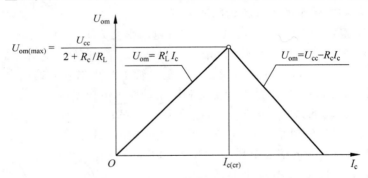

图 7.1.10 基本共射放大器输出范围——工作点特性曲线

工作点适中时,信号幅度一直增长,将首先在信号负半波因管子截止而使 BJT 基极电流交流分量 Δi_b 底部被削平,见图 7.1.11(a);在信号正半波因管子饱和而使集电极电流交流分量 Δi_c 顶部直接被削平,见图 7.1.11(b),结果输出电压同时发生截止削波失真和饱和削波失真,见图 7.1.11(c)。

$R'_L I_c = U_{ce}$ 就表示工作点适中或临界,不失真输出电压幅度达到最大。

令 $R'_L I_c = U_{ce} = U_{cc} - R_c I_c$ 得到基本共射放大器集电极临界偏流、临界偏压及输出范围计算公式

$$I_{c(cr)} = \frac{U_{cc} - U_{ces}}{R_c + R'_L} \quad 或 \quad I_{c(cr)} = 0.95 \frac{U_{cc}}{R_c + R'_L} \tag{7.1.9}$$

$$U_{ce(cr)} = \frac{R'_L}{R_c + R'_L} U_{cc} \quad 或 \quad U_{ce(cr)} = 1.05 \frac{R'_L}{R_c + R'_L} U_{cc} \tag{7.1.10}$$

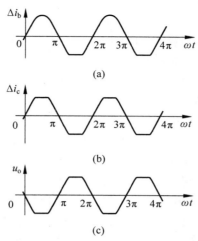

图 7.1.11　工作点恰如其分仅信号幅度超限时的双向削波失真

$$U_{om(max)} = \frac{R'_L}{R_c + R'_L}(U_{cc} - U_{ces}) \quad 或 \quad U_{om(max)} = 0.95\frac{R'_L}{R_c + R'_L}U_{cc} \quad (7.1.11)$$

放大器临界偏流、临界偏压与管子的 β 值无关，作为设计及调整目标特别好用。

因为所讨论晶体管放大器是用于放大正弦交流信号的，所以放大器临界偏流、临界偏压也能用三角函数方法来推证。

已经设集电极偏流为 I_c，再设集电极信号电流幅度为 I_{cm}，则信号电流瞬时值为 $I_{cm}\sin\omega t$，而集电极总电流为直流脉动电流，其瞬时值为

$$i_c = I_c + I_{cm}\sin\omega t$$

而集电极外接电阻即安伏变换器 R_c 总电流亦为直流脉动电流，其瞬时值为

$$i_{rc} = I_c + \frac{R_L}{R_c + R_L}I_{cm}\sin\omega t$$

管子集电极-发射极电压为直流脉动电压，其瞬时值为

$$u_{ce} = U_{cc} - R_c i_{rc}$$
$$u_{ce} = U_{cc} - R_c I_c - R'_L I_{cm}\sin\omega t$$

在正弦信号电压谷点，$\sin\omega t = -1$，集电极总电流瞬时值达到最小值

$$i_c = i_{c(min)} = I_c - I_{cm}$$

在正弦信号电压峰点，$\sin\omega t = 1$，管子集电极-发射极电压瞬时值达到最小值

$$u_{ce} = u_{ce(min)} = U_{cc} - R_c I_c - R'_L I_{cm}$$

发生截止失真的临界条件为

$$I_c - I_{cm} = 0$$

发生饱和失真的临界条件为

$$U_{cc} - R_c I_c - R'_L I_{cm} = U_{ce(sat)}$$

两者联立消去 I_{cm} 就得到工作点临界条件

$$U_{cc} - R_c I_c - R'_L I_c = U_{ce(sat)}$$

由此决定的集电极偏流就是临界偏流计算式(7.1.9)。

这就用不同的方法得到同样的结论。读者在 7.8 节还可发现，同样的结论还能用图解

法得到。

通常晶体管半导体收音机的各级集电极偏流 1mA,属于经验值。有了这些理论设计尺度,设计、制造或维修时再也不必受经验值的束缚,产品能设计调整得更好,性价比及可靠性更高。

由此可知,基本共射放大器只有空载时输出范围才能达到电源电压的一半,负载时输出范围小于电源电压的一半。负载电阻越小,负载越重,输出范围就越小。

考虑 BJT 饱和压降 U_{ces},基本共射放大器输出范围实际值比式(7.1.11)理论计算值稍小。$U_{cc}=12V$、$R_c=R_L$ 时,大约小 2%,计算值 4V,实际值约等于 3.9V。

实际可把输出电压刚刚出现双向削波失真时峰-峰值 U_{p-p} 的一半作为放大器输出范围。

可看出,基本共射放大器晶体管临界偏压 $U_{ce(cr)}$ 无论如何都应当小于电源电压 U_{cc} 的一半。实践中若发现基本共射放大器 $U_{ce}>0.5U_{cc}$,就足以判断工作点不当。

不知道晶体管 β 值时,只要依式(7.1.9)或式(7.1.10)调整基极偏置电阻,使 BJT 偏压达到临界值,就能将工作点整定到临界位置,使放大器输出电压摆幅达到最大。

式(7.1.10)价值在于:即使没有示波器,只要有直流电压表,就能用调整 R_b 的方法将放大器偏压调整到临界值,完成工作点整定。

输出刚好没有双向削波失真时的信号电压幅度,就是放大器所能放大的最大不失真输入信号电压摆幅,称为输入范围。输出范围除以源电压放大倍数就是放大器输入范围

$$E_{sm(max)} = \frac{r_s + r_{be}}{R_c + R'_L} \frac{U_{cc}}{\beta} \tag{7.1.12}$$

式(7.1.9)可改写为

$$\beta \frac{U_{cc} - U_{be}}{R_b} = \frac{U_{cc} - U_{ces}}{R_c + R'_L}$$

忽略 U_{be} 及 U_{ces},从中求出的基极偏置电阻 R_b 称为临界基极偏置电阻,用符号 $R_{b(cr)}$ 表示

$$R_{b(cr)} = \beta(R_c + R'_L) \quad （赖家胜公式） \tag{7.1.13}$$

早在 1998 年,赖家胜先生已经用类似方法推出该公式[19]。

基极偏置电阻 R_b 过大,是欠偏置;R_b 过小,是过偏置。只有 R_b 大小适中,才能避免单向削波失真,使输出电压获得最大摆幅。输出电压能获得最大摆幅,就好像为信号创造了最宽松的生存空间,并为抑制非线性失真打下基础。

式(7.1.13)的价值在于根据晶体管 β 值初步估算基极偏置电阻,然后微调,很快达到临界偏压或偏流设计要求,使工作由被动变主动。

令 BJT 管子饱和可得到基极偏置电阻最小值

$$R_{b(min)} = \beta R_c \tag{7.1.14}$$

若基极偏置电阻 R_b 实际值比此还小,则晶体管就会过度饱和或深度饱和。此时信号幅度很小时,信号电压将全部被淹没,输出端什么也没有。当信号幅度较大时,负半波中间幅度较大的部分会使晶体管退出饱和而被放大。经反相放大后,输出侧只能看到刚刚冒出的一点点正波头。

这个现象,看似奇怪,实则有其道理所在。式(7.1.14)的价值就是揭示这种奇怪现象的根源。

实践中若发现有正弦信号输入但无输出或输出信号电压总是只有不完整的正半波,就应检查基极偏置电阻是否太小。

2. 基本共射放大器工作点临界性的判断

(1) 偏流小、偏压大的判断。

$I_c < I_{c(cr)}$,或 $U_{ce} > U_{ce(cr)}$,或 $R_b > R_{b(cr)}$,都是偏流小、偏压大、工作点非临界的标志。

(2) 偏流大、偏压小的判断。

$I_c > I_{c(cr)}$,或 $U_{ce} < U_{ce(cr)}$,或 $R_b < R_{b(cr)}$,都是偏流大、偏压小、工作点非临界的标志。

(3) 工作点临界的判断。

$U_{ce} = U_{ce(cr)}$,或 $I_c = I_{c(cr)}$,或 $R'_L I_c = U_{ce}$,或 $R_b = R_{b(cr)}$,都是偏流、偏压合适、工作点临界的标志。

3. 基本共射放大器输出电压削波失真种类的判断

根据输入信号电压幅度大小即工作点的临界性,输出电压是否削波失真,判断如下。

(1) 无论工作点是否临界,只要输入信号电压幅度足够小,即 $|A_{us}| E_{sm} \leqslant \min(R'_L I_c, U_{ce})$,则输出电压不会削波。不考虑非线性失真,输出就是正弦波电压。

(2) 输入信号电压幅度中等,$|A_{us}| E_{sm}$ 介于 $R'_L I_c$ 与 U_{ce} 之间,则发生单边削波失真。

若偏流小、偏压大,则发生单边截止削波失真。

若偏流大、偏压小,则发生单边饱和削波失真。

(3) 输入信号电压幅度过大,$|A_{us}| E_{sm} \geqslant \max(R'_L I_c, U_{ce})$,则发生双边削波失真。

若工作点临界,则发生对称双边削波失真。

若工作点非临界,则发生不对称双边削波失真。

4. 基本共射放大器输出电压截止削波失真方向的判断

输入信号电压上、下两个波头中,哪个波头与晶体管发射结的负极 N 相接,即哪个波头与代表晶体管发射结的箭头顶牛,输入超限时哪个波头就会发生截止削波失真。

NPN 管共射放大器信号负半波与代表晶体管发射结的箭头顶牛。输入电压幅度超限时截止削波失真特征是输入信号负半波削波,反相后输出电压 u_o 顶部削波,见图 7.1.8。

PNP 管共射放大器信号正半波与晶体管发射结箭头顶牛,输入电压幅度超限时截止削波失真特征是输入信号正半波削波,反相后输出电压 u_o 底部削波。

例 7.1.1　图 7.1.1 基本共射放大器,$U_{cc} = 12V$,$R_c = R_L = 3k\Omega$,$\beta = 85$,忽略 U_{be} 及 U_{ces},试在以下不同偏置条件下计算放大器输出范围:

(1) $R_b = 750k\Omega$;

(2) $R_b = 270k\Omega$;

(3) $R_b = 150k\Omega$。

解　$R'_L = 3k\Omega // 3k\Omega = 1.5k\Omega$

$R_{b(min)} = \beta R_c = 85 \times 3k\Omega = 255k\Omega$

$R_{b(cr)} = \beta(R_c + R'_L) = 85 \times (3k\Omega + 1.5k\Omega) = 382.5k\Omega$

$I_{c(cr)} = U_{cc}/(R_c + R'_L) = 12V/(3k\Omega + 1.5k\Omega) = 2.667mA$

(1) $R_b > R_{b(cr)}$,$I_c = \beta I_b \approx \beta U_{cc}/R_b = 85 \times 12/750 mA = 1.36mA$,$I_c < I_{c(cr)}$

应选式(7.1.8)第 1 项计算输出范围

$U_{om} = R'_L I_c = 1.5 \times 1.36V = 2.04V$

（2）$R_b < R_{b(cr)}$，$I_c = \beta I_b \approx \beta U_{cc}/R_b = 85 \times 12/270\,\mathrm{mA} = 3.778\,\mathrm{mA}$，$I_c > I_{c(cr)}$

应选式（7.1.8）第 2 项计算输出范围

$$U_{om} = U_{cc} - R_c I_c = 12\mathrm{V} - 3 \times 3.778\mathrm{V} = 0.667\mathrm{V}$$

（3）$R_b < R_{b(min)}$，交流信号被淹没，放大器根本无放大能力。

$$I_c = \beta I_b \approx \beta U_{cc}/R_b = 85 \times 12/150\,\mathrm{mA} = 6.8\,\mathrm{mA}, \quad I_c > I_{c(cr)}$$

应选式（7.1.8）第 2 项计算输出范围

$$U_{om} = U_{cc} - R_c I_c = 12\mathrm{V} - 3 \times 6.8\mathrm{V} = -8.4\mathrm{V}$$

输出范围为负，说明 $R_b < R_{b(min)}$，交流信号真的被淹没，放大器根本无放大能力。

从输入范围的大约 10% 开始输入信号电压，记录放大器输入信号电压及输出电压，并根据本组数据计算电压放大倍数。输入信号电压接近或达到输入范围时，输出信号电压接近或达到输出范围。可以发现，所计算的电压放大倍数一个比一个小。由于晶体管真正饱和，最后一个电压放大倍数明显变小。根据实验数据描点，再做光滑处理，就可以做出如图 7.1.12 所示放大器反扣的勺形传输特性曲线。实验过程及数据详见本书第 13 章。

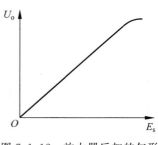

图 7.1.12　放大器反扣的勺形
传输特性曲线

反扣的勺形传输特性曲线从实践上证明了，晶体管的饱和过程的确是渐进的。

传统模拟电子技术缺乏临界工作点及输入、输出范围概念。因此，在传统理论指导下做实验，实验者对输入信号电压的范围及输出范围都茫然无知，致使输入信号电压实际值难以达到输入范围，输出电压也难以达到输出范围，结果很难做出完整的反扣的勺形曲线，只能做出其中的一段直线。

例 7.1.2　图 7.1.1 所示基本共射放大器晶体管 $\beta = 100$，$U_{cc} = 12\mathrm{V}$，忽略 U_{be} 及 U_{ces}，$R_c = R_L = 1\mathrm{k}\Omega$，试计算基极偏置电阻的最小值与临界值，晶体管集电极临界偏流 $I_{c(cr)}$、集-射临界偏置压降 $U_{ce(cr)}$ 及放大器输出范围 $U_{om(max)}$。

解　$R'_L = R_c /\!/ R_L = 1\mathrm{k}\Omega /\!/ 1\mathrm{k}\Omega = 0.5\mathrm{k}\Omega$

$R_{b(min)} = \beta R_c = 100 \times 1\mathrm{k}\Omega = 100\mathrm{k}\Omega$

$R_{b(cr)} = \beta(R_c + R'_L) = 100 \times (1\mathrm{k}\Omega + 1\mathrm{k}\Omega /\!/ 1\mathrm{k}\Omega) = 150\mathrm{k}\Omega$

$$I_{c(cr)} \approx \frac{U_{cc}}{R_c + R'_L} = \frac{12\mathrm{V}}{1\mathrm{k}\Omega + 0.5\mathrm{k}\Omega} = 8\mathrm{mA}$$

$$U_{ce(cr)} \approx \frac{R'_L}{R_c + R'_L} U_{cc} = \frac{0.5\mathrm{k}\Omega}{1\mathrm{k}\Omega + 0.5\mathrm{k}\Omega} \times 12\mathrm{V} = 4\mathrm{V}$$

$$U_{om(max)} \approx \frac{R'_L}{R_c + R'_L} U_{cc} = \frac{0.5\mathrm{k}\Omega}{1\mathrm{k}\Omega + 0.5\mathrm{k}\Omega} \times 12\mathrm{V} = 4\mathrm{V}$$

7.1.5　工作点内涵与外延及其稳定性的定量计算

1. 工作点的内涵与外延

晶体管放大器的直流偏置量包括基极偏流 I_b、集电极偏流 I_c、集-射偏置压降 U_{ce}。偏置量 I_b、I_c、U_{ce} 的总汇简称为工作点。工作点是为输出电压摆幅、效率及负载功率等最大化来设置的。在偏置量 I_b、I_c、U_{ce} 中，I_c、U_{ce} 直接影响输出幅度等指标，I_b 为 I_c、U_{ce} 服务。I_b 为 I_c 和 U_{ce} 服务，I_c 和 U_{ce} 又为输出幅度等服务。因此，I_b、U_{ce} 或 I_c 与输出幅度 $U_{om(max)}$ 组成一个服务链条。偏置量 I_b、I_c 与 U_{ce} 的作用显然不同。当晶体管 β 值由于温度原因等有所变化后，正是通过基极偏流 I_b 的变化使工作点保持临界位置。因此，基极偏流 I_b 不是工作点的核心，而是工作点的保证手段。

工作点参数分为内涵和外延。直接影响放大器输出幅度 $U_{om(max)}$ 的集电极偏流 I_c 或集-射偏压 U_{ce} 属于工作点内涵。基极偏流 I_b 为内涵服务，属于工作点外延，如图 7.1.13 所示。因 U_{ce} 与 I_c 线性相关，故属于工作点内涵的独立参数只有一个，偏压 U_{ce} 或偏流 I_c。

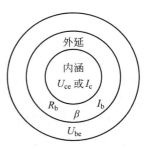

图 7.1.13　BJT 放大器工作点内涵与外延

晶体管发射结偏压 U_{be} 虽然也算是一个偏置参数，但是考虑以下两点：

（1）发射结偏压 U_{be} 对基极偏流 I_b 虽有一定影响，但影响实在有限。计算 I_b 时，U_{be} 往往被忽略不计，就是明证，故 U_{be} 连工作点外延也难算上。

（2）发射结偏压 U_{be} 离散较厉害，因此不宜用 U_{be} 判断工作点位置。

通常 U_{be} 仅仅用于判断故障。根据 U_{be} 不在 $0.5\sim0.8\mathrm{V}$ 范围内，可判断电源未工作、管子已损坏、电路有断点等故障。

整定工作点，或者根据 β、R_c、R_L 计算 $R_{b(cr)}$ 并直接接入，或者单刀直入地根据偏压 U_{ce} 或偏流 I_c 调整 R_b。切忌围着 U_{be} 打转。

考虑无须断开电路就可以测量 U_{ce}，因此应当优先用偏压 U_{ce} 表示工作点。电阻性放大器自然以偏压代表工作点。

明确工作点内涵和外延是放大器工作点定量设计的前提。设计工作点就是使偏压 U_{ce} 和偏流 I_c 达到临界值，稳定工作点就是使偏压 U_{ce} 和偏流 I_c 偏离临界值尽可能小，使输出范围损失最小。

2. 工作点稳定性

用 λ 表示偏流温度系数，$\lambda=\delta I_c/\Delta T$。因 $I_c=\beta I_b\approx\beta U_{cc}/R_b$，认为 U_{cc}、R_b 不随温度变化，则基本共射放大器偏流温度系数 λ 等于晶体管 β 值温度系数 θ。

$$\lambda=\delta I_c/\Delta T=\theta$$

根据 $U_{ce}=U_{cc}-R_c I_c$ 可得

$$\Delta U_{ce}=-R_c\Delta I_c$$
$$\Delta U_{ce}/U_{ce}=-R_c\Delta I_c/(U_{cc}-R_c I_c)=-R_c/(U_{cc}/I_c-R_c)\Delta I_c/I_c$$
$$\delta U_{ce}=-R_c/(U_{cc}/I_c-R_c)\delta I_c$$

在临界工作点上，$I_c=I_{c(cr)}$。将 $I_c=I_{c(cr)}$ 代入上式有

$$\delta U_{ce}=-R_c/(U_{cc}/I_{c(cr)}-R_c)\delta I_c=-(R_c/R'_L)\delta I_c=-[(R_c+R_L)/R_L]\delta I_c$$

用 ξ 表示偏压温度系数，$\xi=\delta U_{ce}/\Delta T$，上式两端同除以 ΔT 有

$$\delta U_{ce}/\Delta T=-[(R_c+R_L)/R_L]\delta I_c/\Delta T$$

由此得到基本共射放大器偏压温度系数 ξ 与偏流温度系数 λ 即晶体管 β 值温度系数 θ 的关系

$$\xi = -\left(1 + \frac{R_c}{R_L}\right)\theta \tag{7.1.15}$$

偏流温度系数 λ 和偏压温度系数 ξ 可统称为工作点温度系数。基本共射放大器偏压温度系数与偏流温度系数符号相反,数值较大。

基本共射放大器输出范围温度系数设为 σ,则由式(7.1.8)知

$$\sigma = \begin{cases} \lambda = \theta & (I_c \leqslant I_{c(cr)}) \\ \xi = -(1 + R_c/R_L)\theta & (I_c > I_{c(cr)}) \end{cases} \tag{7.1.16}$$

工作点不仅影响输出范围,而且影响输入电阻及电压放大倍数等指标。微调工作点可实现自动增益控制(Automatic Gain Control,AGC)。为不影响输出范围,显然 AGC 应当以临界工作点为中心展开。临界工作点可作为 AGC 的中点。

基本共射放大器偏流温度系数 λ 和偏压温度系数 ξ 等工作点温度系数的绝对值比晶体管 β 值温度系数 θ 相等甚至还要大,所以说基本共射放大器工作点没有稳定性。

7.1.6　基本共射放大电路分析计算

晶体管发射结采用恒压降模型。已知放大器 β、U_{cc}、U_{be}、R_b 及 R_c,可利用直流等效电路计算 BJT 基极偏流 I_b、集电极偏流 I_c 及集-射极偏压 U_{ce} 三个偏置参数

$$I_b = \frac{U_{cc} - U_{be}}{R_b} \approx \frac{U_{cc}}{R_b} \tag{7.1.17}$$

$$I_c = \beta I_b \tag{7.1.17a}$$

$$U_{ce} = U_{cc} - R_c I_c \tag{7.1.17b}$$

由此看出,发射结压降 U_{be} 对于基极电流 I_b 的形成是阻力。

计算结果若 $U_{ce} < 0$,则应取 $U_{ce} = U_{ces}$,或 $U_{ce} = 0$,并反计算 $I_c = U_{cc}/R_c$。

再计算代表工作点内涵的偏流电压与临界值的相对偏差

$$\delta I_c = \frac{I_c - I_{c(cr)}}{I_{c(cr)}} \times 100\% \quad 或 \quad \delta U_{ce} = \frac{U_{ce} - U_{ce(cr)}}{U_{ce(cr)}} \times 100\% \tag{7.1.18}$$

最后以 $(|\delta I_c| + |\delta U_{ce}|)/2$ 小于某百分比,如 10%,来判断工作点设计是否合理。

例 7.1.3　图 7.1.1 基本共射放大器 $\beta = 100$,$U_{cc} = 12\text{V}$,$U_{be} = 0.7\text{V}$,$R_b = 150\text{k}\Omega$,$R_c = R_L = 1\text{k}\Omega$,试计算偏置参数 I_b、I_c、U_{ce},并按照相对允差 10% 判定工作点设计是否合理。

解　$I_b = \dfrac{U_{cc} - U_{be}}{R_b} \approx \dfrac{12\text{V} - 0.7\text{V}}{150\text{k}\Omega} = 0.0753\text{mA}$

$I_c = \beta I_b = 100 \times 0.0753\text{mA} = 7.53\text{mA}$

$U_{ce} = U_{cc} - R_c I_c = 12\text{V} - 1\text{k}\Omega \times 7.53\text{mA} = 4.47\text{V}$

由例 7.1.2 知,$I_{c(cr)} = 8\text{mA}$,$U_{ce(cr)} = 4\text{V}$

$$\delta I_c = \frac{I_c - I_{c(cr)}}{I_{c(cr)}} \times 100\% = \frac{7.53 - 8}{8} \times 100\% = -5.8\%$$

$$\delta U_{ce} = \frac{U_{ce} - U_{ce(cr)}}{U_{ce(cr)}} \times 100\% = \frac{4.47 - 4}{4} \times 100\% = 12\%$$

$$(|\delta I_c| + |\delta U_{ce}|)/2 = (5.8\% + 12\%)/2 = 8.9\% < 10\%$$

由此判断工作点设计基本合理。

例 7.1.4　以例 7.1.2 及其结果和 $r_{bb'}=200\Omega$、$r_s=2.4k\Omega$ 为已知条件,计算如图 7.1.1 所示的基本共射放大器 BJT 输入电阻 r_{be}、放大器输入电阻 r_i、输出电阻 r_o、源电压放大倍数 A_u、自身电压放大倍数 A_{uz}、电流放大倍数 A_i 和功率放大倍数 A_p。

解　先用例 7.1.2 计算的集电极临界偏流 $I_{c(cr)}$,按式(5.1.2)计算 BJT 输入电阻

$$r_{be}=r_{bb'}+\beta\frac{U_T}{I_{c(cr)}}=200\Omega+80\times\frac{26}{8}\Omega=460\Omega=0.46k\Omega$$

放大器输入电阻、输出电阻、自身电压放大倍数及源电压放大倍数各为

$$r_i\approx r_{be}=0.46k\Omega,\quad r_o\approx R_c=1k\Omega$$

$$A_{uz}=-\beta\frac{R_L'}{r_{be}}=-80\times\frac{0.5}{0.46}=-87.0\text{ 倍}$$

$$A_u\approx-\beta\frac{R_L'}{r_s+r_i}=-80\times\frac{0.5}{2.4+0.46}=-14.0\text{ 倍}$$

电流放大倍数及功率放大倍数为

$$A_i=\frac{\dot{I}_o}{\dot{I}_s}\approx\beta\frac{R_c}{R_c+R_L}=80\times\frac{1}{1+1}=40\text{ 倍}$$

$$A_p=|A_uA_i|=14.0\times40=560\text{ 倍}$$

7.2　器件极限耗散功率及放大器效率分析计算

在基本共射放大器 R_b、R_c、R_L、C_1、C_2 及 BJT 共六个元器件中,C_1、C_2 不消耗功率,R_b 阻值很大功耗很少可忽略不计,BJT、R_c 及 R_L 是消耗电源 U_{cc} 输出功率的三个大户。

元器件安全工作是第一要务。元器件功率消耗分析计算是降额设计的第一步。

1. BJT 功率消耗及额定功率

仍设 BJT 集-射偏置压降为 U_{ce},集电极偏流为 I_c,交流信号电流幅度为 I_{cm},则管子的功率消耗瞬时值 $p_t\approx u_{ce}i_c=(U_{ce}-R_L'I_{cm}\sin\omega t)(I_c+I_{cm}\sin\omega t)$,化简有

$$p_t=U_{ce}I_c+(U_{ce}-R_L'I_c)I_{cm}\sin\omega t-0.5R_L'I_{cm}^2(1-\cos2\omega t)$$

临界偏置状态下 BJT 功率消耗平均值

$$P_t=U_{ce(cr)}I_{c(cr)}-0.5R_L'I_{cm}^2 \tag{7.2.1}$$

由此看出,信号电流最大 $I_{cm}=0$ 时 BJT 功率消耗达到最大值

$$P_{t(max)}=U_{ce(cr)}I_{c(cr)}=U_{cc}^2R_L'/(R_c+R_L')^2 \tag{7.2.1a}$$

信号最强 $I_{cm}=I_{c(cr)}$ 时 BJT 功率消耗反而降到最小值

$$P_{t(min)}=(U_{ce(cr)}-0.5R_L'I_{c(cr)})I_{c(cr)}=0.5P_{t(max)} \tag{7.2.1b}$$

例 7.2.1　试计算例 7.1.1 的基本共射放大器在 $I_{cm}=0$、$I_{cm}=I_{ccr}$ 时 BJT 功率消耗最大值、最小值。

解　$I_{c(cr)}=2.667mA$,$I_{cm}=0$、$I_{cm}=I_{c(cr)}$ 时 BJT 功率消耗分别达到最大值、最小值

$$P_{t(max)}=U_{ce(cr)}I_{c(cr)}=4\times2.667mW=10.667mW$$

$$P_{t(min)}=0.5P_{t(max)}=5.333mW$$

2. 安伏变换器功率消耗及额定功率

设 $R_c/R_L = x$，比值 x 是影响效率、功率等的匹配比，认为 $U_{ces} = 0$，式(7.1.9)、式(7.1.10) 可各改写为

$$I_{c(cr)} \approx \frac{1+x}{2+x} \frac{U_{cc}}{R_c} \qquad (7.1.9a)$$

$$U_{ce(cr)} = \frac{U_{cc}}{2+x} \qquad (7.1.10a)$$

安伏变换器 R_c 功率消耗瞬时值 $p_{rc} \approx R_c i_r^2 = R_c [I_c + I_{cm}/(1+x)\sin\omega t]^2$，化简有

$$p_{rc} = R_c I_c^2 + \frac{R_c}{2(1+x)^2} I_{cm}^2 (1-\cos2\omega t) + \frac{2R_c}{1+x} I_c I_{cm}\sin\omega t$$

临界偏置状态下安伏变换器 R_c 功率消耗平均值

$$P_{rc} = R_c I_{c(cr)}^2 + \frac{R_c}{2(1+x)^2} I_{cm}^2 \qquad (7.2.2)$$

信号 $I_{cm} = 0$、$I_{cm} = I_{c(cr)}$ 时安伏变换器 R_c 功率消耗分别达到最小值、最大值

$$P_{rc(min)} = R_c I_{c(cr)}^2 \qquad (7.2.2a)$$

$$P_{rc(max)} = \frac{2(1+x)^2+1}{2(2+x)^2} \frac{U_{cc}^2}{R_c} \qquad (7.2.2b)$$

例 7.2.2 试确定例 7.1.1 中安伏变换器 R_c 的功率消耗并确定其额定功率。

解 $I_{cm} = 0$、$I_{cm} = I_{c(cr)}$ 时安伏变换器 R_c 功率消耗分别达到最小值、最大值

$$P_{rc(min)} = R_c I_{c(cr)}^2 = 3 \times 2.667^2 = 21.333 \text{mW}$$

$$x = R_c/R_L = 1, \quad P_{rc(max)} = \frac{2(1+1)^2+1}{2(2+1)^2} \times \frac{12^2}{3} \text{mW} = 24 \text{mW}$$

$3k\Omega$ 安伏变换器 R_c 额定功率选择 $1/8W$ 即可，若线路板尺寸小则可选更小些。

3. 负载电阻获得功率

负载电阻获得功率瞬时值为 $p_o = R_L i_o^2$，代入放大器负载电流 i_o 有

$$p_o = R_L \left(\frac{R_c}{R_L + R_c} I_{cm}\sin\omega t\right)^2 = \frac{x^2}{2(1+x)^2} R_L I_{cm}^2 (1-\cos2\omega t)$$

负载电阻获得功率平均值

$$P_o = \frac{x^2}{2(1+x)^2} R_L I_{cm}^2 \qquad (7.2.3)$$

信号 $I_{cm} = 0$、$I_{cm} = I_{c(cr)}$ 时负载电阻功率消耗分别达到最小值、最大值

$$P_{o(min)} = 0 \qquad (7.2.3a)$$

$$P_{o(max)} = \frac{x^2}{2(1+x)^2} R_L I_{c(cr)}^2 = \frac{x}{(2+x)^2} \frac{U_{cc}^2}{2R_c} \qquad (7.2.3b)$$

例 7.2.3 试确定例 7.1.1 中基本共射放大器的负载电阻功率消耗最大值。

解 $P_{o(max)} = \frac{1}{(2+1)^2} \frac{12^2}{2 \times 3} \text{mW} = 2.667 \text{mW}$

4. 基本共射放大器中的功率平衡

BJT 管子、安伏变换器 R_c 与负载电阻 R_L 这三项功率消耗之和应当等于直流电源输出

功率 P_s，下面予以证明。

用式(7.2.1)、式(7.2.2)、式(7.2.3)，在不考虑信号幅度大小的最一般情况下有

$$P_t + P_{rc} + P_o = U_{ce}I_c - 0.5R'_LI^2_{cm} + R_cI^2_c + \frac{R_L}{2(R_c+R_L)}R'_LI^2_{cm} + \frac{R_c}{2(R_c+R_L)}R'_LI^2_{cm}$$

$$= U_{ce}I_c + R_cI^2_c = U_{ce}I_c + U_{rc}I_c = (U_{ce} + U_{rc}I_c) = U_{cc}I_c = P_s$$

$U_{cc}I_c$ 正是直流电源平均输出功率 P_s，证毕。

此关系与交流信号电流幅度无关。说明不论交流信号幅度大小如何，BJT 管子、安伏变换器 R_c 与负载电阻 R_L 这三项平均功率消耗之和恒等于直流电源输出功率，而且证明了直流电源 U_{cc} 功率消耗是常数，电源电流是常数，与所放大的信号幅度无关。

就例 7.2.1、例 7.2.2、例 7.2.3 放大器处于临界偏置状态满幅输出情况来说，有

$$P_{t(min)} + P_{rc(max)} + P_{o(max)} = (5.333 + 24 + 2.667)\,\text{mW} = 32\,\text{mW}$$

就例 7.2.1、例 7.2.2、例 7.2.3 放大器处于临界偏置状态且无信号情况来说，有

$$P_{t(max)} + P_{rc(min)} + P_{o(min)} = (10.667 + 21.333 + 0)\,\text{mW} = 32\,\text{mW}$$

电源功率消耗 $P_s = U_{cc}I_{c(cr)} = 12 \times 2.667\,\text{mW} = 32\,\text{mW}$，两者正好相等。

随着信号幅度从 0 开始增长，安伏变换器 R_c 消耗电源输出功率的 67%～75%，消耗功率最多，BJT 消耗电源输出功率的 33%～17%，负载消耗功率仅占 0～8.3%。

就是说，基本共射放大器安伏变换器 R_c 是直流电源功率消耗的第一大户，其次是 BJT，负载电阻 R_L 得到的功率反而最少，直观地说明该类放大器的效率较低。

5. 基本共射放大器效率[34]

放大器效率和负载功率要达到最大，需要同时满足下列三个条件。

(1) 放大器极限输出幅度达到最大，即放大器调整到临界状态。

(2) 输出交流电压幅度达到最大，即输入信号足够大使放大器满幅度输出。

(3) 放大器与负载电阻匹配。

这三项条件构成放大器效率和负载功率达到最大的必要充分条件。

负载功率消耗显然还与匹配比 x 有关。将式(7.2.3b)对 x 微分得到

$$\frac{dP_o}{dx} = \frac{2-x}{(2+x)^3}\frac{U^2_{cc}}{2R_c}$$

令 $dP_o/dx = 0$ 得到另一层次的负载功率最大条件

$$x = 2 \qquad\qquad ①$$

将 $x = 2$ 代入式(7.2.3b)可得到基本共射放大器负载消耗最大功率

$$P_{o(max)} = P(x)\Big|_{x=2} = \frac{U^2_{cc}}{16R_c} = 0.0625\frac{U^2_{cc}}{R_c} \qquad (7.2.4)$$

放大器直流电源输出功率平均值

$$P_s = P_s(x) = U_{cc}I_{c(cr)} = \frac{1+x}{2+x}\frac{U^2_{cc}}{R_c}$$

交流负载功率平均值与放大器电源平均输出功率的比值 $\eta = \eta(x) = P_o(x)/P_s(x)$，代入式(7.2.3b)得到放大器效率函数

$$\eta = \eta(x) = \frac{P_o(x)}{P_s(x)} = \frac{1}{2}\frac{x}{(1+x)(2+x)} \qquad (7.2.5)$$

微分有 $\dfrac{\mathrm{d}\eta}{\mathrm{d}x}=\dfrac{1}{2}\dfrac{2-x^2}{(x^2+3x+2)^2}$，令 $\dfrac{\mathrm{d}\eta}{\mathrm{d}x}=0$，取有意义的那个根有

$$x=\sqrt{2} \qquad\qquad ②$$

将 $x=\sqrt{2}$ 代入式(7.2.5)得到基本共射放大器效率最大值(一般称为效率)

$$\eta=\eta_{\max}=\eta(x)\big|_{x=\sqrt{2}}=1.5-\sqrt{2}\approx 8.6\%$$

通常某类放大器效率就是指这一类放大器效率所能达到的最大值。

基本共射放大器效率 $\eta=8.6$ 的结论与刁修睦先生的分析计算结果一致。

把 BJT 在交流信号的完整周期内一直导通的放大器称为甲类放大器，把采用电阻作安伏变换器的放大器称为电阻性放大器。如图 7.1.1 所示的基本共射放大器是一种典型的电阻性甲类放大器。基本共射放大器的输出幅度在所有电阻性甲类放大器的输出幅度中是最大的。因此，电阻性甲类放大器效率最大只能达到 8.6％。

对照式①与式②可以看出，理论上基本共射放大器效率最大条件与负载功率最大条件并不相同，实际上如何呢？

根据负载功率函数式(7.2.3b)和放大器效率函数式(7.2.5)可以分别画出基本共射放大器的负载功率特性曲线和放大器效率特性曲线，见图 7.2.1。效率特性曲线的拐点为 $(2.85,7.6\%)$，功率曲线拐点为 $(4,0.056U_{cc}^2/R_c)$。

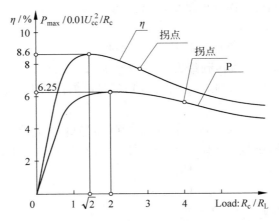

图 7.2.1　基本共射放大器效率及负载功率特性曲线

从负载功率特性曲线和效率特性曲线上可以发现，效率最大点和负载功率最大点虽然有所不同，但是差别不是很大。即，基本共射放大器效率和负载功率几乎同时达到最大。

为详细对比可以进行以下计算：

$x=\sqrt{2}$ 时，$P(x)=0.061U_{cc}^2/R_c$，$P(x)/P_{\max}=0.061/0.0625=98\%$，$\eta(x)=\eta_{\max}=8.6\%$

$x=2$ 时，$P(x)=P_{\max}=0.0625U_{cc}^2/R_c$，$\eta(x)=8.3\%$，$\eta(x)/\eta_{\max}=8.3/8.6=97\%$

$x=1$ 时，$P(x)=0.056U_{cc}^2/R_c$，$P(x)/P_{\max}=0.056/0.0625=90\%$，$\eta(x)=8.3\%$

根据以上计算结果，可以做出基本共射放大器效率、负载最大功率与输出电压最大幅度变化对照表，见表 7.2.1。

表 7.2.1 不同电阻匹配比 x 下的效率、负载最大功率与输出电压最大幅度对照表

电阻比 $x = \dfrac{R_c}{R_L}$	功率 $P\left(\dfrac{U_{cc}^2}{R_c}\right)$	功率比 $\dfrac{P}{P_{\max}}$	效率 η	效率比 $\dfrac{\eta}{\eta_{\max}}$	输出电压最大幅度 $U_{om(max)}$	输出电压最大幅度比
0.5	0.04	0.64	6.7%	0.78	$0.40U_{cc}$	80%
1	0.056	0.89	8.3%	0.97	$0.33U_{cc}$	67%
$\sqrt{2}$	0.061	0.97	8.6%	1	$0.29U_{cc}$	59%
2	0.0625	1	8.3%	0.97	$0.25U_{cc}$	50%

表 7.2.1 中的输出电压最大幅度比是指某电阻比下的输出电压最大幅度 $U_{om(max)} = U_{cc}/(2+R_c/R_L)$ 与 $R_c/R_L = 0$ 空载条件下的输出电压最大幅度 $U_{om(max)} = 0.5U_{cc}$ 的比值。

可看出,虽然基本共射放大器效率与不失真负载功率理论上不能同时达到最大,但电阻比 $R_c/R_L = 1$ 时,负载功率可以达到最大值的 89%,效率可达最大值的 97%,而输出范围达到空载时的 67%。因此,兼顾负载最大功率、效率和输出范围时,实际上可取电阻比 $R_c/R_L = 1$。就是说,取电阻比 $R_c/R_L = 1$ 通常是一个既简单又比较合理的设计方案。

综合考虑电压增益、输出范围、负载和效率,可按照以下原则选择 R_c:

(1) 空载时或者后级放大器是射随器,取 $R_c = 1 \sim 3\text{k}\Omega$。

(2) 负载电阻 R_L 为 kΩ 数量级时可取 $R_c \approx R_L$。

(3) R_L 更小,共射放大器就得退场,而改用射随器甚至功率放大器了。

(4) 负载匹配有时会与抑制非线性失真的要求相抵触。这时,应当毫不犹豫地把负载匹配搁在第二位,优先考虑如何才能将非线性失真抑制到最小。

7.3 放大器频率特性分析计算

7.3.1 频率特性的经典表达——伯德图及其来历

先熟悉角频率 ω 与频率 f 的关系,以及采用对数频率坐标轴及增益的好处。

1. 角频率 ω 及其与频率 f 的 2π 倍关系

周期 T 的倒数就是频率 f。用 t 表达时间瞬时值,ft 是周期数瞬时值,$2\pi ft$ 是电角度瞬时值,电压有效值为 U 的电容电压瞬时值 u 可表达为

$$u = \sqrt{2}U\sin(2\pi ft)$$

$2\pi f$ 称为角频率,用 ω 表示。角频率 ω 与频率 f 的关系

$$\omega = 2\pi f$$

通常书写时省略包围 ωt 的括号。电容电压瞬时值可简化表达为

$$u = \sqrt{2}U\sin\omega t$$

2. 角频率 ω 与时间常数 RC 的倒数关系

设电容 C 加有正弦电压 $u = \sqrt{2}U\sin\omega t$,其电荷 q 与电压 u 的关系为 $q = Cu$,则电流 $i = \mathrm{d}q/\mathrm{d}t = C\mathrm{d}u/\mathrm{d}t = \sqrt{2}U\omega C\cos\omega t$。将 $i = \sqrt{2}U\omega C\cos\omega t$ 与标准的正弦电流瞬时值表达式 $i = \sqrt{2}I\cos\omega t$ 对照,可看出 $U\omega C = I$,说明电压有效值 U 与 ωC 的乘积 $U\omega C$ 就是电流有效值 I,

再与欧姆定律 $U/R=I$ 对比可知，ωC 的量纲是电阻的倒数，$\omega C=1/R$，即 $1/RC=\omega$。这说明 RC 电路的时间常数 $\tau=RC$ 的倒数不是频率 f，而是角频率 ω。

3. 频率特性函数的表达方式——对数频率、增益及伯德图

认识放大器等电路或系统的频率特性，首先要明确以下几点。

1）表达频率特性的自变量通常不是直接用频率 f，而是用角频率 ω

电压放大倍数或输出电压大小与信号角频率的关系统称为频率特性

$$A=A(\omega)$$

2）频率特性分解为幅频特性与相频特性

从频率特性函数 $A=A(\omega)$ 可以分解出幅频特性函数 $|A(\omega)|$ 和相频特性函数 $\varphi(\omega)$

$$|A|=|A(\omega)|$$

$$\varphi=\varphi(\omega)$$

3）频率特性函数常用对数频率坐标轴

频率比的对数 $\lg(\omega/\omega_1)$ 称为对数频率，也称为对数频率坐标，ω_1 为常数。频率 ω 变化 10 倍称为十倍频程（decade），符号为 dec。例如，频率从 10Hz 增加到 100Hz，从 100Hz 增加到 1kHz，都称为增加 10 倍频程（1 个 dec）。对数频率坐标的优点是：频率变化 10 倍，即十倍频程，不论是从 1Hz 变化到 10Hz，或从 10Hz 变化到 100Hz，还是从 100Hz 增加到 1kHz，对数频率 $\lg\omega/\omega_1$ 的变化量都是 1。对数频率坐标轴的优点是，需要仔细观察分析的低频段自然得到延宽，而只要了解走向的高频段自然受到压缩。

放大倍数幅频特性函数 $|A(\omega)|$ 的 20 倍对数 $L(\omega)=20\lg|A(\omega)|$ 称为对数幅频特性，或增益。增益单位为分贝（decibel），符号为 dB。$L(\omega)$ 与 $|A(\omega)|$ 同步增长。$|A(\omega)|<1$ 时，$L(\omega)<0$；$|A(\omega)|=1$ 时，$L(\omega)=0$；$|A(\omega)|>1$ 时，$L(\omega)>0$。只要放大倍数变化 10 倍，不论是从 1 倍变化到 10 倍，还是从 10 倍变化到 100 倍，增益 $L(\omega)$ 都是变化 20dB。

每 10 倍频程上增益变化 1 分贝，用符号 dB/dec 表示。例如，在一个 10 倍频程内电压放大倍数从 10 增加到 100，对应增益若上升 $20\lg(100/10)=20\text{dB}$，则写为 20dB/dec。

4）对数幅频特性与半对数相频特性统称为伯德图

增益的优点是把乘法简化为加法。增益与对数频率的关系称为全对数幅频特性，简称对数幅频特性。相位移与对数频率的关系，即只有频率横坐标采用对数分度的相频特性称为半对数相频特性。对数幅频特性与半对数相频特性总称为伯德图，以纪念美国科学家伯德（Hendrik Wade Bode，1905—1982）。

伯德图的对数幅频特性函数、相频特性函数分别表达为

$$L(\omega)=20\lg|A(\omega)|$$

$$\varphi=\varphi(\omega)$$

伯德图中的对数幅频特性曲线和半对数相频特性曲线的低频段、中频段和高频段都有自然贴合的渐近线，具有自然舒展等优点。画图时，一般先画出各个渐近线，即可完成近似作图。精度要求较高时再过转折点作曲线与渐近线光滑连接，即可画出精度足够高的对数频率特性曲线。

上、下限频率用 -3dB 来判定。原因一是增益变化率为 $\pm20\text{dB/dec}$ 时，转折频率即是上、下限频率，能直观地凭渐近线的交点判断上、下限频率；二是计算简单，令放大倍数算式中分母的实部与虚部相等，即有放大倍数等于中频值的 $1/\sqrt{2}$，即 -3dB 条件。

7.3.2　基本共射放大电路频率特性函数

频率特性函数是分析放大器频率特性的主要手段。

为构建频率特性函数,首先把图7.1.2(d)单独画出,如图7.3.1所示。

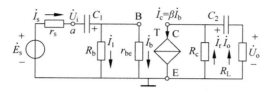

图7.3.1　基本共射放大器交流通路

根据图7.3.1可以写出基本共射放大器低端频率特性函数

$$A(\omega) = \frac{\dot{U}_o}{\dot{E}_s} = -\beta \frac{R_b}{R_b + r_{be}} \frac{R_c}{r_s + r_i + 1/j\omega C_1} \frac{R_L}{R_c + R_L + 1/j\omega C_2}$$

频率高端 $\beta = \beta_0/(1 + \omega/\omega_\beta)$,代入上式,得到基本共射放大器频率特性函数

$$A(\omega) = \frac{\dot{U}_o}{\dot{E}_s} = -\frac{\beta_0}{1 + j\omega/\omega_\beta} \frac{R_b}{R_b + r_{be}} \frac{R_c}{r_s + r_i + 1/j\omega C_1} \frac{R_L}{R_c + R_L + 1/j\omega C_2} \quad (7.3.1)$$

输入耦合电容串联在信号源内阻与放大器输入电阻中间,直接影响信号源电流。频率越低,电容容抗越大,信号源电流及基极电流就越小,实质等同于几乎无信号可放大,犹如无米之炊,因此电压增益要降低。

输出耦合电容与负载电阻串联,与安伏变换器并联。频率越低,电容容抗越大,电容及负载电阻这一路分流就越小,电压增益也要降低。

给式(7.3.1)等号右边的第三、四两个分式的分子分母同乘以 $j\omega$,第三个分式的分子分母同除以 $(r_s + r_i)$,得到因子 $(r_s + r_i)C_1$,令 $(r_s + r_i)C_1 = \tau_1$,τ_1 称为输入侧时间常数,$\omega_1 = 1/\tau_1$ 称为一号转折角频率,$f_1 = 1/2\pi\tau_1$ 称为一号转折频率。

$$\tau_1 = (r_s + r_i)C_1, \quad \omega_1 = 1/\tau_1, \quad f_1 = \omega_1/2\pi = 1/2\pi\tau_1 \quad (7.3.2)$$

给式(7.3.1)等号右边的第四个分式的分子分母同除以 $(R_c + R_L)$,得到因子 $(R_c + R_L)C_2$,令 $(R_c + R_L)C_2 = \tau_2$,$\tau_2 = (R_c + R_L)C_2$ 称为输出侧时间常数,$\omega_2 = 1/\tau_2$ 称为二号转折角频率,$f_2 = 1/2\pi\tau_2$ 称为二号转折频率。R_c 是共射放大器输出电阻 r_o。将 R_c 改为输出电阻 r_o,输出端时间常数一般可表达为

$$\tau_2 = (r_o + R_L)C_2, \quad \omega_2 = 1/\tau_2, \quad f_2 = \omega_2/2\pi = 1/2\pi\tau_2 \quad (7.3.3)$$

式(7.3.2)、式(7.3.3)都具有组态通用性。式(7.3.2)中输入电阻 r_o 按照哪种放大器组态来计算,就能计算哪种放大器的输入端时间常数。式(7.3.3)中输出电阻 r_o 按照哪种放大器组态来计算,就能计算哪种放大器的输出端时间常数。

式(7.3.1)改写为

$$A(\omega) = \frac{\dot{U}_o}{\dot{E}_s} = -\frac{j\omega}{\omega_1 + j\omega} \frac{j\omega}{\omega_2 + j\omega} \frac{1}{1 + j\omega/\omega_\beta} \beta_0 \frac{R_b}{R_b + r_{be}} \frac{R'_L}{r_s + r_i}$$

上式后三项是电压放大倍数的绝对值 $|A_u|$。由此得到基本共射放大器频率特性函数

$$A(\omega)=-\frac{\mathrm{j}\omega/\omega_1}{1+\mathrm{j}\omega/\omega_1}\frac{\mathrm{j}\omega/\omega_2}{1+\mathrm{j}\omega/\omega_2}\frac{1}{1+\mathrm{j}\omega/\omega_\beta}|A_\mathrm{u}| \tag{7.3.4}$$

增益降低的转折频率也称为极点频率,增益增加的转折频率也称为零点频率。

从式(7.3.4)提取出基本共射放大器对数幅频特性函数及相频特性函数

$$L(\omega)=20\lg\left(\frac{\omega/\omega_1}{\sqrt{1+(\omega/\omega_1)^2}}\right)+20\lg\left(\frac{\omega/\omega_2}{\sqrt{1+(\omega/\omega_2)^2}}\right)$$
$$-10\lg[1+(\omega/\omega_\beta)^2]+20\lg|A_\mathrm{u}| \tag{7.3.5}$$

$$\varphi(\omega)=-\arctan(\omega/\omega_1)-\arctan(\omega/\omega_2)-\arctan(\omega/\omega_\beta) \tag{7.3.6}$$

1. 低频特性函数及低频渐近线

低频时 $\omega/\omega_1<1$、$\omega/\omega_2<1$、$\omega/\omega_\beta\ll1$,式(7.3.4)、式(7.3.5)、式(7.3.6)各自演变为

$$A_\mathrm{u}(\omega)\approx\frac{\omega}{\omega_1}\frac{\omega}{\omega_2}|A_\mathrm{u}| \tag{7.3.4a}$$

$$L(\omega)=20\lg|A(\omega)|\approx20\lg(\omega/\omega_1)+20\lg(\omega/\omega_2)+20\lg|A_\mathrm{u}| \tag{7.3.5a}$$

$$\varphi(\omega)=-\arctan\omega/\omega_1-\arctan\omega/\omega_2 \tag{7.3.6a}$$

这表明:在频带下端,基本共射放大器输出与输入信号之间的相移为 $0°\sim-180°$。

若 $\omega_1=\omega_2$、$\omega\ll\omega_1$,设 $\omega=\omega_1$ 时 $x=0$,即设 $x=\lg(\omega/\omega_1)$,则式(7.3.5a)演变为

$$L(\omega)=20\lg(\omega^2/\omega_1\omega_2)=40\lg(\omega/\omega_1)=40x+20\lg|A_\mathrm{u}| \tag{7.3.5b}$$

这条斜率为 40dB/dec 的直线就是 $\omega_1=\omega_2$ 条件下的低频特性曲线的渐近线。

2. 中频特性函数

中频时 $\omega/\omega_\beta\ll1$,$\omega/\omega_1\gg1$,$\omega/\omega_2\gg1$,式(7.3.4)、式(7.3.5)、式(7.3.6)各自演变为

$$A(\omega)=-|A_\mathrm{u}| \tag{7.3.4b}$$

$$L(\omega)=20\lg|A_\mathrm{u}| \tag{7.3.5c}$$

$$\varphi(\omega)=-180° \tag{7.3.6b}$$

这再次表明:频带内基本共射放大器输出与输入信号呈反相态势。

3. 高频特性函数及高频渐近线

高频时 $\omega/\omega_1\gg1$,$\omega/\omega_2\gg1$,$\omega/\omega_\beta\gg1$,式(7.3.4)、式(7.3.5)、式(7.3.6)各自演变为

$$A(\omega)=\frac{\dot{U}_\mathrm{o}}{\dot{E}_\mathrm{s}}=-\frac{1}{1+\mathrm{j}\omega/\omega_\beta}|A_\mathrm{u}| \tag{7.3.4c}$$

$$L(\omega)=20\lg|A(\omega)|=-10\lg[1+(\omega/\omega_\beta)^2]+20\lg|A_\mathrm{u}| \tag{7.3.5d}$$

$$\varphi(\omega)=-\arctan\omega/\omega_\beta-180° \tag{7.3.6c}$$

这表明在频带上端,基本共射放大器输出与输入信号之间的相移为 $-180°\sim-270°$。

条件 $\omega\gg\omega_\beta$ 成立时,式(7.3.5d)变为

$$L(\omega)=-20\lg(\omega/\omega_\beta)+20\lg|A_\mathrm{u}|$$
$$=-20\lg[(\omega/\omega_1)/(\omega_\beta/\omega_1)]+20\lg|A_\mathrm{u}|$$
$$=-20(x-x_\beta)+20\lg|A_\mathrm{u}|$$

其中 $x_\beta=20\lg(\omega_\beta/\omega_1)$,即有

$$L(\omega)=-20(x-x_\beta)+20\lg|A_\mathrm{u}| \tag{7.3.5e}$$

这条过横轴上 $x=x_\beta$ 点、斜率为 -20dB/dec 的直线就是高频特性曲线的渐近线。

在 $\omega_1=\omega_2$ 条件下,式(7.3.5b)、式(7.3.5c)与式(7.3.5e)组成对数幅频特性曲线的渐近线框架。曲线绘制精度要求不高时,渐近线框架就能代表对数幅频特性曲线。

7.3.3　频带参数分析与耦合电容设计(10μF 的来历)

2006 年,笔者根据频率特性函数式(7.3.4)总结出一种放大器下限频率计算方法。

1. 已知耦合电容分析计算下限频率

在频带下限,$\omega\ll\omega_\beta$,频率特性函数式(7.3.4)的第三个分式近似为 1,该式演变为

$$A(\omega)=-\frac{\mathrm{j}\omega}{\omega_1+\mathrm{j}\omega}\frac{\mathrm{j}\omega}{\omega_2+\mathrm{j}\omega}|A_\mathrm{u}| \tag{7.3.7}$$

由此可看出,信号角频率 ω 越小,则幅频特性函数 $|A(\omega)|$ 就越小。

在上式中令幅频特性函数 $|A(\omega)|=|A_\mathrm{u}|/\sqrt{2}$,则 $\omega=\omega_\mathrm{L}$,有下限频率条件

$$\frac{\omega_\mathrm{L}}{\sqrt{\omega_\mathrm{L}^2+\omega_1^2}}\frac{\omega_\mathrm{L}}{\sqrt{\omega_\mathrm{L}^2+\omega_2^2}}=\frac{1}{\sqrt{2}} \tag{7.3.8}$$

平方去根号,可得到以 ω_L^2 为未知数的一元二次方程

$$\omega_\mathrm{L}^4-(\omega_1^2+\omega_2^2)\omega_\mathrm{L}^2-\omega_1^2\omega_2^2=0$$

该方程确立了下限频率与转折频率即有关电阻及耦合电容之间的关系。其中一个有意义的解就是放大器下限角频率

$$\omega_\mathrm{L}=\sqrt{\omega_1^2+\omega_2^2+\sqrt{(\omega_1^2+\omega_2^2)^2+4\omega_1^2\omega_2^2}}\,/\sqrt{2} \tag{7.3.9}$$

$$\omega_\mathrm{L}=\sqrt{1+(\omega_2/\omega_1)^2+\sqrt{1+6(\omega_2/\omega_1)^2+(\omega_2/\omega_1)^4}}\,\omega_1/\sqrt{2} \tag{7.3.9a}$$

该公式记载于 2009 年笔者在中国电力出版社出版的《模拟电子技术》[8]以及 2013 年在清华大学出版社出版的《模拟电子技术》(修订版)[9]两本书以及研究论文[35]中。

该公式可用于 τ_2、τ_1 大小关系不限的任意情况下计算各种组态的 BJT、FET 电容耦合放大器的下限频率。但它根号套根号,明显复杂,使用不便。

2013 年 12 月笔者承担长沙大学 2012 级电气工程自动化专业 1、2、3 班模拟电子技术课程设计教学任务时,学生伍莹柯等指出这种下限频率计算公式太复杂,用起来有点难。

大家的要求和意见就是笔者工作的动力和新的起点。自此笔者开始考虑,如何在基本保证计算精度的条件下简化计算方法。

2014 年,笔者对放大器下限频率计算公式改进如下。

两转折频率相等即 $\omega_2=\omega_1$ 时,用理论公式(7.3.9)可计算出

$$\omega_\mathrm{L}=\left(\sqrt{1+1+\sqrt{(1+1)^2+4}}\,/\sqrt{2}\right)\omega_1=\sqrt{1+\sqrt{2}}\,\omega_1=\left(\sqrt{1+\sqrt{2}}\,/\sqrt{2}\right)\sqrt{\omega_1^2+\omega_2^2}$$

$$=(1.554/1.414)\sqrt{\omega_1^2+\omega_2^2}\approx1.099\sqrt{\omega_1^2+\omega_2^2}\approx1.10\sqrt{\omega_1^2+\omega_2^2}$$

就是说,$\omega_2=\omega_1$ 时可取两个转折频率的方均根值的 1.099 倍作为下限频率。

ω_2、ω_1 相近时也可用式子 $\omega_\mathrm{L}=1.099\sqrt{\omega_1^2+\omega_2^2}$ 计算下限频率。

可是,ω_2、ω_1 相差越大,近似公式 $\omega_\mathrm{L}=1.099\sqrt{\omega_1^2+\omega_2^2}$ 的计算误差就越大。

两转折频率 ω_2、ω_1 相差很大,极限情况 $\omega_2\gg\omega_1$ 或 $\omega_1\gg\omega_2$,理论值应为 $\omega_\mathrm{L}\approx\max(\omega_1,\omega_2)$,式子 $\omega_\mathrm{L}=1.099\sqrt{\omega_1^2+\omega_2^2}$ 的下限频率计算误差高达 10%。

用比例因子 $\min(\omega_1,\omega_2)/\max(\omega_1,\omega_2)$ 对系数 0.099 或 0.1 进行修正,可得到适合于三大组态的 BJT、FET 放大器下限频率计算公式

$$\omega_L \approx \left[1+0.099\frac{\min(\omega_1,\omega_2)}{\max(\omega_1,\omega_2)}\right]\sqrt{\omega_1^2+\omega_2^2},\quad f_L \approx \left[1+0.099\frac{\min(f_1,f_2)}{\max(f_1,f_2)}\right]\sqrt{f_1^2+f_2^2}$$

(7.3.10)

该式在 ω_2、ω_1 相等及相差很大时均无计算误差。ω_2、ω_1 相近时计算误差分析如下。

设 $\omega_2 \leqslant \omega_1$。取 $\omega_2/\omega_1=0,0.1,0.2,0.3,0.4,0.5,0.6,0.7,0.8,0.9,1$,用式(7.3.9)计算理论值,用式(7.3.10)计算经验值及其误差,如表 7.3.1 所示。可见,计算误差限于 2%。

表 7.3.1　经验公式计算误差

ω_2/ω_1	0	0.1	0.2	0.3	0.4	0.5	0.6	0.7	0.8	0.9	1
理论值/ω_1	1	1.010	1.038	1.080	1.133	1.194	1.260	1.329	1.402	1.477	1.554
经验值/ω_1	1	1.015	1.040	1.075	1.120	1.173	1.236	1.305	1.382	1.465	1.554
计算误差	0	0.5%	0.2%	−0.5%	−1.2%	−1.7%	−2.4%	−2.4%	−1.4%	−1.2%	0.0%

由此得到方便记忆和使用,计算精度较高,计算误差较小(相对计算误差<2%)的放大器下限角频率 ω_L 及下限频率 f_L 近似计算公式。

注意到 $\dfrac{\min(\omega_1,\omega_2)}{\max(\omega_1,\omega_2)}=\dfrac{\min(1/\tau_1,1/\tau_2)}{\max(1/\tau_1,1/\tau_2)}=\dfrac{1/\tau_{\max}}{1/\tau_{\min}}=\dfrac{\tau_{\min}}{\tau_{\max}}=\dfrac{\min(\tau_1,\tau_2)}{\max(\tau_1,\tau_2)}$,上述公式可改写为

$$\omega_L \approx \left[1+0.099\frac{\min(\tau_1,\tau_2)}{\max(\tau_1,\tau_2)}\right]\sqrt{\tau_1^{-2}+\tau_2^{-2}}$$

(7.3.10a)

放大器下限频率计算公式有这么多形式,用起来非常灵活方便。

修正系数 0.099 可简化为 0.1。

例 7.3.1　如图 7.1.1 所示的基本共射放大器 $r_i=0.5\mathrm{k\Omega}$,$r_s=0.5\mathrm{k\Omega}$,$C_1=C_2=10\mu\mathrm{F}$,$R_c=R_L=1\mathrm{k\Omega}$,试计算放大器下限频率 f_L。

解　$\tau_1=(r_s+r_i)C_1=(0.5+0.5)\times 10\mathrm{ms}=10\mathrm{ms}$,$\omega_1=1/\tau_1=1/0.01\mathrm{s}=100/\mathrm{s}$

$\tau_2=(R_c+R_L)C_2=(1+1)\times 10\mathrm{ms}=20\mathrm{ms}$,$\omega_2=1/\tau_2=1/0.02\mathrm{s}=50/\mathrm{s}$

$\omega_L \approx \left(1+0.099\dfrac{\omega_{\min}}{\omega_{\max}}\right)\sqrt{\omega_1^2+\omega_2^2}=\left(1+0.099\times\dfrac{50}{100}\right)\sqrt{100^2+50^2}=117.3\mathrm{rad/s}$

$f_L=\omega_L/2\pi=117.3/6.283\mathrm{Hz}=19\mathrm{Hz}$

如图 7.1.1 所示的基本共射放大器,信号源内阻 $r_s=1.6\mathrm{k\Omega}$、晶体管 $\beta=100$、基极偏置电阻 $R_b=100\mathrm{k\Omega}$、集电极安伏变换器 $R_c=1\mathrm{k\Omega}$、负载电阻 $R_L=1\mathrm{k\Omega}$,此时 r_i 大约为 $0.4\mathrm{k\Omega}$,$\tau_1=\tau_2\approx 20\mathrm{ms}$,按照这种新计算方法,下限频率计算结果为 12.3Hz,Multisim11.0 仿真结果是 14.6Hz,计算与仿真基本一致。

2. 根据下限频率要求设计耦合电容——揭开 $10\mu\mathrm{F}$ 耦合电容的来历

考虑几何平均,由式(7.3.8)可得到

$$\omega_L\tau_1=\sqrt{1+\sqrt{2}}\approx 1.554$$

$$\omega_L\tau_2=\sqrt{1+\sqrt{2}}\approx 1.554$$

将下限角频率 ω_L 换算成下限频率 f_L,得到下限频率与时间常数之间的约束条件

$$\begin{cases} f_{\mathrm{L}}\tau_1 \approx 0.25 \\ f_{\mathrm{L}}\tau_2 \approx 0.25 \end{cases} \tag{7.3.11}$$

展开 τ_1、τ_2 得到下限频率 f_{L} 与有关电阻和耦合电容的关系

$$\begin{cases} f_{\mathrm{L}}(r_{\mathrm{s}} + r_{\mathrm{i}})C_1 \approx 0.25 \\ f_{\mathrm{L}}(R_{\mathrm{c}} + R_{\mathrm{L}})C_2 \approx 0.25 \end{cases}$$

已知下限频率和有关电阻，由上式可得到耦合电容设计计算公式

$$\begin{cases} C_1 \approx \dfrac{1}{4f_{\mathrm{L}}(r_{\mathrm{s}} + r_{\mathrm{i}})} \\ C_2 \approx \dfrac{1}{4f_{\mathrm{L}}(R_{\mathrm{c}} + R_{\mathrm{L}})} \end{cases} \tag{7.3.11a}$$

可以看出，要求放大器下限频率 f_{L} 越低，频带越宽，耦合电容就越大。

例 7.3.2　图 7.1.1 所示基本共射放大器 $R_{\mathrm{c}}=1\mathrm{k}\Omega$，$R_{\mathrm{L}}=1\mathrm{k}\Omega$，$r_{\mathrm{s}}=1\mathrm{k}\Omega$，$r_{\mathrm{i}} \approx r_{\mathrm{be}}=1\mathrm{k}\Omega$，要求下限频率 $f_{\mathrm{L}}=12.5\mathrm{Hz}$，试确定输入耦合电容 C_1 和输出耦合电容 C_2。

解　$C_1 = C_2 = \dfrac{1}{4 \times 12.5 \times (1 \times 10^3 + 1 \times 10^3)} = 10 \times 10^{-6}\mathrm{F} = 10\mu\mathrm{F}$

很多模拟电子学著作都写着的耦合电容 $C_2 = C_1 = 10\mu\mathrm{F}$，原来是这么计算出来的。

实际上，信号源内阻 r_{s} 与 BJT 基极输入电阻 r_{be} 之和通常在几 $\mathrm{k}\Omega$，而安伏变换器 R_{c} 与负载电阻 R_{L} 之和也在几 $\mathrm{k}\Omega$。因此，BJT 放大器选用 $10\mu\mathrm{F}$ 耦合电容能保证放大器下限频率在 $20\mathrm{Hz}$ 左右，使大于 $20\mathrm{Hz}$ 的音频信号都能得到充分放大。

3. 上限频率

由式(7.3.1)知，基本共射放大器电压放大倍数 $|A_{\mathrm{u}}|$ 与晶体管 β 值成正比。晶体管 β 值下降多少，放大器 $|A_{\mathrm{u}}|$ 就下降多少。故基本共射放大器上限频率 f_{h} 等于晶体管截止频率 f_{β}

$$f_{\mathrm{h}} \approx f_{\beta} \tag{7.3.12}$$

7.3.4　对数频率特性——伯德图

参阅 3.4 节介绍的伯德图的画法，针对 $\omega_2 = \omega_1$、$\omega_{\beta}/\omega_1 = 10^5$、$|A_{\mathrm{u}}| = 1$ 的情况绘制电容耦合基本共射放大器对数频率特性(伯德图)。

对数频率横坐标轴每 10 倍频程(1dec)用 1cm 线段表示，需要观察的对数幅频特性曲线上两个转折频率比值为 $\omega_{\beta}/\omega_1 = 10^5$ 即 5 个 dec，故对数频率坐标轴长度至少为 5cm，向两侧各延伸 1 单位，确定对数频率坐标横轴长度为 7cm。

以 $\omega = \omega_1$ 为横坐标轴零点，纵轴与横轴相交于 $x = \lg\omega/\omega_1 = -1$ 处。

选取铅直增益坐标轴代表 20dB 的线段长度等于 0.5cm。本例对数幅频特性曲线分贝数为 $-40 \sim 0\mathrm{dB}$，因此其铅直轴自原点向下取 1cm，再上下延长少许。

选取铅直坐标轴代表 $90°$ 的线段长度亦等于 0.5cm。本例相频特性曲线相位差为 $0° \sim -270°$，因此其铅直轴自原点向下取 1.5cm，再上下延长少许。

中频段，对数幅频特性曲线渐近线为水平线 $L = 20\lg|A_{\mathrm{u}}|$，这里设 $|A_{\mathrm{u}}| = 1$，故渐近线为水平线 $L = 20\lg|A_{\mathrm{u}}| = 0\mathrm{dB}$。把横轴上点$(0, 0\mathrm{dB})$与点$(5, 0\mathrm{dB})$之间的线段加深，就是中

频渐近线。

低频段,对数幅频特性相当于两个微分环节,半对数相频特性相当于两个惯性环节。

两条斜率为 20dB/dec 的渐近线叠加为一条斜率为 40dB/dec 的渐近线,在 $\omega=\omega_1$、$x=0$ 处与中频渐近线交汇。

在点 $(-1,-40\text{dB})$ 与点 $(0,0\text{dB})$ 作直线并加深,就是低频渐近线。

两条过 $\omega=\omega_1$、$x=0$ 处、斜率为 $-66°/\text{dec}$ 的中点切线叠加为一条斜率为 $-132°/\text{dec}$ 的中点切线,两个 $-45°$ 相角叠加为 $-90°$ 相角。

在点 $(-2/3,0°)$ 与点 $(2/3,-90°)$ 之间作直线并加深,就是低频中点切线。

高频端只剩下晶体管频率特性起作用,相当于一个惯性环节。$\omega=\omega_\beta$ 为转折频率。过 $\omega=\omega_\beta$ 作斜率为 $-20\text{dB}/\text{dec}$ 的渐近线,再过 $\omega=\omega_\beta$、$-45°$ 作斜率为 $-66°/\text{dec}$ 的中点切线。

在点 $(7.333,-180°)$ 与点 $(5.667,-270°)$ 之间作直线并加深,就是高频中点切线。

这些渐近线及中点切线就构成对数幅频特性曲线框架,即近似的对数幅频特性曲线,见图 7.3.2,其中字母 a、b、c 代表线段的绘制顺序。

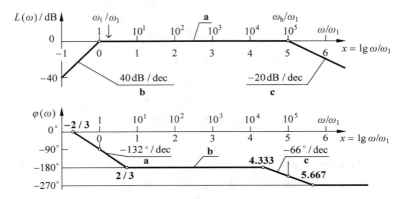

图 7.3.2　$\omega_2=\omega_1$、$\omega_\beta/\omega_1=10^5$、$|A_u|=1$ 的基本共射放大器对数频率特性图(伯德图)(近似)

为了将对数幅频特性曲线画得更精确些,可令 $\omega_1=\omega_2$,$\omega=\omega_1$,用式(7.3.5)计算第一个转折点 $(0,0\text{dB})$ 处的增益

$$L(\omega)=20\lg\frac{(\omega/\omega_1)(\omega/\omega_2)}{\sqrt{1+(\omega/\omega_1)^2}\sqrt{1+(\omega/\omega_2)^2}}=20\lg\frac{1\times1}{\sqrt{1+1^2}\sqrt{1+1^2}}=-6\text{dB}$$

令 $\omega=\omega_h=\omega_\beta$,用式(7.4.2d)计算第二个转折点 ω_h 处的增益

$$L(\omega)=-20\lg\sqrt{1+(\omega/\omega_\beta)^2}=-20\lg\sqrt{1+1^2}=-3\text{dB}$$

首先定位 $(0,-6\text{dB})$ 和 $(5,-3\text{dB})$ 两点,然后过这两点作三条渐近线内侧的光滑曲线,即为该基本共射放大器的对数幅频特性曲线,见图 7.3.3。

在半对数相频特性曲线的转折点上,一个惯性环节提供 12° 相角变化,两个相同的惯性环节提供 24° 相角变化。

首先定位 $(-2/3,-24°)$ 和 $(2/3,-156°)$,$(7.333,-192°)$ 和 $(5.667,-258°)$ 两对共四个点,然后过这四点作渐近线与中点切线内侧的光滑曲线,即为该基本共射放大器的半对数相频特性曲线,见图 7.3.2。

基本共射放大器设计步骤如下。

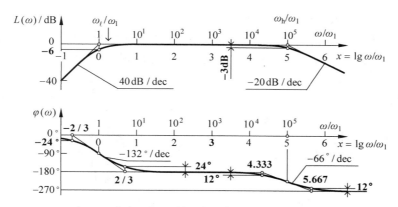

图 7.3.3　$\omega_2 = \omega_1$、$\omega_\beta / \omega_1 = 10^5$、$|A_u| = 1$ 的基本共射放大器对数频率特性图(伯德图)(精确)

工作点(偏置量)影响输出范围、增益、元器件功耗及电路效率、输入电阻及输出电阻、频率特性。工作点是放大器的纲,抓住工作点这个纲,其他计算就迎刃而解。

(1) 根据输出范围、效率、非线性失真和负载最大功率综合匹配要求确定安伏变换器与负载电阻比 R_c / R_L,通常可取 $R_c = (0.5 \sim 1) R_L$。R_L 很大时可取 $R_c = 1 \sim 3 \text{k}\Omega$。

(2) 根据 β、R_L、R_c 按照输出范围最大要求确定基极临界偏置电阻 $R_b = \beta (R_c + R'_L)$。

(3) 根据频带上限要求确定晶体管型号,根据频带下限要求确定耦合电容 C_1、C_2。

(4) 计算 BJT 集电极临界偏流、集-射临界偏置压降。

(5) 计算电压放大倍数、输入电阻和输出电阻。

7.4　射极偏置共射放大电路

7.4.1　改动虽小但一箭双雕

为避免工程调试或实验中烧毁元器件,一是要小心翼翼,二是电路结构设计要合理。

若调节用的电位器与晶体管发射结串联,则电位器阻值调到零时,晶体管基极电流最大,管子容易过载甚至烧毁。若调节用的电位器与晶体管发射结并联,则电位器阻值调到零时,晶体管基极电流最小,管子不会过载烧毁。因此,设计时调节用的电位器最好与晶体管发射结并联。

图 7.1.1 基本共射放大器工作点调节用的基极偏置电位器 R_b 只能与晶体管发射结串联,而电位器阻值调到零时会烧断保险或烧毁晶体管。因此基本共射放大器的基极偏置电阻通常与电位器串联一个固定电阻,以防止电位器阻值调到零时烧毁晶体管。

射极偏置共射放大器,俗称分压偏置共射放大器。图 7.4.1 是其传统电路。射极偏置共射放大器的工作点调节电位器可与晶体管发射结串联,也可并联。传统电路的工作点调节电位器接在电源 U_{cc} 与晶体管基极之间,与发射结串联,如图 7.4.1 所示。与电位器串联的固定电阻就是防止电位器阻值调到零时晶体管过载甚至烧毁的。

如果电位器改接在晶体管基极与地之间,与发射结并联,如图 7.4.2 所示,则电位器阻值调到零时,分流作用最强,所带来副作用至多使晶体管截止不能工作,但是绝对不会使晶体管过载,更不可能烧毁晶体管,还可以省去一只固定电阻。省去一只固定电阻,所带来的好处不仅是降低成本,而且有助于提高设备可靠性。所以笔者撰写的模拟电子学著作,都把这只电位器照图 7.4.2 设置,改接在晶体管基极与地之间,与晶体管发射结并联。

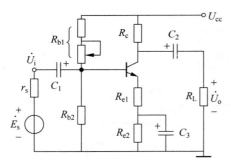

图 7.4.1　传统分压偏置共射放大电路

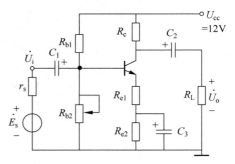

图 7.4.2　射极偏置共射放大器

R_{b1}、R_{b2} 构成串联分压,给晶体管基极提供偏置。基极偏置电阻 R_{b1} 与 R_{b2} 的串联分压比用 α 表示。基极偏置电阻 R_{b1} 与 R_{b2} 的并联电阻,也称为戴维南电阻,用 R_b 表示,发射极电阻 R_{e1} 与 R_{e2} 的串联电阻用 R_e 表示。

$$\alpha = \frac{R_{b2}}{R_{b1} + R_{b2}} \tag{7.4.1}$$

$$R_b = R_{b1} \text{ // } R_{b2} \tag{7.4.2}$$

$$R_e = R_{e1} + R_{e2} \tag{7.4.3}$$

射极偏置共射放大器是非常典型的放大电路。可惜传统理论一直没有把它解释清楚。具体表现在很多著作或者没有 R_{e1},或者没有 R_{e2}。一个完整的电路被"肢解"得残缺不全。理论讲解时如此,安排实验时也是如此。老师都不讲清楚,学生更是困惑不已。

晶体管发射极与地之间的电阻 R_e 的功能有四个:

(1)稳定工作点;

(2)稳定电压放大倍数;

(3)抑制非线性失真;

(4)展宽频带。

天下没有免费的午餐。电阻 R_e 既有以上四项功能,也有影响电压放大能力的副作用。

稳定工作点要求 R_e 取值大一些。可 R_e 的取值足够大时,工作点稳定要求倒是满足了,但放大器也失去了电压放大能力。

把 R_e 分为 R_{e1} 和 R_{e2} 两部分,阻值 R_{e1} 通常取 R_{e2} 的 10%,给 R_{e2} 并联大电容 C_3,见图 7.4.2。C_3 对交流信号等效短路,使交流信号电流绝大部分从 C_3 流过,结果屏蔽了 R_{e2} 的交流降压作用,使 R_{e2} 只有稳定工作点的能力,但不再影响电压放大。抑制非线性失真及稳定电压放大倍数的任务由 R_{e1} 完成,就能在保证电压放大的条件下达到抑制晶体管非线性、稳定电压放大倍数及工作点的三重目的。

电阻 R_{e1} 和 R_{e2} 的作用:

R_{e1}——稳定电压放大倍数、抑制非线性失真,并与 R_{e2} 一起稳定工作点。

R_{e2}——只稳定工作点,不再抑制非线性失真,也不影响电压放大倍数。

7.4.2　科学绘制交、直流等效电路

根据晶体管 CCCS 模型和射极偏置共射放大器特点可画出其直流通路和交流通路,见图 7.4.3。通常认为频带内所有电容都短路,并注意发射极反馈电阻 R_{e1} 为输入回路与输出回路共用,图 7.4.3(b)简化为图 7.4.3(c)。用 BJT 三参数交流模型代替两参数交流模型,图 7.4.3(c)改画为图 7.4.3(d)。

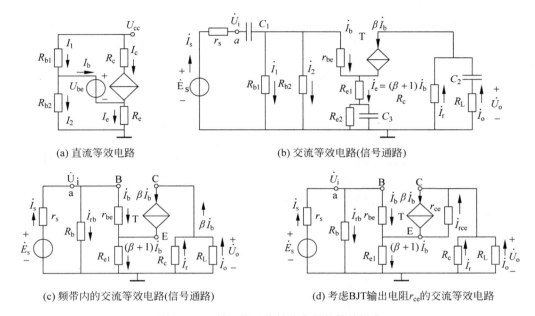

(a) 直流等效电路　　　　　　(b) 交流等效电路(信号通路)

(c) 频带内的交流等效电路(信号通路)　　　(d) 考虑BJT输出电阻r_{ce}的交流等效电路

图 7.4.3　射极偏置共射放大器的等效拆分

7.4.3　根据输出范围最大要求设计工作点

1. 影响工作点稳定性的三个因素的归一化

环境温度变化后 BJT 参数变化主要有以下三类:

- 电流放大倍数 β 的变化。
- 漏电流 I_{cbo} 及 I_{ceo} 的变化。
- 发射结电压 U_{be} 的变化。

若能把 BJT 上述三个参数的变化折算为其中一个参数如 β 值的变化,就能简化分析计算过程。很不幸,这三类参数对工作点的影响不是互相抵消,而是互相加强的。因此,用折算法综合考虑 BJT 参数特性对放大器工作点的影响时,应取晶体管 β 值温度系数 $+0.5\%\sim+1\%/℃$ 的上限,即取 $\theta \approx +1\%/℃$ 比较合理。

2. 工作点稳定性的描述——工作点影响因子

之所以说基本共射放大器工作点没有稳定性,是因为基本共射放大器的工作点内涵参数变化与晶体管 β 值的变化一样大。工作点绝对稳定是很难的。某种放大器工作点具有一定的稳定性,是说工作点内涵参数变化比晶体管 β 值的变化要小。

用集电极偏流代表工作点。晶体管 β 值温度系数已经用 θ 表示,这里用 λ 表示集电极

偏流温度系数。集电极偏流温度系数 λ 与晶体管 β 值温度系数 θ 的关系为

$$\lambda = \rho\theta \tag{7.4.4}$$

$$\rho = \frac{R_b}{R_b + \beta R_e} \times 100\% \tag{7.4.5}$$

电阻比 ρ 代表晶体管 β 值温度系数 θ 对集电极偏流温度系数 λ 的影响程度,因此称 ρ 为工作点影响因子。

影响因子 $\rho = 1$,说明放大器根本没有工作点稳定能力。从式(7.4.5)可看出,要 $\rho = 1$,只有 $R_e = 0$。$R_e = 0$ 时,R_b 大小对影响因子 ρ 就没有任何作用了。因此 $R_e = 0$ 时,应取消 R_{b2},基极偏置电阻只剩下上拉电阻 R_{b1},分压偏置共射放大器变成基本共射放大器。所以说,基本共射放大器的影响因子 $\rho = 1$,无工作点稳定能力。

影响因子 $\rho < 1$,说明放大器具有一定的工作点稳定能力。影响因子 ρ 越小,说明工作点稳定能力越强。

影响因子 $\rho = 0$,说明放大器工作点稳定能力最强。要 $\rho = 0$,只有 $R_b = 0$,但实际 R_b 阻值不可能是 0。因此 $\rho = 0$ 是一个很难实现的理想情况。

若仅考虑放大器工作点稳定性,则集电极偏流温度系数 λ 应尽可能小。事实上,λ 越小,R_b 就得越小,而 R_b 对信号源的分流就越多,电压放大能力就越差。因此,确定分压偏置放大器 R_b 时应兼顾工作点稳定能力和电压放大能力。工作点温度系数大小要合适。

集-射极偏压温度系数用 ξ 表示,ξ 与集电极偏流温度系数 λ 的关系

$$\xi = -\frac{R_c + R_e}{R'_L + R_{e1}}\lambda \tag{7.4.6}$$

输出范围温度系数用 σ 表示,σ 与 ξ 和 λ 的关系

$$\sigma = \begin{cases} \lambda = \rho\theta & (I_c \leqslant I_{c(cr)}) \\ \xi = -[(R_c + R_e)/(R'_L + R_c)]\theta & (I_c > I_{c(cr)}) \end{cases} \tag{7.4.7}$$

3. 临界偏置条件与输出范围

射极偏置放大器输出正弦电压最大不失真幅度为

$$U_{om} = \min\left(R'_L I_c, \frac{R'_L}{R_{e1} + R'_L}U_{ce}\right)$$

$$U_{om} = \min\left\{R'_L I_c, \frac{R'_L}{R_{e1} + R'_L}[U_{cc} - (R_c + R_{e1} + R_{e2})I_c]\right\}$$

令 $R'_L I_c = \dfrac{R'_L}{R_{e1} + R'_L}[U_{cc} - (R_c + R_{e1} + R_{e2})I_c]$,可得到临界偏置条件

$$(R_{e1} + R'_L)I_c = U_{cc} - (R_c + R_{e1} + R_{e2})I_c$$

然后求出射极偏置放大器 BJT 集电极临界偏流及集-射临界偏置压降

$$I_{c(cr)} = \frac{U_{cc}}{R_c + R'_L + 2R_{e1} + R_{e2}} \tag{7.4.8}$$

$$U_{ce(cr)} = \frac{R'_L + R_{e1}}{R_c + R'_L + 2R_{e1} + R_{e2}}U_{cc} \tag{7.4.9}$$

发射极临界偏压容易测量。将 R_e 乘以 $I_{c(cr)}$,可得到发射极临界偏压

$$U_{e(cr)} = \frac{R_{e1} + R_{e2}}{R_c + R'_L + 2R_{e1} + R_{e2}}U_{cc} \tag{7.4.9a}$$

当 $I_c = I_{c(cr)}$ 时，射极偏置放大器输出电压幅度（输出范围）达到最大

$$U_{om(max)} = \frac{R'_L}{R_c + R'_L + 2R_{e1} + R_{e2}}U_{cc} \tag{7.4.10}$$

基本共射放大器是射极偏置共射放大器的简化版。令 $R_{e1} = 0$，$R_e = 0$，式(7.4.8)~式(7.4.10)就依次演变为式(7.1.9)~式(7.1.11)。逐步融会贯通，书是越读越薄。

在保证工作点稳定度的前提下，考虑电压放大倍数和输出范围，发射极反馈电阻应当尽可能小一些。然后根据 $U_{om(max)}$ 要求，由式(7.4.11)确定 R_{e2}

$$R_{e2} = \left(\frac{U_{cc}}{U_{om(max)}} - 1\right)R'_L - R_c - 2R_{e1} \tag{7.4.11}$$

例 7.4.1 如图 7.4.2 所示的射极偏置共射放大器 $R_c = R_L = 2.4\text{k}\Omega$、$U_{cc} = 12\text{V}$、$R_{e1} = 100\Omega$，输出范围要求 $U_{om(max)} = 3\text{V}$。试确定 R_{e2}，并计算 $I_{c(cr)}$ 和 $U_{ce(cr)}$。

解 $R'_L = 2.4 // 2.4 = 1.2\text{k}\Omega$，$R_c + R'_L + 2R_{e1} + R_{e2} = 2.4 + 1.2 + 2 \times 0.1 + 1 = 4.8\text{k}\Omega$

$$R_{e2} = \left(\frac{U_{cc}}{U_{om(max)}} - 1\right)R'_L - R_c - 2R_{e1} = (12/3 - 1) \times 1.2 - 2.4 - 2 \times 0.1 = 1\text{k}\Omega$$

$$I_{c(cr)} = \frac{U_{cc}}{R_c + R'_L + 2R_{e1} + R_{e2}} = \frac{12}{4.8}\text{mA} = 2.5\text{mA}$$

$$U_{ce(cr)} = \frac{R'_L + R_{e1}}{R_c + R'_L + 2R_{e1} + R_{e2}}U_{cc} = \frac{1.2 + 0.1}{4.8} \times 12\text{V} = 3.25\text{V}$$

4. 基极偏置电阻设计计算

射极偏置放大器的效率和负载最大功率都比基本共射放大器低。设计时取 $R_c = R_L$ 为 $\text{k}\Omega$ 数量级，$R_{e1} = 0 \sim 100\Omega$，$C_3 = 100\mu\text{F}$，$C_1 = C_2 = 10\mu\text{F}$，根据输出范围要求确定 R_{e2} 之后，最终确定基极偏置电阻 R_{b1}、R_{b2}，完成设计。确定基极偏置电阻 R_{b1}、R_{b2} 的方法有两种。

1) 根据工作点稳定性要求确定临界分压比 α_{cr} 及基极偏置电阻 R_{b1}、R_{b2}

通常取工作点影响因子 $\rho = 0.1$，首先计算临界分压比

$$\alpha_{cr} = \frac{R_e/(1-\rho)}{R_c + R'_L + R_{e1} + R_e} + \frac{U_{be}}{U_{cc}} \tag{7.4.12}$$

其次根据临界分压比计算临界基极偏置电阻 $R_{b(cr)1}$、$R_{b(cr)2}$

$$\begin{cases} R_{b(cr)1} = \dfrac{R_b}{\alpha_{cr}} \\[3mm] R_{b(cr)2} = \dfrac{R_b}{1 - \alpha_{cr}} \end{cases} \tag{7.4.13}$$

计算最大分压比以备查障

$$\alpha_{max} = \frac{R_b/\beta + R_e}{R_c + R_e} + \frac{U_{be}}{U_{cc}} \tag{7.4.12a}$$

射极偏置共射放大器中分压比 $\alpha > \alpha_{max}$ 时，则信号幅度较小时将被淹没，信号幅度较大时输出将只有部分正半波严重失真。此现象类似于基本共射放大器中 $R_b < R_{b(min)}$。

射极偏置共射放大器设计或维修时分压比 α 宁小勿大。图 7.2.2 中把 R_{b2} 选为电位器，就是考虑能使分压比 α 宁小勿大，即使调到 0 也不会烧毁管子，能节省一个电阻。

例 7.4.2 如图 7.4.2 所示的射极偏置放大器信号源内阻 $r_s = 2\text{k}\Omega$，工作温度范围 $\Delta T = 100℃$，输出范围允许减量 $\delta U_{om} = 20\%$，$U_{cc} = 12\text{V}$，$U_{be} = 0.7\text{V}$，$R_c = R_L = 2.4\text{k}\Omega$、$R_{e1} = $

100Ω、$R_{e2}=1k\Omega$,晶体管 $\beta=103$、β 温度系数折算值 $\theta\approx+1\%/\text{℃}$、$r_{bb'}=200\Omega$。试计算集电极偏流温度系数 λ、集-射偏压温度系数 ξ、影响因子 ρ、临界分压比 α_{cr} 及 $R_{b(cr)1}$ 和 $R_{b(cr)2}$。

解　$R_e=R_{e1}+R_{e2}=(0.1+1)k\Omega=1.1k\Omega$

$R'_L=(2.4//2.4)k\Omega=1.2k\Omega$

$R_c+R'_L+R_{e1}+R_e=(2.4+1.2+0.1+1.1)k\Omega=4.8k\Omega$

$$\lambda=\frac{\delta U_{om}}{\Delta T}=\frac{20\%}{100}=0.2\%/\text{℃},\rho=\frac{\lambda}{\theta}=\frac{0.2\%}{1\%}=0.2$$

$$\xi=-\frac{R_c+R_e}{R'_L+R_{e1}}\lambda=-\frac{2.4+1.1}{1.2+0.1}\times0.2\%/\text{℃}=-0.54\%/\text{℃}$$

$$\alpha_{cr}=\frac{R_e/(1-\rho)}{R_c+R'_L+R_{e1}+R_e}+\frac{U_{be}}{U_{cc}}=\frac{1.1/(1-0.2)}{2.4+1.2+0.1+1.1}+\frac{0.7}{12}$$

$$=0.2865+0.05833=0.3448$$

$$R_b=\frac{\rho}{1-\rho}\beta R_e=\frac{0.2}{1-0.2}\times103\times1.1=28.325k\Omega$$

$$R_{b(cr)1}=\frac{R_b}{\alpha_{cr}}=\frac{28.325}{0.3448}=82.15k\Omega\approx82k\Omega$$

$$R_{b(cr)2}=\frac{R_b}{1-\alpha_{cr}}=\frac{28.325}{1-0.3448}=43.23k\Omega\approx43k\Omega$$

2）直接根据 R_{b2} 及工作点临界要求确定 R_{b1}

令 $I_c=I_{c(cr)}$ 有

$$\frac{\alpha U_{cc}-U_{be}}{R_b/\beta+R_e}=\frac{U_{cc}}{R_c+R'_L+R_{e1}+R_e}$$

展开 α 及 R_b 并化简,可得到根据 R_{b2} 及工作点临界要求计算 R_{b1} 的公式

$$R_{b1}=\frac{U_{cc}-U_{be}-R_eI_{c(cr)}}{U_{be}+(R_{b2}/\beta+R_e)I_{c(cr)}}R_{b2} \tag{7.4.13a}$$

当 $R_e=0$、$R_{b2}\to\infty$ 时,分压偏置放大器就退化为基本共射放大器,式(7.4.13a)应当演化为式(7.1.13)。读者可一试身手,用极限理论加以证明。

5. 工作点分析计算

在如图 7.4.3(a)所示的射极偏置放大器直流通路中,根据 $R_e\beta I_b=\beta R_eI_b$,发射极电流 I_e 改用 I_b 来表示,为保持电压等效,同时电阻 R_e 改为 βR_e。可认为 βR_e 是偏置电源的等效负载。晶体管发射结用恒压降模型,认为 $U_{be}=\text{Con.}$。依照戴维南定理,$(\alpha U_{cc}-U_{be})$ 是等效偏置电源电动势,R_{b1}、R_{b2} 的并联值 R_b 是等效偏置电源内阻。BJT 处于放大区时图 7.4.3(a)可进一步等效为图 7.4.4。

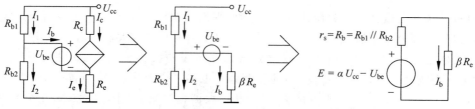

图 7.4.4　射极偏置放大器直流通路的二次及三次等效电路

射极偏置放大器晶体管基极偏流 I_b、集电极偏流 I_c 及集-射偏置压降 U_{ce} 计算如下

$$I_b = \frac{\alpha U_{cc} - U_{be}}{R_b + \beta R_e} \tag{7.4.14}$$

$$I_c = \beta I_b \quad 或 \quad I_c = \frac{\alpha U_{cc} - U_{be}}{R_b/\beta + R_e} \tag{7.4.15}$$

$$U_{ce} = U_{cc} - (R_c + R_e) I_c \tag{7.4.16}$$

题目没给出 β 值,可暂令 β 趋向无穷大,直接用式(7.4.15)的第二个式子计算 I_c。

计算结果若 $U_{ce} < 0$,则应取 $U_{ce} = U_{ces}$,或 $U_{ce} = 0$,并反计算 $I_c = U_{cc}/(R_c + R_e)$。

I_b、I_c、U_{ce} 统称 Q 点三参数。其中 I_c、U_{ce} 是否合理的验证方法同 7.1 节。

计算 Q 点三参数 I_b、I_c、U_{ce} 的传统方法步骤如下:

(1) $I_c = \dfrac{\alpha U_{cc} - U_{be}}{R_e}$;(2) $I_b = I_c/\beta$;(3) $U_{ce} = U_{cc} - (R_c + R_e) I_c$。

传统方法计算 I_c 时生硬地扔掉了戴维南电阻 R_b/β,可能会造成很大的计算误差。

从式(7.4.15)可看出,分压偏置放大器工作点稳定的根本原因不是串联分压,而是发射极偏置电阻的负反馈作用,故图 7.4.2 最合适的名称不是分压偏置放大器,而是射极偏置放大器。

从式(7.4.14)可看出,温度上升,晶体管 β 值变大,由于发射极反馈电阻的作用,基极偏流就减小,使集电极电流的增量减小,从一定程度上稳定工作点。从式(7.4.15)可看出,发射极反馈电阻 R_e 越大,基极偏置电阻并联值(戴维南电阻)R_b 越小,晶体管 β 值越大,反馈作用就越强,集电极偏流 I_c 就越稳定。

7.4.4 三大交流参数与频率特性

1. 频率特性函数

从图 7.4.3(b)点 a 看进去,可写出分压偏置共射放大器输入阻抗以及信号源电流

$$z_i(\omega) \approx 1/j\omega C_1 + R_b \,//\, [r_{be} + \beta(R_{e1} + R_{e2} \,//\, (1/j\omega C_3))] \qquad ①$$

$$\dot{I}_s = \frac{\dot{E}_s}{r_s + z_i} \qquad ②$$

信号源电流经并联阻抗分流得到 BJT 基极电流交流分量

$$\dot{I}_b \approx \frac{R_b}{R_b + r_{be} + \beta[R_{e1} + R_{e2} \,//\, (1/j\omega C_3)]} \dot{I}_s \qquad ③$$

负载电流及电压

$$\dot{I}_o = \frac{R_c}{R_c + R_L + 1/j\omega C_2} \dot{I}_c \qquad ④$$

$$\dot{U}_o = -R_L \dot{I}_o = -\frac{R_c R_L}{R_c + R_L + 1/j\omega C_2} \dot{I}_c$$

将式③、式②依次代入 $\dot{I}_c = \beta \dot{I}_b$ 中,再代入上式有

$$\dot{U}_o = -\beta \frac{R_b}{R_b + r_{be} + \beta[R_{e1} + R_{e2} \,//\, (1/j\omega C_3)]} \frac{R_c R_L}{R_c + R_L + 1/j\omega C_2} \frac{\dot{E}_s}{r_s + z_i}$$

除以信号源电动势 $\dot{E}_s$ 得到分压偏置共射放大器的频率特性函数

$$A_u(\omega) = \frac{\dot{U}_o}{\dot{E}_s} = -\beta \frac{R_b}{R_b + r_{be} + \beta[R_{e1} + R_{e2} \mathbin{/\!/} (1/j\omega C_3)]} \frac{R_L}{R_c + R_L + 1/j\omega C_2} \frac{R_c}{r_s + z_i(\omega)}$$

$$(7.4.17)$$

2. 输入电阻、输出电阻及 U、I、P 三大放大倍数分析计算

在式①中令 $\omega \to \infty$ 或从图 7.4.3(c)点 a 看进去,都能得到射极偏置共射放大器输入电阻

$$r_i = R_b \mathbin{/\!/} (r_{be} + \beta R_{e1}) \qquad (7.4.18)$$

一般电源撤去电动势及负载电阻,剩下的就是内阻即输出电阻。放大器的信号源在概念上相当于电源。撤去信号源电动势及负载电阻,剩下的就是放大器输出电阻,如图 7.4.5(a)所示。可看出,射极偏置共射放大器输出电阻由 R_c 与左边的 r_{ce} 等并联组成。

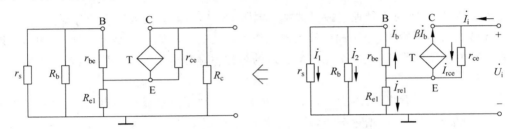

(a) 撤去信号源看到的就是输出电阻   (b) 用加压求流法计算射极偏置共射放大器输出电阻

图 7.4.5 射极偏置共射放大器的输出电阻分析计算

再把 R_c 撤掉,观察左边并联支路的由 r_{ce} 等组成的电阻。设想在其输出端加上电压 $\dot{U}_i$,产生电流 $\dot{I}_i$,如图 7.4.5(b)所示。电压 $\dot{U}_i$ 与电流 $\dot{I}_i$ 的比值就是左边的由 r_{ce} 等组成的电阻。图 7.4.5(b)中的电流乱如牛毛。为观察分析电阻的关系及电流大小,改画为图 7.4.6。

图 7.4.6 清晰地表明,电阻 r_s 与 R_b 并联,再与 r_{be} 串联,然后再与 R_{e1} 并联。电路下半部的电阻为 $(r_s \mathbin{/\!/} R_b + r_{be}) \mathbin{/\!/} R_{e1}$。

电路中有受控源。受控源电流由基极电流 $\dot{I}_b$ 放大 β 倍形成,即集电极电流。因此应当首先画出电压 $\dot{U}_i$ 作用下的晶体管基极电流 $\dot{I}_b$,其假设方向应当从发射极 E 流向基极 B,集电极电流 $\dot{I}_c = \beta \dot{I}_b$ 的关联假设方向应当从发射极 E 流向集电极 C。

由 $(r_s \mathbin{/\!/} R_b + r_{be})$ 与 R_{e1} 并联分流可知晶体管基极电流

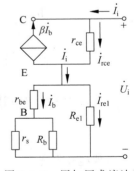

图 7.4.6 用加压求流法计算射极偏置共射放大器输出电阻的并联支路电阻

$$\dot{I}_b = R_{e1}/(R_{e1} + r_{be} + r_s \mathbin{/\!/} R_b)\dot{I}_i$$

流经晶体管输出电阻 r_{ce} 的电流为

$$\dot{I}_{rce} = \beta\dot{I}_b + \dot{I}_i = \beta R_{e1}/(R_{e1} + r_{be} + r_s \mathbin{/\!/} R_b)\dot{I}_i + \dot{I}_i$$

$$= [\beta R_{e1}/(R_{e1} + r_{be} + r_s \mathbin{/\!/} R_b) + 1]\dot{I}_i$$

整个电路压降 $r_{ce}\dot{I}_{rce}+[(r_s/\!/R_b+r_{be})/\!/R_{el}]\dot{I}_i=\dot{U}_i$，由此有

$$r_{ce}[\beta R_{el}/(R_{el}+r_{be}+r_s/\!/R_b)+1]\dot{I}_i+[(r_{be}+r_s/\!/R_b)/\!/R_{el}]\dot{I}_i=\dot{U}_i$$

$$\{r_{ce}[\beta R_{el}/(R_{el}+r_{be}+r_s/\!/R_b)+1]+[(r_{be}+r_s/\!/R_b)/\!/R_{el}]\}\dot{I}_i=\dot{U}_i$$

由此求出

$$r_o'=\frac{\dot{U}_i}{\dot{I}_i}=(\beta\frac{R_{el}}{R_{el}+r_{be}+r_s/\!/R_b}+1)r_{ce}+(r_{be}+r_s/\!/R_b)/\!/R_{el}$$

由此得到射极偏置共射放大器的输出电阻的计算公式为

$$r_o=r_o'/\!/R_c=\left[\left(\beta\frac{R_{el}}{R_{el}+r_{be}+r_s/\!/R_b}+1\right)r_{ce}+(r_{be}+r_s/\!/R_b)/\!/R_{el}\right]/\!/R_c$$

$$(7.4.19)$$

由此看出，射极偏置共射放大器输出电阻比基本共射放大器输出电阻 $r_{ce}/\!/R_c$ 稍大。

因为 $r_{ce}\gg R_c$，所以射极偏置共射放大器输出电阻只不过比基本共射放大器输出电阻大那么一丁点儿。射极偏置共射放大器采用电流负反馈。

讲电流负反馈增大输出电阻，射极偏置共射放大器是一个难得的实例。实际上正是根据射极偏置共射放大器输出电阻比基本共射放大器输出电阻大这么一丁点儿，来解释电流负反馈增大输出电阻的机理。

忽略晶体管输出电阻 r_{ce} 即认为 $r_{ce}\to\infty$ 时，射极偏置共射放大器与基本共射放大器输出电阻相同

$$r_o\approx R_c \qquad (7.4.19a)$$

除非特殊要求，否则通常还是照上式近似计算射极偏置共射放大器输出电阻。

忽略电容容抗，从频率特性函数式(7.4.17)可得源电压放大倍数及空载源电压放大倍数

$$A_u=\frac{\dot{U}_o}{\dot{E}_s}=-\beta\frac{R_b}{R_b+r_{be}+\beta R_{el}}\frac{R_L'}{r_s+r_i},\qquad A_{uo}=\frac{\dot{U}_{Lo}}{\dot{E}_s}=-\beta\frac{R_b}{R_b+r_{be}+\beta R_{el}}\frac{R_c}{r_s+r_i}$$

$$(7.4.20)$$

从式(7.4.20)可看出，等效反馈电阻 βR_{el} 对 BJT 非线性输入电阻 r_{be} 亦有抑制作用。β 越大，R_{el} 越大，对 r_{be} 的非线性抑制作用就越强。因此射极偏置共射放大器除了具有一定的工作点稳定能力外，还有更好的线性特性。

令信号源内阻 $r_s=0$ 可得到放大器自身电压放大倍数及空载自身电压放大倍数

$$A_{uz}=\frac{\dot{U}_o}{\dot{U}_i}=-\beta\frac{R_L'}{r_{be}+\beta R_{el}},\qquad A_{uzo}=\frac{\dot{U}_o}{\dot{U}_i}=-\beta\frac{R_c}{r_{be}+\beta R_{el}} \qquad (7.4.20a)$$

射极偏置共射放大电路的源电压放大倍数 A_{us}、电流放大倍数 A_i 及功率放大倍数 A_p，也可以用通用公式[式(7.1.4)、式(7.1.5)和式(7.1.6)]，根据放大器输入电阻 r_i 和自身电压放大倍数 A_{uz} 来计算。

射极偏置放大器线性电阻 βR_{el} 与 r_s 共同抑制 BJT 输入电阻 r_{be} 的非线性，故其非线性

失真比基本共射放大器小。线性电阻 βR_{e1} 及 r_s 越大,放大器非线性失真就越小。

例 7.4.3 如图 7.4.2 所示的射极偏置放大器 $U_{cc}=12\text{V}$,$U_{be}=0.7\text{V}$,$r_s=2\text{k}\Omega$,$R_c=R_L=2.4\text{k}\Omega$,$R_{e1}=100\Omega$,$R_{e2}=1\text{k}\Omega$,晶体管 $\beta=100$,$R_{b1}=82\text{k}\Omega$,$R_{b2}=43\text{k}\Omega$,试计算工作点三参数 I_b、I_c、U_{ce},并按照允差 10% 验证工作点是否合理,验证合理后再计算输入电阻、输出电阻、自身电压放大倍数及源电压放大倍数。本例是传统模拟电子技术教科书最常见的题型。

解 发射极总反馈电阻 $R_e=R_{e1}+R_{e2}=0.1\text{k}\Omega+1\text{k}\Omega=1.1\text{k}\Omega$

串联分压比 $\alpha=\dfrac{R_{b2}}{R_{b1}+R_{b2}}=\dfrac{43}{82+43}=0.344$

戴维南电阻 $R_b=R_{b1}//R_{b2}=82\text{k}\Omega//43\text{k}\Omega=28.2\text{k}\Omega$

$$I_b=\frac{\alpha U_{cc}-U_{be}}{R_b+\beta R_e}=\frac{0.344\times12\text{V}-0.7\text{V}}{28.2\text{k}\Omega+100\times1.1\text{k}\Omega}=\frac{3.428\text{V}}{138.2\text{k}\Omega}=0.0248\text{mA}$$

$$I_c=\beta I_b=100\times0.0248\text{mA}=2.48\text{mA}$$

$$U_{ce}=U_{cc}-(R_c+R_e)I_c=12\text{V}-(2.4+1.1)\times2.48\text{mA}=3.32\text{V}$$

$$I_{c(cr)}=\frac{U_{cc}}{R_c+R_L'+R_{e1}+R_e}=\frac{12}{2.4+1.2+0.1+1.1}\frac{\text{V}}{\text{k}\Omega}=2.5\text{mA}$$

$$U_{ce(cr)}=\frac{R_L'+R_{e1}}{R_c+R_L'+R_{e1}+R_e}U_{cc}=\frac{1.2+0.1}{4.8}\times12\text{V}=3.25\text{V}$$

$$\delta I_c=\frac{I_c-I_{c(cr)}}{I_{c(cr)}}\times100\%=\frac{2.48-2.5}{2.5}\times100\%=-0.8\%$$

$$\delta U_{ce}=\frac{U_{ce}-U_{ce(cr)}}{U_{ce(cr)}}\times100\%=\frac{3.32-3.25}{3.25}\times100\%=2.2\%$$

$$(|\delta I_c|+|\delta U_{ce}|)/2=(0.8\%+2.2\%)/2=1.5\%<10\%$$

工作点设计合理。

$$r_{be}=r_{bb'}+U_T/I_b=200\Omega+26\text{mV}/0.0248\text{mA}=1248\Omega$$

$$r_{be}+\beta R_{e1}=1.25\text{k}\Omega+100\times0.1\text{k}\Omega=11.25\text{k}\Omega$$

$$r_i=R_b//(r_{be}+\beta R_{e1})=28.2\text{k}\Omega//11.25\text{k}\Omega=8.04\text{k}\Omega$$

$$R_L'=R_c//R_L=2.4\text{k}\Omega//2.4\text{k}\Omega=1.2\text{k}\Omega$$

$$A_{uz}=-\beta\frac{R_L'}{r_{be}+\beta R_{e1}}=-100\times\frac{1.2\text{k}\Omega}{11.25\text{k}\Omega}=-10.7$$

$$A_u=\frac{r_i}{r_s+r_i}A_{uz}=\frac{8.04\text{k}\Omega}{2\text{k}\Omega+8.04\text{k}\Omega}\times(-10.7)\approx-8.6$$

$$A_i=\frac{\dot{I}_o}{\dot{I}_s}=\frac{r_i}{R_L}|A_{uz}|=\frac{8.04}{2.4}\times10.7\approx35.8$$

$$A_p=|A_u A_i|=8.6\times35.8=308$$

$$r_o\approx R_c=2.4\text{k}\Omega$$

3. 上、下限频率

用式(7.4.18)、式(7.4.19)计算输入电阻、输出电阻,再计算两个时间常数,然后代入下限频率通用计算公式(7.3.10),就能得到射极偏置共射放大器的下限频率。

可以发现,由于输入电阻增大,故射极偏置共射放大器下限频率变小了。

在高频端 $\omega \to \infty$,式(7.4.17)演变为

$$A_u(\omega) = \frac{\dot{U}_o}{\dot{E}_s} = -\beta \frac{R_b}{R_b + r_{be} + \beta R_{e1}} \frac{R'_L}{r_s + R_b \mathbin{/\mkern-5mu/} (r_{be} + \beta R_{e1})}$$

$$= -\beta \frac{R_b R'_L}{(R_b + r_{be} + \beta R_{e1})r_s + R_b(r_{be} + \beta R_{e1})}$$

$$= -\beta \frac{R_b R'_L}{(R_b + r_{be})r_s + R_b r_{be} + \beta R_{e1}(r_s + R_b)}$$

考虑信号频率很高时晶体管 β 值会变小,令 $\beta = \beta/(1+\mathrm{j}f/f_\beta)$ 有

$$A_u(\omega) = -\frac{\beta}{1+\mathrm{j}f/f_\beta} \frac{R_b R'_L}{(R_b + r_{be})r_s + R_b r_{be} + (r_s + R_b)R_{e1}\beta/(1+\mathrm{j}f/f_\beta)}$$

$$= -\frac{\beta R_b R'_L}{[(R_b + r_{be})r_s + R_b r_{be}](1+\mathrm{j}f/f_\beta) + (r_s + R_b)R_{e1}\beta}$$

$$= -\frac{\beta R_b R'_L}{(R_b + r_{be})r_s + R_b r_{be} + (r_s + R_b)\beta R_{e1} + [(R_b + r_{be})r_s + R_b r_{be}]\mathrm{j}f/f_\beta}$$

忽略 r_{be},即令分母的实部与虚部相等,得到射极偏置共射放大器的上限频率

$$f_h = \left[1 + \frac{\beta R_{e1}}{r_s \mathbin{/\mkern-5mu/} R_b}\right]f_\beta \approx f_\beta + \frac{R_{e1}}{r_s \mathbin{/\mkern-5mu/} R_b}f_T \tag{7.4.21}$$

例 7.4.4　分压偏置共射放大器晶体管 $\beta = 103$,$R_b = 28.21\mathrm{k\Omega}$,$R_{e1} = 100\Omega$,信号源内阻 $r_s = 10\mathrm{k\Omega}$,试计算放大器上限频率是所用晶体管截止频率 f_β 的多少倍。

解　$f_h = f_\beta + \dfrac{R_{e1}}{r_s \mathbin{/\mkern-5mu/} R_b}f_T = f_\beta + \dfrac{(10+28.21) \times 0.1}{10 \times 28.21} \times 103 f_\beta = 2.40 f_\beta$

这种基于晶体管 β 值与频率关系的放大器上限频率计算结果,与反馈法的计算结果相当一致。读者可以从中感受到殊途同归的美妙意境。

7.5　共集放大器(射极输出器)

信号从 BJT 基极输入、从集电极输出、以发射极为公共点的放大器称为共发射极放大器(Common Emitter Amplifier),简称为共射放大器(CEA)。共射放大器的优点是既有电压放大能力又有电流放大能力,不足是输入电阻小、输出电阻大,在信号源内阻较大时失去电压放大能力,且负载驱动能力不大,不能进行功率放大。

信号从 BJT 基极输入、从发射极输出、以集电极为公共点的放大器称为共集电极放大器(Common Collector Amplifier),见图 7.5.1,简称共集放大器(CCA),通称射极输出器、电压跟随器或射随器。射随器输入电阻高,输出电阻低,不惧怕信号源内阻大,负载驱动能力强,而且不依赖分压偏置,天生有一定的工作点稳定能力。

由图 7.5.1 可画出射随器直流通路及交流等效电路,见图 7.5.2。从图 7.5.2(a)直流通路可看出,温升使管子 β 值增大,I_e 将变大,反馈电阻 R_e 压降增大,偏置电阻 R_b 串联分压自然减小,偏置电流 I_b 跟着减小,经反馈使 I_e 增量减小,工作点得到一定的稳定。

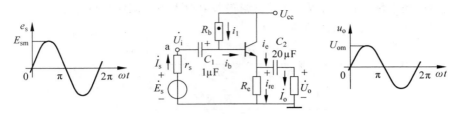

图 7.5.1　射随器及其输入、输出信号

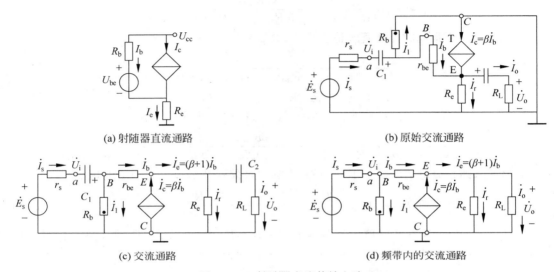

图 7.5.2　射随器交流等效电路

1. 工作点及其稳定性设计

基本共射放大器输出侧交流负载电阻等于 R_c 与 R_L 的并联体，$R'_L = R_c // R_L$，射随器输出侧交流负载电阻等于 R_e 与 R_L 的并联体，$R'_L = R_e // R_L$。射随器输出侧电路与基本共射放大器相同。只要把基本共射放大器集电极临界偏流、集-射临界偏置压降、最大输出摆幅计算公式（7.1.9）、式（7.1.10）、式（7.1.11）中的 R_c 换成 R_e，就可得到发射极临界偏流、射随器集-射临界偏置压降及输出范围计算公式

$$I_{e(cr)} = \frac{U_{cc}}{R_e + R'_L} \tag{7.5.1}$$

$$U_{ce(cr)} = \frac{R'_L}{R_e + R'_L} U_{cc} \tag{7.5.2}$$

$$U_{om(max)} = \frac{R'_L}{R_e + R'_L} U_{cc} \tag{7.5.3}$$

负载电阻较小即负载较大时，射随器的输出范围也很小。从基本共射放大器效率分析可以看出，放大器效率主要取决于其输出范围-负载特性。射随器的输出范围-负载特性与基本共射放大器完全相同。因此，像基本共射放大器一样，射随器的最高效率也只有 9%。

射随器带负载时及空载时晶体管基极临界偏置电阻

$$R_{b(cr)} = \beta R'_L, \quad R_{b(cr)} \approx \beta R_e \tag{7.5.4}$$

临界偏置时射随器的工作点影响因子

$$\rho = \frac{1}{2 + R_e/R_L} \times 100\% \tag{7.5.5}$$

例 7.5.1 如图 7.5.1 所示的射随器 $U_{cc} = 12V$，$R_e = R_L = 2.4\text{k}\Omega$，$\beta = 100$。试求临界偏流 $I_{e(cr)}$、临界偏置压降 $U_{ce(cr)}$、输出范围 $U_{om(max)}$、基极临界偏置电阻 $R_{b(cr)}$ 及影响因子 ρ。

解 $R_L' = 2.4\text{k}\Omega // 2.4\text{k}\Omega = 1.2\text{k}\Omega$

$$I_{e(cr)} = \frac{U_{cc}}{R_e + R_L'} = \frac{12V}{2.4\text{k}\Omega + 1.2\text{k}\Omega} = 3.333\text{mA}$$

$$U_{ce(cr)} = \frac{R_L'}{R_e + R_L'} U_{cc} = \frac{1.2\text{k}\Omega}{2.4\text{k}\Omega + 1.2\text{k}\Omega} \times 12V = 4V$$

$$U_{om(max)} = \frac{R_L'}{R_e + R_L'} U_{cc} = \frac{1.2\text{k}\Omega}{2.4\text{k}\Omega + 1.2\text{k}\Omega} \times 12V = 4V$$

$$R_{b(cr)} = \beta R_L' = 100 \times 1.2\text{k}\Omega = 120\text{k}\Omega$$

$$\rho = \frac{1}{2 + R_e/R_L} \times 100\% = \frac{1}{2 + 2.4/2.4} \times 100\% \approx 33.33\%$$

2. 偏流电压分析计算

这里使用符号 $R_L' = R_e // R_L$。认为 $\beta + 1 \approx \beta$，由射随器直流通路可求出

$$I_b = \frac{U_{cc} - U_{be}}{R_b + \beta R_e} \tag{7.5.6}$$

$$I_e = \beta I_c \tag{7.5.7}$$

$$U_{ce} = U_{cc} - R_e I_c \tag{7.5.8}$$

3. 输入电阻、输出电阻及三大放大倍数分析计算

从图 7.5.3(d)可求得射随器输入电阻及自身电压放大倍数

$$r_i = R_b // (r_{be} + \beta R_L') \approx R_b // \beta R_L' \tag{7.5.9}$$

$$r_{io} = R_b // (r_{be} + \beta R_e) \approx R_b // \beta R_e \tag{7.5.9a}$$

$$A_{uz} = \frac{\dot{U}_o}{\dot{U}_i} = \frac{\beta R_L'}{r_{be} + \beta R_L'} \approx 1 \tag{7.5.10}$$

射极输出器自身电压放大倍数小于 1 但很接近 1，故称为电压跟随器，简称射随器。

射随器源电压放大倍数与自身电压放大倍数的关系 $\approx R_b // \beta R_L' r_{io} \approx R_b // \beta R_e$

$$A_u = \frac{\dot{U}_o}{\dot{E}_s} = \frac{r_i}{r_s + r_i} A_{uz} \approx \frac{r_i}{r_s + r_i} \tag{7.5.11}$$

$$A_{uo} = \frac{\dot{E}_o}{\dot{E}_s} = \frac{r_{io}}{r_s + r_{io}} A_{uzo} \approx \frac{r_{io}}{r_s + r_{io}} \tag{7.5.11a}$$

射随器源电压放大倍数近似等于其输入电阻与信号源内阻的串联分压比。

射随器电流放大倍数

$$A_i = \frac{r_i}{R_L} |A_{uz}| \approx \frac{r_i}{R_L} \tag{7.5.12}$$

射随器电流放大倍数近似等于其输入电阻与负载电阻的比值。

射随器功率放大倍数

$$A_p = \frac{r_i^2}{(r_s + r_i)R_L} A_{uz}^2 \approx \frac{r_i^2}{(r_s + r_i)R_L} \qquad (7.5.13)$$

放大器可以没有电压放大能力,或没有电流放大能力,只要有功率放大能力就好。

射随器电压放大倍数虽然小于1,但其电流放大倍数通常大于1,负载电阻不是很大时,功率放大倍数也大于1。射随器可能具有一定的功率放大能力。

下面用开压短流法计算射随器输出电阻,即开路电压与短路电流之比为输出电阻。

射随器开路输出电压

$$\dot{E}_o = \frac{r_{io}}{r_s + r_{io}} A_{uzo} \dot{E}_s$$

$$= \frac{R_b /\!/ (r_{be} + \beta R_e)}{r_s + R_b /\!/ (r_{be} + \beta R_e)} \frac{\beta R_e}{r_{be} + \beta R_e} \dot{E}_s$$

$$\dot{E}_o = \frac{R_b}{r_s + R_b /\!/ (r_{be} + \beta R_e)} \frac{\beta R_e}{R_b + r_{be} + \beta R_e} \dot{E}_s$$

负载短路时 $R_L = 0$,信号源电流

$$\dot{I}_s = \frac{\dot{E}_s}{r_s + R_b /\!/ r_{be}}$$

负载短路电流

$$\dot{I}_{o(s)} = \beta \dot{I}_b = \beta \frac{R_b}{R_b + r_{be}} \dot{I}_s = \beta \frac{R_b}{R_b + r_{be}} \frac{\dot{E}_s}{r_s + R_b /\!/ r_{be}}$$

射随器输出电阻

$$r_o = \frac{\dot{E}_o}{\dot{I}_{o(s)}} = \frac{R_b}{r_s + R_b /\!/ (r_{be} + \beta R_e)} \frac{\beta R_e \dot{E}_s}{R_b + r_{be} + \beta R_e} \bigg/ \left(\beta \frac{R_b}{R_b + r_{be}} \frac{\dot{E}_s}{r_s + R_b /\!/ r_{be}} \right)$$

$$= \frac{R_b + r_{be}}{r_s + R_b /\!/ (r_{be} + \beta R_e)} \frac{r_s + R_b /\!/ r_{be}}{R_b + r_{be} + \beta R_e} R_e$$

将两个并联电阻展开并化简有

$$r_o = \frac{r_s(R_b + r_{be}) + R_b r_{be}}{r_s(R_b + r_{be} + \beta R_e) + R_b(r_{be} + \beta R_e)} R_e$$

$$= \frac{r_s R_b + (r_s + R_b) r_{be}}{r_s R_b + (r_s + R_b)(r_{be} + \beta R_e)} R_e$$

$$= \frac{(r_s /\!/ R_b + r_{be})}{r_s /\!/ R_b + r_{be} + \beta R_e} R_e$$

$$= \frac{[(r_s /\!/ R_b + r_{be})/\beta] R_e}{(r_s /\!/ R_b + r_{be})\beta + R_e}$$

$$= \frac{r_s /\!/ R_b + r_{be}}{\beta} /\!/ R_e$$

$$r_o \approx \frac{r_s /\!/ R_b + r_{be}}{\beta + 1} /\!/ R_e \approx \frac{r_s /\!/ R_b}{\beta} /\!/ R_e \qquad (7.5.14)$$

从放大器输出端看,连带原信号源,整个放大器又等效为一个新的信号源。放大器的输

出电阻,就是新的信号源的内阻。信号源的内阻自然越小越好。射随器输出电阻小,说明它有削内阻作用。式(7.5.14)说明,β 值越大,射随器的削内阻作用就越好。

在式(7.5.9)~式(7.5.14)中,"≈"之前是理论公式,之后是忽略 r_{be} 的近似公式。

用加压求流法也能得到式(7.5.14),但需要画图[9]。

4. 下限频率与上限频率

射随器下限频率计算可参照基本共射放大器下限频率计算公式(7.3.10)。

上限频率为

$$f_h = f_\beta + \frac{R'_L}{r_s \mathbin{/\mkern-5mu/} R_b} f_T \tag{7.5.15}$$

共射放大器 $f_h = f_\beta$,射随器 $f_h > f_\beta$,说明共集放大器频带较宽。$R'_L / (r_s \mathbin{/\mkern-5mu/} R_b) = 0.2$ 时,$f_h = (0.2\beta + 1)f_\beta$,若 $\beta = 100$,此时共集放大器频带约是共射放大器的 21 倍。

例 7.5.2　试用例 7.5.1 中的已知条件及计算结果,以及 $r_s = 100\text{k}\Omega$,$r_{bb'} = 200\Omega$,在考虑和忽略晶体管输入电阻 r_{be} 两种情况下计算射随器输入电阻 r_i、输出电阻 r_o 及源电压放大倍数 A_{us},并计算自身电压放大倍数 A_{uz}、电流放大倍数 A_i 及功率放大倍数 A_p。

解　晶体管输入电阻 $r_{be} = r_{bb'} + \beta \dfrac{U_T}{I_e} = 200\Omega + 100 \times \dfrac{26}{3.333}\Omega = 980\Omega \approx 1\text{k}\Omega$

(1) 考虑 r_{be},射随器输入电阻 $r_i = R_b \mathbin{/\mkern-5mu/} (r_{be} + \beta R'_L) = [120 \mathbin{/\mkern-5mu/} (1 + 100 \times 1.2)]\text{k}\Omega = 60.3\text{k}\Omega$

$$A_{uz} = \frac{\beta R'_L}{r_{be} + \beta R'_L} = \frac{120}{1 + 120} = 0.992 \text{ 倍}$$

$$A_u \approx \frac{r_i}{r_s + r_i} A_{uz} = \frac{60.25}{100 + 60.25} \times 0.9917 = 0.373 \text{ 倍}$$

$$A_i = \frac{r_i}{R_L} A_{uz} = \frac{60.25}{2.4} \times 0.9917 = 24.9 \text{ 倍}$$

$$A_p \approx A_u A_i = 0.3729 \times 24.9 = 9.29 \text{ 倍}$$

$$r_o = \frac{r_s \mathbin{/\mkern-5mu/} R_b + r_{be}}{\beta + 1} \mathbin{/\mkern-5mu/} R_e = \left(\frac{100 \mathbin{/\mkern-5mu/} 120 + 1}{100 + 1} \mathbin{/\mkern-5mu/} 2.4 \right) \text{k}\Omega$$

$$= (0.5500 \mathbin{/\mkern-5mu/} 2.4)\text{k}\Omega = 0.448\text{k}\Omega$$

(2) 忽略 r_{be},射随器输入电阻 $r_i \approx R_b \mathbin{/\mkern-5mu/} \beta R'_L = (120 \mathbin{/\mkern-5mu/} 120)\text{k}\Omega = 60\text{k}\Omega$

$$A_{uz} \approx 1 \text{ 倍}, \quad A_u \approx \frac{r_i}{r_s + r_i} = \frac{60}{100 + 60} = 0.375 \text{ 倍}$$

$$A_i \approx \frac{r_i}{R_L} = \frac{60}{2.4} = 25 \text{ 倍}, \quad A_p = A_u A_i = 0.375 \times 25 = 9.38 \text{ 倍}$$

$$r_o \approx \frac{r_s \mathbin{/\mkern-5mu/} R_b}{\beta} \mathbin{/\mkern-5mu/} R_e = \left(\frac{100 \mathbin{/\mkern-5mu/} 120}{100} \mathbin{/\mkern-5mu/} 2.4 \right) \text{k}\Omega = (0.5455 \mathbin{/\mkern-5mu/} 2.4)\text{k}\Omega = 0.445\text{k}\Omega$$

用 β 代替 $\beta + 1$ 并忽略 r_{be},射随器交流参数近似计算误差一般可控制在 1% 以内。

此例射随器输出电阻与信号源内阻的比值 $\delta r_s = 0.45/100 = 0.45\%$。就是说,此例射随器将信号源内阻削减到只有原值的 0.45%,效果非常好。

5. 射随器特点及其应用

1) 射随器特点及功能

射随器电压放大倍数虽然小于1,但电流放大倍数大于1,功率放大倍数也大于1。射随器不仅具有很高的输入电阻,而且具有很低的输出电阻,具有较强的带负载能力。

　　射随器能把信号源的高内阻变换为放大器的低输出电阻。换句话说,高内阻信号源经过射随器变换后就成为一个低内阻信号源。射随器本身电压放大倍数虽然小于1,但是由于它有很强的削内阻作用,能为下级放大创造条件,因此使用射随器不仅不会影响放大器电压放大总倍数,而且有助于提高放大器电压放大总倍数。真好似磨刀不误砍柴工。

　　对照基本共射放大器源电压放大倍数 A_u 算式可发现,信号源内阻 r_s 很大时,基本共射放大器源电压放大倍数 A_u 也将小于1,失去电压放大能力。故 r_s 很大时,若仍用共射放大器,则不仅电压难得放大,而且内阻还是比较大。若用射随器,则只是牺牲电压放大倍数,但是内阻被大幅度削低,为下级放大打下坚实基础。总之,使用射随器,本级电压只是有一定损失,好比是野火烧不尽,下级继续有效放大,则好比是春风吹又生。

　　2) 射随器应用

　　(1) 放在高内阻信号源之后,作为放大器的输入级,一方面将高内阻信号源变换为低内阻信号源,另一方面提高放大器输入电阻,为信号放大创造条件。

　　(2) 放在放大器某两级之间,进行阻抗匹配。

　　(3) 放在放大器末级,为功率放大器提供小内阻服务。

　　例9.2.2将用事实证明:信号源内阻较大时,若不用射随器,只用一级共射放大器,则电压放大总倍数只有约0.4倍;增加一级射随器后,虽然射随器源电压放大倍数只有不足0.2,但放大器电压放大总倍数却提高为14倍。

7.6　共基放大器(电流跟随器)

　　信号由晶体管发射极输入、从集电极输出,以基极为公共点的放大器称为共基极放大器(Common Base Amplifier),简称共基放大器(CBA),也称为电流跟随器,见图7.6.1。

　　断开所有电容,根据图7.6.1可画出共基放大器的直流通路,见图7.6.2。

　　晶体管数理模型不因引脚接法而变,因为无论晶体管采用什么接法,集电极电流与基极电流的内在关系不会改变,β 值也不会变化。

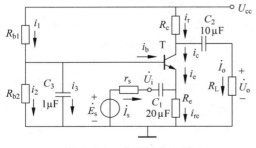
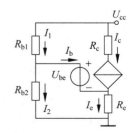

图 7.6.1　共基放大电路　　　　　图 7.6.2　共基放大器直流通路

　　首先令 $U_{cc}=0$,仅将晶体管换为CCCS模型,其他元件一概不动,共基放大器原图即成为原始交流等效电路,见图7.6.3(a)。此时 R_{b1} 上端及 R_c 上端已经接地。

干脆将 R_{b1} 上端及 R_c 上端向下拉到地,即画出共基放大器交流等效电路,见图 7.6.3 (b)、(c)。短路所有耦合电容,即画出频带内共基放大器交流等效电路,见图 7.6.3(d)。

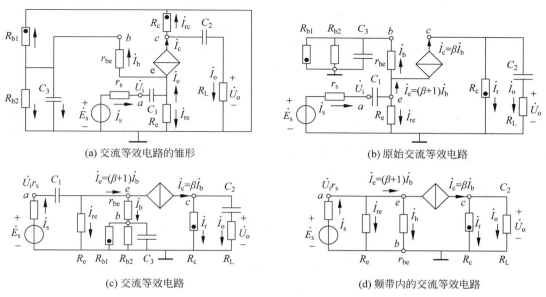

(a) 交流等效电路的雏形　　　　　　　　(b) 原始交流等效电路

(c) 交流等效电路　　　　　　　　　(d) 频带内的交流等效电路

图 7.6.3　共基放大器交流等效电路

NPN 晶体管基极偏流自基极 B 流向发射极 E,集电极电流与基极电流方向关联,自集电极 C 流向发射极 E。BJT 集电极交流电流方向仍然与基极电流关联,只是方向不再受限。因为交流电流本身就没有方向可言。

就是说,若基极信号电流自基极 B 通过 r_{be} 流向发射极 E,则集电极信号电流自集电极 C 流向发射极 E。反之,若基极信号电流自发射极 E 通过 r_{be} 流向基极 B,则集电极信号电流自发射极 E 流向集电极 C。

为此首先根据信号源电流自下而上流进发射结的实际情况,判断基极信号电流自发射极 E 通过 r_{be} 流向基极 B。再根据 BJT 集电极电流无论如何都与基极电流相关联的原理,确定集电极信号电流自 E 流向 C,标注共基放大器交流通路的电流方向,见图 7.6.3。

1. 工作点设计与分析

1) 工作点设计

将图 7.6.2 与图 7.4.3(a)对比可以发现,共基放大器的直流等效电路与射极偏置共射放大器完全相同。因此,7.4 节关于射极偏置共射放大器工作点设置及输出范围设计计算方法适用于共基放大器。

共基放大器的发射极反馈电阻相当于一个直流电阻。由于电路结构机制,共基放大器中的发射极反馈电阻 R_e 虽然没有并联交流旁路电容,但其作用效果类似于分压偏置共射放大器的并联交流旁路电容的发射极第二反馈电阻 R_{e2}。

集电极临界偏流、集-射临界偏置压降及输出电压最大不失真幅度各为

$$I_{c(cr)} = \frac{U_{cc}}{R_c + R_e + R_L'} \tag{7.6.1}$$

$$U_{ce(cr)} = \frac{R'_L}{R_c + R_e + R'_L} U_{cc} \tag{7.6.2}$$

$$U_{om(max)} = \frac{R'_L}{R_c + R_e + R'_L} U_{cc} \tag{7.6.3}$$

集电极偏流温度系数 λ 及影响因子 ρ 的定义与分压偏置共射放大器相同，$\lambda = \rho\theta$。

将式(7.4.12)稍加修正可得到基本共基放大器临界分压比

$$\alpha_{cr} = \frac{R_e/(1-\rho)}{R_c + R_e + R'_L} + \frac{U_{be}}{U_{cc}} \tag{7.6.4}$$

例 7.6.1　图 7.6.1 所示共基放大器 $U_{cc} = 12V$，$R_c = R_L = 2.4k\Omega$，$R_e = 1k\Omega$，试确定 BJT 集-射临界偏压 $U_{ce(cr)}$、集电极临界偏流 $I_{c(cr)}$，输出电压最大不失真幅度 $U_{om(max)}$。

解　$R'_L = (2.4//2.4)k\Omega = 1.2k\Omega$

$R_c + R_e + R'_L = (2.4 + 1 + 1.2)k\Omega = 4.6k\Omega$

$$U_{ce(cr)} = \frac{R'_L}{R_c + R_e + R'_L} U_{cc} = \frac{1.2}{4.6} \times 12V = 3.13V$$

$$I_{c(cr)} = \frac{U_{cc}}{R_c + R'_L + R_e} = \frac{12}{4.6}mA = 2.61mA$$

$$U_{om(max)} = \frac{R'_L}{R_c + R'_L + R_e} U_{cc} = \frac{1.2}{4.6} \times 12V = 3.13V$$

2）工作点分析

图 7.6.1 共基放大器工作点分析计算与 7.4 节介绍的射极偏置共射放大器相同。

2. 交流参数分析计算

1）输入电阻、输出电阻及三大放大倍数

共基放大器输入电阻及输出电阻

$$r_i \approx \frac{r_{be}}{\beta} \tag{7.6.5}$$

$$r_o \approx R_c \tag{7.6.6}$$

共基放大器自身电压放大倍数及源电压放大倍数

$$A_{uz} \approx \beta \frac{R'_L}{r_{be}}, \quad A_{uzo} \approx \beta \frac{R_c}{r_{be}} \tag{7.6.7}$$

$$A_u = \frac{r_i}{r_s + r_i} A_{uz} = \frac{r_{be}/\beta}{r_s + r_{be}/\beta} \frac{\beta R'_L}{r_{be}} \approx \frac{R'_L}{r_s} \tag{7.6.8}$$

近似的源电压放大倍数计算公式

$$A_u \approx \frac{R'_L}{r_s + r_{be}/\beta} \approx \frac{R'_L}{r_s}, \quad A_{uo} \approx \frac{R_c}{r_s + r_{be}/\beta} \approx \frac{R_c}{r_s} \tag{7.6.9}$$

共基放大器电流放大倍数

$$A_i = \frac{\dot{I}_o}{\dot{I}_s} = \frac{r_i}{R_L} |A_{uz}| = \frac{r_{be}}{\beta R_L} \frac{\beta R'_L}{r_{be}} = \frac{R_c}{R_c + R_L} \tag{7.6.10}$$

共基放大器电流放大倍数小于 1，故共基放大器也称为电流跟随器。

从式(7.6.8)～式(7.6.10)及前几节介绍的有关公式可以发现,基于信号源内阻 r_s、放大器输入电阻 r_i、负载电阻 R_L 及自身电压放大倍数 A_{uz} 计算 CE、CC、CB 三种基本放大器的源电压、电流及功率放大倍数计算公式具有统一的形式。信号源内阻 r_s、负载电阻 R_L 都是已知条件,牢记放大器输入电阻 r_i 及自身电压放大倍数 A_{uz} 就是计算三大放大倍数的关键。

2) 下限频率及上限频率

共基放大器下限频率可参照基本共射放大器下限频率计算公式(7.3.10)。

共基放大器上限频率

$$f_h = \left[1 + \beta \frac{r_s}{r_{be}(1 + r_s/R_e)}\right] f_\beta = f_\beta + \frac{r_s}{r_{be}(1 + r_s/R_e)} f_T \tag{7.6.11}$$

$r_s = R_e = 2r_{be}$ 时,$f_h \approx \beta f_\beta = f_T$,此时共基放大器频带是共射放大器的 β 倍。若 $\beta = 100$,则 $f_h \approx \beta f_\beta \approx 100 f_\beta$。基本共射放大器 $f_h = f_\beta$,共基放大器 $f_h \approx f_T \gg f_\beta$,说明共基放大器频带最宽。

就是说,**当发射极反馈电阻 R_e 以及基极旁路电容 C_3 都较大时,共基放大器源电压放大倍数 A_u 近似等于等效负载电阻与信号源内阻的比值,而与晶体管 β 值基本无关,高频时由于晶体管极间电容的影响使管子 β 值的下降对整个放大器电压增益的影响就小**。这个结论解释了共基放大器具有优秀高频特性的原因。

总之,共基放大器高频特性好,频带宽,但输入电阻低,且无电流放大能力。

例 7.6.2 图 7.6.1 所示共基放大电路 $r_s = 1k\Omega$,$R_c = R_L = 5.6k\Omega$,$R_e = 1k\Omega$,$\beta = 100$,$r_{bb'} = 200\Omega$,$f_\beta = 3MHz$,临界偏置,试计算放大器输入电阻 r_i、自身电压放大倍数 A_{uz}、源电压放大倍数 A_u、电流放大倍数 A_i、功率放大倍数 A_p、输出电阻 r_o 及上限频率 f_h。

解 $R_L' = (5.6 // 5.6)k\Omega = 2.8k\Omega$

$R_c + R_e + R_L' = (5.6 + 1 + 2.8)k\Omega = 9.4k\Omega$

$$I_{c(cr)} = \frac{U_{cc}}{R_c + R_L' + R_e} = \frac{12}{9.4}mA = 1.277mA$$

$$r_{be} = r_{bb'} + \beta \frac{U_T}{I_{c(cr)}} = 200\Omega + 100 \times \frac{26mV}{1.277mA} = 2236\Omega \approx 2.2k\Omega$$

$$r_i \approx \frac{r_{be}}{\beta} = \frac{2236}{100}\Omega \approx 22\Omega, r_o \approx R_c = 5.6k\Omega$$

$$A_{uz} \approx \beta \frac{R_L'}{r_{be}} = 100 \times \frac{2.8}{2.236} = 125.2 \text{ 倍}, A_u \approx \frac{R_L'}{r_s} = \frac{2.8}{1} = 2.8 \text{ 倍}$$

$$A_i \approx \frac{R_c}{R_c + R_L} = \frac{5.6}{5.6 + 5.6} = 0.5 \text{ 倍}, A_p = \frac{R_L'^2}{r_s R_L} = \frac{2.8^2}{1 \times 5.6} = 1.4 \text{ 倍}$$

$$f_h = f_\beta + \frac{r_s}{r_{be}(1 + r_s/R_e)} f_T = 3MHz + \frac{1}{2.2(1 + 1/1)} \times 100 \times 3MHz = 71.18MHz$$

实验完后将旁路电容 C_3 由与 R_{b2} 并联改为与 R_{b1} 并联,电路仍能正常工作,电压放大倍数丝毫不受影响。去掉 R_{b2},实验照样做成。但若去掉 C_3,则电压放大倍数大大变小,说明 C_3 的交流旁路作用确实对放大起着关键作用。

7.7 放大电路技术参数的测试

1．放大电路的技术指标与技术参数及设计要求

（1）电压、电流、功率三大放大倍数，代表放大能力，频率特性，代表频响能力；

（2）输入电阻，应尽可能大，一般讲越大越好，但不能一概而论；

（3）输出电阻，代表放大器负载驱动能力，越小越好，理想放大器输出电阻应为 0；

（4）工作点（偏置量），工作点合适或偏置量大小适中，输出电压摆幅才能达到最大；

（5）工作点温度系数，工作点温度系数越小越好；

（6）总谐波失真（THD），起码要求 THD<5%，代表抑制非线性失真的能力；

（7）最大不失真输出电压幅度（摆幅），也称为输出范围。输出范围越大越好；

（8）最大不失真输入电压幅度（摆幅），也称为输入范围；

（9）元器件消耗功率及负载最大功率；

（10）放大电路效率，越高越好。

其中，除了工作点属于技术参数外，其余九项都属于技术指标，简称一参数九指标。

2．放大电路的共性问题

1）信号

要放大的信号有两种：一是正弦交流信号；二是直流信号。直流放大器既能放大直流信号，也能放大交流信号。由于交流信号易于与直流偏置量区别开来，所以即便在分析直流放大器时也假设要放大的是交流信号，是一个明智的选择。

2）放大器等效电路

不谈功率大小，信号源也是一种电源，图 7.7.1 中的 $\dot{E}_s$ 就是信号源电动势（即开路输出电压）。放大器可以等效为一个新的电源或新的信号源。放大器、变压器等很多电路都可以等效为如图 7.7.1 所示的电源电路。

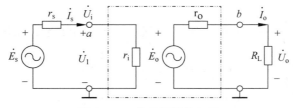

图 7.7.1 放大器等效电路

从输入端 a 看进去，放大器等效于一个负载。这个等效负载电阻称为放大器的输入电阻，用 r_i 表示。放大器的一个基本设计要求就是将输入电阻做得尽可能大些。

从输出端 b 看进去，放大器又相当于一个新的信号源或新的等效电源。放大器输出电阻是反映放大器带负载能力的技术指标。放大器输出电阻越小越好。

放大器输入电阻和输出电阻的分析计算是一项基础工作。结合如图 7.7.1 所示的通用等效电路来介绍放大器输入电阻和输出电阻的通用分析计算方法，以供各章节参考使用。

3）输入电阻与输出电阻通用计算方法

（1）根据测试数据计算放大器输入电阻。

设 $\dot{E}_s$ 为信号源电动势，r_s 为信号源内阻，$\dot{U}_i$ 为放大器输入电压，从放大器输入点 a 到公共地之间的等效电阻就是放大器的输入电阻 r_i，参见图7.7.1，可以在放大器等效输入回路列出方程 $\dot{E}_s/(r_s+r_i)=\dot{U}_i/r_i$，从中可得**根据测试数据计算放大器输入电阻的公式**

$$r_i = \frac{\dot{U}_i}{\dot{E}_s - \dot{U}_i} r_s \tag{7.7.1}$$

为减小测试误差，信号源内阻 r_s 过小时可在信号源与放大器之间人为串联电阻。

如果从电路图中能看出从输入点 a 到公共地之间的电阻网络由哪些电阻串并联组成，就能根据电阻串并联原理直接计算输入电阻。就是说，放大电路结构已知、清晰且较简单时，可以直接根据电路结构写出输入电阻计算公式。

电路图中从输入点 a 到公共地之间的电阻网络结构已知但比较复杂时，一眼难以看出所有电阻究竟如何连接，则可以假设加上一个信号源电动势 $\dot{E}_s$，然后用某种方法分析在 $\dot{E}_s$ 作用下产生的信号源电流 $\dot{I}_s$ 与 $\dot{E}_s$ 的关系，再用式（7.7.1）计算放大器输入电阻。

即使放大电路结构未知，也可以实际加上一定数值的信号源电动势，同时测量产生的信号源电流，然后用式（7.7.1）具体计算放大电路的输入电阻。

（2）输出电阻通用计算方法——负载对比法。

r_o 为放大器输出电阻，$\dot{E}_o$ 是开路输出电压，$\dot{U}_o$ 是负载 R_L 上获得的输出电压，见图7.7.1，可在等效输出回路列出方程 $\dfrac{\dot{E}_o}{r_o+R_L}=\dfrac{\dot{U}_o}{R_L}$，从中得到**放大器输出电阻通用分析公式**

$$r_o = \left(\frac{\dot{E}_o}{\dot{U}_o} - 1\right) R_L \tag{7.7.2}$$

式（7.7.2）中的分子分母同时除以 $\dot{E}_s$，注意 $\dot{U}_o/\dot{E}_s = A_u$ 为负载电压放大倍数，$\dot{E}_o/\dot{E}_s = A_{uo}$ 为开路电压放大倍数，置换后得到第二种分析计算放大器输出电阻的通用分析公式

$$r_o = \left(\frac{A_{uo}}{A_u} - 1\right) R_L \tag{7.7.3}$$

式（7.7.3）具有一般性，不仅可用来分析计算放大器输出电阻，而且还可用来分析变压器等电路的输出电阻。

输入电阻和输出电阻都用小写字母 r 表示，是因为它们都仅仅在概念上存在，而不一定真正是一个电阻实体。

（3）输入电阻与输出电阻通用计算方法——加压测流法或加压求流法，即虚拟电压法。

给放大器施加电压 $\dot{U}$，产生电流 $\dot{I}$，则电压电流比 $\dot{U}/\dot{I}$ 就是其输入电阻 r_i。

图7.7.2显示，从零电源输出端与地之间看到的是电源内阻。放大器等效为一个新的信号源。信号源为零，放大器输出也为零。放大器输出为零时，输出端与地之间就是内阻。

若放大电路结构已知、清晰且较简单，从电路图中能看出从输出点 b 到地之间的电阻网络由哪些电阻串并联组成，就能根据电路结构即电阻串并联关系直接计算输出电阻，如图7.7.3所示。

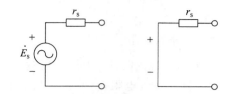

图 7.7.2 零电源电路输出端与地之间是内阻

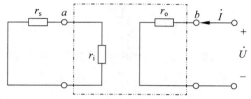

图 7.7.3 零信号源放大器等效电路

信号为 0 的放大器可以等效为一个电阻网络,见图 7.1.4。断开负载电阻,假想在输出端子上加上一个电压 $\dot{U}$,产生一个电流 $\dot{I}$,此电压电流比值即是输出电阻

$$r_\circ = \frac{\dot{U}}{\dot{I}} \tag{7.7.4}$$

所产生电流越小,表示电阻越大。所以电流表能改制成电阻表。输出电阻计算依赖这个原理,指针式万用表、数字式万用表的电阻挡也是依赖此原理。

(4) 输出电阻计算方法(开路电压与短路电流比对法)。

按照电源原理,开路电压与短路电流的比值,简称开压短流比,也等于输出电阻。

这样,放大器输出电阻可通过负载比对法、虚拟电压法和开压短流法三种方法来计算。

3. 放大电路分析与设计

分析计算是发掘对象本来就有的特性及参数。电路分析就是计算电路本来就有的电压或电流的数值,或者发掘电压电流与频率之间本来就存在的关系、寻找谐振点等。基尔霍夫定律、等效电源法、代文宁法、叠加法、节点电压法等都是电路分析的特有方法。放大电路分析就是计算其应有的三大放大倍数、输入电阻、输出电阻、动态范围等技术指标。一般电路分析只有单纯计算,放大电路分析还包括对计算结果是否合理的判断。

设计是按照某种要求、使用某种方法确定对象的总体框架和参数指标、使对象具有特定功能的演绎过程。放大电路设计是根据放大能力、频响能力、带载能力、抑制非线性失真的能力等要求进行结构设计和参数设计。

分析与设计互为依托,互相服务。分析为设计提供思路和方法,设计又为分析计算提供具体的已知条件。如以晶体管截止和饱和为条件分析集电极电流和集-射极电压,得出放大器临界工作点条件,就为放大器参数设计提供了方法。按照输出范围最大要求,依据临界工作点条件确定临界偏置参数,又为输入电阻、输出电阻、各种放大倍数、动态范围等技术指标的分析计算提供了具体条件。

4. 放大器放大能力的表达形式

1) 源电压放大倍数与自身电压放大倍数

计入信号源内阻的电压放大倍数称为源电压放大倍数,用符号 A_u 表示;不计入信号源内阻的电压放大倍数称为自身电压放大倍数,符号 A_{uz}。A_{uz} 只是 $r_s=0$ 时 A_u 的特例,A_u 有一般性,很重要。很多现象用 A_{uz} 难以解释。用负载比对法计算输出电阻时,用的就是源电压放大倍数 A_u。

2) 放大倍数表达形式与增益表达形式(见表 7.7.1)

放大器放大能力除了用放大倍数表达外,还常用放大倍数的对数来表达。放大倍数的对数称为增益。增益的单位是 decibel,简称 dB,分贝。

电压放大倍数的常用对数的 20 倍,$20\lg A_u$ 定义为电压增益;

电流放大倍数的常用对数的 20 倍,$20\lg A_i$ 定义为电流增益;

功率放大倍数的常用对数的 10 倍,$10\lg A_p$ 定义为功率增益。

表 7.7.1　电压及电流增益及功率增益(dB)与放大倍数对照表

放大倍数 A	0.1	0.707	1	10	10^2	10^3	10^4	10^5
电压及电流增益/dB	−20	−3	0	20	40	60	80	100
功率增益/dB	−10	−1.5	0	10	20	30	40	50

7.8　放大电路工作点及输出范围的图解计算

晶体管放大电路的临界工作点和输出范围(最大不失真输出正弦电压幅度),既可以用解析法分析计算,也可以用图解法分析计算。

传统的基于晶体管输出特性曲线族的图解法(旧图解法),洋洋洒洒十几页,看似要确定临界工作点和最大不失真输出电压幅度,但最后两者究竟多大,至今都无结论。

说模拟电子技术是玄学,基于晶体管输出特性曲线族的图解法就是最玄的典型,最棒的催眠药,最大的败笔。40 年前笔者即瞄准模拟电子学,旧图解法"功不可没"。

图解法用直流负载线与交流负载线的交点表示工作点。旧图解法的缺陷在于:过分依赖晶体管输出特性曲线族,结果只画出了直流负载线,但至今没有准确画出交流负载线,致使放大器的临界工作点和最大不失真输出电压幅度一个都没有找到。

现以基本共射放大电路为例,用新图解法,围绕直流负载线,特别是交流负载线的作图方法,介绍如何准确画出交流负载线,确定临界工作点及输出范围。

1. 直流负载线

图 7.1.1 所示基本共射放大电路集电极偏流 I_c 与集-射偏置压降 U_{ce} 的关系为

$$I_c = U_{cc}/R_c - U_{ce}/R_c \qquad (7.8.1)$$

U_{cc} 与 R_c 确定后,式(7.8.1)表达了偏流 I_c 与偏压 U_{ce} 的关系。在 I_c-U_{ce} 坐标系中,它是一条直线,见图 7.8.1(a)。因偏流全部流过 R_c,故 R_c 也叫直流负载电阻,而该直线称为直流负载线。直流负载线是唯一的。因斜率 $-1/R_c$ 有单位,故直流负载线只能用两点法绘制。其纵、横轴截距各为 U_{cc}/R_c、U_{cc}。在点 A(0,U_{cc}/R_c)与 B(U_{cc},0)之间画直线,即是直流负载线。

传统直流负载线也是这么画出的。

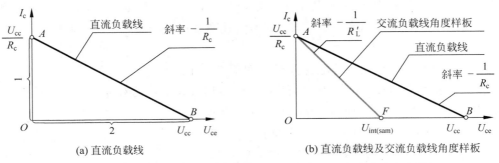

图 7.8.1　基本共射放大器和射随器的直流负载线及交流负载线角度样板

2. 交流负载线及其角度样板

以等效交流负载电阻 R'_L 确定方向的直线称为交流负载线。交流负载线与直流负载线的交点就是工作点。交流负载线有无穷多条，工作点有无穷多个。但所有交流负载线都是互相平行的。设法画出一条交流负载线角度样板，按照某种规则平移，就能得到临界交流负载线及最大不失真输出正弦电压幅度（输出范围）。

直流负载线斜率为 $-1/R_\text{c}$，交流负载线斜率为 $-1/R'_\text{L}$。$R'_\text{L} \leqslant R_\text{c}$，$1/R'_\text{L} \geqslant 1/R_\text{c}$，故交流负载线比直流负载线要陡峭。交流负载线与直流负载线要画在一个坐标系内。一条直线无论过于平坦或过于陡峭，都会影响作图及识图效果。为使交流负载线不过于陡峭，直流负载线应画得平坦些。画直流负载线时，宜取代表其电压轴截距 U_cc 的线段长度 OB 为代表其电流轴截距 U_cc/R_c 的线段长度 OA 的 2 倍，见图 7.8.1，使直流负载线大约呈 $30°$ 角。

交流负载线角度样板应当过坐标轴上某已知点，或过电流轴上点 $A(0\text{V}, U_\text{cc}/R_\text{c})$，或过电压轴上点 $B(U_\text{cc}, 0\text{A})$。为节省篇幅，显然宜过点 A。设定交流负载线角度样板过点 A 之后，U_cc/R_c 就是交流负载线角度样板在电流轴上的截距，问题是如何求电压轴截距。

设交流负载线角度样板电压轴截距为 $U_\text{int(sam)}$，int 是 intercept（截距）的缩写，sam 是 sample（样板）的缩写。则交流负载线角度样板方程为

$$U_\text{ce} = U_\text{int(sam)} - R'_\text{L}I_\text{c} \quad \text{或} \quad I_\text{c} = U_\text{int(sam)}/R'_\text{L} - U_\text{ce}/R'_\text{L} \tag{7.8.2}$$

确定交流负载线角度样板电压轴截距有两种方法。

（1）将点 A 坐标 $(0\text{V}, U_\text{cc}/R_\text{c})$ 代入交流负载线角度样板方程中有 $U_\text{int(sam)} - (U_\text{cc}/R_\text{c})R'_\text{L} = 0$，从中求出

$$U_\text{int(sam)} = R'_\text{L}\frac{U_\text{cc}}{R_\text{c}} = \frac{R'_\text{L}}{R_\text{c}}U_\text{cc} = \frac{R_\text{L}}{R_\text{c} + R_\text{L}}U_\text{cc} \tag{7.8.3}$$

（2）电流轴、电压轴截距的比值等于交流负载线斜率绝对值，$(U_\text{cc}/R_\text{c})/U_\text{int(sam)} = 1/R'_\text{L}$。据此也能求出过 A 点的交流负载线角度样板的电流轴截距。

交流负载线角度样板的两个截距都有了，点 F 就确定了。过点 A、F 画直线就是交流负载线角度样板线。

3. 角度样板平移获得最佳（临界）交流负载线、临界工作点及输出范围

交流负载线样板向右平移，其与直流负载线的交点 Q 就是工作点，与纵、横轴的交点设为 C、D，见图 7.8.2，CQ、QD 在电压轴上的投影各是 U_ce、$R'_\text{L}I_\text{c}$。样板刚开始右平移时，$U_\text{ce} < R'_\text{L}I_\text{c}$；平移到临界位置时，$U_\text{ce} = R'_\text{L}I_\text{c}$；超过临界位置时，$U_\text{ce} > R'_\text{L}I_\text{c}$。一般地，工作点

非临界时,$U_{ce} \neq R'_L I_c$。其中较小的一个就是输出范围,$U_{om} = \min(U_{ce}, R'_L I_c)$。

例 7.8.1　基本共射放大器 $U_{cc} = 12V$,$R_c = R_L$,试用图解法求临界工作点和输出范围。

解　交流负载线角度样板线的电压轴截距 $U_{int(sam)} = R_L/(R_c + R_L)U_{cc} = 0.5U_{cc}$。根据线段 $OF = OB/2$ 确定点 F 位置。连接点 A 与 F,即画出交流负载线角度样板,见图 7.8.1(b)。

交流负载线角度样板平行左移,其与直流负载线的交点 Q 就是工作点,与纵、横轴的交点设为 C、D,见图 7.8.2(a),CQ、QD 在横轴上的投影各是 U_{ce}、$R'_L I_c$。角度样板刚开始向左平移时,$R'_L I_c < U_{ce}$,$U_{om} = \min(U_{ce}, R'_L I_c) = R'_L I_c$。

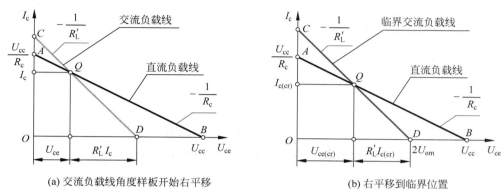

(a) 交流负载线角度样板开始右平移　　　　　(b) 右平移到临界位置

图 7.8.2　平行线法画基本共射放大器交流负载线

交流负载线平行移动到合适位置,至线段 CQ、QD 长度相等即 $U_{ce} = R'_L I_c$ 时,其与直流负载线的交点就是临界工作点,最大不失真输出电压幅度 U_{om} 就达到输出范围 $U_{om(max)}$。实际量取临界交流负载线在电压轴截距的一半即是放大电路的输出范围。本例可以量得 $U_{ce(cr)} = 4V$、$I_{c(cr)} = 8mA$、$U_{om(max)} = 4V$。

4. 用图解法导出解析计算式

见图 7.8.2,交流负载线上的线段 CQ、QD 在电压轴的投影各是 U_{ce}、$R'_L I_c$。交流负载线上的两个线段在电压轴的投影相等,其实就是 7.1 节提到的工作点临界条件 $R'_L I_c = U_{ce}$。因此,工作点临界的解析条件也能用图解法推出来。图解法与解析法是统一的。

射随器与基本共射放大器输出侧电路相同,因此两者的工作点及输出范围解析计算完全相同,图解计算也完全相同。将以上分析计算中的下标 c 换成 e,即适用于射随器。

图解分析计算也能用于射极偏置共射放大器及共基放大器。

5. 图解法结果姗姗来迟的原因

基本共射放大电路于 20 世纪 50 年代即问世,但图解法直到 60 年后[8]才完善。图解法并不难,但整整三代人左画右画、横画竖画,最后白了少年头,依然不知所终。根本原因是晶体管输出特性曲线族的功能被无限夸大了。一条条曲线就好像一道道紧箍咒,牢牢束缚着有关人员的思维。致使放大器临界偏压 $U_{ce(cr)}$、输出范围 $U_{om(max)}$,以及自由 PN 结内电场势垒 U_{ho},统称为有名的 3U,困扰人们长达 60 年。

第8章

FET晶体管放大电路理论的补充

FET 晶体管放大器具有输入电阻大、噪声低等优点。本章介绍与三种组态 BJT 放大器 CEA、CCA、CBA 类似的三种组态 FET 放大器 CSA、CDA、CGA。

8.1 栅无偏共源放大电路

与 BJT 组成的共射放大器(CEA)相似的 FET 放大器是共源极放大器(Common Source Amplifier),简称共源放大器(CSA)。

根据 JFET 传输特性曲线分布在两个象限,设计了栅极无偏置 JFET 共源放大器和栅极无偏置耗尽型 MOSFET 共源放大器,见图 8.1.1,U_{dd} 表示 FET 漏极 D 所接直流电源。

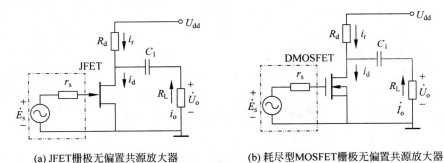

(a) JFET栅极无偏置共源放大器　　　　　(b) 耗尽型MOSFET栅极无偏置共源放大器

图 8.1.1　栅极无偏置 FET 共源放大器

可以看到,放大器输入侧常见的偏置电阻和耦合电容都没有了。信号源电流几乎为 0。信号源内阻 r_s 几乎不消耗能量,也不影响电压放大倍数。整个放大电路简洁至上。

因为放大器栅极无偏置,所以 FET 栅-源电压直流分量 $U_{gs} \equiv 0$。

如果栅极偏压可调,那么给定任意负载电阻和漏极安伏变换器,都能找到一个漏极临界偏流和漏-源临界偏压,都能根据 g_m 值找到一个栅极偏置电阻临界值,使放大器获得最大输出电压幅度。

栅极无偏置放大器的 FET 栅极偏压恒为零,栅极电阻或电压根本没有调整余地,且零栅压漏极电流作为唯一的偏流。安伏变换器 R_d 兼起偏置电阻的作用。栅极无偏置放大器的最大不失真输出电压幅度直接取决于漏极偏置电阻 R_d。因此这种放大器的设计思路是:根据输出范围最大要求,将零栅压漏极电流作为固定偏流来确定 R_d。

1. 临界偏置条件及漏极偏置电阻最大值

临界偏置约束条件及漏极最大偏置电阻分别为

$$U_{dd} - (R_d + R'_L) I_{dss0} (1 - R_d/r_{ds}) = 0 \tag{8.1.1}$$

$$R_{d(max)} = \frac{r_{ds} - \sqrt{r_{ds}^2 - 4 r_{ds} U_{dd}/I_{dss0}}}{2} \tag{8.1.2}$$

栅极无偏置 FET 放大器的 R_d 不能超过此最大值,否则只有信号负半波才能显现。因共源放大器亦属于反相放大,故 R_d 过大时在输出端只能看到正半波一部分电压。

2. 工作点设计及输出范围计算

下面分空载和负载两种情况讨论栅极无偏置放大器工作点的设计。

1) 空载放大器设计

漏极临界偏置电阻 $R_{d(cr)}$

$$R_{d(cr)} = \frac{r_{ds} - \sqrt{r_{ds}^2 - 2 r_{ds} U_{dd}/I_{dss0}}}{2} \tag{8.1.3}$$

漏极临界偏置电阻 $R_{d(cr)}$ 确定后,便可计算栅极无偏置放大器 FET 漏极临界偏流

$$I_{d(cr)} = I_{dss} = (1 - R_{d(cr)}/r_{ds}) I_{dss0} \tag{8.1.4}$$

漏-源临界偏置压降和放大器空载输出范围

$$U_{ds(cr)} = U_{dd} - R_{d(cr)} I_{d(cr)} \tag{8.1.5}$$

$$U_{om(max)} = R_{d(cr)} I_{d(cr)} \tag{8.1.6}$$

2) 负载放大器设计

列出关于未知数 R_d 的一元三次方程

$$R_d^3 + (2R_L - r_{ds}) R_d^2 + r_{ds}(U_{dd}/I_{dss0} - 2R_L) R_d + r_{ds} R_L U_{dd}/I_{dss0} = 0 \tag{8.1.1a}$$

考虑 r_{ds} 值比较大。可首先令 $r_{ds} \to \infty$,将一元三次方程简化为一元二次方程

$$R_d^2 - (U_{dd}/I_{dss0} - 2R_L) R_d - R_L U_{dd}/I_{dss0} = 0$$

解此一元二次方程可得到 R_d 的初始值

$$R_d = \frac{U_{dd}/I_{dss0} - 2R_L + \sqrt{(U_{dd}/I_{dss0})^2 + 4R_L^2}}{2} \tag{8.1.3a}$$

然后以此近似值调试,或作为初始值用牛顿迭代法以得到 R_d 的精确值。

为用牛顿迭代法,根据式(8.1.1a)构造函数

$$f(R_d) = R_d^3 + (2R_L - r_{ds}) R_d^2 + r_{ds}(U_{dd}/I_{dss} - 2R_L) R_d + r_{ds} R_L U_{dd}/I_{dss0}$$

并求其一阶导数为

$$f'(R_d) = 3R_d^2 + 2(2R_L - r_{ds}) R_d + r_{ds}(U_{dd}/I_{dss0} - 2R_L)$$

用牛顿迭代公式

$$R_d = R_d - \frac{f(R_d)}{f'(R_d)} \tag{8.1.2a}$$

可求得负载电压输出范围为

$$U_{\text{om(max)}} = R'_{\text{L}} I_{\text{dss0}} \tag{8.1.6a}$$

例 8.1.1　如图 8.1.1 所示的栅极无偏置 FET 放大器空载，$I_{\text{dss0}} \approx 2\text{mA}$，$r_{\text{ds}} = 30\text{k}\Omega$，$U_{\text{dd}} = 12\text{V}$，试计算 $R_{\text{d(max)}}$，并确定 $R_{\text{d(cr)}}$、$I_{\text{d(cr)}}$、$U_{\text{ds(cr)}}$ 及 $U_{\text{om(max)}}$。

解　$R_{\text{d(max)}} = \dfrac{r_{\text{ds}} - \sqrt{r_{\text{ds}}^2 - 4r_{\text{ds}}U_{\text{dd}}/I_{\text{dss0}}}}{2} = \dfrac{30 - \sqrt{30^2 - 4 \times 30 \times 12/2}}{2}\text{k}\Omega = 8.3\text{k}\Omega$

$R_{\text{d(cr)}} = \dfrac{r_{\text{ds}} - \sqrt{r_{\text{ds}}^2 - 2r_{\text{ds}}U_{\text{dd}}/I_{\text{dss0}}}}{2} = \dfrac{30 - \sqrt{30^2 - 2 \times 30 \times 12/2}}{2}\text{k}\Omega = 3.38\text{k}\Omega$

漏极临界偏流、漏-源临界偏压及输出范围

$$I_{\text{d(cr)}} = I_{\text{dss}} = (1 - R_{\text{d(cr)}}/r_{\text{ds}})I_{\text{dss0}} = (1 - 3.38/30) \times 2\text{mA} = 1.775\text{mA}$$

$$U_{\text{ds(cr)}} = U_{\text{dd}} - R_{\text{d(cr)}} I_{\text{d(cr)}} = 12\text{V} - 3.38 \times 1.775\text{V} = 6.0\text{V}$$

$$U_{\text{om(max)}} = R_{\text{d(cr)}} I_{\text{d(cr)}} = 3.38 \times 1.775 = 6.0\text{V}$$

例 8.1.2　如图 8.1.1 所示的栅极无偏放大器 FET 的 $I_{\text{dss0}} \approx 2\text{mA}$，$r_{\text{ds}} = 30\text{k}\Omega$，$U_{\text{dd}} = 12\text{V}$，$R_{\text{L}} = 10\text{k}\Omega$，试决定 $R_{\text{d(cr)}}$，并计算 $I_{\text{d(cr)}}$、$U_{\text{ds(cr)}}$ 及 $U_{\text{om(max)}}$。

解　$U_{\text{dd}}/I_{\text{dss0}} = 12\text{V}/2\text{mA} = 6\text{k}\Omega$

先用式(8.1.2a)计算漏极偏置电阻 R_{d} 初值

$$R_{\text{d}} = \frac{U_{\text{dd}}/I_{\text{dss0}} - 2R_{\text{L}} + \sqrt{(U_{\text{dd}}/I_{\text{dss0}})^2 + 4R_{\text{L}}^2}}{2} = \frac{6 - 2 \times 10 + \sqrt{6^2 + 4 \times 10^2}}{2} = 3.44\text{k}\Omega$$

再用式(8.1.2b)迭代可求得精确值 $R_{\text{d(cr)}} \approx 8.05\text{k}\Omega$，取 $R_{\text{d}} = 3.9\text{k}\Omega$。

$$I_{\text{d(cr)}} = I_{\text{dss}} = (1 - R_{\text{d(cr)}}/r_{\text{ds}})I_{\text{dss0}} = (1 - 3.9/30) \times 2\text{mA} = 1.74\text{mA}$$

$$U_{\text{ds(cr)}} = U_{\text{dd}} - R_{\text{d(cr)}} I_{\text{d(cr)}} = 12\text{V} - 3.9 \times 1.74\text{V} = 5.21\text{V}$$

$$R'_{\text{L}} = R_{\text{d}} \,/\!/\, R_{\text{L}} = (3.9 \,/\!/\, 10)\text{k}\Omega \approx 2.81\text{k}\Omega$$

$$U_{\text{om(max)}} = R'_{\text{L}} I_{\text{d(cr)}} = 2.81\text{k}\Omega \times 1.74\text{mA} = 8.88\text{V}$$

3. 工作点整定

在 BJT 放大器中，即使不知道 BJT 电流放大倍数等参数，也可以计算集-射临界偏置压降，然后借助仪表调节基极偏置电阻，将放大器工作点调整到临界位置。

在 FET 放大器中，如果不知道 FET 零栅压零电阻漏极电流等参数，就不能根据理论确定漏极偏置电阻，更谈不上计算漏-源临界偏置压降，也就无法借助仪表将放大器工作点调整到临界位置。

临界工作点设计理论对于 BJT 放大器很重要，对于 FET 放大器显得更重要。

FET 放大器的调整主要表现为漏极偏置电阻的调整。由以上两个例子可以看出，如果缺乏 FET 本身参数，可以试着调节漏极偏置电阻，使漏-源偏置压降达到电源电压 U_{dd} 的 40% 左右，也能使放大器获得较大的输出范围。

4. 交流参数分析计算

放大器电压放大倍数及空载电压放大倍数

$$A_{\text{u}} = \frac{\dot{U}_{\text{o}}}{\dot{E}_{\text{s}}} = -g_{\text{m}} R'_{\text{L}}, \quad A_{\text{uo}} = \frac{\dot{U}_{\text{o}}}{\dot{E}_{\text{s}}} = -g_{\text{m}} R_{\text{d}} \tag{8.1.7}$$

栅极无偏共源放大器输入电阻等于管子输入电阻，约在 10MΩ 甚至更高。信号源电流几乎等于 0，放大器电流放大倍数及功率放大倍数几乎都是无穷大。

共源放大器输出电阻与共射电路计算方法相同

$$r_o \approx R_d \tag{8.1.8}$$

高阻值电阻是一个噪声源。栅极无偏置 JFET 共源放大器噪声低，得益于两个因素：一是 JFET 管本身噪声低；二是栅极没用高阻值偏置电阻。

5. 下限频率及上限频率

所有 FET 放大器下限频率及耦合电容设计计算都与 BJT 放大器相同，详见 7.3 节。

栅极无偏共源放大器电压增益与管子跨导成正比，其上限频率等于管子截止频率。

栅极无偏置 JFET 放大器具有以下优点。

（1）噪声低。

栅极不接高阻值偏置电阻，不仅使电路简洁，而且有利于降低噪声；栅极无偏置放大器的价值不仅在于它少用了一两只高阻值电阻，更重要的是消除了这两只高阻值电阻产生的噪声源。因此，探讨栅极无偏置放大器的工作原理和设计方法是很重要的。

（2）线性好、输出范围宽。

栅极无偏置 JFET 放大器的线性不依赖于信号源内阻或负反馈。

（3）输入电阻很大，可达 $10M\Omega$，几乎不要求信号源提供电流，对信号源要求低，可代替射极输出器，将数百千欧的信号源内阻转换为几千欧的输出电阻。换句话说，栅极无偏置 JFET 放大器的电流放大倍数及功率放大倍数都很大。

（4）可省去输入耦合电容，低频特性好。

栅极无偏置 JFET 共源放大器特别适合用作多级放大器的输入级。

8.2　源极偏置共源放大电路

1. 工作点与输出范围

与如图 7.4.2 所示的射极偏置共射放大器相似的是源极偏置共源放大器，见图 8.2.1。

源极偏置共源放大器的直流等效电路见图 8.2.2，其中 $R_s = R_{s1} + R_{s2}$。

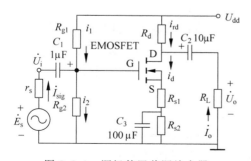
图 8.2.1　源极偏置共源放大器

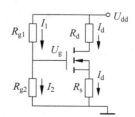
图 8.2.2　源极偏置共源放大器直流通路

射极偏置共射放大器中 BJT 的集电极临界偏流计算公式（7.4.8）可以直接改写为源极偏置共源放大器 FET 漏极临界偏流计算公式

$$I_{d(cr)} = \frac{U_{dd}}{R_d + R'_L + 2R_{s1} + R_{s2}} \tag{8.2.1}$$

射极偏置共射放大器 BJT 集-射偏压临界值计算公式(7.4.9)可以直接改写为源极偏置共源放大器 FET 漏-源临界偏压计算公式

$$U_{ds(cr)} = \frac{R'_L + R_{s1}}{R_d + R'_L + 2R_{s1} + R_{s2}} U_{dd} \tag{8.2.2}$$

将 R_s 乘以 $I_{d(cr)}$,可得到容易测量的源极临界偏压

$$U_{s(cr)} = \frac{R_{s1} + R_{s2}}{R_d + R'_L + 2R_{s1} + R_{s2}} U_{dd} \tag{8.2.2a}$$

式(8.2.1)、式(8.2.2)与 FET 数学模型即 FET 种类无关,因此使用起来非常方便。这两个式子反映了 FET 源极偏置共源放大器工作点设计的基本要求,十分重要。

射极偏置共射放大器输出电压最大幅度计算公式(7.4.10)可直接改写为源极偏置共源放大器输出电压最大幅度计算公式

$$U_{om(max)} = \frac{R'_L}{R_d + R'_L + 2R_{s1} + R_{s2}} U_{dd} \tag{8.2.3}$$

2. 工作点稳定系数与栅极偏置电阻

设栅极偏压分压比为

$$\alpha = \frac{R_{g2}}{R_{g1} + R_{g2}} \tag{8.2.4}$$

则栅极偏压可写为

$$U_g = \alpha U_{dd} \tag{8.2.4a}$$

源极偏置共源放大器的工作点影响因子

$$\rho = \frac{1}{1 + g_m R_s} \tag{8.2.5}$$

源极偏置共源放大器的工作点影响因子与栅极偏置电阻无关,仅仅取决于管子跨导 g_m 与源极反馈电阻 R_s 的乘积。管子跨导 g_m 与源极反馈电阻 R_s 的乘积越大,放大器的工作点影响因子就越小,工作点就越稳定。$g_m \geqslant 2\text{mS}, R_s \geqslant 8.5\text{k}\Omega$ 时,工作点影响因子就降低到 10% 以下,这是射极偏置共射放大器所不能比拟的。

FET 放大器工作点温度系数与栅极分压比及偏置电阻的大小无关是一个优点。源极偏置共源放大器工作点温度系数与栅极偏置电阻的大小无关,故栅极偏置电阻 R_{g1}、R_{g2} 的阻值可尽可能取得大些,以使放大器获得尽可能大的输入电阻和电压放大倍数。

源极偏置共源放大器临界分压比

$$\alpha_{cr} = \frac{1/g_m + R_s}{R_d + R'_L + 2R_{s1} + R_{s2}} + \frac{U_{gs(on)}}{U_{dd}} \tag{8.2.6}$$

源极偏置共源放大器临界分压比 α_{cr} 确定之后,可以任意指定一个栅极偏置电阻,如指定 R_{g1},根据式(8.2.4)可推出 R_{g2} 的计算公式

$$R_{g2} = \frac{\alpha_{cr}}{1 - \alpha_{cr}} R_{g1} \tag{8.2.7}$$

3. 交流参数

根据图 8.2.1 可画出源极偏置共源放大器的交流等效电路,见图 8.2.3。可以看出,源极偏置共源放大器交流等效电路的输出部分与源极偏置共射放大器完全相同。为将信号源与漏极区别开来,本章开始用 $\dot{I}_{sig}$ 表示信号源电流,用小写字母 r_s 表示信号源内阻。

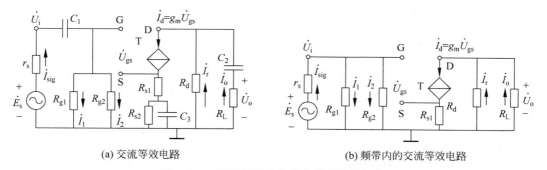

(a) 交流等效电路　　　　　　　　　　(b) 频带内的交流等效电路

图 8.2.3　源极偏置共源放大器的等效拆分

源极偏置共源放大器输入电阻、自身电压放大倍数及源电压放大倍数

$$r_i = R_g = R_{g1} /\!/ R_{g2} \tag{8.2.8}$$

$$A_{uz} = \frac{\dot{U}_o}{\dot{U}_i} = -\frac{g_m R'_L}{1 + g_m R_{s1}} \tag{8.2.9}$$

$$A_u = \frac{\dot{U}_o}{\dot{E}_s} = -\frac{R_g}{r_s + R_g} = \frac{r_i}{r_s + r_i} A_{uz} \tag{8.2.10}$$

由于 R_{s1} 的负反馈作用,源极偏置共源放大器上限频率高于管子截止频率。

源极偏置共源放大器电流放大倍数及功率放大倍数

$$A_i = \frac{\dot{I}_o}{\dot{I}_{sig}} = \frac{r_i}{R_L} |A_{uz}| \tag{8.2.11}$$

$$A_p = |A_u A_i| = \frac{r_i^2}{(r_i + R_L) R_L} A_{uz}^2 \tag{8.2.12}$$

源极偏置共源放大器输出电阻与无偏置共源放大器相同

$$r_o \approx R_d \tag{8.2.13}$$

例 8.2.1　如图 8.2.1 所示的源极偏置共源放大器 $r_s = 10\text{k}\Omega, U_{dd} = 12\text{V}, R_d = R_L = 2.4\text{k}\Omega$,
$R_{s1} = 100\Omega$、$R_{s2} = 1\text{k}\Omega$, $g_m = 24\text{mS}, U_{gs(on)} = 2.2\text{V}$,要求 $r_i = 200\text{k}\Omega$,试计算 $I_{d(cr)}$、$U_{ds(cr)}$、ρ,
然后分别用线性化方法和二次曲线方法计算 α_{cr}、R_{g1}、R_{g2} 及 U_g。

解　$R'_L = 2.4\text{k}\Omega /\!/ 2.4\text{k}\Omega = 1.2\text{k}\Omega$

$R_d + R'_L + 2R_{s1} + R_{s2} = (2.4 + 1.2 + 2 \times 0.1 + 1)\text{k}\Omega = 8.8\text{k}\Omega$

$$I_{d(cr)} = \frac{U_{dd}}{R_d + R'_L + 2R_{s1} + R_{s2}} = \frac{12}{4.8}\text{mA} = 2.5\text{mA}$$

$$U_{ds(cr)} = \frac{R'_L + R_{s1}}{R_d + R'_L + 2R_{s1} + R_{s2}} U_{dd} = \frac{1.2 + 0.1}{4.8} \times 12\text{V} = 3.25\text{V}$$

$$U_{om(max)} = \frac{R_L'}{R_d + R_L' + 2R_{s1} + R_{s2}} U_{dd} = \frac{1.2}{4.8} \times 12V = 3V$$

（1）用线性化方法计算分压比及栅极偏置电阻。

$$\alpha_{cr} = \frac{1/g_m + R_s}{R_d + R_L' + 2R_{s1} + R_{s2}} + \frac{U_{gs(on)}}{U_{dd}} = \frac{1/24 + 1.1}{4.8} + \frac{2.2}{12} = 0.4212$$

$$\rho = \frac{1}{1 + g_m R_s} = \frac{1}{1 + 24 \times 1.1} = 0.03650$$

$$R_{g2} = \frac{\alpha_{cr}}{1 - \alpha_{cr}} R_{g1} = \frac{0.4212}{1 - 0.4212} R_{g1} = 0.7277 R_{g1}$$

将 R_{g2} 与 R_{g1} 的关系代到并联电阻计算公式中有

$$\frac{R_{g1} R_{g2}}{R_{g1} + R_{g2}} = \frac{0.7277 R_{g1}^2}{R_{g1} + 0.7277 R_{g1}} = 0.4212 R_{g1} = R_g$$

令 $R_g = r_i = 200k\Omega$ 可得，$R_{g1} = 200k\Omega/0.4211 = 475k\Omega$，$R_{g2} = 0.7277 R_{g1} = 346k\Omega$。

栅极偏压及栅-源偏压

$$U_g = \alpha U_{dd} = 0.4212 \times 12V = 5.054V$$

$$U_{gs} = U_g - R_s I_d = 5.054V - 1.1 \times 2.5V = 2.304V$$

验算漏极偏流

$$I_d = g_m(U_{gs} - U_{gs(on)}) = 24 \times (2.304 - 2.2)mA = 2.496mA \approx 2.5mA$$

（2）用二次曲线方法计算分压比及栅极偏置电阻。

首先用式(6.2.2)计算阈值电压

$$U_{gs(th)} = 0.8 U_{gs(on)} = 0.8 \times 2.2V = 1.76V$$

然后令式(6.2.3a)中的 $I_d = I_{d(cr)}$，再求出倍压漏极电流

$$I_{dd} = \frac{(g_m U_{gs(th)})^2}{4 I_{d(cr)}} = \frac{(24 \times 1.76)^2}{4 \times 2.5} mA = 178.4mA$$

再在式(6.2.3)中令 $i_d = I_{d(cr)}$，求出栅-源偏压

$$U_{gs} = \left(\sqrt{\frac{I_{d(cr)}}{I_{dd}}} + 1 \right) U_{gs(th)} = \left(\sqrt{\frac{2.5}{178.4}} + 1 \right) \times 1.76V = 1.968V$$

栅极偏压及临界分压比

$$U_g = U_{gs} + R_s I_d = 1.968V + 1.1 \times 2.5V = 4.718V$$

$$\alpha_{cr} = U_g/U_{dd} = 4.718/12 = 0.3932$$

栅极第二偏置电阻 R_{g2} 与第一偏置电阻 R_{g1} 的关系

$$R_{g2} = \frac{\alpha_{cr}}{1 - \alpha_{cr}} R_{g1} = \frac{0.3932}{1 - 0.3932} R_{g1} = 0.6480 R_{g1}$$

可以看出，两种方法计算出的临界分压比 α_{cr} 的相对差异为$(0.421 - 0.393)/0.393 = 7\%$。这说明两个结果都是可信的，但线性化方法显得简单些。

例 8.2.2 在例 8.2.1 的基础上，计算该放大器的自身电压放大倍数 A_{uz}、源电压放大倍数 A_u、电流放大倍数 A_i 和功率放大倍数 A_p。

解 $A_{uz} = -\frac{g_m R_L'}{1 + g_m R_{s1}} = -\frac{24 \times 1.2}{1 + 24 \times 0.1} = -8.471$ 倍

$$A_u = \frac{R_g}{r_s + R_g} A_{uz} = \frac{138.9}{138.9 + 10}(-8.471) \approx -7.902 \text{ 倍}$$

FET 放大器输入电阻很大,其源电压放大倍数 A_u 与自身电压放大倍数 A_{uz} 很接近。

$$A_i = \frac{\dot{I}_o}{\dot{I}_{sig}} = \frac{r_i}{R_L}|A_{uz}| = \frac{138.9}{2.4} \times 8.4706 = 490.2 \text{ 倍}$$

$$A_i = \frac{\dot{I}_o}{\dot{I}_{sig}} = \frac{R_d}{R_d + R_L}\frac{R_g}{1/g_m + R_{s1}} = \frac{2.4}{2.4 + 2.4}\frac{138.9}{1/24 + 0.1} = 490.2 \text{ 倍}$$

$$A_p = |A_u A_i| = 7.90 \times 490.2 = 3873 \text{ 倍}$$

FET 管及放大器输入电阻都比较大,使 FET 放大器具有很大的功率放大倍数。

如图 8.2.4 所示的源极偏置共源放大器的源极没有接反馈电阻,是图 8.2.1 的特例。在有关公式中令 $R_{s1} = R_{s2} = 0$,就可进行图 8.2.4 的分析设计计算。

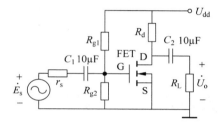

图 8.2.4   基本共源放大器

第9章

多级放大与功率放大电路理论的补充

9.1 磁耦合放大电路技术参数汇总

前后级放大器之间的耦合媒介除了采用电容外,还可以采用磁和光,也可以采用直接耦合。放大器耦合方式有直接耦合、电容耦合、磁耦合和光耦合四种。

磁耦合放大器应用曾经非常广泛,但其所有技术参数的分析计算几乎都难得一见。

磁耦合共射放大器见图 9.1.1,正弦信号源 $e_s = E_{sm}\sin\omega t$,内阻 r_s。放大器主要参数:电源电压 U_{cc}、$10\mu F$ 输入耦合电容 C_1、晶体管 β 值、基极偏置电阻 R_b、变流器原边匝数 N_1、原边电阻 R_1、副边匝数 N_2、副边电阻 R_2、负载电阻 R_L、等效负载电阻 $R'_L = R_2 + R_L$,还有仅在分析问题过程中才涉及的变流器铁芯磁路磁阻 R_m、耦合系数 k、自感系数 $L_1 = N_1^2/R_m$、自感系数 $L_2 = N_2^2/R_m$、互感 $M = k(L_1 L_2)^{0.5}/R_m = kN_1N_2/R_m$。

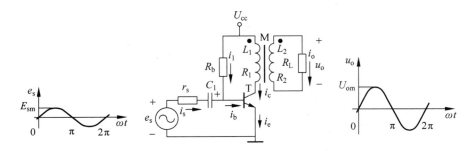

图 9.1.1 磁耦合晶体管放大电路

1. 输入阻抗和输入电阻

$$z_i = R_b \mathbin{/\mkern-5mu/} r_{be} + 1/j\omega C_1, \quad r_i = R_b \mathbin{/\mkern-5mu/} r_{be} \approx r_{be} \tag{9.1.1}$$

2. 输出阻抗及输出电阻

$$z_o = R_2 + j\omega L_2, \quad r_o = R_2 \tag{9.1.2}$$

3. 电压放大倍数、电流放大倍数及功率放大倍数（$R_2 + R_L \ll \omega L_2$ 条件下）

$$A_u = \beta \frac{N_1}{N_2} \frac{R_L}{r_s + r_i} \tag{9.1.3}$$

$$A_{uo} = \beta \frac{N_1}{N_2} \frac{j\omega L_2}{r_s + r_i} \tag{9.1.4}$$

$$A_i = \frac{\dot{I}_o}{\dot{I}_s} = \frac{\dot{U}_o}{R_L} \frac{r_s + r_i}{\dot{E}_s} = \frac{r_s + r_i}{R_L} A_u = \frac{r_s + r_i}{R_L} \beta \frac{N_1}{N_2} \frac{R_L}{r_s + r_i} = \beta \frac{N_1}{N_2} \tag{9.1.5}$$

$$A_p = A_u A_i = \beta \frac{N_1}{N_2} \frac{R_L}{r_s + r_i} \beta \frac{N_1}{N_2} = \beta^2 \left(\frac{N_1}{N_2}\right)^2 \frac{R_L}{r_s + r_i} \tag{9.1.6}$$

可以看出,磁耦合放大器电压放大倍数 A_u 与晶体管电流增益(跨导)β 成正比,与变流器电流变比 N_1/N_2 成正比。

4. 工作点、临界基极偏置电阻、输出范围及效率($R_2 + R_L \ll \omega L_2$ 条件下)

$$I_{c(cr)} = \left(\frac{N_2}{N_1}\right)^2 \frac{U_{cc}}{R_L} \tag{9.1.7}$$

$$R_{b(cr)} \approx \frac{N_1^2}{N_2^2} \beta R_L \tag{9.1.8}$$

$$U_{om(max)} = \frac{N_2}{N_1} U_{cc} \tag{9.1.9}$$

$$\eta = \frac{P_{o(max)}}{P_s} = \frac{P_{om(max)}}{U_{cc} I_{c(cr)}} = \left(\frac{N_2}{N_1}\right)^2 \frac{U_{cc}^2}{2R_L} \Bigg/ \left[U_{cc}\left(\frac{N_2}{N_1}\right)^2 \frac{U_{cc}}{R_L}\right] = \frac{1}{2} = 50\% \tag{9.1.10}$$

磁耦合放大器最大输出幅度与变流器副边原边匝数比 N_2/N_1 成正比,与电源电压 U_{cc} 成正比,而与负载大小基本无关。负载基本不影响输出电压幅度是磁耦合放大器的一个优点。该优点有利于磁耦合放大器作功率放大器。

阻抗变换通常要求把低阻值变换为高阻值。考虑阻抗变换作用及需要电压增益大时,都要求变流器原边与副边匝数比 N_1/N_2 尽可能大。另一方面,磁耦合放大器最大输出电压幅度却与变流器副边与原边匝数比 N_2/N_1 成正比。原边与副边匝数比 N_1/N_2 大,虽然对改善阻抗变换效果和提高放大器电压增益都有益,但是会影响放大器最大输出电压幅度。

用在前级和中间级的磁耦合放大器最大输出电压幅度要求不高,电压增益是主要矛盾,变流器原边与副边匝数比 N_1/N_2 可以大些,用在后级的磁耦合放大器的最大输出电压幅度是主要矛盾,变流器原边与副边匝数比 N_1/N_2 应当小些。

9.2 多级放大电路技术参数分析计算

9.2.1 电压放大倍数及频率特性

1. 电压放大倍数

1）源电压放大倍数连乘法

在多级放大器中,本级放大器的开路输出电压相当于后级放大器的信号源电动势;本级放大器的输出电阻相当于后级的信号源内阻；本级放大器的输入电阻相当于前级放大器的负载电阻。在图 9.2.1 双级放大器中，一放①的开路输出电压是二放的信号源电动势。

$$\dot{E}_{s2} = A_{uo1}\dot{E}_s$$

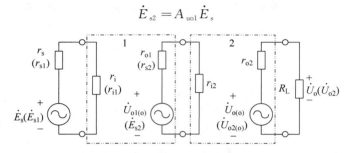

图 9.2.1　双级放大器等效电路

二放的负载电压及开路输出电压即电动势各为

$$\dot{U}_o = A_{u2}\dot{E}_{s2}$$

$$\dot{E}_o = A_{uo2}\dot{E}_{s2}$$

整个放大器负载电压及开路输出电压与信号源电动势的关系为

$$\dot{U}_o = A_{uo1}A_{u2}\dot{E}_s$$

$$\dot{E}_o = A_{uo1}A_{uo2}\dot{E}_s$$

由此得到双级放大器电压放大倍数及开路电压放大倍数各为

$$A_u = A_{uo1}A_{u2}$$

$$A_{uo} = A_{uo1}A_{uo2}$$

①

已经就如图 9.2.2 所示的双级共射放大器证明了以上两个电压放大倍数计算公式，详见文献[9]。

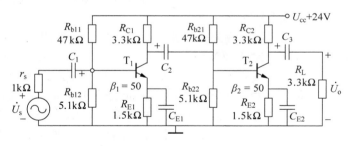

图 9.2.2　双极共射放大器

一般地，n 级放大器电压放大倍数及开路电压放大倍数各为

$$A_u = \left(\prod_{j=1}^{n-1} A_{uo(j)}\right) A_{u(n)}, \quad A_{uo} = \prod_{j=1}^{n} A_{uo(j)} \tag{9.2.1}$$

n 级放大器电压放大倍数等于前 $n-1$ 级放大器的空载源电压放大倍数与末级放大器负载源电压放大倍数的乘积。

---

① "一放"系"第一级放大器"的简称，"二放"是"第二级放大器"的简称。

2）自身电压放大倍数连乘法

双级共射放大器交流等效电路如图 9.2.3 所示。

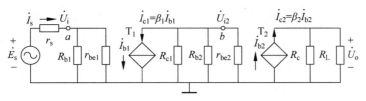

图 9.2.3　双级共射放大器交流等效电路

信号源电动势 $\dot{E}_{\mathrm{s}}$ 经放大器输入电阻与信号源内阻串联分压,就是放大器输入电压为

$$\dot{U}_{\mathrm{i}} = \frac{r_{\mathrm{i}}}{r_{\mathrm{s}} + r_{\mathrm{i}}} \dot{E}_{\mathrm{s}}$$

设双级放大器的一、二级自身电压放大倍数为 A_{uz1}、A_{uz2},则

$$\dot{U}_{\mathrm{o}} = A_{\mathrm{uz1}} A_{\mathrm{uz2}} \dot{U}_{\mathrm{i}} = A_{\mathrm{uz1}} A_{\mathrm{uz2}} \frac{r_{\mathrm{i}}}{r_{\mathrm{s}} + r_{\mathrm{i}}} \dot{E}_{\mathrm{s}}$$

故双级放大器源电压放大倍数与参数 r_{i}、r_{s}、A_{uz1}、A_{uz2} 的关系为

$$A_{\mathrm{u}} = \frac{r_{\mathrm{i}}}{r_{\mathrm{s}} + r_{\mathrm{i}}} A_{\mathrm{uz1}} A_{\mathrm{uz2}}$$

多级放大器源电压放大倍数为

$$A_{\mathrm{u}} = \frac{r_{\mathrm{i}}}{r_{\mathrm{s}} + r_{\mathrm{i}}} \prod_{i=1}^{n} A_{\mathrm{uz}(i)} \tag{9.2.1a}$$

3）自身电压法与源电压法的一致性

这里就双级共射放大器证明自身电压法与源电压法是一致的。

$$A_{\mathrm{u}} = \frac{r_{\mathrm{i}}}{r_{\mathrm{s}} + r_{\mathrm{i}}} A_{\mathrm{uz1}} A_{\mathrm{uz2}} = \frac{r_{\mathrm{i}}}{r_{\mathrm{s}} + r_{\mathrm{i}}} \left(-\beta \frac{R_{\mathrm{c}} /\!/ R_{\mathrm{L1}}}{r_{\mathrm{be1}}} \right) A_{\mathrm{uz2}}$$

$$= \frac{r_{\mathrm{i}}}{r_{\mathrm{s}} + r_{\mathrm{i}}} \left(-\beta \frac{R_{\mathrm{c}}}{r_{\mathrm{be1}}} \right) \frac{R_{\mathrm{L1}}}{R_{\mathrm{c}} + R_{\mathrm{L1}}} A_{\mathrm{uz2}}$$

$$= \frac{r_{\mathrm{i}}}{r_{\mathrm{s}} + r_{\mathrm{i}}} A_{\mathrm{uzo}(1)} \frac{r_{\mathrm{i2}}}{r_{\mathrm{s1}} + r_{\mathrm{i2}}} A_{\mathrm{uz2}} = A_{\mathrm{uo}(1)} A_{\mathrm{u}(2)}$$

例 9.2.1（发 1225）　在如图 9.2.4 所示的放大电路中,$\beta_1 = \beta_2 = 50$,$r_{\mathrm{be1}} = r_{\mathrm{be2}} = 1.5\mathrm{k\Omega}$,$U_{\mathrm{be1}} = U_{\mathrm{be2}} = 0.7\mathrm{V}$,各电容器的容量均足够大。当输入信号 $e_{\mathrm{s}} = 4.2\sin\omega t\,(\mathrm{mV})$ 时,电路实际输出电压的峰值为（　　）。

A. 3.3V　　　　　　　B. 2.3V　　　　　　　C. 2.0V　　　　　　　D. 1.8V

解　一放及二放的输入电阻

$$r_{\mathrm{i1}} = r_{\mathrm{i2}} = 47\mathrm{k\Omega} /\!/ 5.1\mathrm{k\Omega} /\!/ 1.5\mathrm{k\Omega} = 4.6\mathrm{k\Omega} /\!/ 1.5\mathrm{k\Omega} = 1.131\mathrm{k\Omega}$$

（1）开路电压法（源电压法）。

一放的开路源电压放大倍数

$$A_{\mathrm{uo1}} = \frac{r_{\mathrm{i1}}}{r_{\mathrm{s}} + r_{\mathrm{i1}}} \left(-\beta \frac{R_{\mathrm{c}}}{r_{\mathrm{be1}}} \right) = \frac{1.131}{1 + 1.131} \times \left(-50 \frac{3.3}{1.5} \right) = -58.4$$

二放的源电压放大倍数

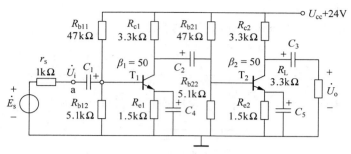

图 9.2.4　双级共射放大器

$$A_{u2} = \frac{r_{i2}}{r_{s1} + r_{i2}}\left(-\beta\frac{R'_L}{r_{bel}}\right) = \frac{1.131}{3.3 + 1.131} \times \left(-50\frac{3.3 /\!/ 3.3}{1.5}\right) = -14.0$$

总电压放大倍数

$$A_u = A_{uo1}A_{u2} = (-58.4) \times (-14.0) = 817.6 \text{ 倍}$$

放大器输出电压幅度

$$U_{om} = 817.6 \times 4.2\text{mV} = 3434\text{mV} = 3.434\text{V}$$

3.434V 与 3.3V 明显最接近,应选答案 A。

(2) 自身电压法。

串联分压比

$$r_{il}/(r_{s1} + r_{il}) = 1.131\text{k}\Omega/(1 + 1.131)\text{k}\Omega = 0.5307$$

一放的自身电压放大倍数

$$A_{uz1} = -\beta(R_{c1} /\!/ r_{i2})/r_{bel} = -50 \times (3.3\text{k}\Omega /\!/ 1.131\text{k}\Omega)/1.5\text{k}\Omega = -28.1$$

二放的自身电压放大倍数

$$A_{u2} = -\beta R'_L/r_{be2} = -50 \times (3.3\text{k}\Omega /\!/ 3.3\text{k}\Omega)/1.5\text{k}\Omega = -55$$

放大器输出电压幅度

$$U_{om} = 0.5307 \times 28.1 \times 55 \times 4.2\text{mV} = 3445\text{mV} = 3.445\text{V}$$

两种方法计算结果基本相同。

本级放大器输出阻抗为零,或下级放大器输入阻抗为无穷大时,空载与否不影响电压放大倍数。因此本级放大器输出阻抗为零,或下级放大器输入阻抗为无穷大时,计算多级放大器电压放大倍数时该级就不要求必须使用空载电压放大倍数。集成运算放大器闭环应用时大体如此。因为集成运算放大器输出电阻很小,或者还存在闭环放大器输入电阻很大甚至是无穷大等有利条件。

就是说,对集成运算放大器闭环应用的多级放大器,式(9.2.1)可简化为

$$A_u = \prod_{j=1}^{n} A_{u(j)} \tag{9.2.1b}$$

2. 频率特性

将电压放大倍数计算式(9.2.1)引申得到 n 级放大器频率特性函数

$$A_u(\omega) = \left[\prod_{j=1}^{n-1} A_{uo(j)}(\omega)\right]A_{u(n)}(\omega), \quad A_{uo}(\omega) = \prod_{j=1}^{n} A_{uo(j)}(\omega) \tag{9.2.2}$$

式(9.2.2)的价值主要在于从总体上指导多级放大器频率特性的分析计算。

1) 下限频率

以电容耦合放大器为例,1级放大器用2个耦合电容,有2个转折频率,2级放大器用3个耦合电容,有3个转折频率;n 级放大器用 $(n+1)$ 个耦合电容,有 $(n+1)$ 个转折频率。

设 n 级基本共射放大器每级的转折频率为 f_i,根据定义,其下限频率 f_L 满足条件

$$\prod_{i=1}^{n+1}\left[1+(f_i/f_L)^2\right]=2 \tag{9.2.3}$$

各级放大器转折频率 f_i 相等时,设 $f_i=1/(2\pi\tau_i)$ 有

$$1+(f_i/f_L)^2=2^{1/(n+1)}$$

由此求出 n 级放大器下限频率

$$f_L=\frac{1}{\sqrt{2^{1/(n+1)}-1}}\frac{1}{2\pi\tau_i} \tag{9.2.3a}$$

令 $n=1、2、3、4、5$,得到等时间常数条件下 n 级放大器下限频率 f_L,见表9.2.1。

表 9.2.1　等时间常数 τ 等截止频率 f_β 条件下 n 级放大器下限频率与上限频率

放大器级数 n		1	2	3	4	5
$\omega_L\tau$	理论	1.554	1.961	2.299	2.593	2.858
	近似	1.556	1.967	2.319	2.634	2.924
f_H/f_β	理论	1	0.644	0.510	0.435	0.386
	近似	1	0.643	0.508	0.431	0.380

无论 f_{L1} 与 f_{L2} 是否相等,都可用下式计算两级放大器的下限频率

$$f_L=\left(1+0.1\frac{f_{L(\min)}}{f_{L(\max)}}\right)\sqrt{f_{L1}^2+f_{L2}^2} \tag{9.2.4}$$

迭次使用式(9.2.4),能快速估算多级放大器下限频率。

时间常数越小,对多级放大器下限频率的影响就越大。若有一个时间常数明显较小,则多级放大器下限频率基本上取决于数值最小的那个时间常数。

2) 上限频率

设 n 级基本共射放大器中晶体管截止频率为 $f_{\beta j}$,根据定义,其上限频率 f_h 满足条件

$$\prod_{j=1}^{n}\left[1+(f_h/f_{\beta j})^2\right]=2 \tag{9.2.5}$$

在各晶体管的截止频率相等,即 $f_{\beta 1}=f_{\beta 2}=\cdots=f_\beta$ 条件下应有

$$1+(f_H/f_\beta)^2=\sqrt[n]{2}$$

从中求出

$$f_h=\sqrt{\sqrt[n]{2}-1}\,f_\beta \tag{9.2.5a}$$

令 $n=1、2、3、4、5$ 可得到等截止频率 f_β 条件下 n 级放大器的上限频率 f_H,见表9.2.1。

无论 $f_{\beta 1}$ 与 $f_{\beta 2}$ 是否相等,都可用下式计算两级放大器的上限频率

$$\frac{1}{f_H}=\left(1+0.1\frac{f_{\beta(\min)}}{f_{\beta(\max)}}\right)\sqrt{\frac{1}{f_{\beta 1}^2}+\frac{1}{f_{\beta 2}^2}} \tag{9.2.6}$$

迭次使用式(9.2.6),能快速估算多级放大器上限频率。

设一、二级放大器相同。每级放大器超出上限频率后提供 $-20\mathrm{dB/dec}$ 的斜率,两级串

联,就提供－40dB/dec的斜率。在原先的上限频率处,幅频特性总共下降6dB,但上限频率是按照下降3dB定义的,故此处两级放大器上限频率就比原先的小。小多少呢,据计算,变为原先的64%。原先为100kHz,两级放大器就降低为64kHz,如图9.2.5所示。

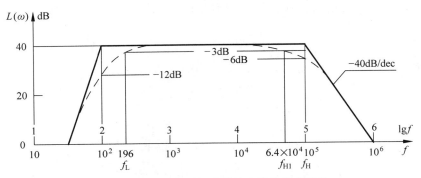

图9.2.5　两级等时间常数放大器的频率特性

每级放大器转折频率100Hz,下限频率156Hz,可参阅图7.3.2。两级放大器下限频率提高为196Hz。

同种组态放大器中某放大器的晶体管截止频率很低,则多级放大器上限频率就基本等于这个很低的截止频率。

管子截止频率f_β相同时,射随器和共基放大器的插入不影响多级放大器上限频率。

9.2.2　输入/输出电阻及工作点

1. 输入电阻与输出电阻

由于BJT或FET输出电阻的隔离作用,共射放大器、共基放大器、共源放大器及共栅放大器的负载电阻均不影响输入电阻,信号源内阻也不影响输出电阻。因此,在共射放大器、共基放大器、共源放大器及共栅放大器组成的多级放大器中,各级电路的输入电阻与输出电阻独立存在,第1级放大器的输入电阻就是总电路的输入电阻,末级放大器的输出电阻就是总电路的输出电阻。

在射随器及源随器中,BJT或FET恒流源的隔离作用不复存在。射随器及源随器的负载电阻影响输入电阻,信号源内阻影响输出电阻。因此,多级放大器中有射随器或源随器时,后级的输入电阻可能影响前级的输入电阻,前级的输出电阻可能影响后级的输出电阻。

因此,多级放大器输入电阻的分析计算应当从末级开始逐级逆向进行,而输出电阻计算应当从第1级开始逐级顺向进行。

多级放大器中第1级放大器的输入电阻等于整个放大器的输入电阻,因此标以r_i或r_{i1},见图9.2.1。多级放大器中末级放大器的输出电阻等于整个放大器的输出电阻,如图9.2.1所示的双级放大器中标以r_o或$r_{o(n)}$,本例是r_{o2}。

2. 工作点设计与调整

放大器负载电阻影响工作点设置,放大器的输入电阻与基极偏置电阻或栅极偏置电阻有关。因此,n级放大器的工作点与输入电阻分析计算必须从末级开始逐级逆向进行。

首先根据总负载电阻确定末级放大器工作点,并计算末级输入电阻;第二步根据末级放大器输入电阻确定第$(n-1)$级放大器的工作点,并计算其输入电阻……再根据第2级放大器输入电阻确定第 1 级放大器的工作点,最后计算第 1 级放大器输入电阻。

现在总结多级放大器设计步骤。

第一步:逆向计算负载电阻与输入电阻并设计工作点。

从末级开始逐级计算负载电阻与输入电阻,并进行多级放大器的工作点设计。

第二步:顺向计算输出电阻与内电阻并计算放大倍数。

从第 1 级开始逐级顺向计算多级放大器各级的输出电阻,最后计算放大倍数。

第一步工作是在电路结构已知条件下确定电路的电阻参数,属于第二层次的设计。第一步工作完毕后,整个电路其实已经设计完毕,输出电阻是客观存在的,第二步只是简单计算,因此第二步仅仅属于对已有电路的分析。

总的来看,多级放大器设计分析计算的特点是:逆向设计、正向分析。

例 9.2.2 如图 9.2.6 所示的双级共射放大器,$U_{cc}=12\text{V}$,$r_s=10\text{k}\Omega$,1 号管 $\beta_1=88$,2 号管 $\beta_2=75$,$r_{bb'}=100\Omega$,$R_{c1}=10\text{k}\Omega$,$R_{c2}=1\text{k}\Omega$,$R_L=1\text{k}\Omega$,要求两级放大器基本处于临界状态,满幅输出时 $\text{THD}<5\%$,试确定 R_{b1}、R_{b2},计算输入电阻 r_{i1}、r_{i2},输出电阻 r_{o1}、r_{o2},电压放大倍数 A_{o1}、A_{o2}、A_2、A、A_o。

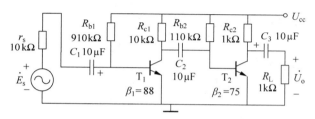

图 9.2.6 双级共射放大器

解 (1)逆序计算负载电阻与输入电阻并设计工作点。

二放等效负载电阻
$$R'_{L2}=R_c \mathbin{/\mkern-5mu/} R_L = 1 \mathbin{/\mkern-5mu/} 1\text{k}\Omega=0.5\text{k}\Omega$$

基极临界偏置电阻
$$R_{b(cr)2}=\beta(R_c+R'_{L2})=75\times(1+0.5)\text{k}\Omega=75\times1.5\text{k}\Omega=112.5\text{k}\Omega$$

集电极临界偏流
$$I_{c(cr)}=\frac{1+R_c/R_L}{2+R_c/R_L}\frac{U_{cc}}{R_c}=\frac{1+1/1}{2+1/1}\frac{12}{1}\text{mA}=8\text{mA}$$

取基极偏置电阻 $R_{b2}=120\text{k}\Omega$,实际集电极偏流
$$I_c=\beta\frac{U_{cc}-U_{be}}{R_b}=75\times\frac{12-0.7}{120}\text{mA}=7.063\text{mA}$$

二放的晶体管 T_2 输入电阻
$$r_{be2}=r_{bb'}+\beta\frac{U_T}{I_c}=100\Omega+75\times\frac{26}{7.063}\Omega=376.1\Omega=0.3761\text{k}\Omega$$

二放的输入电阻
$$r_{i2}\approx r_{be2}=0.3761\text{k}\Omega$$

二放的输入电阻就是一放的负载电阻,故一放的负载电阻
$$R_{L1}=r_{i2}=0.3761\text{k}\Omega$$

$$R'_{L1} = R_c /\!/ R_{L1} = 10 /\!/ 0.3761\text{k}\Omega = 0.362\text{k}\Omega$$

一放的基极临界偏置电阻

$$R_{b(cr)1} = \beta(R_{c1} + R'_{L1}) = 88 \times (10 + 0.362)\text{k}\Omega = 912\text{k}\Omega$$

取电阻标称值 $R_{b1} = 910\text{k}\Omega$。

基极偏流

$$I_{b1} = \frac{U_{cc} - U_{be}}{R_{b1}} = \frac{12 - 0.70}{910}\text{mA} = 0.01242\text{mA}$$

一放的晶体管 T_1 输入电阻

$$r_{be1} = r_{bb'} + \frac{U_T}{I_{b1}} = 100\Omega + \frac{26}{0.01242}\Omega = 2193\Omega = 2.193\text{k}\Omega$$

一放的输入电阻

$$r_{i1} \approx r_{be1} = 2.193\text{k}\Omega$$

（2）顺序计算输出电阻及放大倍数。

一放的输出电阻

$$r_{o1} \approx R_{c1} = 10\text{k}\Omega$$

二放的输出电阻不受前级影响，可以直接计算

$$r_{o2} \approx R_{c2} = 1\text{k}\Omega$$

一放的空载电压放大倍数

$$A_{uo1} = -\frac{\beta_1 R_c}{r_s + r_{i1}} = -\frac{88 \times 10}{10 + 2.193} = -72.17 \text{ 倍}$$

二放的负载电压放大倍数及空载电压放大倍数

$$A_{u2} \approx -\beta_2 \frac{R'_{L2}}{r_{s1} + r_{i2}} = -\beta_2 \frac{R'_{L2}}{r_{o1} + r_{i2}} = -75 \times \frac{0.5}{10 + 0.3761} = -3.614 \text{ 倍}$$

$$A_{uo2} \approx -\beta_2 \frac{R_c}{r_{s1} + r_{i2}} = -\beta_2 \frac{R_c}{r_{o1} + r_{i2}} = -75 \times \frac{1}{10 + 0.3761} = -7.228 \text{ 倍}$$

总电压放大倍数（负载）

$$A_u = A_{uo1} A_{u2} = (-72.17) \times (-3.614) = 260.8 \text{ 倍}$$

总电压放大倍数（空载）

$$A_{uo} = A_{uo1} A_{uo2} = (-72.17) \times (-7.228) = 521.6 \text{ 倍}$$

针对如图 9.2.6 所示的双级共射放大器进行电压放大实验。实验结果：信号电压有效值 $E_s = 1.5\text{mV}$ 时，负载电压有效值 $U_o = 396\text{mV}$，实际电压放大倍数 $A_u = 396/1.5 = 264$。

实验结果与理论分析相对误差

$$\delta = \frac{264 - 261}{261} \approx 1\%$$

Multisim 仿真结果：输入信号 1mVpk，输出 255mVpk，电压放大倍数 $A_u = 255/1 = 255$。

仿真结果与实验结果非常一致，再次证明多级电压放大倍数计算公式（9.2.1）合理。

Multisim 仿真结果：输入信号 16mVpk，输出满幅 3.9 Vpk，THD = 2.9%。

本次仿真还发现，对于双级放大器，两头电压波形都很正常，中间级输出电压波形却严重畸变，非线性失真很严重，THD 达到 20%。这个现象与单级放大器晶体管发射结电压严重失真的原因相似，都很正常，不必理会。双级放大器没用任何负反馈，输出电压波形却很

正常,往往就是中间级上半部矮胖下半部瘦长的失真波形经过后级自然补偿后的结果。

如为负载匹配将 R_{c1} 改为 $1\text{k}\Omega$,则输出满幅时非线性失真肉眼可见,THD$>10\%$。因此,不能片面追求负载匹配性。负载匹配性与非线性失真矛盾时,应当优先考虑 THD 指标。

例 9.2.3　如图 9.2.7 所示的共集-共射双级放大器 $U_{cc}=12\text{V}$,$r_s=100\text{k}\Omega$,$\beta_1=88$,$\beta_2=75$,$r_{bb'}=100\Omega$,$R_e=2.4\text{k}\Omega$,$R_{c2}=1\text{k}\Omega$,$R_L=1\text{k}\Omega$,要求两级放大器基本处于临界状态,试确定 R_{b1}、R_{b2}、r_{i1}、r_{i2}、r_{o1}、r_{o2}、A_{o1}、A_{o2}、A_2、A、A_o。

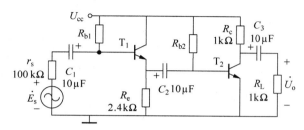

图 9.2.7　共集-共射双级放大器

本题信号源内阻 r_s 比较大,主要是展示共集放大器如何削减信号源内阻,实现放大。

解　(1) 逆序计算负载电阻与输入电阻并设计工作点。

二放的等效负载电阻、集电极临界偏流、基极临界偏置电阻各为

$$R'_{L2}=R_c /\!/ R_L=1\text{k}\Omega /\!/ 1\text{k}\Omega=0.5\text{k}\Omega$$

$$I_{c(cr)}=\frac{1+R_c/R_L}{2+R_c/R_L}\frac{U_{cc}}{R_c}=\frac{1+1/1}{2+1/1}\frac{12}{1}\text{mA}=8\text{mA}$$

$$R_{b(cr)2}=\beta_2(R_c+R'_{L2})=75(1+0.5)\text{k}\Omega=75\times1.5\text{k}\Omega=112.5\text{k}\Omega$$

取基极偏置电阻 $R_{b2}=120\text{k}\Omega$,集电极偏流实际值

$$I_c=\beta_2\frac{U_{cc}-U_{be}}{R_b}=75\times\frac{12-0.7}{120}\text{mA}=7.063\text{mA}$$

一般讲,允许集电极偏流实际值比临界值稍小。

二放的晶体管输入电阻及放大器输入电阻各为

$$r_{be2}=r_{bb'}+\beta_2\frac{U_T}{I_c}=100\Omega+75\times\frac{26}{7.063}\Omega=376.1\Omega=0.3761\text{k}\Omega$$

$$r_{i2}\approx r_{be2}=0.3761\text{k}\Omega$$

二放的输入电阻就是一放的负载电阻

$$R_{L1}=r_{i2}=0.3761\text{k}\Omega$$

一放的等效负载电阻及基极临界偏置电阻各为

$$R'_{L1}=R_e /\!/ R_{L1}=2.4 /\!/ 0.3761\text{k}\Omega=0.3251\text{k}\Omega$$

$$R_{b(cr)1}=\beta_1 R'_{L1}=88\times0.3251\text{k}\Omega=28.61\text{k}\Omega$$

一放不要求满幅输出,可适当加大 R_{b1},取 $R_{b1}=36\text{k}\Omega$。

射随器输入电阻及空载输入电阻各为

$$r_{i1}=R_b /\!/ \beta_1 R'_{L1}=36 /\!/ (88\times0.3251)\text{k}\Omega=36 /\!/ 28.6\text{k}\Omega\approx15.94\text{k}\Omega$$

$$r_{io1}=R_b /\!/ \beta_1 R_e=36 /\!/ (88\times2.4)\text{k}\Omega=36 /\!/ 211.2\text{k}\Omega=30.76\text{k}\Omega$$

（2）顺序计算输出电阻及电压放大倍数。

一放、二放的输出电阻各为

$$r_{o1} = \frac{r_s \; // \; R_b}{\beta_1} \; // \; R_e = \frac{100 \; // \; 36}{88} \; // \; 2.4 \text{k}\Omega = 0.3008 \; // \; 2.4 \text{k}\Omega = 0.2673 \text{k}\Omega = 267.3\Omega$$

$$r_{o2} \approx R_c = 1 \text{k}\Omega$$

一放的负载电压放大倍数及空载电压放大倍数各为

$$A_{u1} \approx \frac{r_{i1}}{r_s + r_{i1}} = \frac{15.94}{100 + 15.94} = 0.1375 \text{ 倍}$$

$$A_{uo1} \approx \frac{r_{io1}}{r_s + r_{io1}} = \frac{30.76}{100 + 30.76} = 0.2352 \text{ 倍}$$

二放的负载电压放大倍数及空载电压放大倍数各为

$$A_{u2} \approx -\beta_2 \frac{R'_{L2}}{r_{s1} + r_{i2}} = -\beta_2 \frac{R'_{L2}}{r_{o1} + r_{i2}} = -75 \times \frac{0.5}{0.2673 + 0.3761} = -58.28 \text{ 倍}$$

$$A_{uo2} \approx -\beta_2 \frac{R_c}{r_{s1} + r_{i2}} = -\beta_2 \frac{R_c}{r_{o1} + r_{i2}} = -75 \times \frac{1}{0.2673 + 0.3761} = -116.6 \text{ 倍}$$

总负载电压放大倍数及空载电压放大倍数各为

$$A_u = A_{uo1} A_{u2} = 0.2352 \times (-58.28) = -13.71 \text{ 倍}$$

总空载电压放大倍数

$$A_{uo} = A_{uo1} A_{uo2} = 0.2352 \times (-116.6) = -27.41（倍）$$

为实际验证多级放大器电压放大倍数计算公式，对如图 9.2.7 所示的双级共集-共射放大器进行电压放大倍数实验，结果见表 9.2.2。

表 9.2.2　共集-共射双级放大器电压放大倍数实验

E_s/mV	60	80	100	133
U_o/mV	900	1200	1510	2000

实验结果：$A_u = -15$。

理论分析与实验结果之间的相对误差

$$\delta = \frac{15 - 13.71}{15} \approx 8.6\%$$

出现误差的原因主要是晶体管输入电阻 r_{be} 计算误差大及晶体管 β 值误差。实验结果以事实证明多级电压放大倍数计算公式（9.2.1）合理。

例 9.2.4　在例 9.2.3 中取消射随器，只剩下共射放大器，试计算电压放大倍数 A_u。

解　$A_u \approx -\beta \dfrac{R'_L}{r_s + r_{i2}} = -75 \times \dfrac{0.5}{100 + 0.3761} \approx -0.374 \text{ 倍}$

$$A_{uo} \approx -\beta \frac{R_c}{r_s + r_{i2}} = -75 \times \frac{1}{100 + 0.3761} \approx -0.747 \text{ 倍}$$

对比这两个例题，读者可加深对放大器输入电阻、输出电阻概念及射随器的理解。

例 9.2.3 中，虽然射随器电压放大倍数只有 0.2 多一点，即射随器本身暂时把信号幅度降低到了 23.52%，但是因为同时大幅度减小了下一级放大器的信号源内阻，所以为下一级共射放大创造了有利条件,放大器总电压放大倍数还是比较高的。

例 9.2.4 中,取消射随器后的放大器总电压放大倍数为 0.374,远小于有射随器时的总电压放大倍数 13.6,失去了电压放大能力。

这两个例题用事实证明,使用射随器真的好比是磨刀不误砍柴工。

信号源内阻多大才算大,多小才算小?没有严格标准。一般来讲,几 $k\Omega$ 以上算大,几百 Ω 以下算小。本例射随器把一个 $100k\Omega$ 的大内阻降低为 267Ω 的小内阻,是一个典型的降低内阻的例子。

9.3　乙类功放功率放大倍数分析计算

乙类功放中 NPN 管与 PNP 管交替工作,故在交流等效电路中应当以同一个管子出现。乙类功放及其交流等效电路如图 9.3.1 所示。

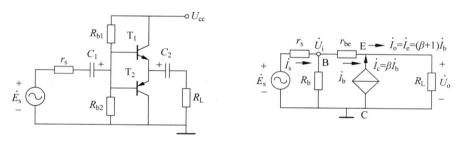

图 9.3.1　乙类功放及其交流等效电路

乙类功放属于互补射随器,其输入电阻、输出电阻及功率放大倍数的计算方法可参照射随器。在射随器相关公式中令 $R_e \to \infty$,得到乙类功放输入电阻和输出电阻

$$r_i = R_b \mathbin{/\mkern-5mu/} (r_{be} + \beta R_L) \tag{9.3.1}$$

$$r_o = \frac{r_{be} + r_s \mathbin{/\mkern-5mu/} R_b}{\beta} \tag{9.3.2}$$

可看出,晶体管输入电阻 r_{be} 与等效负载 βR_L 串联分压,所以在乙类功放和甲类功放中 r_{be} 表现为损耗。若用复合三极管,则应选用异极性管子,以减少发射结压降损耗。

乙类功放功率放大倍数

$$A_p \approx A_u A_i = \frac{r_i^{\,2}}{(r_s + r_i)R_L} \tag{9.3.3}$$

R_b、r_{be} 及 r_s 均可忽略不计时,理想乙类功放功率放大倍数简化为

$$A_p \approx \frac{(\beta R_L)^2}{(\beta R_L)R_L} = \beta \tag{9.3.4}$$

这说明,乙类功率放大器的功率放大倍数 A_p 约等于晶体管的电流放大倍数 β 值。

功率放大实质是电流放大。功率放大是通过电流放大实现的,至于电压还有些损失。

有些型号的功放有附加电压放大倍数,但所有功放都没有附加电流放大倍数,也说明功率放大的实质就是电流放大。

第10章

差分放大与集成放大电路
理论的补充

10.1　长尾差放双端输出模式下 CMRR 的分析计算

采用双端输出模式的长尾差分放大电路如图 10.1.1 所示。

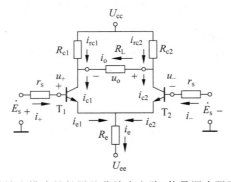

图 10.1.1　采用双端输出模式的长尾差分放大电路(信号源内阻可兼作基极偏置电阻)

1. 差模电压放大倍数

　　尽管直接耦合差分放大电路既能放大交流信号,又能放大直流信号,但为显而易见地区别信号与直流偏置量,使得差模电压放大倍数、共模电压放大倍数及共模抑制比的分析计算过程清晰易懂,以下分析计算中仍设差模信号为交流,$e_{s+} = 0.5\dot{E}_{s+}$,$e_{s-} = 0.5\dot{E}_{s-}$。

　　因左右元件差异对差模输入放大不敏感,故设两信号源内阻 r_s 相等、两 BJT 输入电阻 r_{be} 相等、两安伏变换器 R_c 相等,只考虑晶体管电流放大倍数 β 的差异,根据图 10.1.1 可画出长尾差分放大器差模信号等效电路,见图 10.1.2。

　　管子基极电流等于信号电流

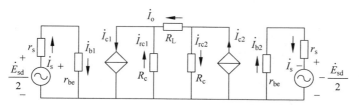

图 10.1.2　长尾差分放大电路差模信号等效电路

$$\dot{I}_{b1} \approx \dot{I}_{s+} \approx \frac{\dot{E}_{sd}}{2(r_s + r_{be})}$$

$$\dot{I}_{b2} \approx \dot{I}_{s-} \approx \frac{\dot{E}_{sd}}{2(r_s + r_{be})}$$

根据叠加原理,在 $\dot{E}_{s+}$ 和 $\dot{E}_{s-}$ 分别作用下的负载电流分量为

$$\dot{I}_o' = \frac{R_c}{2R_c + R_L}\dot{I}_{c1} = \beta_1 \frac{R_c}{2R_c + R_L}\dot{I}_{b1} = \beta_1 \frac{R_c}{2R_c + R_L}\frac{\dot{E}_{sd}}{2(r_s + r_{be})}$$

$$\dot{I}_o'' = \frac{R_c}{2R_c + R_L}\dot{I}_{c2} = \beta_2 \frac{R_c}{2R_c + R_L}\dot{I}_{b2} = \beta_2 \frac{R_c}{2R_c + R_L}\frac{\dot{E}_{sd}}{2(r_s + r_{be})}$$

$\dot{I}_o'$、$\dot{I}_o''$ 标识方向与 $\dot{I}_o$ 相同。叠加起来得到负载电流

$$\dot{I}_o = \dot{I}_o' + \dot{I}_o'' = \frac{\beta_1 + \beta_2}{2}\frac{R_c}{2R_c + R_L}\frac{\dot{E}_{sd}}{r_s + r_{be}}$$

负载电压可以简化表达为

$$\dot{U}_o = R_L\dot{I}_o = \frac{\beta_1 + \beta_2}{2}\frac{R_c R_L}{2R_c + R_L}\frac{\dot{E}_{sd}}{r_s + r_{be}} = \frac{\beta_1 + \beta_2}{2}\frac{R_c R_L/2}{R_c + R_L/2}\frac{\dot{E}_{sd}}{r_s + r_{be}}$$

通常用符号 R_L'' 表示 R_c 与 $R_L/2$ 的并联电阻

$$R_L'' = \frac{R_c R_L/2}{R_c + R_L/2}$$

$$\dot{U}_o = \frac{\beta_1 + \beta_2}{2}\frac{R_L''}{r_s + r_{be}}\dot{E}_{sd}$$

由此得到长尾差分放大电路的差模电压放大倍数

$$A_d = \frac{\dot{U}_{od}}{\dot{E}_{sd}} = \frac{\beta_1 + \beta_2}{2}\frac{R_L''}{r_s + r_{be}} \tag{10.1.1}$$

2. 共模电压放大倍数

因左右元件差异对差模输入放大敏感,故设信号源内阻 r_{s1}、r_{s2},管子输入电阻 r_{i1}、r_{i2},安伏变换器 R_{c1}、R_{c2},晶体管 β_1、β_2 均有差异。

根据图 10.1.1 画出共模电压作用下的长尾差分放大电路的等效电路,见图 10.1.3。

列出关于晶体管基极信号电流的电压平衡方程

$$(r_{s1} + r_{be1})\dot{I}_{b1} + R_e(\dot{I}_{e1} + \dot{I}_{e2}) = \dot{E}_s$$

$$(r_{s2} + r_{be2})\dot{I}_{b2} + R_e(\dot{I}_{e1} + \dot{I}_{e2}) = \dot{E}_s$$

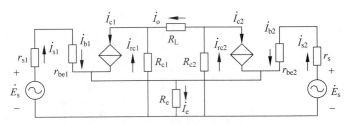

图 10.1.3　长尾差分放大电路共模信号等效电路

一般认为 $r_{s2}+r_{be2}=r_{s1}+r_{be1}=r_s+r_{be}$。$\beta \gg 1$，故 $\beta+1 \approx \beta$。用 β 取代 $\beta+1$，有

$$\dot{I}_{b2} \approx \dot{I}_{b1} \approx \dot{I}_b \approx \frac{\dot{E}_s}{r_s+r_{be}+(\beta_1+\beta_2)R_e}$$

由此看出，长尾差分放大器共模输入电阻、管子基极电流、集电极电流各近似为

$$r_{i2} \approx r_{i1} \approx r_i \approx r_{be}+(\beta_1+\beta_2)R_e$$

$$\dot{I}_{b2} = \dot{I}_{b1} = \dot{I}_b = \frac{\dot{E}_s}{r_s+r_i}$$

$$\dot{I}_{c1} = \beta_1 \dot{I}_{b1} \approx \beta_1 \frac{\dot{E}_s}{r_s+r_{be}+(\beta_1+\beta_2)R_e} \qquad ①$$

$$\dot{I}_{c2} = \beta_2 \dot{I}_{b2} \approx \beta_2 \frac{\dot{E}_s}{r_s+r_{be}+(\beta_1+\beta_2)R_e} \qquad ②$$

再列出关于未知数 $\dot{I}_o$、$\dot{I}_{rc1}$、$\dot{I}_{rc2}$ 的方程组

$$\begin{cases} \dot{I}_o+\dot{I}_{rc1}=\dot{I}_{c1} \\ \dot{I}_{c2}+\dot{I}_o=\dot{I}_{rc2} \\ R_L\dot{I}_o+R_{c2}\dot{I}_{rc2}=R_{c1}\dot{I}_{rc1} \end{cases}$$

解此方程组得到负载电流

$$\dot{I}_o = \frac{R_{c1}\dot{I}_{c1}-R_{c2}\dot{I}_{c2}}{R_{c1}+R_{c2}+R_L}$$

乘以 R_L，并将 $R_{c1}+R_{c2}$ 换成 $2R_c$，代入式①、式②得到负载电压与共模输入电压的关系

$$\dot{U}_o = \frac{R_L}{2R_c+R_L} \frac{\beta_1 R_{c1}-\beta_2 R_{c2}}{r_s+r_{be}+(\beta_1+\beta_2)R_e}\dot{E}_s$$

乘以 R_c 同时除以 R_c 有

$$\dot{U}_o = \frac{R_cR_L}{2R_c+R_L}/R_c \frac{\beta_1 R_{c1}-\beta_2 R_{c2}}{r_s+r_{be}+(\beta_1+\beta_2)R_e}\dot{E}_s$$

由此得到长尾差分放大电路共模电压放大倍数以及共模抑制比 CMRR

$$A_{uc} = \frac{\dot{U}_o}{\dot{E}_s} = \frac{\beta_2 R_{c1}-\beta_1 R_{c2}}{r_s+r_{be}+(\beta_1+\beta_2)R_e} \frac{R''_L}{R_c}$$

$$\text{CMRR} = \left| \frac{A_d}{A_{uc}} \right| = \frac{\beta_1 + \beta_2}{2} \frac{R''_L}{r_s + r_{be}} \Big/ \left(\frac{|\beta_1/R_{c1} - \beta_2 R_{c2}|}{r_s + r_{be} + (\beta_1 + \beta_2)R_e} \frac{R''_L}{R_c} \right)$$

$$= \left| \frac{A_d}{A_{uc}} \right| = \frac{(\beta_1 + \beta_2)R_c}{2|\beta_1 R_{c1} - \beta_2 R_{c2}|} \frac{r_s + r_{be} + (\beta_1 + \beta_2)R_e}{r_s + r_{be}}$$

考虑到 $r_s + r_{be} \ll (\beta_1 + \beta_2)R_e$，CMRR 可简化为

$$\text{CMRR} = \left| \frac{A_{ud}}{A_{uc}} \right| = \frac{(\beta_1 + \beta_2)^2 R_c}{2|\beta_1 R_{c1} - \beta_2 R_{c2}|} \frac{R_e}{r_s + r_{be}} \tag{10.1.2}$$

若不考虑 R_{c2} 与 R_{c1} 的差异，即认为 $R_{c2} = R_{c1} = R_c$ 时，则 CMRR 可进一步简化为

$$\text{CMRR} = \left| \frac{A_{ud}}{A_{uc}} \right| = \frac{(\beta_1 + \beta_2)^2}{2|\beta_1 - \beta_2|} \frac{R_e}{r_s + r_{be}} \quad \text{（参见文献[8]，[9]，[10]）} \tag{10.1.2a}$$

可以看出，发射极共模反馈电阻 R_e 越大，信号源内阻 r_s 越小，差分对管的电流放大倍数越接近，长尾差分放大器共模抑制比就越高。

差分对管的 β_2、β_1 值不等，两只安伏变换器 R_{c2}、R_{c1} 值不等，是影响 CMRR 值的两大原因。该式说明，即使差分对管 β_2、β_1 值不等，两只安伏变换器 R_{c2}、R_{c1} 值不等，也能通过调节安伏变换器 R_c 获得极大的 CMRR。

传统模拟电子学文献介绍的单端输出模式下长尾差分放大电路共模抑制比 CMRR 为

$$\text{CMRR} = \left| \frac{A_{ud}}{A_{uc}} \right| = \frac{\beta_1 + \beta_2}{2} \frac{R_e}{r_s + r_{be}}$$

由此可以看出，双端输出工作模式下，长尾差分放大电路共模抑制比 CMRR 是单端输出工作模式下的 $(\beta_2 + \beta_1)/|\beta_2 - \beta_1|$ 倍。

例 10.1.1 BJT 长尾差分放大器两安伏变换器 $R_{c2} = R_{c1}$，两信号源内阻 r_s 相等，$R_e = 10\text{k}\Omega$，$r_s = 9.1\text{k}\Omega$，BJT 发射结电阻 $r_{be} = 900\Omega$，电流放大倍数 $\beta_1 = 100.5$、$\beta_2 = 99.5$，试分别计算其双端输出模式下及单端输出模式下的共模抑制比。

解 双端输出模式下，

$$\text{CMRR} = \frac{(100.5 + 99.5)^2}{2|100.5 - 99.5|} \frac{10}{9.1 + 0.9} = 20000 \text{ 倍}$$

单端输出模式下，

$$\text{CMRR} = \left| \frac{A_{ud}}{A_{uc}} \right| = \frac{100.5 + 99.5}{2} \frac{10}{9.1 + 0.9} = 100 \text{ 倍}$$

共模抑制比 CMRR 取决于信号源内阻 r_s、BJT 输入电阻 r_{be}、电流放大倍数 β 及放大器安伏变换器 R_c 的综合匹配或对称情况。$r_{s1} = r_{s2}$、$r_{be1} = r_{be2}$、$\beta_1 = \beta_2$、$R_{c2} = R_{c1}$ 固然有利于使 CMRR$\to\infty$，但是严格讲，实际上其中任何一项要求都是很难做到的，更别说四项条件都满足。实际上，只要 r_{s1} 与 r_{s2}、r_{be1} 与 r_{be2}、β_1 与 β_2、R_{c2} 与 R_{c1} 合理搭配，也可使 CMRR$\to\infty$。搭配合理与否的标准，就是看共模输入下的输出是否等于零，而无须要求每一对参数都分别相等，也不必检查每一对参数是否相等。

10.2 差分放大器调零电路

参数 r_{s2} 与 r_{s1}、r_{be2} 与 r_{be1}、β_2 与 β_1、R_{c2} 与 R_{c1} 中，最容易调整的是 R_{c2} 与 R_{c1} 的比例关系。电位器 R_p 活动端接正电源 U_{cc}，固定端接法有串联和并联两种。串联调零时选低阻值

电位器，R_p 串联在 R_{c2} 与 R_{c1} 之间，见图 10.2.1。并联调零时选高阻值电位器，R_p 左半部与 R_{c1} 并联，右半部与 R_{c2} 并联，见图 10.2.2。

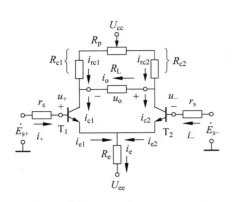

图 10.2.1　差分放大电路用小电位器串联调零

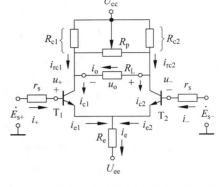

图 10.2.2　差分放大电路用大电位器并联调零

　　并联调零有调零电位器故障影响比较小、调零电位器不用时电路无需任何连接的优点。在电子工程中，并联调零广泛应用于集成电路外部调零。

　　差分放大器调零电路还有将电位器串联在两个 BJT 管发射极与共模反馈电阻 R_e 之间的方案。这种方案影响电压放大能力及共模抑制能力，属于最落后的被淘汰的。

　　很不幸，传统模拟电子学文献所介绍的差分放大器调零电路正是这种最落后的、已被淘汰的方式，而且实验也是按照这种方式安排的。

10.3　快速识别电压放大倍数的符号、同相端与反相端

1. 快速识别放大电路输出电压的极性

放大电路比较复杂时，判断其输出电压的极性，往往是分析计算工作的重要一步。

例 10.3.1（发 0925、供 1132、发 1322、发 1422）　电路如图 10.3.1 所示，运算放大器性能均理想，则电路输出电压为（　　）。

A. $\dfrac{R_3}{R_2+R_3}\dfrac{u_{i1}+u_{i2}}{2}$

B. $\dfrac{R_3}{R_2+R_3}(u_{i1}+u_{i2})$

C. $\dfrac{R_3}{R_2+R_3}(u_{i1}-u_{i2})$

D. $\dfrac{R_3}{R_2+R_3}(u_{i2}-u_{i1})$

解　这道题在模拟电子技术课程本科教学考试中最常见。本题有两种解法。

（1）快速逻辑判断法（免除计算，超级快）。

任意放大电路从输入端到输出端，输入信号所经过集电结（代表共射放大）及经过 OPA 反相端的次数若为偶数，则该输出端与输入端同号；若为奇数，则异号。

所给放大电路从输入端到输出端，输入电压 u_{i1} 经历集成运放 A_3 一个反相端，u_{i2} 没有经历任何反相端，故输出电压应当与 u_{i1} 异号，与 u_{i2} 同号。查遍所给四个备选答案，只有答案 D 符合这项要求。因此无须进一步计算，答案就是 D 了！

（2）计算法。

设五个中间电压变量，如图 10.3.2 所示。

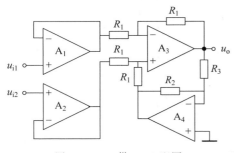

图 10.3.1　供 1132 配图

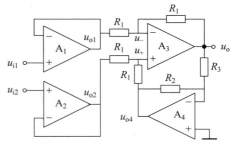

图 10.3.2　供 1132 解题配图

A_1、A_2 都是电压跟随器，故 A_1、A_2 输出电压等于其输入电压

$$u_{o1} = u_{i1}, \quad u_{o2} = u_{i2}$$

A_4 与 R_2、R_3 组成反相运算电路，其输出电压为

$$u_{o4} = -\frac{R_2}{R_3} u_o$$

设 A_3 反相端电压为 u_-，同相端电压为 u_+，由中点电压法有

$$u_- = 0.5(u_{i1} + u_o), \quad u_+ = 0.5(u_{i2} + u_{o4})$$

根据运放特点有 $u_- = u_+$，因此有

$$u_{i1} + u_o = u_{i2} + u_{o4}$$

$$u_{i1} + u_o = u_{i2} - \frac{R_2}{R_3} u_o$$

解之有

$$u_o = \frac{R_3}{R_2 + R_3}(u_{i2} - u_{i1})$$

经过计算，答案也是 D。

对此类电路，读者一般都有反馈极性是否为负的疑虑。

此电路的反馈性质可分析判断如下：

集成运放 A_3 上方的电阻 R_1 构成负反馈。由于集成运放 A_4 为核心的反相作用，A_3 下方的电阻 R_1、R_2、R_3 亦构成负反馈。整个电路总体为负反馈，输出与输入存在定量关系。

2. 快速识别差分放大电路的同相端与反相端

识别差分放大器及包含差分放大器的集成运算放大器（OPA）的同相端与反相端是一项基本功。这里以 μA741 型集成运算放大器为例，介绍如何根据电路图快速识别差分放大器的同相端与反相端。

μA741 型 OPA 芯片的外形、引脚功能如图 10.3.3 所示。电路原理图如图 10.3.4 所示。

根据 OPA 某输入端到输出端所经过的集电结为双数或单数，可快速判断该输入端是同相端还是反相端。

对 μA741 型 OPA，从第 2 脚输入到第 6 脚输出，只经过 T_{17} 唯一一个集电结，故第 2 脚

图 10.3.3　双列直插式 μA741 芯片外形引脚功能

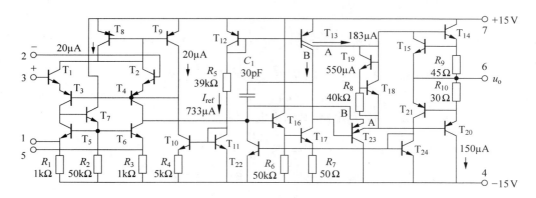

图 10.3.4　μA741 内部电路

为反相端。确定第 2 脚为反相端之后,3 脚就是同相端。

也可以直接判断第 3 脚是同相端还是反相端。

从第 3 脚输入到第 6 脚输出,经过 T_4、T_{17} 两个集电结,故判断第 3 脚为同相端。

10.4　快速测定集成运算放大器的压摆率

传统用理想方波电压加在集成运算放大器输入端,通过观察输出端电压变形的方法来计算芯片的压摆率。实际上所用方波电压很难那么理想。因此这种方法需要理想方波发生器,而且测量精度难以保证。

直接用所测试的运放芯片当比较器,制作方波电压发生器。由于比较器不甚理想,所产生方波电压会畸变为梯形波,如图 10.4.1 所示。压摆率 SR 越小,梯形波边沿倾斜畸变就越厉害。

梯形波电压从最高点 $U_{om(p)}$ 下降到最低点 $U_{om(n)}$,或从最低点 $U_{om(n)}$ 上升到最高点 $U_{om(p)}$,对应电压变化量为峰-峰值 $U_{p\text{-}p} = U_{om(p)} - U_{om(n)}$,所用时间为 Δt,则所测试运放芯片的压摆率 SR 可计算为

$$\mathrm{SR} = \frac{U_{p\text{-}p}}{\Delta t} = \frac{U_{om(p)} - U_{om(n)}}{\Delta t}$$

例 10.4.1　矩形波发生器用 μA741 型 OPA 做滞后比较器,正向输出电压幅度 $U_{om(p)} =$

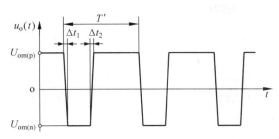

图 10.4.1　借助矩形波的畸变测量运放芯片的压摆率 SR

11V，负向输出电压幅度 $U_{om(n)}=-10V$，所用时间 $\Delta t=28\mu s$，如图 10.4.1 所示，振荡频率理论计算值 4551Hz，实际值测量 3600Hz。试进行以下计算。

（1）推算所用 $\mu A741$ 芯片的压摆率 SR。

（2）由此估算振荡频率理论值，并与理论计算值对照。

解　（1）所用 $\mu A741$ 芯片的压摆率 SR 推算为

$$SR=\frac{U_{p\cdot p}}{\Delta t}=\frac{U_{om(p)}-U_{om(n)}}{\Delta T}=\frac{11-(-10)}{28}\frac{V}{\mu s}=0.75V/\mu s$$

用这种简便快捷方法测定结果 $0.75V/\mu s$，与厂家芯片的数据手册（data sheet）所提供 $\mu A741$ 运放芯片的压摆率数据 $0.7V/\mu s$ 基本一致。

（2）估算振荡频率理论值。

根据频率实际测量值 3600Hz 推算方波周期值为 $T'=1/3600Hz=0.2778ms$。

方波周期理论值 $T=T'-2\Delta t=(0.2778-0.056)ms=0.2218ms$。由此计算振荡频率理论值

$$f=1/0.2218ms=4509Hz$$

振荡频率理论值与计算值的相对误差

$$\delta f=\frac{4509-4551}{4551}=0.9\%$$

理论值与计算值基本吻合。

第11章

反馈理论的创新与重建

传统反馈理论的主要错漏:串、并联反馈概念含糊不清;缺乏加、减反馈概念。比较环节概念片面不客观。遗漏比较环节相移概念。反馈分类严重不全。瞬时极性法难以捉摸,且很难适应反馈设计。简单天真地认为反馈信号与输入信号相加就是正反馈,相减就是负反馈。

11.1 反馈概念、分类、组态及计算

11.1.1 反馈概念、分类及组态

1. 反馈概念——开环与闭环、加反馈与减反馈

把输出信号或中间信号按一定比例引回到系统输入端,与输入信号进行加或减合成,即代数叠加后形成偏差信号再放大,称为反馈放大。引回的一部分输出信号称为反馈信号。反馈构成环路,故反馈也称为闭环,无反馈则称为开环。

如图 11.1.1 所示的方框图可直观表达反馈原理。从偏差信号 e 到输出信号 u_o 的环节称为前向通道,前向通道放大倍数 A 也称为开环放大倍数;从输出信号 u_o 到反馈信号 u_f 的环节称为反馈通道。把输出信号变为反馈信号的比例系数称为反馈系数(Feedback Factor,F)。把反馈信号与输入信号叠加为偏差信号的环节称为合成环节,也称为混合电路。开环放大倍数 A 是系统固有的,与反馈存在与否无关。

2. 反馈分类

1) 输出反馈与非输出反馈(俗称电压反馈与电流反馈)

按照反馈信号引出点位置,反馈分为输出反馈和非输出反馈。反馈信号引自电路输出端且负载电阻接地,构成输出反馈,如图 11.1.1 所示;反馈信号引自电路非输出端,构成非输出反馈,如图 11.1.2 所示。输出反馈通称为电压反馈。非输出反馈通称为电流反馈。

2) 加反馈与减反馈(旧称并联反馈与串联反馈)

按照反馈信号引入点位置,反馈分为加反馈和减反馈。反馈信号引到电路的输入端,与

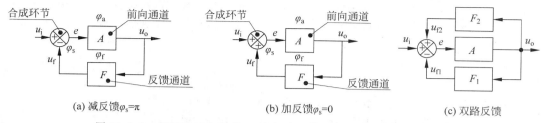

图 11.1.1　反馈的三大组成、三大相移及其方框图（按电压反馈绘制）

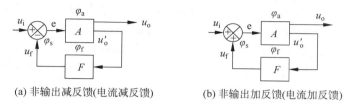

(a) 非输出减反馈(电流减反馈)　　　　(b) 非输出加反馈(电流加反馈)

图 11.1.2　非输出反馈(电流反馈)的方框图

输入信号以电流形式相加,形成偏差信号,构成加反馈;反馈信号引到电路的反极性输入端,被输入信号减去,形成偏差信号,构成减反馈。加、减关系反映了反馈信号与输入信号的内在联系。只有注重减反馈与加反馈概念,才能快速准确判别反馈极性。

加反馈旧称并联反馈,减反馈旧称串联反馈。

（1）加反馈（旧称并联反馈）。

加反馈方框图见图 11.1.1(b) 及图 11.1.2(b)。如图 11.1.3 所示的放大器是一种典型的加反馈的合成环节。输入电压 u_s 通过内电阻 R_s 缓冲变换为电流 i_{rs},反馈电压 u_f 通过电阻 R_f 缓冲变换为电流 i_{rf},与输入信号引到同一点,反馈电流 i_{rf} 与输入电流 i_{rs} 相加形成基极电流 i_b 作为偏差 e。

用 PN 结零压降模型,认为 $U_{be} \approx 0$,可求出作为偏差信号 e 的基极电流 i_b

$$i_b = \frac{u_i}{R_b} + \frac{u_f}{R_f} \qquad ①$$

由此可以看出,共射放大器中引到晶体管基极的反馈属于加反馈。

式①表明,采用加反馈时信号源内阻不影响偏差信号的形成,即信号源内阻不影响加反馈效果。故信号源内阻较大时,为减小其对反馈效果的影响,应考虑选用加反馈。

（2）减反馈（旧称串联反馈）。

输入信号减去反馈信号形成偏差信号的反馈称为减反馈。

图 11.1.1(a)、图 11.1.2(a)是减反馈方框图。如图 11.1.4 所示的晶体管电路是一种

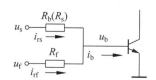

图 11.1.3　加反馈(并联反馈)例子

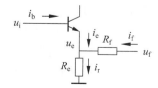

图 11.1.4　减反馈(串联反馈)例子

典型的减反馈的合成环节。设基极输入信号为 u_b，晶体管发射极到地接有电阻 R_e，反馈电压 u_f 通过电阻 R_f 变换为电流 i_f 进入晶体管发射极，形成减反馈。作为偏差信号 e 的晶体管基极电流为

$$i_b = \frac{(R_e + R_f)u_i - R_e u_f}{(\beta + 1)R_e R_f} \qquad ②$$

准确区别减反馈与加反馈，是正确判断反馈极性的基础。

信号电压经 RC 缓冲从某端子输入，反馈信号电压经 RC 缓冲又引到同一个端子，构成加反馈；反馈信号电压经 RC 缓冲引到反极性输入端子，构成减反馈。

集成运算放大器反相端与同相端、BJT 差放两对管的基极、FET 差放两对管的栅极、BJT 发射极与基极、FET 源极与栅极都互为反极性输入端子。

例如，集成放大器信号从反相端输入、引到反相端的反馈属于加反馈；信号从同相端输入、引到反相端的反馈属于减反馈。

共射放大器中信号从 BJT 基极输入、引到 BJT 基极的反馈属于加反馈，引到 BJT 发射极的反馈属于减反馈。

共源放大器中信号从 FET 栅极输入，引到 FET 栅极的反馈属于加反馈，引到 FET 源极的反馈属于减反馈。

反馈信号与输入信号的合成关系有减也有加。因此传统名称"比较环节"的代表性欠佳。"比较环节"宜改称为"合成环节"。合成环节也称为混合电路。

3）他反馈与自反馈（级间反馈与局部反馈）

按照反馈信号引入点与引出点的相对位置，反馈分为他反馈与自反馈。

在如图 11.1.1 所示的反馈中，反馈信号从电路的一点引到另外一点去，反馈引入点与引出点不是一个点，称为他反馈（级间反馈）。实际也有反馈引入点与引出点重合的情况。把反馈引入点与引出点重合的反馈称为自反馈（局部反馈）。

输出影响输入是反馈的基本特征。断开输入与输出的公共通路，接入电阻电容等元件，就能使输出影响输入，形成自反馈。例如，在共射放大器中，晶体管发射极是公共通路，断开发射极回路接入电阻电容，就能使代表输出的集电极电流影响代表输入的基极电流，就能形成自反馈。自反馈极性为负。通常他反馈比较明显，而自反馈比较隐蔽。也可以把他反馈称为显式反馈，把自反馈称为隐式反馈。

他反馈中的反馈电阻越大，则反馈越弱；自反馈中的反馈电阻越大，则反馈越强。他反馈中与自反馈中的反馈电阻大小对反馈强度的影响正好相反。将反馈分为他反馈和自反馈，有助于准确判断反馈电阻大小对反馈强度的影响。

图 11.1.5 中的晶体管发射极电阻就构成自反馈。分压偏置共射放大器使用了电流减负反馈（旧称电流串联负反馈），属于自反馈。

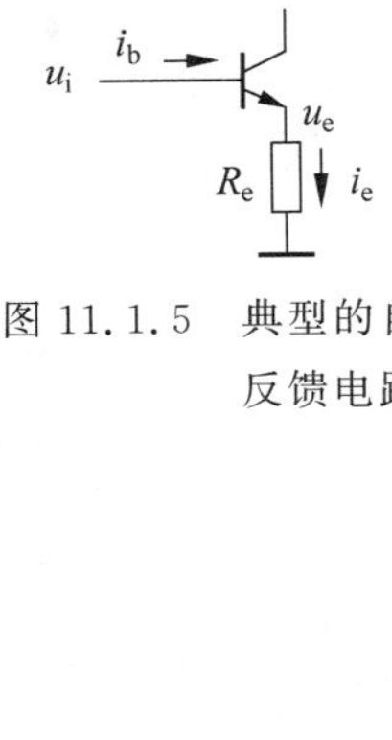

在图 11.1.5 中，若晶体管发射极作为放大器输出点，就是常见的射极输出器。射极输出器就是典型的电流相减自负反馈，或称为电流串联自负反馈，参见 7.5 节。

图 11.1.4 有两种反馈，R_e 构成自反馈，R_f 构成他反馈，他反馈建立在自反馈的基础上，他反馈依赖于自反馈，与自反馈并存。R_e 为 0 时，自反馈消失，他反馈也不复存在。

图 11.1.5　典型的自反馈电路

分压偏置放大器中的电阻 R_{e1}、R_{e2}、射极输出器中的电阻 R_e、源极输出器中的电阻 R_s、长尾差分放大器中的 R_e 所产生的反馈都属于自反馈。

4）直流反馈、交流反馈与交直流复合反馈

按照反馈信号成分，反馈分为直流反馈、交流反馈与交直流复合反馈。

电阻既能通过直流成分，又能通过交流成分，而电容具有隔直作用。在交直流共存的电路中，通过电阻引来的反馈是交直流复合反馈，通过电容引来的反馈是交流反馈。

正确区别直流反馈、交流反馈与交直流复合反馈，可以判断反馈是仅影响直流工作点或交流放大倍数；还是既影响直流工作点，又影响交流放大倍数。

5）正反馈与负反馈

按照反馈信号是加强还是削弱输入信号，反馈分为正反馈与负反馈。偏差信号比输入信号强，构成正反馈。偏差信号比输入信号弱，构成负反馈。负反馈好似釜底抽薪，正反馈犹如火上加油。正反馈与负反馈的作用截然不同，反馈极性的判断是反馈分析和设计工作中最重要的任务。特别指出，加反馈不一定是正反馈，减反馈不一定是负反馈。

6）单层反馈与多层反馈（单反馈与多重反馈）

按照反馈通道内外嵌套层数，反馈分为单层反馈与多层（嵌套）反馈（多重反馈）。

从内层开始可以逐渐将多层嵌套反馈简化为单层反馈。双层嵌套反馈如图 11.1.6 所示（供 0731）。使用双层嵌套反馈概念计算反馈系统的总电压放大倍数，快捷有效。

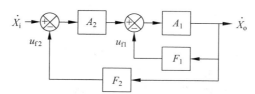

图 11.1.6 双层嵌套反馈（供 0731）

在多层嵌套反馈中，若内层为负反馈，外层为正反馈，则正反馈较弱时，总体上还有可能形成负反馈；此时闭环电压放大倍数计算公式的分母可由电阻乘积的差值组成。

多层嵌套反馈中若内层为正反馈，外层为负反馈，则总体上很难构成负反馈。

7）单路反馈与多路反馈（单通道反馈与多通道反馈）

按照并行的反馈通道数目，反馈分为单路反馈（单通道反馈）和多路反馈（多通道反馈）。图 11.1.1(a)、(b)所示为单路反馈（单通道反馈），图 11.1.1(c)所示为双路复合反馈（双通道复合反馈）。双路反馈中一路为正反馈、另一路为负反馈，两路反馈互相削弱。若正反馈较强，则总体呈现正反馈；若负反馈较强，则总体呈现负反馈。

3. 反馈组态

在反馈种类中，最重要的是加反馈与减反馈、电压反馈与电流反馈。因此，通常把电压减负反馈（电压串联负反馈）、电流减负反馈（电流串联负反馈）、电压减负反馈（电压串联负反馈）与电流加负反馈（电流并联负反馈）称为反馈的 4 种组态。

在总共 7 种反馈中，有 6 种分为 2 类，只有第 5 种分为 3 类。因此反馈组合状态（组态）共有 $2^6 \times 3 = 192$ 种。就是说，反馈的 4 种组态只是一种说法，实际反馈组态远不止 4 种。

11.1.2 反馈计算（刘志国公式）

反馈计算是针对特定类型进行的。反馈类型不同，计算也不同。这里针对最常见的电压加、减反馈，讨论闭环电压增益、反馈深度、反馈系数的分析计算方法。

1. 减反馈计算（传统介绍较多）

1）闭环电压放大倍数

图 11.1.1(a)所示减反馈所表达的电压反馈系统参数之间的基本关系如下

$$e = u_i - u_f$$

$$u_o = Ae$$

$$u_f = Fu_o$$

从中消去中间变量 u_f、e，可求出减反馈系统输出电压与输入电压的关系为

$$u_o = \frac{A}{1+FA} u_i$$

闭环条件下输出、输入电压的比值 $A/(1+FA)$ 称为闭环电压放大倍数，用 A_f 表示为

$$A_f = \frac{A}{1+FA} \quad (FA > 0) \tag{11.1.1}$$

2）反馈深度及反馈系数

闭环电压放大倍数计算公式的分母用字母 D 表示

$$D = 1 + FA \tag{11.1.2}$$

称为反馈深度 D（Feedback Depth）。反馈深度也可用 $20\lg D$ 即分贝数来表示。

正反馈时反馈深度 $D<1$，对数反馈深度 $20\lg D<0$dB。无反馈时反馈深度 $D=1$，对数反馈深度 $20\lg D=0$dB。负反馈时反馈深度 $D>1$，对数反馈深度 $20\lg D>0$dB。

闭环电压放大倍数 A_f 就能表达为开环电压放大倍数 A 与反馈深度 D 的比值

$$A_f = \frac{A}{D} \tag{11.1.3}$$

已知开环电压放大倍数 A 和闭环电压放大倍数 A_f，计算反馈系数 F，传统方法是通过反馈深度 D 进行。即第一步先计算 $D=1+FA$，第二步再计算 $F=(D-1)/A$。

通过反馈深度 D 计算反馈系数 F，虽然需要两步，但因为计算本身非常简单，所以一直没有人认为这种计算方法有什么不适。因此多年来，人们一直这么做，笔者也是如此。

2017 年春学期，笔者担任长沙大学计算机与数学学院 2016 级计科专业 1、2、3、4 班的电路与模拟电子技术课程教学任务。

同年 5 月 18 日笔者批改学生作业时，发现 1601 班刘志国同学计算反馈系数所用方法与众不同，如图 11.1.7 所示。刘志国独具慧眼，突破传统方法两步计算的局限，一步到位，简单快捷。

笔者查阅文献，未见类似计算方法。笔者为此感到惊奇。惊奇之余，经过仔细审视，发现学生所用计算方法的确比传统方法节省了一步，明显快捷，而且合情合理。

刘志国的计算方法把传统的两步计算简化为一步，颇有创意和价值。这种计算方法若出自一个有多年经验的技术人员之手，则可能微不足道。但它出自一个大一学生之手，那是真的很了不起，笔者遂认可刘志国同学的创新，并且暂命名为刘志国公式。

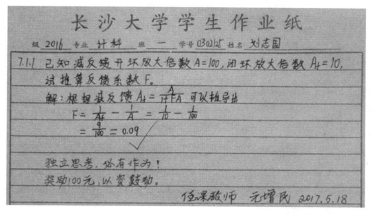

图 11.1.7 刘志国同学用自己创建的公式写作业计算反馈系数

$$F = \frac{1}{A_f} - \frac{1}{A} \quad \text{（刘志国公式）} \tag{11.1.4}$$

七天后,在 5 月 25 日的课堂上,笔者作为任课教师对刘志国同学予以嘉奖,如图 11.1.8 所示。同时建议四个班的同学们将刘志国同学的创建的反馈系数计算公式记录在他们所用《模拟电子技术简明教程》教科书的第 170 页,以备应用。

图 11.1.8 2017 年 5 月 25 日任课教师(笔者)在课堂上嘉奖刘志国同学

在模拟电子学创新的群体中,不乏像喻舒婷、李杰、邱植、刘志国这样的年轻人的身影。反观年纪大、资历深者当中,也不乏思想保守不思进取者,甚至不但自己不干事,还有对别人下绊脚者。这些成年人,在刘志国这样的年轻人面前情以何堪!

当今社会有一种将科学研究与教学改革对立起来的不良倾向。认为科学研究就是科学研究,教学改革就是教学改革。认为只要有教学改革的一丝成分,就不是科学研究。重单纯的科学研究,轻教学改革及创新。

教学,尤其是专业技术教学,就是传授科学。如果就连传授对象本身都有缺陷,教学效果就根本不能保证。科学是教学的对象,科学研究是教学的基础。科学研究与教学改革创新的结合,有时是潜在的,有时就是直接的。把科研成果融进教学,是多么刻不容缓!

1982 年以来,笔者一直致力于科学研究,并以科学研究促进工程技术项目、促进教学改革及创新,设法调动学生的积极性,保证教学效果。学生的积极性一旦被调动起来,其效果就不限于课程考试及格率明显上升,而是伴随着所有课程学习效果全面改善。

刘志国同学的创新举措,一方面与他自己独立思考的好习惯有关系,另一方面就是受到任课教师的启发和激励。学习积极性调动起来了,对于课程内容不是厌倦而是迷恋,所以积极参与到老师的科学研究工作中,敢于在牛头上动刀。考试自然不在话下。

又过七天后,6 月 1 日,这四个班即进行电路与模拟电子技术课程考试。据阅卷后统计,有 72.5% 的学生主动使用他们同学创建的公式来答题!

仅仅只过了七天,一个新颖的计算公式就被大家高度认可。说明刘志国公式的影响力多么大! 刘志国创建的公式是多么受欢迎!

的确,笔者本学期所任教这四个班学生的学习气氛空前高涨。在理论和实验等方面进行创新的,不仅仅是刘志国同学一个人。全体同学的学习积极性都充分调动起来了。最终在考试内容较多、难度较大的条件下,四个班卷面总平均成绩 69 分,仅卷面及格率就达到 80%,总评及格率更高达 97%。

3) 反馈近似计算

反馈深度 $D \gg 1$ 时,称为深度负反馈。

减反馈深度 $D \gg 1$,就是 $1 + FA \gg 1$。$1 + FA \gg 1$,就意味着 $FA \gg 1$。$FA \gg 1$,则有

$$A_f = \frac{A}{D} = \frac{A}{1 + FA} \approx \frac{A}{FA} = \frac{1}{F}$$

就是说,深度电压负反馈条件下减反馈的闭环电压放大倍数近似为

$$A_f \approx \frac{1}{F} \tag{11.1.5}$$

深度负反馈时闭环电压放大倍数 A_f 基本与反馈系数 F 成反比。深度负反馈时表面上闭环放大倍数与开环放大倍数无关,其实正是强大的开环放大倍数 A 将反馈系数 F 推向前台形成闭环电压放大倍数 A_f,它自己却隐身而退。

负反馈时反馈深度 $D > 1$。负反馈只是压低电压放大倍数,但不改变其符号。反馈电压放大倍数 A_f 与开环电压放大倍数 A 同号。

2. 加反馈计算(传统无)

由于电路、液压、气动等控制回路的多样性,客观上输入信号与反馈信号之间的逻辑关系既可能是相减关系,见图 11.1.1(a),又可能是相加关系,见图 11.1.1(b)。

1) 闭环电压放大倍数

如图 11.1.1(b)所示的加反馈所表达的电压反馈系统参数之间的基本关系如下

$$e = u_i + u_f$$
$$u_o = Ae$$
$$u_f = Fu_o$$

从中消去中间变量 u_f、e,可求出加反馈系统输出电压与输入电压的关系为

$$u_o = \frac{A}{1 - FA} u_i$$

加反馈的闭环电压放大倍数 A_f

$$A_f = \frac{A}{1-FA} \quad (FA > 0) \tag{11.1.1a}$$

2）反馈深度及反馈系数

$$D = 1 - FA \tag{11.1.2a}$$

$$A_f = \frac{A}{D} \tag{11.1.3a}$$

$$F = \frac{1}{A} - \frac{1}{A_f} \quad (刘志国公式) \tag{11.1.4a}$$

3）反馈近似计算

加反馈深度 $D \gg 1$，就是 $1-FA \gg 1$。$1-FA \gg 1$，就意味着 $-FA \gg 1$。$-FA \gg 1$，则有

$$A_f = \frac{A}{1-FA} \approx \frac{A}{-FA} = -\frac{1}{F}$$

就是说，深度电压负反馈条件下减反馈的闭环电压放大倍数近似为

$$A_f \approx -\frac{1}{F} \tag{11.1.5a}$$

3. 加、减反馈及其计算方法的对比

加、减反馈的差别在于偏差的合成方式。减反馈的偏差由输入信号减去反馈信号而形成，加反馈的偏差由输入信号加上反馈信号而形成。反映在计算公式中就是只差一个正、负号。减反馈 $e = u_s - u_f$，$D = 1 + FA$，$A_f \approx 1/F$，加反馈 $e = u_s + u_f$，$D = 1 - FA$，$A_f \approx -1/F$。

4. 传统反馈理论的错漏

传统反馈理论没有加、减反馈概念。传统讨论负反馈时，实质只是针对减反馈模型进行。传统模拟电子学文献讨论负反馈时只有图 11.1.1(a)，没有图 11.1.1(b)，就是明证，更没有反馈信号与输入信号相加情况下的相关计算。似乎反馈信号与输入信号相减就是负反馈、反馈信号与输入信号相加就是正反馈。的确，很多人受到误导，认为反馈信号与输入信号相加就是正反馈、反馈信号与输入信号相减就是负反馈。

传统反馈理论在减反馈条件下所进行闭环电压放大倍数、反馈深度及反馈系数的分析计算，自然只适合于减反馈。因为没有加、减反馈概念，而且加反馈缺乏计算方法，结果误导一些人将在减反馈条件下确立的计算方法用于加反馈而出错，或者将在加反馈条件下确立的计算方法用于减反馈而出错。

模拟电子学的缺陷，在信号放大部分主要是漏洞，在反馈理论部分则是错误与漏洞并存。人们对模拟电子学的指责的火力点集中在反馈理论，原因就在于此。

11.2 反馈极性判别的三相位移法（3φ 法）

用反馈环路的信号相移进行反馈分析与设计，是一个好方法。可惜，反馈环路的三个相移，传统理论只晓得两个。典型的三缺一，给人们造成很多困惑。

11.2.1 反馈环路的三个相移

在如图 11.1.1 所示的反馈方框图中撤掉输入信号,反馈电路就变成反馈环路,如图 11.2.1 所示。从图(a)所示的减反馈环路可看出,反馈信号经过减反馈的合成环节时产生 180°相移,从图(b)所示的加反馈环路可看出,反馈信号经过加反馈的合成环节时没有相移。

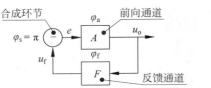 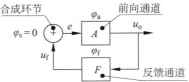

(a) 减反馈环路的合成环节相移$\varphi_s=\pi$ (b) 加反馈环路的合成环节相移$\varphi_s=0$

图 11.2.1 反馈环路及合成环节的相移

2014 年笔者发现反馈系统的合成环节,旧称比较环节,也可能产生相移。合成环节相移暂称为 φ_s。加上众所周知的已经在传统理论中讨论应用的前向通道相移 φ_a 及反馈通道相移 φ_f,反馈系统总共有三个相移:φ_a、φ_f、φ_s。

减反馈的合成环节相移 $\varphi_s=\pi$;加反馈的合成环节相移 $\varphi_s=0$。

很遗憾,传统反馈理论只注意到了反馈系统的前向通道相移 φ_a 及反馈通道相移 φ_f,不幸丢掉合成环节的相移 φ_s。真是三缺一。

11.2.2 反馈极性判别方法

正、负反馈的作用截然不同。反馈极性判别是反馈应用中最重要的工作。反馈极性判别方法有传统的反馈深度法、瞬时极性法及笔者汇总的三相位移法,简称 3φ 法。

1. 反馈深度法——直接根据反馈深度判别反馈极性

图 11.2.2 演示了不同数值的反馈深度 D 分别造就各种正反馈和负反馈的具体情况。

$$
\begin{cases}
D < 1\text{时正反馈} \begin{cases} FA < -1, \ D \leqslant 0 \begin{cases} \text{无谐振滤波器时输出饱和} \\ \text{有谐振滤波器时自激振荡} \end{cases} \\ -1 < FA < 0, \ 0 < D < 1 \quad \text{可控的正反馈} \end{cases} \\
D = 1, \ FA = 0, \ \text{无反馈} \\
D > 1\text{时负反馈} \begin{cases} FA > 0, \ D > 1, \ \text{负反馈}, \quad A_f = A/D \\ FA \gg 1, \ D \gg 1, \ \text{深度负反馈}, \quad A_f \approx 1/F \end{cases}
\end{cases}
$$

图 11.2.2 用反馈深度判别反馈极性的路线图

反馈深度小于 0 时会振荡。反馈深度在 0～1 之间的反馈是可控的正反馈;反馈深度为 1 时无反馈;反馈深度大于 1 时为负反馈;反馈深度远远大于 1 时为深度负反馈。

按照分贝数来说,反馈深度分贝数不可言状时是正反馈;反馈深度分贝数为负时是可控的正反馈;为 0 时无反馈;为正时系负反馈;超过一定分贝数,例如超过 20dB 时,为深度负反馈。

2. 瞬时极性法——追踪信号瞬时极性变化判别反馈极性

追踪信号瞬时极性变化,若偏差信号因反馈信号与输入信号同极性相加或异极性相减而加强,则判断为正反馈;若偏差信号因反馈信号与输入信号同极性相减或异极性相加而削弱,则判断为负反馈。

按照传统的串、并联反馈概念判断反馈极性,经常令人无从下手。因此就连传统的瞬时极性法也不用串、并联反馈概念,而是使用反馈信号与输入信号的加、减关系,实质就是使用加、减反馈概念。

虽然传统实质上已经使用了加、减反馈概念,但是就是死活不承认加、减反馈概念。原因呢,就是国外文献没有加、减反馈概念。

瞬时极性法配用加、减反馈概念,用于反馈分析,还凑合;若用于反馈设计,就显得捉襟见肘。

2009 年,笔者根据加、减反馈概念及反馈信号与输入信号的相位关系,总结出一系列条件语句,用来判断反馈极性。虽然能正确判断反馈极性,但是这些条件语句多达 8 个,用起来比较烦琐。

2014 年起,笔者将那些纷繁复杂的条件语句简化为干脆利落的三相位移法(3φ 法)。

3. 三相位移法(3φ 法)——根据信号环路总相移进行反馈分析与设计

俗话说:三个臭皮匠,赛过诸葛亮。三个相位移真好像三个臭皮匠。传统反馈理论的一个主要缺陷恰恰就是丢了合成环节相移。

三相位移的和,即总相位移,即 3φ 和代表信号在反馈闭环上巡回一圈过程中的相位变化。总相位移 3φ 和若为 π 的奇数倍,则为负反馈;若为 π 的偶数倍,则为正反馈。把这种根据总相位移判断反馈极性的方法称为三相位移法,即 3φ 法。

1) 反馈系统的三个相移

(1) 前向通道相移 φ_a。

偏差信号经过前向通道,经过反馈通道或经过合成环节时,都可能产生相位移。

开环电压放大倍数 $A < 0$,则前向通道相移 $\varphi_a = \pi$;$A > 0$,则 $\varphi_a = 0$。

共射放大电路 $A < 0$,$\varphi_a = \pi$;共集放大电路和共基放大电路 $A > 0$,$\varphi_a = 0$。

每种组态放大器信号从输入到输出的路径都是特定的。共射放大器路径是基极→集电极即集电结,共集放大器路径是基极→发射极即发射结,共基放大器路径是发射极→集电极。

确定前向通道中各级放大器相移 φ_a 的具体方法有两个:一是根据放大器组态判断;二是绕开放大器组态,根据信号路径确定相移,即从 B→C 即过集电结产生 π 相移,从 B→E 即过发射结无相移,从 E→C 也无相移。根据信号路径直接确定相移是一个捷径。

差分放大器信号从甲管集电极到乙管集电极,等效过集电结,产生 180° 相移。

集成运算放大器的开环电压放大倍数好像是一个双面人。

从同相端看进去,集成运算放大器 A 值为正,从反相端看进去 A 为负,见图 11.2.3。

从同相端到输出端,集成放大器无相移,但从反相端到输出端就产生 180° 相移。

两个 OPA 通过正端级联,或者 OPA 与 CCA 级联,+、-端不变。但 OPA 的+、-端并非一成不变。两个 OPA 通过负端级联,或者 OPA 与 CEA 级联,+、-端就互换了,原来的+端等效为-端,-端等效为+端,见图 11.2.4。这种现象称为 OPA 的变性(变极)。

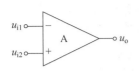

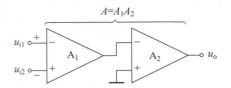

图 11.2.3　OPA 的 A 值的双重符号　　　图 11.2.4　OPA 反相级联后输入端子正负变性

信号从 OPA 的同相端到输出端,无相移;从反相端到输出端,产生 180°相移。

多级放大器的若干相移加起来就是前向通道相移 φ_a。

FET 放大器比照 BJT 放大器处理。

用信号过集电结就产生 180°相移的方法,从集成运放芯片某输入端巡行到输出端,还能快速鉴别该输入端是同相输入端还是反相输入端。若芯片某输入端到输出端之间的集电结个数为偶,则该输入端是同相输入端,为奇数,则为反相输入端,见 10.3.2 节。

前向通道相移还有 ±90°两种,各由 +90°移相放大器和 −90°移相放大器产生。

还有一个很少有人提出但人们大概率会遇到的疑问。前向通道是按照反馈引出点定义的。若反馈引出点就是电路的输出点,那么前向通道就是放大器输入点到输出点之间的通道;若反馈引出点不同于电路的输出点,即电流反馈的情况,那么前向通道就是输入点到反馈引出点之间的通道。

（2）反馈通道相移 φ_f。

通常反馈信号经独立的 RC 串联缓冲或电阻串联分压、电感串联分压、电容串联等同种元件串联分压引回,反馈系数 $F > 0$,反馈通道相移 $\varphi_f = 0$。仅电容三点式、电感三点式滤波器、射极偏置共射放大器及 T 型电阻网络 DAC 电路的反馈系数 F 为负,反馈通道相移 $\varphi_f = \pi$。

（3）合成环节相移 φ_s。

反馈信号电压经过合成环节时,加反馈是直通,无相移,$\varphi_s = 0$;减反馈变号通过。变号通过,就产生 180°相移,故 $\varphi_s = \pi$。

合成环节相移 φ_s 很明显。使用 3φ 法的关键是快速准确判断前向通道的相移 φ_a 及反馈通道的相移 φ_f。

2）判断反馈极性的三相位移法（3φ 法）

若反馈信号总相移为 π 的奇数倍,即 $\sum \varphi = \varphi_a + \varphi_f + \varphi_s = (2n+1)\pi$,则判断为负反馈;为 π 的偶数倍,即 $\sum \varphi = \varphi_a + \varphi_f + \varphi_s = 2n\pi$,则判断为正反馈。

3）用 3φ 法进行反馈设计的关键——明确反馈信号都能引到哪些点

进行反馈设计,最关键是应该清楚反馈信号究竟都能引到哪些点。

撇开来源,反馈信号其实也是一种输入信号。故信号不能从哪些点输入,反馈也不能引到那些点。这正是:已所不欲,勿施于人。所有放大器的信号都不能从集电极/漏极输入,切记反馈信号也不能引回到集电极/漏极。

信号能从哪些点输入,反馈就能引到那些点。以 BJT 放大器为例,单管放大器信号能从基极 B 或发射极 E 输入,反馈信号也只能引回到 B 或 E;差分放大器信号只能从基极 B 输入,反馈信号也只能引到 B。

4．三种反馈极性判断方法的对比

反馈系数及反馈深度的计算往往是比较复杂的甚至很难计算的。根据反馈深度判别反馈极性，说起来容易，实际很多情况下做起来难。

反馈深度法及瞬时极性法进行反馈分析尚可，进行反馈设计就显得捉襟见肘。

比较起来看，瞬时极性法属于动态跟踪，操作时稍不留神就会出错；相位移法属于静态比对，可以慢慢掂掇、细细斟酌。

根据反馈信号总相移判断反馈极性（3φ 法），不仅方便快捷，而且既能进行反馈分析，又能用于反馈设计。已知 φ_a、φ_f、φ_s，用 3φ 法计算信号总相移 $\sum \varphi$，可进行反馈分析，判断反馈极性。φ_a、φ_f、φ_s 之一未知，可按照反馈要求列出方程，用 3φ 法完成反馈设计，易如反掌。

11.3　加反馈的反馈系数分析计算——隐式反馈电压

传统只对减反馈（俗称串联反馈）的反馈系数有分析计算，加反馈（俗称并联反馈）的反馈系数分析计算鲜见。

同相比例运算电路属于典型的减反馈（俗称串联反馈）应用电路，见图 11.3.1。其反馈引入点是 OPA 反相端，反馈电压 u_f 很明显，实质就是两电阻 R_1、R_2 对输出电压 u_o 的串联分压 $R_1/(R_1+R_2)u_o$，而反馈系数就是那个串联分压比：$F=R_1/(R_1+R_2)$，可用近似公式 $A_f \approx 1/F$ 计算其闭环电压放大倍数 $A_f=(R_1+R_2)/R_1$。

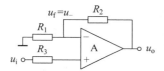

图 11.3.1　反相比例运算电路

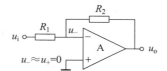

图 11.3.2　反相比例运算电路

反相比例运算电路则是典型的加反馈（俗称并联反馈）应用电路，见图 11.3.2。其反馈引入点是 OPA 反相端，属于虚地，电压近似为零。整个电路，除了输入电压 u_i、输出电压 u_o，实际上再无别的电压。反馈电压像狐狸的尾巴深藏不露，反馈系数更是讳莫如深。

反馈电压分显式、隐式两种。用相对概念，既能找到明显的反馈电压，又能找到隐藏的反馈电压。

反馈电压 u_f＝有反馈时反馈引入点电压－无反馈时反馈引入点电压　　　（11.3.1）

同相比例运算电路有反馈时反馈引入点电压为 $R_1/(R_1+R_2)u_o$，断开电阻 R_2 无反馈时反馈引入点电压为零。反馈电压计算为

$$u_f = R_1/(R_1+R_2)u_o - 0 = R_1/(R_1+R_2)u_o \qquad (11.3.2)$$

反相比例运算电路有反馈时反馈引入点电压为 0，断开电阻 R_2 无反馈时电路见图 11.3.3，反馈引入点电压为输入电压 u_i。反馈电压计算为

$$u_f = 0 - u_i = -u_i \qquad (11.3.3)$$

同相比例运算电路的反馈电压是显式的，而反相比例运算电路的反馈电压是隐式的。显式反馈电压一眼能看出来，隐式反馈电压一眼难以看出来，必须用式（11.3.1）来计算。

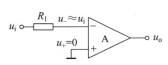

图 11.3.3　OPA 开环反相放大

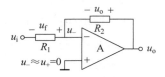

图 11.3.4　反相比例运算电路的反馈电压

从图 11.3.4 可看出，输入电压加在电阻 R_1 上边，反馈电压等于输入电压相反的数，反馈电压也来自于电阻 R_1，而输出电压加在反馈电阻 R_2 上边。因此，反相比例运算电路的反馈电压与输出电压的比值即反馈系数等于电阻 R_1 与 R_2 的比值

$$F = \frac{u_f}{u_o} = \frac{R_1}{R_2} \tag{11.3.4}$$

将 $F = R_1/R_2$ 代入加反馈的闭环电压放大倍数近似公式 (11.1.5a) $A_f \approx -1/F$ 中，也能得到反相比例运算电路的闭环电压放大倍数 $A_f \approx -R_2/R_1$。真是殊途同归！

11.4　用电压跟随器的条件性分析 INA 电路

以 OPA 芯片为核心进行二次开发，形成仪表放大器 (INstrument Amplifier, INA)，也称为测量放大器。这里用电压跟随器的条件性分析 INA 工作原理。

1. 普通差动减法运算电路输入电阻小难以适应电桥要求

很多传感器都通过电桥输出差动电压信号。电桥信号需要放大。电桥输出电阻较大。因此要求所用差动放大器具有高输入电阻。如图 11.4.1 所示的差动减法运算电路输入电阻小，实用价值不大。

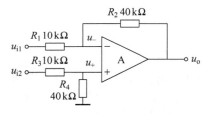

图 11.4.1　差动减法运算电路($\varphi_f = 0$，u_{i1}：$\varphi_a = \pi$，$\varphi_s = 0$；u_{i2}：$\varphi_a = 0$，$\varphi_s = \pi$)

2. 用有条件电压跟随器概念证明仪表放大器附加第三层 CMRR

工程上放大差动信号，不用图 11.4.1 所示的普通差动减法运算电路，而是用专门的仪表放大器 (Instrument Amplifier, INA)，也称为测量放大器。INA 由三个 OPA 外加若干电阻组成。运放 A_1 与 A_2 组成两个同相比例运算电路，A_3 组成差动减法运算电路。INA 原始电路如图 11.4.2 所示。

同相比例运算电路具有与 OPA 芯片相同的高输入电阻。INA 本质上就是输入电阻很高的差动减法运算电路，并具有附加共模抑制比。

INA 输入电阻高的原因很明显，那就是同相比例运算电路的输入电阻高，而它具有附加共模抑制比的原因比较隐蔽。INA 具有附加共模抑制比的原因，用有条件电压跟随器概

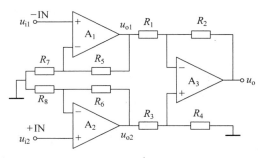

图 11.4.2 仪表放大器原始电路

念很容易解释。

电阻值满足 $R_4/R_3 = R_2/R_1$。无论输入信号电压为差模还是共模,运放 A_3 都组成减法器。其输出电压与 A_1 与 A_2 的中间输出电压的关系为

$$u_o = \frac{R_2}{R_1}(u_{o2} - u_{o1}) \tag{11.4.1}$$

运放 A_3 本身及其组成的减法器都具有共模抑制能力。A_3 组成的减法器的共模抑制比靠电阻匹配比来实现。若 $R_4/R_3 = R_2/R_1$,A_3 组成的减法器的共模抑制比为无穷大,最为理想。实际上电阻比 R_4/R_3 不可能正好等于 R_2/R_1,所以 A_3 组成的减法器的共模抑制能力有限,而且大小不一。因此,不能仅仅依靠 A_3 组成的减法器的共模抑制比。希望 INA 的共模抑制比能够更大些,就需要另辟蹊径。奥妙就在 A_1 与 A_2 的外围电路上。

如果能使 A_1 与 A_2 所组成电路的功能与输入信号电压为差模还是共模有关,就有可能获得新层次的共模抑制比。

下面分输入信号电压为差模和共模,讨论 A_1 与 A_2 所组成电路的功能。

1) INA 接受差模输入信号电压

INA 接受差模输入信号电压,如图 11.4.3 所示。在差模信号作用下,R_5、R_6、R_7、R_8 的电流相等,而且在这四个电阻之间就能构成循环。即使 R_8 与 R_7 之间无地线,A_1 与 A_2 所组成电路的功能也是同相比例电路。

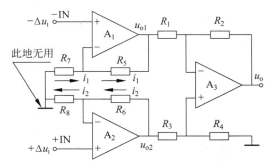

图 11.4.3 仪放原始电路在差模输入电压下的表现

因此,INA 接受差模输入信号时,运放 A_1、A_2 所组成的电路依然是同相比例放大器,输出电压各为 $u_{o1} = \left(1 + \frac{R_5}{R_7}\right)u_{i1}$,$u_{o2} = \left(1 + \frac{R_6}{R_8}\right)u_{i2}$。再取 $R_8 = R_7$、$R_6 = R_5$,则有 $u_{o2} =$

$\left(1+\dfrac{R_5}{R_7}\right)u_{i2}$。将 u_{o1}、u_{o2} 代入式(11.4.1),得到整个 INA 输出电压与差模输入信号电压的关系为

$$u_o = \left(1+\frac{R_5}{R_7}\right)\frac{R_2}{R_1}(u_{i2}-u_{i1}) \tag{11.4.2}$$

$1+R_5/R_7$ 就是差模电压放大倍数 A_{d1},即

$$A_{d1} = 1+R_5/R_7 \tag{11.4.3}$$

2) INA 接受共模输入信号电压

众所周知,电压跟随器是同相比例放大电路的特例。当反馈电阻为零时,或 OPA 反相端与地之间的电阻断开等原因造成反馈电阻无电流时,同相比例放大电路就演变为电压跟随器。

输入共模信号电压在电阻 R_5、R_6、R_7 和 R_8 中产生的电流大小相等、方向相同,如图 11.4.4 所示。R_7 与 R_8 中间的地线能给共模电流提供通路。因此,R_7 与 R_8 中间若有地线,则 A_1 和 A_2 依然各自组成同相比例放大电路,结果共模信号就与差模信号一起放大同样的倍数,使这一层的 CMRR＝1,而 INA 的共模抑制能力就得不到提高。

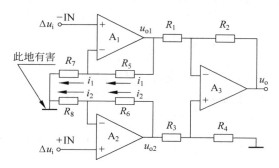

图 11.4.4　仪表放大器原始电路在共模输入电压下的表现

R_7 与 R_8 中间若无地线,则共模电流就没有通路,R_5、R_6、R_7 和 R_8 就没有电流,A_1 和 A_2 就各自组成电压跟随器。

因此,掐断 R_7 与 R_8 之间的地线,就使 A_1 和 A_2 对共模信号各自组成电压跟随器,也就掐断了共模信号放大的路径,使共模信号只能一比一通过,共模电压放大倍数 $A_{c1}=1$,共模电压不能放大。

模拟电子电路不仅复杂,而且变化多端,使人难以捉摸。例如同一个电路,有的情况下表现为电压跟随器,有的情况下又不是电压跟随器。

电压跟随器的条件性是长沙大学 2012 级电气自动化 1 班喻舒婷同学发现的。在有条件电压跟随器和无条件电压跟随器概念的指引下,那些杂乱无章、难以理清的电路变得有规有律,那些飘忽不定、不可捉摸的现象变得有条有理。

喻舒婷同学特别喜欢向老师提问题。学问学问,正是在这些问答中,她的潜能得到最大的发挥,进步飞速,而且不限于模拟电子技术一门课程。

2013 年底这个期末,在教考分离的条件下,喻舒婷同学模拟电子技术课程考试依然获得 99 高分,在年级 9 个班中排名第一,学期其余课程成绩年级 9 个班综合排名也是响当当

的第一,成为一个"学霸"。

2014年笔者写作的《模拟电子技术简明教程》在清华大学出版社发行,即采纳喻舒婷同学的建议,把有条件电压跟随器和无条件电压跟随器概念写进书中,又为读者消除了一个迷惑。

掐断电阻 R_7 与 R_8 之间的地线,还能使 R_7 与 R_8 合二为一,免除了 R_5、R_6、R_7、R_8 之间的匹配要求。

总之,掐断 R_7 与 R_8 之间的地线,既不影响差模电压放大,又杜绝了共模电压的放大途径,又使 R_7 与 R_8 合二为一,还免除了 R_5、R_6、R_7、R_8 之间的匹配要求,实乃一箭三雕。

因此,实际制作 INA 时 R_7 与 R_8 中间不设地线,将 R_7 与 R_8 合并为 R_g,并自芯片引出,结构上改为电位器,以调节电压增益,就形成测量放大器实用电路,如图 11.4.5 所示。

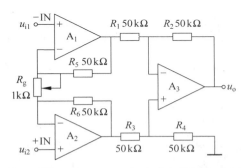

图 11.4.5   电压增益可调的仪表放大器 INA 实用电路

如此电路 INA 输入级的共模抑制比为

$$CMRR = A_{d1}/A_{c1} = \left(1 + \frac{R_5}{R_g/2}\right)\bigg/1 = 1 + 2\frac{R_5}{R_g} \tag{11.4.4}$$

运放 A_1、A_2 所组成的同相放大器,实际就属于有条件电压跟随器。

要减少共模干扰,一是提高共模抑制比,二是从源头上减少共模信号。第一级外围电路作为有条件电压跟随器,具有共模抑制能力,有效地减少了共模信号;第二级外围电路作为减法器,也具有共模抑制能力;所用三块 OPA 芯片的共模抑制比更高。一、二级外围电路与 OPA 芯片一起,对共模信号形成三重屏蔽,是测量放大器的一大特色。

3. 基于共模抑制比最大的要求设计测量放大器电阻阻值

由式(11.4.4)可以看出,R_5 越大,R_g 越小,则 INA 第一级放大电路的共模抑制比越大。因此,INA 设计时,式(11.4.1)中的二放电压增益通常取最小值 $R_2/R_1 = 1$,而一放电压增益取尽可能大的数值。为此常取 $R_g \approx 1k\Omega$,其余电阻取等值,如 $50k\Omega$,使得 INA 电压放大倍数可从 100 倍起向上调节。

一个电路的功能能否达到实用甚至最佳,除了拓扑结构之外,就是元器件参数,尤其是 R、L、C 元件的数值。INA 电路功能尤其对电阻值敏感。

遗憾的是,很多传统模拟电子学著作虽然都介绍 INA 电路,但不提电阻值,或者不介绍电阻值的来历,或者所写与实际不符。

11.5 正负双路反馈抵消原理的应用

11.5.1 双通道比例减法电路的分析计算

图 11.5.1 展示了一种正反馈与负反馈共存的集成运算放大器电路模型。

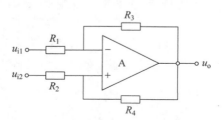

图 11.5.1 正、负反馈共存的双通道复合反馈电路

图 11.5.1 整体为正负双路反馈。其中 R_2 与 R_4 构成正反馈，R_3 与 R_1 构成负反馈。正、负反馈系数各为

$$F_p = \frac{R_2}{R_2 + R_4}, \quad F_n = \frac{R_1}{R_1 + R_3} \tag{11.5.1}$$

根据中点电压法可写出 OPA 同相端与反相端的电压各为

$$u_+ = \frac{R_2 u_o + R_4 u_{i2}}{R_2 + R_4}, \quad u_- = \frac{R_1 u_o + R_3 u_{i1}}{R_1 + R_3}$$

令 $u_+ = u_-$，有

$$\frac{R_2 u_o + R_4 u_{i2}}{R_2 + R_4} = \frac{R_1 u_o + R_3 u_{i1}}{R_1 + R_3}$$

由此得出运放输出电压与两个输入电压的比例减法关系

$$u_o = \frac{\left(1 - \dfrac{R_2}{R_2 + R_4}\right) u_{i2} - \left(1 - \dfrac{R_1}{R_1 + R_3}\right) u_{i1}}{\dfrac{R_1}{R_1 + R_3} - \dfrac{R_2}{R_2 + R_4}} \quad \left(\frac{R_1}{R_1 + R_3} > \frac{R_2}{R_2 + R_4}\right)$$

若用反馈系数表示，则有

$$u_o = \frac{(1 - F_p) u_{i2} - (1 - F_n) u_{i1}}{F_n - F_p} \quad (F_n > F_p) \tag{11.5.2}$$

例 11.5.1 根据已知参数计算如图 11.5.2 所示的双输入双通道复合反馈比例减法器的输出电压 u_o 与输入电压 u_{i1}、u_{i2} 之间的关系。

解 $F_p = \dfrac{R_2}{R_2 + R_4} = \dfrac{10}{10 + 20} = \dfrac{1}{3}$，$F_n = \dfrac{R_1}{R_1 + R_3} = \dfrac{20}{20 + 10} = \dfrac{2}{3}$，$F_p < F_n$

电路整体为负反馈。输出电压

$$u_o = \frac{(1 - F_p) u_{i2} - (1 - F_n) u_{i1}}{F_n - F_p} = \frac{(1 - 1/3) u_{i2} - (1 - 2/3) u_{i1}}{2/3 - 1/3} = 2u_{i2} - u_{i1}$$

在实际工程中进行减法运算时一般用单负反馈电路。图 11.5.2 只能进行比例减法运

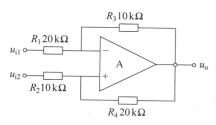

图 11.5.2　正、负反馈共存的双通道复合反馈实验电路

算,不能进行纯减法运算。其价值在于说明正、负反馈可以共存和抵消,最终反馈极性取决于强度较大的那个反馈。

11.5.2　郝兰德电流泵的分析计算

把一个电压信号加在电阻上就产生电流,但是电流大小与电阻有关。借助正负反馈抵消现象,可使一定的电压信号产生一定的电流信号,而电流大小与负载电阻无关,表现为电流源特性。

电压信号传输有损耗且易受干扰。为了避免干扰并减少信号传输损失,控制工程中广泛应用电流传输而不用电压传输。为将故障和零信号区别开来,实际广泛应用 $4 \sim 20 \mathrm{mA}$ 电流传输控制信号。首先介绍电流发生电路原理,见图 11.5.3。其中 R_3 构成负反馈,R_4、R_5 构成正反馈,R_6 系负载电阻,I_4 就是所求负载电流。

已知电压信号 U_s,设电流未知数 I_1、I_2、I_3、I_4,其中 I_4 为负载电流,根据 VCR、KCL 及 KVL 可列出四元一次方程组

$$R_2 I_2 = R_1 I_1 + U_i \qquad ①$$
$$I_2 + I_4 = I_3 \qquad ②$$
$$R_4 I_2 + R_5 I_3 = R_3 I_1 \qquad ③$$
$$(R_4 + R_2) I_2 = R_6 I_4 \qquad ④$$

式③两边同乘以 R_1 并从式①、式②各求出 I_1、I_3 代入式③,消去 I_1、I_3 有

$$R_1 [R_4 I_2 + R_5 (I_2 + I_4)] = R_3 [R_2 I_2 - U_i]$$

以 I_2 为核心合并同类项有

$$(R_1 R_4 + R_1 R_5 - R_2 R_3) I_2 + (R_1 R_5) I_4 = -R_3 U_i$$

从式④求出 I_2,代入上式,消去 I_2 有

$$\{[R_1 (R_4 + R_5) - R_2 R_3] R_6 / (R_2 + R_4) + R_1 R_5\} I_4 = -R_3 U_i \qquad ⑤$$

可以求出负载电流

$$I_4 = -\frac{R_3 U_s}{[R_1 (R_4 + R_5) - R_2 R_3] / (R_2 + R_4) R_6 + R_1 R_5} \qquad (11.5.3)$$

分子分母同乘以 $R_1 R_5 (R_2 + R_4) / [R_1 (R_4 + R_5) - R_2 R_3]$ 有

$$I_4 = -\frac{\dfrac{R_1 R_5 (R_2 + R_4)}{R_1 (R_4 + R_5) - R_2 R_3}}{R_6 + \dfrac{R_1 R_5 (R_2 + R_4)}{R_1 (R_4 + R_5) - R_2 R_3}} \frac{R_3}{R_1} \frac{U_s}{R_5} \qquad (11.5.4)$$

电流源及其与负载连接的规范电路如图 11.5.4 所示。

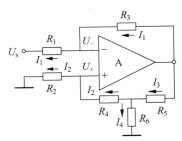 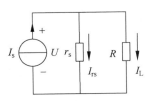

图 11.5.3　反相电压电流变换器(郝兰德电流泵，　　　图 11.5.4　电流源及其与负载连接的电路
　　　　　　Howland current pump)

电流电动势 I_s 经负载电阻与电流源内阻并联分流成为负载电流

$$I_L = \frac{r_s}{R_L + r_s} I_s \tag{11.5.5}$$

对照式(11.5.4)与式(11.5.5)，可知如图 11.5.3 所示的郝兰德电流泵电流电动势及内阻为

$$I_s = -\frac{R_3}{R_1} \frac{U_s}{R_5} \tag{11.5.6}$$

$$r_s = \frac{R_1 R_5 (R_2 + R_4)}{R_1 (R_4 + R_5) - R_2 R_3} \tag{11.5.7}$$

R_4 与 R_5 共同提供正反馈，R_3 提供负反馈。R_4 与 R_5 的和越小，正反馈越强。R_1 越大，负反馈越强。R_2 越大，正反馈越强。R_3 越小，负反馈越强。因此式子

$$R_1 (R_4 + R_5) - R_2 R_3 = 0 \tag{11.5.8}$$

实质就是正、负反馈抵消条件。

这说明，正、负反馈抵消时，郝兰德电流泵内阻为无穷大，表现为理想电流源。

11.6　微积分运算电路的第二功能——±90°移相放大器

1. 微分运算电路(第二功能：−90°移相器；第三功能：三角波转方波)

微分运算电路见图 11.6.1，也称为有源微分电路。

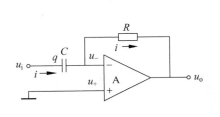 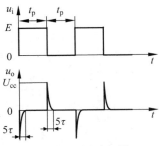

图 11.6.1　微分运算电路(有源微分电路)及其 I/O 波形(−90°移相器)

因为反相端为虚地，故电容上的电荷为 $q = C u_i$

电容电流为 $i = \dfrac{\mathrm{d}q}{\mathrm{d}t} = C \dfrac{\mathrm{d}u_i}{\mathrm{d}t}$，运放输出电压

$$u_\circ = -Ri = -RC\frac{\mathrm{d}u_i}{\mathrm{d}t} \tag{11.6.1}$$

输出电压与输入电压之间为微分关系。输入电压为方波时，输出电压为正负相间的尖脉冲，见图 11.6.1。

考虑电容容抗为 $1/\mathrm{j}\omega C$，$\dot{U}_\circ = -R/(1/\mathrm{j}\omega C)\dot{U}_i = -\mathrm{j}\omega RC\dot{U}_i$，说明输入电压为正弦波时，输出电压为滞后 90° 的正弦波。R、C 只影响输出正弦电压大小，不影响 90° 滞后关系。

这说明，微分运算电路还有 90° 滞后移相的第二功能。

微分运算电路输入电压为三角波时，输出电压为方波。

这说明，微分运算电路还有三角波转方波的第三功能。

2. 积分运算电路（第二功能：+90° 移相器）

积分运算电路见图 11.6.2。采用加负反馈，因能进行积分而称为积分运算电路。

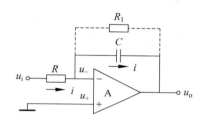 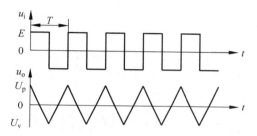

图 11.6.2　有源积分电路（积分运算电路）及其 I/O 波形（+90° 移相器）

电阻 R_1 用于补偿运放的不尽理想特性，使电路可靠工作。R_1 过大则无效，过小则消极影响大、导致三角波线性差。分析计算时认为 R_1 断开。

因为反相端为虚地，故电阻及电容电流 $i = \dfrac{u_i}{R}$。

忽略大电阻 R_1 的电流，运放输出电压为

$$u_\circ = -\frac{1}{C}\int i\mathrm{d}t = -\frac{1}{RC}\int u_i\mathrm{d}t \tag{11.6.2}$$

输出电压与输入电压之间为积分关系。输入电压为方波，则输出电压为三角波。

设方波周期 T、幅度 U_i，则 R 电流 $U_i/2R$，充/放电时间 $T/2$，电荷 $TU_i/4R$，三角波幅度

$$U_p = (T/4RC)U_i$$

$R = 10\mathrm{k}\Omega$、$C = 0.01\mu\mathrm{F}$、$R_1 = 240\mathrm{k}\Omega$，输入方波 $0.6V_{p\text{-}p}$ 1kHz，计算

$$U_p = (T/4RC)U_i = [10^{-3}\mathrm{s}/(4\times10^4\times10^{-8})]\times0.6\mathrm{V} = 1.5\mathrm{V}$$

考虑电阻 R_1 的影响，三角波幅度比此值稍小，为 $1.35V_{p\text{-}p}$。

输入电压为正弦波时，输出电压 $\dot{U}_\circ = \mathrm{j}(1/\omega RC)\dot{U}_i$，输出电压为超前 90° 的正弦波。$R$、$C$ 只影响输出正弦电压大小，不影响 90° 超前关系，且补偿电阻 R_1 也不用了。

这说明，积分运算电路还有 90° 超前移相的第二功能。

微分运算电路可实现滞后 90° 移相，积分运算电路可实现超前 90° 移相，这些都是电路的第二功能。这称为"醉翁之意不在酒"。

传统模拟电子学提到微分运算电路、积分运算电路时，只介绍其原始功能，第二功能罕见介绍，微分运算电路的第三功能就更别提了。

第12章

振荡理论的重构

交流发电机能把机械能转换为交流电能。振荡电路能把直流电能转换为交流电能，即用直流电源产生交流电压信号。本章介绍振荡原理及常见正弦波振荡电路。

12.1　振荡电路的数理模型

振荡器是无输入信号的环路谐振放大器。噪声电压、纹波电压以及上电时产生的冲激电压等就像冬雪。谐振滤波器就像筛子。正反馈就像滚雪球。科学使用放大、反馈及滤波技术，只在某频率上谐振，形成足够强的正反馈，就能将从噪声电压、纹波电压以及上电时产生的冲激电压中滤出的特定频率的正弦电压像滚雪球一样放大并输出。

12.1.1　单路正反馈构成的振荡电路模型

1. 基于加反馈的振荡电路模型（正加正型振荡电路）

图 12.1.1 所示振荡电路模型采用加反馈。因反馈信号与假想输入信号同相，也称为正加正型振荡电路。反馈信号通过合成环节过程中的相移 $\varphi_s = 0°$。

前向通道相移 φ_a 及反馈通道相移 φ_f 除了 $0°$ 及 $180°$，还有 $\pm 90°$。

图 12.1.1(a)振荡电路模型采用同相放大器，$A > 0$、$\varphi_a = 0°$；若 $F > 0$，$\varphi_f = 0°$，则相位平衡条件满足

$$\sum \varphi = \varphi_a + \varphi_f + \varphi_s = 0° + 0° + 0° = 0° \qquad ①$$

图 12.1.1(b)振荡电路模型采用反相放大器，$A < 0$、$\varphi_a = 180°$；若 $F < 0$，$\varphi_f = 180°$，则相位平衡条件满足

$$\sum \varphi = \varphi_a + \varphi_f + \varphi_s = 180° + 180° + 0 = 360° \qquad ②$$

图 12.1.1(c)振荡电路模型采用 $+90°$ 移相放大器，$\varphi_a = 90°$，若 $\varphi_f = -90°$，则相位平衡条件满足

$$\sum \varphi = \varphi_a + \varphi_f + \varphi_s = 90° + (-90°) + 0° = 0° \qquad ③$$

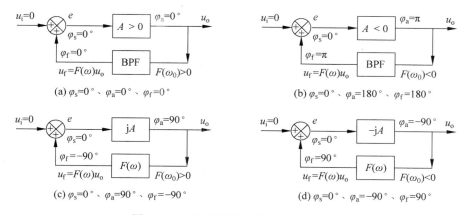

图 12.1.1　加反馈构成的振荡电路模型

图 12.1.1(d)振荡电路模型采用$-90°$移相放大器，$\varphi_a = -90°$，若 $\varphi_f = 90°$，则相位平衡条件满足

$$\sum \varphi = \varphi_a + \varphi_f + \varphi_s = -90° + 90° + 0° = 0° \qquad ④$$

相位平衡条件满足之后，再看电路的起振条件及幅度平衡条件。

因 $u_i = 0$，故系统输出电压

$$u_o = F(\omega)A u_o$$

$F(\omega)A$ 称为环路电压放大倍数。环路电压放大倍数满足 $0 < F(\omega_0)A < 1$，表示虽有正反馈但不强，系统不能起振，已有振荡会衰减停振；$F(\omega_0)A = 1$，表示正反馈强度达到平衡状态，已有振荡勉强维持，但依然不能起振；$F(\omega_0)A > 1$，表示正反馈足够强，类似滚雪球，加上滤波系统就能起振。环路电压放大倍数是判断系统是否能起振或幅度平衡的关键参数。

加反馈构成的正加正型分立元件振荡电路起振条件及幅度平衡条件为

$$F(\omega_0)A \geqslant 1 \quad 或 \quad D \leqslant 0 \qquad ⑤$$

取大于号为起振条件，取等号为幅度平衡条件。

常见的有科比兹振荡器(也称为电容三点式振荡器)见图 12.2.1，哈特莱振荡器(也称为电感三点式振荡器)见图 12.2.3，采用的就是如图 12.1.1(b)所示的模型。科比兹振荡器和哈特莱振荡器的共性是其主通道是共射(源)放大器，故 $A < 0$，准带通滤波器 $F(\omega_0) < 0$。

用 RC 移相电路作反馈网络与另一方向移相的放大器串联，能以加反馈模式形成 RC 移相式正弦振荡电路。RC 移相式正弦振荡电路的特征是 $\varphi_s = 0°$，而 φ_a、φ_f 取值不限于 0 和 $180°$，也可取值 $\pm 90°$，只要满足三个相移的和等于 $2n\pi$ 即可。RC 移相振荡电路种类很多，它们各自使用如图 12.1.1 (a)、(b)、(c)或(d)所示的电路模型。

2. 基于减反馈的振荡电路模型(正减负型振荡电路)

如图 12.1.2 所示的振荡电路模型采用减反馈。因反馈信号与假想输入信号反相，也称为正减负型振荡电路。反馈信号经过减法合成环节形成偏差信号过程中的相移 $\varphi_s = 180°$。

图 12.1.2 电路模型采用减反馈。它称为正减负型分立元件振荡电路。

图 12.1.2(a)电路模型采用同相放大器，$A > 0$，$\varphi_a = 0$；若 $F < 0$，$\varphi_f = 180°$，则相位平衡条件满足

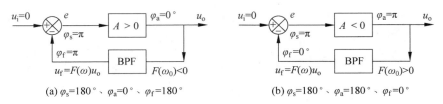

图 12.1.2 减反馈构成的振荡电路模型

$$\sum \varphi = \varphi_a + \varphi_f + \varphi_s = 0° + 180° + 180° = 360° \qquad ⑥$$

图 12.1.2(b)模型 $A < 0$、$\varphi_a = 180°$，$F > 0$，$\varphi_f = 0°$，故相位平衡条件亦满足

$$\sum \varphi = \varphi_a + \varphi_f + \varphi_s = 180° + 0° + 180° = 360° \qquad ⑦$$

因 $u_i = 0$，故系统输出电压

$$u_o = -F(\omega)Au_o$$

环路电压放大倍数是 $-F(\omega)A$。正减负型分立元件振荡电路起振条件及幅度平衡条件为

$$-F(\omega_0)A \geq 1 \quad 或 \quad D \leq 0 \qquad ⑧$$

通用示波器中的时间标准振荡电路采用减反馈构成的振荡电路模型，见图 1.5.1。

12.1.2 正、负双路反馈抵消构成的振荡电路

1. 基于 BPF 的正、负双路反馈振荡电路模型

集成运算放大器 OPA 的开环电压放大倍数 A 很大。要用一路正反馈形成幅度平衡条件，势必要求将反馈系数 F 压得很低很低。如 $A = 10000$，要 $FA = 1$，则要求将反馈系数压到 $F = 0.0001$ 才行。要求将反馈系数精准调节到 $F = 0.0001$ 附近，简直就像百步穿杨，在工程技术上是很难实现的。因此使用 OPA 时，只用一路正反馈很难形成幅度平衡条件。

双路反馈以正、负反馈抵消的方式获得幅度平衡条件，在平衡点上正、负反馈系数都比较大，在工程技术上容易实现。以 OPA 为核心的集成振荡电路必须采用双路反馈，如图 12.1.3 所示，用正、负反馈抵消的方式来获得起振及幅度平衡条件。正、负反馈抵消，主观上是一种说法或分析方法，客观上是一种电路拓扑结构。

图 12.1.3 为带通滤波器复合反馈集成振荡电路方框图。带通滤波器在集成振荡电路中作为正反馈，正反馈系数 F_p 是频率的函数，$F_1(\omega) = F_p(\omega)$。负反馈系数 F_n 为固定值，$F_2 = F_n$。在非谐振点上，负反馈强于正反馈。在谐振点上，正反馈强于负反馈，形成振荡。

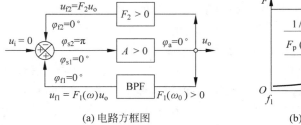

(a) 电路方框图   (b) 反馈极性与频率的关系

图 12.1.3 带通滤波器双路复合反馈集成振荡电路

图 12.1.3 电路模型 $A>0$，$\varphi_a=0$，$F>0$，这里 F 指的是 F_p，$\varphi_f=0$，相位平衡条件满足

$$\sum\varphi=\varphi_a+\varphi_f+\varphi_s=0°+0°+0°=0° \tag{⑨}$$

系统输出电压 u_o。

$$u_o=[F_p(\omega)-F_n]Au_o$$

环路电压放大倍数为 $[F_p(\omega)-F_n]A$。

带通滤波器复合反馈集成振荡电路的起振条件及幅度平衡条件

$$[F_p(\omega_0)-F_n]A\geqslant1 \tag{⑩}$$

文氏电桥集成振荡电路就属于基于带通滤波器 BPF 的双路复合反馈振荡电路。

2. 基于 BEF 的正、负双路反馈振荡电路模型

1）谐振点上相位移为零的带阻滤波器

要用谐振点上相位移为零的带阻滤波器构成振荡器，可用带阻滤波器构成自动调节的负反馈，同时用电阻串联分压构成固定正反馈，以便在谐振点上总体形成正反馈，组成振荡器，如图 12.1.4 所示。

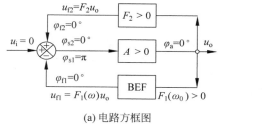
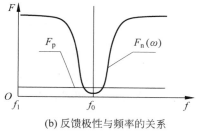

(a) 电路方框图　　　　　　　　(b) 反馈极性与频率的关系

图 12.1.4　带阻滤波器复合反馈集成振荡电路

在非谐振点上，负反馈强于正反馈。只有在谐振点上，带阻滤波器构成的负反馈才最弱，正反馈才可能强于负反馈，而形成振荡。

如图 12.1.4 所示的电路模型 $A>0$，故 $\varphi_a=0$，$F_n>0$ 是频率的函数，故 $\varphi_f=0°$，相位平衡条件满足

$$\sum\varphi=\varphi_a+\varphi_f+\varphi_s=0°+0°+180°=180° \tag{⑪}$$

正反馈系数 F_p 是常数，系统输出电压

$$u_o=[F_p-F_n(\omega_0)]Au_o$$

环路电压放大倍数是 $[F_p-F_n(\omega)]A$。

以带阻滤波器为核心的复合反馈集成振荡电路的起振条件及幅度平衡条件为

$$[F_p-F_n(\omega_0)]A\geqslant1\quad\text{或}\quad D\leqslant0 \tag{⑫}$$

2）谐振点上相位移为 π 的带阻滤波器

谐振点相位移为 π 的带阻滤波器可用在减反馈回路上，独立构成正反馈，满足振荡的相位平衡条件，即环路相位移为零的要求。

振荡电路分为两种四类：单路反馈构成的振荡电路和正、负双路反馈构成的振荡电路。单路反馈构成的振荡电路分为加反馈构成的振荡电路及减反馈构成的振荡电路。正、负双路反馈构成的振荡电路分为基于 BPF 的双路反馈振荡电路及基于 BEF 的双路反馈振荡电路。

3. 正弦波振荡器相位平衡条件、起振条件及幅度平衡条件的汇总

谐振滤波器分为带通滤波器和带阻滤波器,其中带通滤波器最常用。带通滤波器用在正反馈通道中,自然形成总体正反馈效果。带阻滤波器只有用在负反馈通道中,与固定正反馈一起,才能在总体上形成正反馈效果。因此,若振荡电路使用带通滤波器,则应按照正反馈去判断起振条件;若振荡电路使用带阻滤波器,则应按照负反馈去判断起振条件。

从式①、②、③、④、⑥、⑦、⑨可看出,由带通滤波器构成的振荡电路的相位平衡条件可以统一表示为

$$\sum \varphi = \varphi_a + \varphi_f + \varphi_s = 2n\pi \quad (n=0,1) \tag{12.1.1}$$

从式⑪可看出,由带阻滤波器构成的集成振荡电路的相位平衡条件可统一表示为

$$\sum \varphi = \varphi_a + \varphi_f + \varphi_s = (2n+1)\pi \quad (n=0,1) \tag{12.1.2}$$

从式⑤、式⑧可看出,单通道振荡电路的起振条件及幅度平衡条件可统一表示为

$$|F_p(\omega_0)A| \geqslant 1 \quad 或 \quad D \leqslant 0 \tag{12.1.3}$$

从式⑩、式⑫可看出,双通道振荡电路的起振条件及幅度平衡条件可统一表示为

$$(F_p - F_n)A \geqslant 1 \quad 或 \quad D \leqslant 0 \tag{12.1.4}$$

取大于号时为起振条件,取等号时为幅度平衡条件。

实际的振荡电路,很多还配有专门的振幅调节、波形矫正等功能。

12.2　分立元件振荡电路

通常用LC并联谐振电路的振荡器称为三点式振荡电路。具体分为负分压比电容三点式振荡电路(科比兹振荡器)、负分压比电感三点式振荡电路(哈特莱振荡器)、正分压比电容三点式振荡电路及正分压比电感三点式振荡电路。

1. 电容三点式振荡电路(科比兹振荡器)

电容三点式振荡电路由共射放大电路与并联电容型负分压比LC带通滤波器组成,见图12.2.1。它的原始模型如图12.1.1(b)所示。共射放大电路反相放大,$\varphi_a = \pi$;在谐振频率上分压比即反馈系数为负值,$\varphi_f = \pi$,采用加反馈,$\varphi_s = 0$;$\sum \varphi = \pi + \pi + 0 = 2\pi$,振荡相位条件满足。

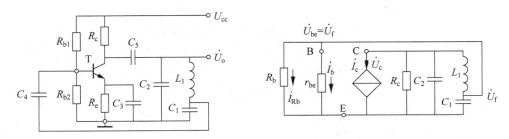

图 12.2.1　科比兹振荡电路及其交流等效电路(Colpitts Oscillator,$\varphi_a = \pi$,$\varphi_f = \pi$,$\varphi_s = 0$)

C_3 为旁路电容,C_4、C_5 为耦合电容。

带通滤波器并联谐振频率即振荡频率

$$f_{p0} = \frac{\omega_0}{2\pi} = \frac{1}{2\pi}\sqrt{\frac{C_1 + C_2}{L_1 C_1 C_2}} \tag{12.2.1}$$

并联谐振频率下带通滤波器分压比即反馈系数

$$F_0 = -C_2/C_1 \tag{12.2.2}$$

起振条件及幅度平衡条件为

$$|FA| = (\beta R_c/r_{be})(C_2/C_1) \geqslant 1 \tag{12.2.3}$$

可以看出,电容比值 C_2/C_1 等于分压比绝对值。因此,比值 C_2/C_1 越大,正反馈越强,越容易起振和维持振荡。

另一方面,振荡电路所用 BJT 输入电阻 r_{be} 不大,比值 C_2/C_1 太大将使谐振电路向 BJT 提供过多电流而影响谐振选频,反而影响起振。

为保证振荡电路可靠工作,BJT 的 β 值应足够大,电容比值 C_2/C_1 应按照起振条件及幅度平衡条件 $|FA| \approx (\beta R_c/r_{be})(C_2/C_1) \geqslant 1$ 来设计。

电容三点式振荡电路的特点如下:

(1) 反馈电压自电容 C_1 引出,高次谐波成分少,输出正弦波形比较纯净。

(2) 工作频率范围由数百千赫到一百兆赫。

(3) 一般来讲,改变频率时需要电容 C_1、C_2 联动。

电容三点式振荡电路常用在调幅或调频收音机中,一般用同轴双联电容器调谐。

电容三点式振荡电路能否起振受多种因素影响。其中一个原因是:所用 BJT 输入电阻小,耗用过多电流,将影响谐振电路的工作,轻则使振荡频率偏离谐振频率,重则影响起振。若把 BJT 改为耗尽型 MOSFET,则不仅使谐振电路大体上空载工作,而且省用了一个偏置电阻,使电路在管子跨导相对小的情况下易于起振,其中电阻 R_g 给 FET 栅极提供零偏置,R_g 阻值大小要求很宽,一般取 $300\text{k}\Omega$ 左右,见图 12.2.2。

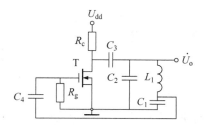

图 12.2.2 采用耗尽型 MOSFET 的电容三点式振荡电路

将 BJT 改为耗尽型 MOSFET,电容比 C_2/C_1 可选较大值,以加强反馈,使电路易于起振。

2. 电感三点式振荡电路(哈特莱振荡器)

电感三点式振荡电路由一级共射放大电路、一个 LC 滤波器和加反馈组成,见图 12.2.3。它的原始模型如图 12.1.1(b) 所示。电感三点式振荡电路电压放大倍数为负值,故其反馈电压分压比亦为负值,以保证谐振频率电压反馈为正。选用并联电感型负分压比 LC 带通滤波器,保证了谐振频率左右的分压比 $F < 0$,与前向通道电压放大倍数 $A < 0$ 相配合,使谐振频率成分电压实现正反馈,保证自激振荡,自激振荡频率大体上等于谐振频率。

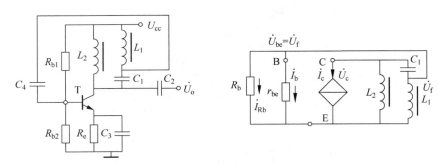

图 12.2.3　哈特莱振荡电路及其交流等效电路(Hartley Oscillator,$\varphi_a=\pi,\varphi_f=\pi,\varphi_s=0$)

C_3 为旁路电容,C_2、C_4 为耦合电容,电容尽可能大些,一般可选 $10\mu F$ 电解电容。

带通滤波器并联谐振频率即振荡频率为

$$f_{p0}=\frac{\omega_0}{2\pi}=\frac{1}{2\pi}\sqrt{\frac{1}{(L_1+L_2)C_1}} \tag{12.2.4}$$

并联谐振频率下带通滤波器分压比为

$$F_0=-L_1/L_2 \tag{12.2.5}$$

起振条件及幅度平衡条件为

$$|FA|\approx(\beta\omega_0 L_2/r_{be})(L_1/L_2)\geqslant 1 \tag{12.2.6}$$

注意此分压比以 U_{cc} 端子即 L_1 上端为基准点。

可以看出,分压比绝对值取决于电感比 L_1/L_2。因此,电感比 L_1/L_2 越大,正反馈越强,越容易起振和维持振荡。

另外,振荡电路所用 BJT 输入电阻 r_{be} 不大,电感比 L_1/L_2 太大将使谐振电路向 BJT 提供过多电流而影响谐振选频,从而影响起振。

还有,当 $1-\omega^2 L_1 C_1=0$ 时,LC 选频电路还有一个类似于串联谐振的零阻抗谐振频率,电感比 L_1/L_2 过大,将使并联谐振频率与此串联谐振频率非常接近,从而影响选频及起振。

总之,为保证振荡电路可靠工作,电感比 L_1/L_2 的大小应合适。

电感 L_1 与 L_2 之间可以没有互感,见图 12.2.3(a),也可以有互感,见图 12.2.4。

如图 12.2.4 所示的 L_1 与 L_2 之间带互感的电感三点式振荡器的工作频率按下式计算:

$$f_0=\frac{1}{2\pi}\sqrt{\frac{1}{(L_1+L_2+2M)C_1}} \tag{12.2.4a}$$

电感三点式振荡电路的正弦波电压可以直接经过 BJT 集电极输出,也可以在电感 L 上增加一个耦合线圈输出。

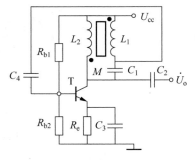

图 12.2.4　带互感的哈特莱振荡器 (Hartley Oscillator, $\varphi_a=\pi,\varphi_f=\pi,\varphi_s=0$)

电感三点式振荡电路能否起振受多种因素影响。其中一个原因是:所用 BJT 输入电阻小,耗用过多电流,将影响谐振电路的工作,轻则使振荡频率偏离谐振频率,重则影响起振。若把 BJT 改为耗尽型 MOSFET,则不仅使谐振电路空载工作,而且省用了一个偏置电阻,使电路在管子跨导较小的情况下易于起振,其中电阻 R_g 给 FET 栅极提供零偏置,R_g 阻值大小要求很宽,一般可取 300kΩ 左右,见图 12.2.5。

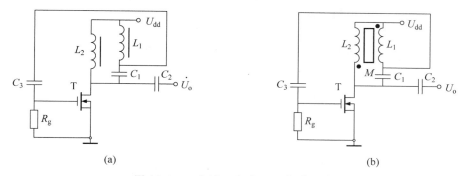

图 12.2.5 电感三点式 FET 振荡电路

BJT 改为耗尽型 MOSFET,电感比 L_1/L_2 可用较大值,增加反馈强度,使电路易于起振。

12.3 文氏电桥集成振荡电路

1. 起振条件及振荡频率

在如图 12.3.1 所示的文氏电桥正弦波振荡电路中,既有由电阻 R_1、R_f 构成的固定负反馈回路,又有由串联-并联 RC 带通滤波器构成的自动可调正反馈回路,其双通道复合反馈方框图见图 12.1.3。文氏电桥正弦波振荡电路的基本特征是负反馈固定、正反馈随频率大小自动调节,正、负反馈共存。

电路接电时,电容中会产生阶跃电流,电阻中会产生阶跃电流及电压。按照傅里叶级数理论,这些阶跃电流和电压可分解为各种频率成分的正弦电流和电压。在非谐振点上,带通滤波器输出小,负反馈较强,整个电路表现为负反馈,非谐振频率的电压被抑制。在谐振点上,带通滤波器输出最大,正反馈最强,整个电路表现为正反馈,实现自激振荡。

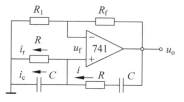

图 12.3.1 文氏电桥集成振荡器电路原理

文氏电桥振荡器起振条件及振荡频率

$$F_n \leqslant F_{p0} \tag{12.3.1}$$

$$f_0 = \frac{\omega_0}{2\pi} = \frac{1}{2\pi RC} \tag{12.3.2}$$

$F_n = R_1/(R_1 + R_f)$,串并联 RC 带通滤波器两电阻相等、两电容相等时,$F_{p0} = 1/3$,起振条件演变为 $F_n \leqslant 1/3$,即 $R_1/(R_1 + R_f) \leqslant 1/3$,最后演变为 $R_f \geqslant 2R_1$,其中 $R_f > 2R_1$ 为起振条件,$R_f = 2R_1$ 为振幅平衡条件。

2. 文氏电桥集成振荡电路稳幅及波形校正实验

这里结合实验讨论稳幅及波形校正的理论及措施。自小到大调节图 12.3.2 电位器

R_w,减小负反馈系数,可起振并看到正弦波输出电压。继续调大 R_w,总体上正反馈强度变大,输出电压过零后很快趋于最大输出摆幅,正弦波电压被削平,出现类似梯形波电压。

1) 起振条件及饱和稳幅实验

文氏电桥起振实验电路见图 12.3.2。该电路谐振时正反馈系数 $F_{p0}=1/3$。当 R_w 由小到大调到 5kΩ,即总反馈电阻 $R_f=20$kΩ、负反馈系数达到 $F_n=1/3$ 时能起振,振幅由单向失真限制,但失真不明显。

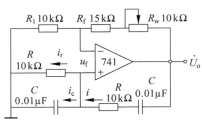

图 12.3.2 文氏电桥起振实验电路

总反馈电阻 R_f 超过 20kΩ 越多,失真越明显,振荡频率越低。

在振荡过程中,当 R_w 由大到小调节时,因为一个周期内幅度增量有限,故失真渐小。到 $R_w=5$kΩ 时若再调小,可在示波器上看到振幅很快衰减到 0,振荡停止。将 R_w 由小到大调节时,失真渐增,而振荡频率渐减。

总反馈电阻为 20kΩ 临界振荡时,测量振荡器输出电压有效值 $u_o=7.2$V,折算成电压幅值为 $U_{om}=\sqrt{2}\times 7.2$V ≈ 10.2V。仔细观察可以看出,失真首先从负峰顶开始。考虑运放电源电压为 ±12V,显然自激振荡输出电压幅度是由运放负向限幅所致。测量该运放芯片的电压输出能力,果然发现其负向输出电压幅度小于正向,仅有 10.2V。

理论振荡频率:

$$f=\frac{1}{2\pi RC}=\frac{1}{2\times 3.14\times 10\times 10^3\times 0.01\times 10^{-6}}\approx 1592\text{Hz}$$

实际振荡频率:

$$f=1593\text{Hz}$$

在大体上输出正弦波这样一个稳定状态下调整 R_w,输出电压 u_o 的有效值变小到 7.15V 时尚能维持等幅振荡,若继续调小到 7.10V,则振幅很快衰减到 0 而停振。这证明确实存在一个临界振荡位置。实验证明:振荡器可以由双向输出范围内较小的一个限幅。

如图 12.3.2 所示的文氏电桥起振实验电路单纯依靠输出饱和进行稳幅,其缺点是振荡幅度总是接近电源电压,不易根据需要进行调整。

2) 双二极管稳幅实验

振荡电路的反馈系数是影响起振及振幅的关键因素。在反馈通道中串联两只反向并联的二极管,见图 12.3.3。正反馈系数依然是一个固定值,设两二极管正向特性相同,$r_{d1}=r_{d2}=r_d$,串联两只反向并联二极管时负反馈系数变为

$$F_{n1}=\frac{R_1}{R_1+R_f+r_d+R_w}$$

输出电压过零附近,二极管电阻 r_d 很大,参见图 4.1.12,致使负反馈系数很小,电路总体表现为正反馈,输出电压自然增大;输出电压数值较大时,二极管电阻 r_d 变得很小,致使负反馈系数变大,正反馈强度相对被压低,电压幅度自动得到限制。就是说,二极管非线性特性使振荡电路的负反馈系数可以随着稳幅要求而自动调整,实现了放大倍数与电压绝对值成反比的自动增益控制(Automatic Gain Control,AGC),振荡幅度因此得以调节和稳定。

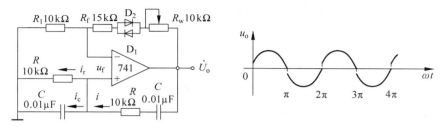

图 12.3.3　文氏电桥双二极管限幅电路及其陡峭交越失真

调节电位器，振幅连续变化可控，振荡频率维持在 1593Hz。

因硅二极管在 0～0.5V 电压作用下电阻 r_d 表现为接近无穷大，所形成的 AGC 作用太强烈，使得输出电压过零点时负反馈通路几近断开，负反馈系数接近 0，负反馈作用几乎消失，只剩下正反馈，使得电压过零后瞬间呈现深度正反馈，输出电压幅度飞速增大。

在 $\omega t = 2n\pi$ 点，输出电压从负变正过零点时，二极管 D_1 来不及马上导通，负反馈瞬间消失，深度正反馈使输出电压自零点开始骤升。在 $\omega t = (2n+1)\pi$ 点，输出电压从正变负过零点时，二极管 D_2 来不及马上导通，负反馈瞬间消失，深度正反馈使输出电压自零点开始骤降；

无论输出电压骤升还是骤降，都造成振荡电压曲线在过零点后斜率很大，结果发生陡峭交越失真，见图 12.3.3。

把文氏电桥振荡器的陡峭交越失真与乙类 OTL 及 OCL 功率放大电路的平坦交越失真对比，可以看出两种交越失真方向正好相反。

总之，振幅可由双向电压输出范围中较小的一个限制，也可由非线性元器件限制。

3）波形失真校正实验

波形失真校正实验电路见图 12.3.4。

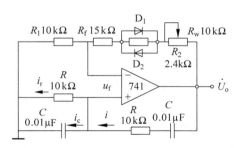

图 12.3.4　双二极管-电阻校正文氏电桥正弦振荡电路

交越失真既然是由于二极管非线性太大使过零点后正反馈过于强烈以及 AGC 作用太大造成的，那么只要设法减小二极管非线性的影响，就可以克服陡峭交越失真。

与二极管并联电阻 R_2，见图 12.4.4。$R_1 = 10k\Omega$ 时 R_2 阻值为 1～10kΩ，负反馈系数

$$F_{n2} = \frac{R_1}{R_1 + R_f + r_d /\!/ R_2 + R_w}$$

利用并联的两只电阻中较小的那只电阻起主导作用的原理，在零点附近，$R_2 \ll r_d$，R_2 代替 r_d 起主导作用，使负反馈保持一定强度。远离零点时，$r_d \ll R_2$，r_d 代替 R_2 起主导作用，增大负反馈强度，以自动调节输出电压幅度。

与负反馈回路中反向并联的两只二极管并联一只阻值合适的电阻,即能消除陡峭交越失真。实验结果发现陡峭交越失真消失,振荡频率维持在 1593Hz,输出振幅连续稳定可调的正弦波电压,见图 12.3.4。

实验结论:文氏电桥振荡器可以由输出饱和来限幅,也可以由非线性元器件来限幅。

按照表 12.3.1 第 1 行数据将 R_f/R_1 调大,记录实际振荡频率在第 3 行。

表 12.3.1 文氏电桥自激振荡频率与电阻比的关系

R_f/R_1		2	2.2	2.4	3.0	3.2
振荡频率 ω	理论值	1593	1585	1561	1380	1274
	实际值					
相对误差 δ						

电阻比达到 4,即 $R_f > 4R_1$ 时,按照理论分析结果,电路没有振荡功能。实际上 $R_f/R_1 > 4$ 时电路仍有振荡功能,只是失真很大、频率很低。甚至 R_f 断开时电路仍有振荡功能。说明任何一种理论分析方法都有一定的局限性[8,9]。

图 12.3.4 文氏电桥正弦波振荡电路比较成熟和流行,可以在工程设计中直接选用。

用热敏电阻也可以进行文氏电桥正弦振荡电压波形校正。

12.4 RC 移相式集成正弦振荡电路

集成放大器对正弦波电压的相移固定,RC 电路对正弦波电压的相移与频率相关。用集成放大器与 RC 电路构成环路,放大器相移与 RC 电路相移中,一个超前、另一个滞后。若在某频率上环路总相移为零,则能制成 RC 集成移相振荡器。

12.4.1 两节及三节 RC 超前移相式集成正弦振荡器

1. 两节 RC 超前移相集成振荡器

电阻 R_3、电容 C_3 与运放 OPA 组成 $-90°$ 滞后移相放大器,如图 12.4.1 所示,R_1C_1、R_2C_2 组成两节 RC 超前移相器,总相移能轻松在 $+90°$ 左右徘徊。因采用加反馈,$\varphi_s = 0$,故振荡相位平衡条件简化为 $\sum \varphi = \varphi_a + \varphi_f = 2n\pi$。本电路实际振荡相位平衡条件 $\sum \varphi = \varphi_a + \varphi_f = -90° + 90° = 0°$ 能满足,环路总相移能在 $0°$ 左右徘徊。通常取 $R_2 = R_1 = R$、$C_3 = C_2 = C_1 = C$。分析设计任务是:寻找相位平衡条件、振荡频率及起振条件,根据振荡频率及起振条件确定有关电阻电容。

为简化运算令 $j\omega RC = j\sigma = \lambda$,$\lambda$ 是一个无量纲的虚数。电容 C 的容抗可表达为 $1/j\omega C = R/j\omega RC = R/\lambda$。$\sigma = \omega RC$。

$90°$ 滞后移相放大器电压放大倍数

$$A = -\frac{R_3}{1/j\omega C_3} = -j\omega RC \frac{R_3}{R} = -j\sigma \frac{R_3}{R}$$

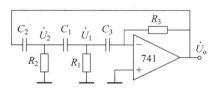

图 12.4.1 两节 RC 超前移相集成振荡器

1) 用串联分压法寻求相位平衡条件,振荡频率及起振条件

(1) 电阻电容串并联阻抗

电容 C_3 右端接虚地,C_3 等效于与电阻 R_1 并联。并联阻抗为

$$Z_{P1} = \frac{R/j\omega C}{R + 1/j\omega C} = \frac{R}{1 + j\omega RC} = \frac{R}{1 + \lambda} = \frac{R}{\lambda + 1}$$

电容 C_1 与并联阻抗 Z_{P1} 的串联阻抗为

$$Z_{S1} = \frac{R}{\lambda} + \frac{R}{1 + \lambda} = \frac{2\lambda + 1}{\lambda(\lambda + 1)} R$$

电阻 R_2 与串联阻抗 Z_{S1} 的并联阻抗为

$$Z_{P2} = \frac{R\dfrac{2\lambda + 1}{\lambda(\lambda + 1)} R}{R + \dfrac{2\lambda + 1}{\lambda(\lambda + 1)} R} = \frac{2\lambda + 1}{\lambda^2 + 3\lambda + 1} R$$

电容 C_2 与并联阻抗 Z_{P2} 的串联阻抗为

$$Z_{S2} = \frac{R}{\lambda} + \frac{2\lambda + 1}{\lambda^2 + 3\lambda + 1} R = \frac{3\lambda^2 + 4\lambda + 1}{\lambda(\lambda^2 + 3\lambda + 1)} R$$

(2) 串联分压比 α、反馈系数 F 及环路电压放大倍数 FA

$$\alpha_1 = \frac{\dot{U}_1}{\dot{U}_2} = \frac{Z_{P1}}{Z_{S1}} = \frac{R}{\lambda + 1} \bigg/ \left(\frac{2\lambda + 1}{\lambda(\lambda + 1)} R\right) = \frac{\lambda}{2\lambda + 1}$$

$$\alpha_2 = \frac{\dot{U}_2}{\dot{U}_o} = \frac{Z_{P2}}{Z_{S2}} = \frac{2\lambda + 1}{\lambda^2 + 3\lambda + 1} R \bigg/ \left(\frac{3\lambda^2 + 4\lambda + 1}{\lambda(\lambda^2 + 3\lambda + 1)} R\right) = \frac{\lambda(2\lambda + 1)}{3\lambda^2 + 4\lambda + 1}$$

$$F = \alpha_1 \alpha_2 = \frac{\dot{U}_1}{\dot{U}_o} = \frac{\lambda}{2\lambda + 1} \frac{\lambda(2\lambda + 1)}{3\lambda^2 + 4\lambda + 1} = \frac{\lambda^2}{3\lambda^2 + 4\lambda + 1}$$

将 λ 变换为 $j\sigma$ 有

$$F = \frac{-\sigma^2}{-3\sigma^2 + 4j\sigma + 1} = \frac{-\sigma^2}{1 - 3\sigma^2 + 4j\sigma}$$

$$FA = \frac{-\sigma^2}{1 - 3\sigma^2 + 4j\sigma}\left(-j\sigma\frac{R_3}{R}\right) = \frac{j\sigma^3}{1 - 3\sigma^2 + 4j\sigma} \frac{R_3}{R} = \frac{\sigma^3}{j(3\sigma^2 - 1) + 4\sigma} \frac{R_3}{R}$$

若条件 $3\sigma^2 - 1 = 0$ 满足,即满足 $3(\omega RC)^2 = 1$,则环路电压放大倍数 FA 为实数且

$$FA = \frac{\sigma^2}{4} \frac{R_3}{R} = \frac{R_3}{12R} > 0$$

此时反馈系数 $F = j\sigma/4$,反馈通道相移 $\varphi_f = 90°$,$\varphi_a + \varphi_f = -90° + 90° = 0°$。相位平衡条件为

$$3(\omega RC)^2 = 1 \qquad\qquad (12.4.1)$$

振荡频率、起振条件及振幅平衡条件由此各锁定为

$$\omega_0 = \frac{1}{\sqrt{3}RC}, \quad f_0 = \frac{1}{2\pi\sqrt{3}RC} = \frac{0.0919}{RC} \qquad\qquad (12.4.2)$$

$$R_3 > 12R, R_3 = 12R \qquad\qquad (12.4.3)$$

$R = 100\text{k}\Omega$、$C = 102 = 1000\text{pF}$ 时,振荡频率为

$$f_0 = \frac{1}{2\pi\sqrt{3}\,RC} = \frac{0.919}{RC} = \frac{0.919 \times 10^{12}}{100 \times 10^3 \times 10^3}\,\mathrm{Hz} = 919\,\mathrm{Hz}$$

这个示例说明，RC 集成移相振荡器只要两节 RC 移相电路就足够了。传统认为移相振荡器至少需要三节 RC 移相电路的观点是不符合事实的。

2）用节点电压法寻求相位平衡条件、振荡频率及起振条件

基于进、出虚拟电流相等原理，用节点电压法及中点电压法列出关于电压 $\dot{U}_1$、$\dot{U}_2$、$\dot{U}_o$ 的方程组

$$(j\omega C + j\omega C + G)\dot{U}_1 = j\omega C\dot{U}_2$$

$$(j\omega C + j\omega C + G)\dot{U}_2 = j\omega C\dot{U}_1 + j\omega C\dot{U}_o$$

$$R_3\dot{U}_1 + \dot{U}_o/j\omega C = 0$$

合并同类项，第一、二两式两边再乘以 R，从第三式求出 $\dot{U}_o$，有

$$(2j\omega RC + 1)\dot{U}_1 = j\omega RC\dot{U}_2$$

$$(2j\omega RC + 1)\dot{U}_2 = j\omega RC\dot{U}_1 + j\omega RC\dot{U}_o$$

$$\dot{U}_o = -j\omega RC(R_3/R)\dot{U}_1$$

令 $j\omega RC = \lambda$，方程组可以简化为

$$(2\lambda + 1)\dot{U}_1 = \lambda\dot{U}_2$$

$$(2\lambda + 1)\dot{U}_1 = \lambda\dot{U}_2 + \lambda\dot{U}_o$$

$$\dot{U}_o = -\lambda(R_3/R)\dot{U}_i$$

从第一式求出 $\dot{U}_2 = (2\lambda + 1)/\lambda\,\dot{U}_1$、连同第三式代到第一式化简，有

$$[(R_3/R)\lambda^3 + 3\lambda^2 + 4\lambda + 1]\dot{U}_1 = 0$$

振荡电路中任一点的电压都非零，即 $\dot{U}_1 \neq 0$，故有

$$(R_3/R)\lambda^3 + 3\lambda^2 + 4\lambda + 1 = 0$$

将 $\lambda = j\omega RC$ 代回得到

$$-(R_3/R)j(\omega RC)^3 + 4j\omega RC - 3(\omega RC)^2 + 1 = 0$$

实部为 0，就是振荡频率；虚部为零，就是起振条件。

由此也能得到振荡角频率、振荡频率、起振条件及振幅平衡条件

$$\omega_0 = \frac{1}{\sqrt{3}\,RC}, \quad f_0 = \frac{1}{2\pi\sqrt{3}\,RC}, \quad R_3 > 12R, \quad R_3 = 12R$$

这与用串联分压法分析计算的结果相同。此处又是一个殊途同归！

2. 三节 RC 超前移相集成振荡器

三节 RC 超前移相集成振荡器如图 12.4.2 所示。R_1C_1、R_2C_2、R_3C_3 组成三节 90° 超前移相器，总移相范围 270°，频率合适时能轻松实现 180° 超前移相，与反相放大器 180° 移相抵消，环路总相移为 0°，满足相位平衡条件 $\sum \varphi = \varphi_a + \varphi_f = +180° + (-180°) = 0$。

电阻 R_1 身兼二职。首先 R_1、R_4 与 OPA 组成标准的反相比例放大器。其次由于 R_1

右端接虚地,电位为 0,故 R_1 又与 C_1 组成 RC 超前移相电路。因此三节 RC 超前移相电路空载,其移相效果最好。图 12.4.2 可改画为图 12.4.3。

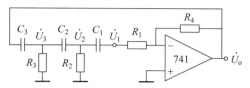

图 12.4.2　三节 RC 超前移相集成振荡器

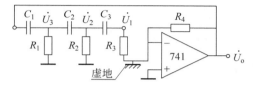

图 12.4.3　三节 RC 超前移相集成振荡器移相电路空载

常取 $R_3 = R_2 = R_1 = R$,$C_3 = C_2 = C_1 = C$。根据起振条件确定 R_4。

这里用串联分压法分析计算振荡频率及起振条件。

(1) 电阻电容串并联阻抗计算

电容 C_1 与电阻 R_1 的串联阻抗

$$Z_{S1} = \frac{R}{\lambda} + R = \frac{\lambda + 1}{\lambda} R$$

电阻 R_1 右端接虚地,电阻 R_2 与串联阻抗 Z_{S1} 等效并联。并联阻抗为

$$Z_{P2} = \frac{R \dfrac{\lambda + 1}{\lambda} R}{R + \dfrac{\lambda + 1}{\lambda} R} = \frac{\lambda + 1}{2\lambda + 1} R$$

电容 C_2 与并联阻抗 Z_{P1} 的串联阻抗

$$Z_{S2} = \frac{R}{\lambda} + \frac{\lambda + 1}{2\lambda + 1} R = \frac{2\lambda + 1 + \lambda(\lambda + 1)}{\lambda(2\lambda + 1)} R = \frac{\lambda^2 + 3\lambda + 1}{\lambda(2\lambda + 1)} R$$

电容 R_3 与串联阻抗 Z_{S2} 的并联阻抗

$$Z_{P3} = \frac{R \dfrac{\lambda^2 + 3\lambda + 1}{\lambda(2\lambda + 1)} R}{R + \dfrac{\lambda^2 + 3\lambda + 1}{\lambda(2\lambda + 1)} R} = \frac{\lambda^2 + 3\lambda + 1}{3\lambda^2 + 4\lambda + 1} R$$

电容 C_3 与并联阻抗 Z_{P2} 的串联阻抗

$$Z_{S3} = \frac{R}{\lambda} + \frac{\lambda^2 + 3\lambda + 1}{3\lambda^2 + 4\lambda + 1} R = \frac{\lambda^3 + 6\lambda^2 + 5\lambda + 1}{\lambda(3\lambda^2 + 4\lambda + 1)} R$$

(2) 串联分压比 α、反馈系数 F 及环路电压放大倍数 FA 的分析计算

$$\alpha_1 = \frac{\dot{U}_i}{\dot{U}_2} = \frac{R_1}{Z_{S1}} = R \Big/ \left(\frac{\lambda + 1}{\lambda} R \right) = \frac{\lambda}{\lambda + 1}$$

$$\alpha_2 = \frac{\dot{U}_2}{\dot{U}_3} = \frac{Z_{P2}}{Z_{S2}} = \frac{\lambda+1}{2\lambda+1}R \Big/ \left[\frac{\lambda^2+3\lambda+1}{\lambda(2\lambda+1)}R\right] = \frac{\lambda(\lambda+1)}{\lambda^2+3\lambda+1}$$

$$\alpha_3 = \frac{\dot{U}_3}{\dot{U}_o} = \frac{Z_{P3}}{Z_{S3}} = \frac{\lambda^2+3\lambda+1}{3\lambda^2+4\lambda+1}R \Big/ \left[\frac{\lambda^3+6\lambda^2+5\lambda+1}{\lambda(3\lambda^2+4\lambda+1)}R\right] = \frac{\lambda(\lambda^2+3\lambda+1)}{\lambda^3+6\lambda^2+5\lambda+1}$$

$$F = \alpha_1\alpha_2\alpha_3 = \frac{\dot{U}_i}{\dot{U}_o} = \frac{\lambda}{\lambda+1}\frac{\lambda(\lambda+1)}{\lambda^2+3\lambda+1}\frac{\lambda(\lambda^2+3\lambda+1)}{\lambda^3+6\lambda^2+5\lambda+1} = \frac{\lambda^3}{\lambda^3+6\lambda^2+5\lambda+1}$$

将 λ 换为 $j\sigma$ 有

$$F = \frac{-j\sigma^3}{1-6\sigma^2+j\sigma(5-\sigma^2)} = \frac{\sigma^3}{\sigma(\sigma^2-5)+j(1-6\sigma^2)}$$

$$A = -\frac{R_4}{R}$$

$$FA = \frac{\sigma^3}{\sigma(5-\sigma^2)+j(6\sigma^2-1)}\frac{R_4}{R}$$

$6\sigma^2=1$ 或 $6(\omega RC)^2=1$ 即是振荡相位平衡条件。

$$(\omega RC)^2 = 1/6 \tag{12.4.4}$$

$$FA = \frac{1}{5/\sigma^2-1}\frac{R_4}{R} = \frac{1}{5/(1/6)-1}\frac{R_4}{R} = \frac{1}{29}\frac{R_4}{R}$$

若还有 $R_4 \geqslant 29R$，则 $FA \geqslant 1$，能起振并振荡。

振荡频率、起振条件及振幅平衡条件

$$\omega_0 = \frac{1}{\sqrt{6}RC}, \quad f_0 = \frac{1}{2\pi\sqrt{6}RC} = \frac{0.0650}{RC} \tag{12.4.5}$$

$$R_4 > 29R, R_4 = 29R \tag{12.4.6}$$

多用一只电阻，振荡频率反而降低，真是得不偿失。所以三节 RC 超前移相集成振荡器没有优势，还是两节 RC 超前移相集成振荡器较好。

三节 RC 超前移相集成振荡器的价值主要在于理论。

用节点电压法也能解决三节 RC 超前振荡器计算，但很复杂。读者可自行一试。

12.4.2　两节及三节 RC 滞后移相式集成正弦振荡器

1. 两节 RC 滞后移相式集成正弦振荡器

R_1C_1、R_2C_2 组成两节 $90°$ 滞后移相电路，总移相范围可达 $180°$，R_3 既是 R_2C_2 滞后移相电路的负载，又与 C_3 及 OPA 组成标准 $90°$ 超前移相放大器，如图 12.4.4 所示。超前移相电路 R_1C_1、R_2C_2 可轻松实现总相移 $-90°$，使环路总相移为 $0°$，振荡相位平衡条件 $\sum \varphi = \varphi_a + \varphi_f = -90° + 90° = 0°$ 满足。

常取 $R_3 = R_2 = R_1 = R$，$C_2 = C_1 = C$。根据振荡频率确定 R、C，根据起振条件确定 C_3。

$90°$ 超前移相放大器电压放大倍数

$$A = -\frac{1}{j\omega C_3}\frac{1}{R_3} = j\frac{1}{\omega R_3 C_3} = j\frac{1}{\omega RC}\frac{C}{C_3}$$

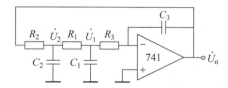

图 12.4.4　两节 RC 滞后移相集成振荡电路

（1）电阻电容串并联阻抗。

电阻 R_3 右端接虚地,等效与电容 $C_1 = C$ 并联。并联阻抗为

$$Z_{P1} = \frac{R/\mathrm{j}\omega C}{R + 1/\mathrm{j}\omega C} = \frac{R}{\mathrm{j}\omega RC + 1} = \frac{R}{\lambda + 1}$$

电阻 R_1 与并联阻抗 Z_{P1} 的串联阻抗

$$Z_{S1} = R + \frac{R}{\lambda + 1} = \frac{\lambda + 2}{\lambda + 1} R$$

电容 C_2 与串联阻抗 Z_{S1} 的并联阻抗

$$Z_{P2} = \frac{\dfrac{R}{\lambda} \dfrac{\lambda + 2}{\lambda + 1} R}{\dfrac{R}{\lambda} + \dfrac{\lambda + 2}{\lambda + 1} R} = \frac{\lambda + 2}{\lambda^2 + 3\lambda + 1} R$$

电阻 R_2 与并联阻抗 Z_{P2} 的串联阻抗

$$Z_{S2} = R + \frac{\lambda + 2}{\lambda^2 + 3\lambda + 1} R = \frac{\lambda^2 + 4\lambda + 3}{\lambda^2 + 3\lambda + 1} R$$

（2）串联分压比 α、反馈系数 F 及环路电压放大倍数 FA 的分析计算。

$$\alpha_1 = \frac{\dot{U}_i}{\dot{U}_1} = \frac{R}{\lambda + 1} \bigg/ \left(\frac{\lambda + 2}{\lambda + 1} R \right) = \frac{1}{\lambda + 2}$$

$$\alpha_2 = \frac{\dot{U}_1}{\dot{U}_o} = \frac{Z_{P2}}{Z_{S2}} = \frac{\lambda + 2}{\lambda^2 + 3\lambda + 1} R \bigg/ \left(\frac{\lambda^2 + 4\lambda + 3}{\lambda^2 + 3\lambda + 1} R \right) = \frac{\lambda + 2}{\lambda^2 + 4\lambda + 3}$$

$$F = \alpha_1 \alpha_2 = \frac{\dot{U}_i}{\dot{U}_o} = \frac{1}{\lambda + 2} \frac{\lambda + 2}{\lambda^2 + 4\lambda + 3} = \frac{1}{\lambda^2 + 4\lambda + 3}$$

将 λ 复原为 $\mathrm{j}\sigma$ 有

$$F = \frac{1}{-\sigma^2 + 4\mathrm{j}\sigma + 3}$$

分子分母同乘以 $(-\mathrm{j})$ 有

$$F = -\mathrm{j} \frac{1}{\mathrm{j}(\sigma^2 - 3) + 4\sigma}$$

相位平衡条件为

$$\sigma^2 = 1 \quad 或 \quad (\omega RC)^2 = 3 \tag{12.4.7}$$

$$F = -\mathrm{j} \frac{1}{4\sigma} = -\mathrm{j} \frac{1}{4\omega RC}$$

环路电压放大倍数

$$FA = \left(-j\,\frac{1}{4\omega RC} \right) j\,\frac{1}{\omega RC}\,\frac{R}{R_3} = \frac{1}{4(\omega RC)^2}\frac{C}{C_3} = \frac{C}{12C_3}$$

要求 FA≥1,则应有

$$12C_3 \leqslant C$$

由此得到振荡频率、起振条件与振幅平衡条件

$$\omega_0 = \frac{\sqrt{3}}{RC}, \quad f_0 = \frac{\sqrt{3}}{2\pi RC} = \frac{0.276}{RC} \tag{12.4.8}$$

$$C_3 < C/12, \quad C_3 = C/12 \tag{12.4.9}$$

这个示例再次说明,集成移相振荡器只要两节 RC 移相电路就足矣,传统认为移相振荡器至少需要三节 RC 移相电路的观点是不符合事实的。

两节 RC 滞后集成移相振荡器也能用节点电压法来分析,读者可自己一试。

2. 三节 RC 滞后移相式集成正弦振荡器

如图 12.4.5 所示,R_1C_1、R_2C_2、R_3C_3 组成三节<90°滞后移相器,总移相范围可达 270°,频率合适时轻松实现 180°滞后移相。R_4 与 R_5 及 OPA 组成标准的反相放大器,实现 180°移相。频率合适时环路总移相 0°,可满足相位平衡条件 $\sum \varphi = \varphi_a + \varphi_f = -180° + 180° = 0°$。

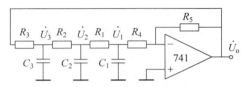

图 12.4.5　三节 RC 滞后移相集成振荡器

常取 $R_4 = R_3 = R_2 = R_1 = R$,$C_3 = C_2 = C_1 = C$。根据起振条件确定 R_5。

(1) 电阻电容串并联阻抗的分析计算

Z_{P1}、Z_{S1}、α_1、Z_{P2}、Z_{S2}、α_2 的计算与两节 RC 滞后移相集成振荡器相同。

电容 C_3 与串联阻抗 Z_{S2} 的并联阻抗

$$Z_{P3} = \frac{\dfrac{R}{\lambda}\dfrac{\lambda^2 + 4\lambda + 3}{\lambda^2 + 3\lambda + 1}R}{\dfrac{R}{\lambda} + \dfrac{\lambda^2 + 4\lambda + 3}{\lambda^2 + 3\lambda + 1}R} = \frac{\lambda^2 + 4\lambda + 3}{\lambda^2 + 3\lambda + 1 + \lambda(\lambda^2 + 4\lambda + 3)}R$$

$$Z_{P3} = \frac{\lambda^2 + 4\lambda + 3}{\lambda^3 + 5\lambda^2 + 6\lambda + 1}R$$

电阻 R_3 与并联阻抗 Z_{P3} 的串联阻抗

$$Z_{S3} = R + \frac{\lambda^2 + 4\lambda + 3}{\lambda^3 + 5\lambda^2 + 6\lambda + 1}R = \frac{\lambda^3 + 6\lambda^2 + 10\lambda + 4}{\lambda^3 + 5\lambda^2 + 6\lambda + 1}R$$

(2) 串联分压比 α、反馈系数 F 及环路电压放大倍数 FA 的分析计算

$$\alpha_3 = \frac{\dot{U}_2}{\dot{U}_o} = \frac{Z_{P3}}{Z_{S3}} = \frac{\lambda^2 + 4\lambda + 3}{\lambda^3 + 5\lambda^2 + 6\lambda + 1}R \Big/ \frac{\lambda^3 + 6\lambda^2 + 10\lambda + 4}{\lambda^3 + 5\lambda^2 + 6\lambda + 1}R = \frac{\lambda^2 + 4\lambda + 3}{\lambda^3 + 6\lambda^2 + 10\lambda + 4}$$

$$F = \alpha_1 \alpha_2 \alpha_3 = \frac{\dot{U}_i}{\dot{U}_o} = \frac{1}{\lambda^2 + 4\lambda + 3} \frac{\lambda^2 + 4\lambda + 3}{\lambda^3 + 6\lambda^2 + 10\lambda + 4} = \frac{1}{\lambda^3 + 6\lambda^2 + 10\lambda + 4}$$

将 λ 复原为 $j\omega RC$ 有

$$F = \frac{1}{\lambda^3 + 6\lambda^2 + 10\lambda + 4} = -\frac{1}{j\omega RC[10 - (\omega RC)^2] + 4 - 6(\omega RC)^2}$$

$$FA = \frac{1}{j\omega RC[(\omega RC)^2 - 10] + 6(\omega RC)^2 - 4} \frac{R_5}{R}$$

振荡相位平衡条件

$$(\omega RC)^2 = 10 \tag{12.4.10}$$

$$FA = \frac{1}{6(\omega RC)^2 - 4} \frac{R_5}{R} = \frac{1}{6 \times 10 - 4} \frac{R_5}{R} = \frac{1}{56} \frac{R_5}{R}$$

要求 $FA \geqslant 1$，则应有

$$R_5 \geqslant 56R$$

由此得到振荡频率、起振条件及振幅平衡条件各为

$$\omega_0 = \frac{\sqrt{10}}{RC}, \quad f_0 = \frac{\sqrt{10}}{2\pi RC} \approx \frac{0.5033}{RC} \tag{12.4.11}$$

$$R_5 > 56R, \quad R_5 = 56R \tag{12.4.12}$$

三节 RC 滞后移相集成振荡器也能用节点电压法来分析计算，但难度较大。读者练手，可以一试。

第13章

实验理论、设备及方法创新

13.1 实验理论创新——让实验由被动变主动

由于传统模电理论的错误及漏洞，课堂上学生睡倒一大片的情况屡见不鲜，理论难学好，实验更是难上加难。

实验目的是验证理论或为设计做准备。很多高校的实验分为验证性实验与设计性实验。由于模拟电子学理论错漏太多，传统的验证性实验要验证什么、设计性实验有哪些设计目标，往往不甚明确。

例如传统的电压放大实验，首先因为没有输入范围计算方法的理论支撑，学生不清楚放大器究竟能接收多大幅度的电压，就难以确定输入信号电压大小。其次没有临界工作点理论的支撑，就难以确定基极偏置电阻的大小。结果每走一步都是相当盲目。

学生通过传统的电压放大实验，只是知道正弦电压被放大若干倍。至于究竟应该放大多少倍，工作点是否达到临界位置，晶体管基极偏置电阻应该多大，放大电路输出的正弦电压最大不失真幅度应该多大，非线性失真如何等，都很少涉及。学生经过这样的实验，疑问往往更多。

很多传统的正弦振荡实验，就连最基本的相位平衡条件都缺乏，更不用说起振条件，如科比兹振荡器实验及哈特莱振荡器实验。实验者不知道如何调节才能使电路振荡起来。

既然是验证性实验，就应该有合理与否的判断。合理与否的判断，往往用实验值与理论值之间的相对误差百分比来表示，用百分比是否小于某值来判断是否合理。但是类似百分比是否小于设定值，或者其他形式的判断，在传统模拟电子学实验中都很少能看到。

传统模拟电子学实验避实就虚、避重就轻。最典型的是：晶体管电流放大倍数 β 值是晶体管的第一指标。β 值测量是有关人员不可或缺的基本功。实际上关于晶体管 β 值的介绍，在理论课堂上像蜻蜓点水般一带而过，在实验课堂上如石沉大海般再也不提。

长此以往，就连商人对高校模电实验的软肋都了如指掌。学生团购数字万用表上的晶体管电流放大倍数 β 值测量挡(hFE 挡)竟然被厂商删掉了，就是一个典型实例。

市售的数字万用表上的晶体管电流放大倍数 β 值测量挡实实在在，是因为实际工程中工程师、技术员等经常使用 β 值测量挡。学生团购数字万用表上的晶体管电流放大倍数 β 值测量挡被厂商删掉，是因为高校的学生在课堂上或课外使用 β 值测量挡的机会几乎是零。因为没有人教学生使用 β 值测量挡。有关方面不是从根本上解决问题，而是片面降低实验难度，简直就是隔靴搔痒，令人大跌眼镜。

片面降低实验难度的一个典型表现是：最近十几年来，实验设备制造厂家推出越来越多的实验模板，而很多学校也乐此不疲，照单全收。这些巴掌大小的实验模板专门按照特定实验项目的电路而设计制造。学生用模板做实验，不再需要用电阻、电容、二极管、三极管等元器件搭接实验电路，而是把实验模板简单插装、直接固定在实验台上，再用大约五根插线将信号源、电源及示波器等与实验模板连接起来，就能完成实验。数万元的实验台沦落为一个支架。尽管实验如此简单，可是由于理论缺陷的影响，很多学生依然玩手机，玩实验插线，实验效果依然无法保证。

众所周知，电类专业高校毕业生进相关企业工作，通常首先要重新培训模拟电子的相关技能。为什么在学校刚刚学过，就要重新培训呢？现在谜底揭开了，就是有关高校的模拟电子技术课程内容过于贫乏。理论基础有关知识点该讲的不讲，实验项目很多要求该提的不提。

有关理论完善了，这些困难和疑问就迎刃而解。读者就可以根据工作点临界要求确定基极偏置电阻的大小，再根据输出范围确定输入范围，就是输入正弦信号电压最大幅度。

13.2　实验设备创新——让实验走进千家万户

模拟电子学实验设备，主要是直流稳压电源、信号源、实验箱（台）、示波器及交流毫伏表等。在电子管时代及晶体管时代，这些实验设备都比较笨重。当时示波器一般需要两个人才能抬得动，直流稳压电源也要一个人才能搬得动。

进入集成电路时代后，实验设备中比较重的示波器，一个人一只手就能提起来。5V、9V、12V 等直流稳压电源，一般只有砖头大小。

实验设备的小型化、微型化，不仅降低了实验室建设难度，而且为人们在非实验室环境下进行实验创造了客观条件。

在非实验室环境下进行实验，既能使更多的人参与到实验中，也能作为学生到实验室进行实验之前的热身准备，可称为翻转实验课堂。

研究在非实验室环境下的实验设备，非常有必要。

1. 非实验室环境下的直流稳压电源

非实验室环境下，万能手机充电器、微型直流稳压电源等能输出 3V 以上直流电压的设备，以及 6V、9V 电池，都可以作为直流稳压电源完成实验。

2. 非实验室环境下的正弦信号源

信号源的输出，理论上有正弦波、方波、三角波电压信号等。实际上最基础、最常用的是正弦波电压信号。正弦波电压信号的频率通常从数 Hz 起。

工频正弦交流电的频率是 50Hz。工频正弦交流电做交流信号电压，其频率大小是满足实验需要的。

采用工频电压做信号时,耦合电容应适当加大为约 $100\mu F$。

在工频变压器的铁芯柱上每绕上一匝线圈,可产生约 80mV 正弦电压,折合幅度约 110mV。铁芯为 E 形时,在旁边磁柱即半磁柱上绕上一匝线圈,可产生约 40mV 正弦电压,折合幅度约 55mV。

由此,一个工频变压器,既能经整流滤波稳压后做直流稳压电源,又能做正弦信号源。

用工频变压器构成的信号源内阻几乎为零。外串电阻,可以构成实验所需的任意大小的内阻。

需要注意,工频变压器的铁芯与绕组之间,有些型号的产品有缝隙,有些型号的产品没有缝隙。最好找那种铁芯与绕组之间有缝隙的变压器产品作信号源,以便穿进细绝缘导线。

3. 非实验室环境下的输出信号测试设备

信号频率采用 50Hz,还能降低测量仪器设备的要求。50Hz 信号电压,用普通万用表的交流电压挡就能测量。

信号电压波形一般用示波器显示。尽管目前的示波器一个人就能用手提起来,但是毕竟携带起来还是不太方便。这里介绍一种不用示波器就能判断削波失真的简易方法。

进行电压放大实验时,一旦输入电压信号幅度接近或达到极限范围,输出就会开始产生削波失真。削波失真发生时,输出电压有效值将明显下降。输出电压有效值明显下降,就会直接引起电压放大倍数的下降。一边采集电压数据,一边计算电压放大倍数。一旦发现电压放大倍数明显降低,就表明开始发生削波失真,并且说明放大实验数据采集已经完成。根据实验数据就能画出如图 7.1.12 所示放大器反扣的勺形传输特性曲线。

进行振荡实验时观察振荡器是否起振,以及振荡频率,通常也用示波器。

没有示波器,其实用扬声器也能判断振荡器是否起振,通过音调高低也能判断振荡频率究竟在几十 Hz、几百 Hz、几千 Hz 还是上万 Hz 范围内。低频时能听见声音,中频时也能听见,频率再高,通常超过 20kHz 时就听不见了,那就是超声波。

超声波低限虽然是 20kHz,但是这个界限并不严格,而是因人而异,特别是因人的年龄增长而降低。通常声音频率接近 10kHz 时,很多人就听不到了。声音频率达到 5kHz 时,很多老人就听不到了。

不同振荡电路带负载能力不同。文氏电桥集成振荡器带负载能力较强,可以直接驱动 $>8\Omega$ 的小功率扬声器,带动耳机更没问题。至于其他振荡器,必要时可加接一级电压跟随器,以提高带载能力,使得振荡时扬声器能发音。

13.3　实验方法创新——让实验好做效果更好

2009 年以来,笔者已经在非实验室环境下完成以下模拟电子技术实验[10]:

（1）基本共射放大实验。

（2）栅极无偏共源放大实验。

（3）电流镜实验。

（4）OPA 应用系列实验。

（5）文氏电桥集成振荡电路实验等。

这里主要介绍基本共射放大实验及文氏电桥集成振荡电路实验。

13.3.1　基本共射放大实验

1. 实验电路及目的

实验电路见图 13.3.1。训练基本共射放大器工作点设置。验证影响电压放大倍数的因素、工作点达到临界位置时输出范围达到最大的规律，以及晶体管饱和是一个渐进的过程的规律。最后应能根据实验数据画出如图 7.1.12 所示的放大器反扣的勺形传输特性曲线。

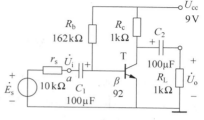

图 13.3.1　实验电路

2. 实验器材

晶体管一只，本实验用型号 3DG6B，小型金属封装，塑封也可以；面包实验板一块；9V 直流稳压电源一个，本实验用 9V 叠层电池；信号源一台，本实验用输入 220V，输出不限，但绕组与铁芯之间要有缝隙的变压器；数字万用表一块。1～300kΩ 电阻若干只、100kΩ 电位器一只、100μF/50V 电解电容两只；双夹线四条。

3. 实验前技术准备

用万用表测量所用晶体管电流放大倍数 $\beta = 88$，电源电压实值 $U_{cc} = 9.45V$。

计算 $R_{b(cr)} = \beta(R_c + R'_L) = 88 \times (1k\Omega + 1k\Omega // 1k\Omega) = 132k\Omega$

$\qquad U_{ce(cr)} = U_{om(max)} = U_{cc}/(2 + R_c/R_L) = 9.45V/(2 + 1k\Omega/1k\Omega) = 3.15V$

$\qquad U_{o(max)} = U_{om(max)}/\sqrt{2} = 3.15V/\sqrt{2} = 2.23V$

三极管、电阻 $R_b = 132k\Omega$、$R_c = R_L = 1k\Omega$、电解电容 $C_1 = 100\mu F$、$C_2 = 100\mu F$ 及人工外接信号源内阻 $r_s = 10k\Omega$ 均按照电路图 13.3.1 的要求插在面包实验板上，利用面包实验板内部的纵、横铜条，构成实验电路。R_c 上端应接电源电压，R_L 下端就是电路地。实验元器件及设备接线见图 13.3.2。

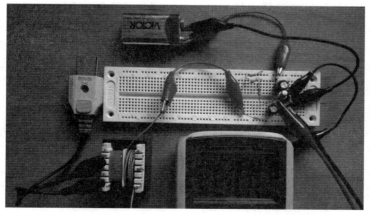

图 13.3.2　用面包板、工频信号源及数字万用表搭接的基本共射放大器实验电路(图示为 5 匝)

用黑色双夹线的夹子夹住 9V 叠层电池的负极，双夹线另一个夹子夹住负载电阻 R_L 的下端(地)；用红色双夹线的夹子夹住电池正极，双夹线另一个夹子夹住安伏变换器 R_c 的上端。

用万用表直流电压挡监测 U_{ce},可发现 U_{ce} 已经与临界值 $U_{ce(cr)}=3.15V$ 相差甚小。稍加调整 R_b,就能使 $U_{ce}=U_{ce(cr)}=3.15V$。此时测量管子发射结偏压 $U_{be}=0.71V$。再断开基极线路,测量基极偏置电阻实值为 $R_b=125k\Omega$。

计算基极偏流、集电极偏流实际值、管子 β 实际值、输入电阻及电压放大倍数理论值

$$I_b=(U_{cc}-U_{be})/R_b=(9.45V-0.71V)/125k\Omega=8.74V/125k\Omega=0.0699mA$$

$$I_c=(U_{cc}-U_{ce})/R_c=(9.45V-3.15V)/1k\Omega=6.3mA$$

$$\beta=I_c/I_b=6.3mA/0.0699mA\approx90.1 \text{倍}$$

$$r_{be}=r_{bb}+U_T/I_b=200+26mV/0.0699mA=572\Omega$$

$$A_u=-\beta R'_L/(r_s+r_{be})=-90.1\times0.5k\Omega/(10k\Omega+0.572k\Omega)=-4.262 \text{倍}$$

要明确,放大器集-射偏压调到 $U_{ce}=U_{ce(cr)}=3.15V$ 时,输出电压有效值一旦超过 2.2V,晶体管就会截止、饱和,输出电压会双向削波失真,有效值就会变小。

4. 实验操作步骤

将细绝缘导线穿绕在 220V 变压器的铁芯上,导线一端经双夹线接实验电路地,即负载电阻 R_L 的下端,另一端经双夹线夹住人工信号源内阻 r_s 的内端,构成 1 匝信号源。测量输出电压有效值,记录在表 13.3.1 第三行。

表 13.3.1 基本共射放大器实验数据

信号源匝数	1	2	3	4	5	6	7	8
E_s/mV								640
U_o/V	0.36	0.71	1.06	1.40	1.72	2.01	2.24	2.40
$\|A_u\|$								

再加穿 1 匝,使总匝数成为 2 匝,测量记录输出电压。每加 1 匝,可发现输出电压大约以 0.35V 增量变大。至总匝数为 7 匝时,可看到输出电压增量明显低于 0.35V,这就是管子截止、饱和的影响。

总匝数达到 8 匝时,测量输入信号电压 640mV,记录在表 13.3.1 第二行。

表 13.3.1 第二行先空着,是考虑所用数字万用表交流电压挡最低挡量程较大,如 20V,测量精度低,不便于直接测量几十 mV 的信号源电压。因此采取只测量匝数最多、数值最大的那个信号源电压,然后除以匝数得到 1 匝的信号源电压,再乘以 2、3、……得到其他匝数下的信号源电压,以便改善实验精度。

本例是将 8 匝时的信号源电压 640mV 除以 8 得到单匝信号电压,填入 1 匝以下的格子,再分别乘以 2、3、4、5、6,确定 2 匝、3 匝……时的信号源电压,分别填写到 2、3、4、5、6、7 匝以下的格子,如表 13.3.2 所示。

表 13.3.2 基本共射放大器实验数据

匝数	1	2	3	4	5	6	7	8
E_s/mV	80	160	240	320	400	480	560	640
U_o/V	0.36	0.71	1.06	1.40	1.72	2.01	2.24	2.40
$\|A_u\|$	4.5	4.43	4.41	4.38	4.30	4.19	4.00	3.75

然后根据每组输入、输出电压计算电压放大倍数实际值,记录在表 13.3.2 第四行。

如果所用数字万用表交流电压挡最低挡量程较小,测量精度较高,也可以直接测量信号源电压填入表 13.3.1 第二行。

电压放大倍数实际值的变化比输出电压增量的变化更明显。输入、输出电压越大,电压放大倍数实际值就越小,说明晶体管的饱和是渐进的。

输出电压有效值超过 2.2V 后,输出电压有效值增量及电压放大倍数都明显下降,说明输出电压有效值超过 2.2V,即幅值超过 3.15V 后开始削波失真。这样就验证了临界工作点及输出范围计算公式的正确性。

这里用数值变化判断,若有示波器,则可观察到削波失真波形,进一步佐证。

将前 7 组电压放大倍数实验值取平均值有

$$|A_{uo}| = (4.5 + 4.43 + 4.41 + 4.38 + 4.30 + 4.19 + 4.00)/7 = 4.316 \text{ 倍}$$

电压放大倍数实验值与理论值的相对误差

$$\delta|A_u| = \frac{4.316 - 4.262}{4.262} = 1.3\%$$

说明实验结果与理论计算基本吻合。

根据实验数据可画出如图 7.1.12 所示的放大器反扣的勺形传输特性曲线。

13.3.2 振荡实验

1. 最简互补振荡器

图 13.3.3 是一种简单的互补振荡器,其特点是几乎不要什么起振条件,输出电压谐波成分很多。上电前电容无电荷,电压为 0,晶体管 T_1、T_2 均截止。电源 U_{cc} 经电阻 R_1 给电容 C_1 充电。电压一旦充到 0.7V,T_1、T_2 相继导通。T_2 集电极电流分两路,一路给扬声器电阻 R_2,另一路经 T_1 发射结给 C_1 放电。放电完毕时使 U_{be} 降低,T_1、T_2 相继截止,然后开始下一轮振荡循环。电源电压低到 3V 仍能工作。该电路容易起振,谐波丰富,但频率难调。

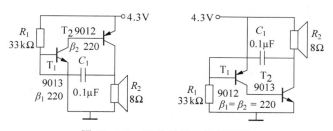

图 13.3.3 两种最简互补振荡器

图 13.3.4 是用面包板搭接的简单互补振荡器实物,由万能充电器提供 4.3V 直流电源。

2. 文氏电桥振荡器起振实验

图 13.3.5 实验电路是按照图 12.3.1 在面包板上搭接的文氏电桥振荡实验电路。电阻电容取值 $R = 10\text{k}\Omega$,$R_1 = 10\text{k}\Omega$,$R_f = 20\text{k}\Omega + 100\Omega$,$C = 0.1\mu\text{F}$,一般能保证起振。振荡频率

$$f = \frac{1}{2\pi RC} = \frac{10^6}{6.283 \times 10 \times 10^3 \times 0.1} = 159.2\text{Hz}$$

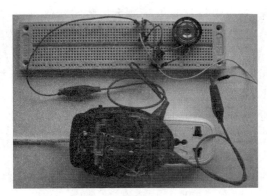

图 13.3.4　按照第一种电路进行最简互补振荡器实验

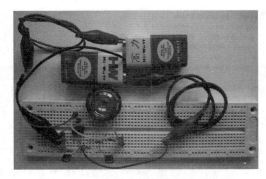

图 13.3.5　文氏电桥振荡器实验电路

再将 R_f 改为 $18\text{k}\Omega$ 固定电阻＋$4.7\text{k}\Omega$ 电位器,调整 $4.7\text{k}\Omega$ 电位器达到 2k 以上时,文氏电桥集成振荡器即起振。断开电路,测量刚刚起振时的电位器实际阻值,以及起振时负反馈系数 F_n。F_n 应小于 $1/3$,以满足 $F_n < F_p$ 的起振条件。

扬声器发声人耳可听见。无示波器时可用听觉判断振荡电路是否起振。

将电容 C 改为 $0.01\mu\text{F}$,则振荡频率升高为 1592Hz,扬声器发音音调明显变高。

将电容 C 改为 $0.001\mu\text{F}$,则振荡频率升高为 15920Hz,接近超声波,扬声器虽然发音,但只有蝙蝠等还能听得见,人就听不到了。

用听觉进行振荡实验,还能使实验者体验人听不见超声的事实。

参 考 文 献

[1] 吴械良.电压的符号"U"比"V"好[J].电子技术,1964(09).

[2] 孙新涛.关于 RLC 串联电路幅频特性曲线在不同坐标标度下的表现形式[J].淮北煤师院学报(自然科学版),1995(4).

[3] 黄昆,韩汝琦.半导体物理基础[M].北京:科学出版社,2012.

[4] 西安交通大学电子学教研组.模拟电子技术基础[M].北京:高等教育出版社,2003.

[5] 清华大学电子学教研组.模拟电子技术基础[M].5 版.北京:高等教育出版社,2015.

[6] 华中科技大学电子技术课程组.电子技术基础(模拟部分)[M].6 版.北京:高等教育出版社,2014.

[7] 高吉祥,刘安芝.模拟电子技术[M].4 版.北京:电子工业出版社,2016.

[8] 元增民.模拟电子技术[M].北京:中国电力出版社,2009.

[9] 元增民.模拟电子技术[M].2 版.北京:清华大学出版社,2013.

[10] 元增民.模拟电子技术简明教程[M].北京:清华大学出版社,2014.

[11] 刘恩科,朱秉升,罗晋生.半导体物理学[M].西安:西安交通大学出版社,1998.

[12] Neamen D A. Semiconductor Physics and Devices.[M]. 3rd ed. The McGraw-Hill,2003.

[13] 杨素行.模拟电子技术基础简明教程[M].2 版.北京:清华大学出版社,2003.

[14] 贾瑞皋.法拉第电磁感应定律公式中负号存在的相对性和必要性[J].物理通报,2010(12).

[15] 佐治亚州立大学模拟电子学资料.

[16] 吴运昌.模拟电子线路基础[M].广州:华南理工大学出版社,2001.

[17] 铃木雅臣.晶体管电路[M].北京:科学出版社,2004.

[18] 高伟.甲类交流放大器最佳工作点的整定[J].大学物理,1998(5):15-16.

[19] 赖家胜.三极管放大电路基极偏置电阻的估算[J].柳州师专学报,2002(2):95-96.

[20] 冯永振.单级低频共射交流放大器最佳工作点的设置与调试[J].实用测试技术,2002(5):23-24.

[21] 陶希平.关于反馈电路的几个概念问题[J].重庆工商大学学报,2012,2(29):73-78.

[22] 常建刚,陈兆生.怎样判断电路中反馈的类型[J].家用电器,1999(6):41.

[23] Franco S. Design with operational amplifiers and analog integrated circuits.[M]. 3rd ed. The McGraw-Hill,2002.

[24] 叶钟灵.山高水长 一代宗师堪风范(访童诗白教授)[J].电子产品世界,2001(5):20,47.

[25] 元增民.电工技术[M].长沙:国防科大出版社,2011.

[26] 元增民.电工技术[M].2 版.北京:清华大学出版社,2016.

[27] 元增民.电流排磁场切变理论及其应用[J].哈尔滨师范大学学报,2001,17(4):91-95.

[28] 刘伟.建议用 D0148 中周代换 TRF1445 中周[N].电子报,2002,21(3).

[29] 元增民.AT89S51 单片机与 ADC0809 模数转换器的三种典型连接[J].长沙大学学报,2005,19(5):69-72.

[30] 元增民.步进电动机有源抑制驱动器分析(1)[J].微电机,2000,33(1):46-48.

[31] 元增民.步进电动机有源抑制驱动器分析(2)[J].微电机,2000,33(2):52-54.

[32] 元增民,郭民利,游得意.双接触器型三相异步电动机 Y-Δ 降压启动电路[J].工矿自动化,2006,141(6):11-13.

[33] 元增民.变压器输入阻抗与输出阻抗的分析计算[J].变压器,2006,43(8):5-10.

[34] 元增民.电阻性甲类放大器效率与负载最大功率的分析计算[J].长沙大学学报,2006,20(2):32-35.

[35] 元增民.基本共射放大器频率特性的分析计算[J].长沙大学学报,2006,20(5):35-38.

[36] 元增民.磁耦合放大器交流参数与频率特性的分析计算[J].长沙大学学报,2007,21(5):35-38.

[37] 元增民.磁耦合放大器工作点与极限参数的分析计算[J].长沙大学学报,2008,22(2):14-17.

[38] 元增民.用微分方程分析文氏电桥振荡器限幅机理[J].长沙大学学报,2009,23(5):9-12.

[39] 元增民.重视基础理论创新、夯实教学改革基础[J].2010电子高等教育学术研讨会,2010(7).

[40] 元增民.单片机原理与应用基础[M].长沙:国防科大出版社,2006.

[41] Yuan Z M, Yuan X J. Amplifier Bias Stability Design on Output Range Temp. Coefficient [J]. 2010 IEEE International Conference on Electrical Engineering and Control,(ICEEAC 2010),2010(11).

[42] Yuan Z M，Yuan X J. Quering talidity of Small Signal Amplifier Conception [J]. 2010 IEEE International Conference on Electrical Engineering and Control,(ICEEAC 2010),2010(11).

[43] 元增民.BJT放大电路工作点设计要求与整定方法[J].长沙大学学报,2011,25(2):10-12.

[44] 元增民.栅极无偏置JFET放大电路工作点设计整定方法[J],长沙大学学报,2011,25(5).

[45] Yuan X J, Yuan Z M. Gate unbiased JFET Amplifier's Operating point design and usability [J]. IEEE Proceedings of 2012 International Conference on Electronic Information and Electrical Engineering ,2012(6).

[46] Yuan Z M,Yuan X J. Basic BJT Amplifier's Bias designing Adjusting and it's usability [J]. IEEE Proceedings of 2012 International Conference on Electronic Information and Electrical Engineering，2012(6).

[47] 张新昌.双T选频网络正弦波振荡器讨论[J].苏州丝绸工学院学报,1985,15(2).

[48] 何超.走在模拟电子技术教科书改革的前沿——评元增民新体系特色《模拟电子技术》教科书[J].教育教学论坛,2015(15).